CRAFTSMAN WOMEN'S CLOTHING MAKING

여성복기능사

필기 | 한권으로 끝내기

시대에듀

여성복기능사
필기 한권으로 끝내기

Always with you

사람이 길에서 우연하게 만나거나 함께 살아가는 것만이 인연은 아니라고 생각합니다.
책을 펴내는 출판사와 그 책을 읽는 독자의 만남도 소중한 인연입니다.
시대에듀는 항상 독자의 마음을 헤아리기 위해 노력하고 있습니다.
늘 독자와 함께하겠습니다.

의복은 단순한 생활 필수품을 넘어, 개성과 아름다움을 표현하는 중요한 수단입니다. 특히 여성복은 섬세한 디자인과 정교한 기술을 요하는 분야로, 오랜 시간 패션산업에서 중요한 위치를 차지해 왔습니다. 숙련된 여성복 제작 기술자는 실무 현장에서 더욱 각광받고 있으며, 전문성을 인증하는 자격증인 여성복기능사에 대한 관심도 날로 높아지고 있습니다.

2025년부터 기존의 양장기능사 자격이 여성복기능사로 명칭이 변경되었습니다. 이는 자격의 명확성과 직무 중심의 표현을 강화하고자 하는 국가기술자격제도의 개편 일환이며, 실무에서 주로 다루는 여성복 제작 기술을 보다 명확하게 반영한 것입니다.

본서는 최신 개정 출제기준을 완벽하게 반영하여, 수험생들이 달라진 시험 환경에도 효과적으로 대비할 수 있도록 구성하였습니다. 또한 NCS(국가직무능력표준) 학습모듈을 중심으로 단순 암기식 공부에서 벗어나 실무 수행 능력을 함께 키울 수 있도록 하였습니다.

본서를 통해 자격 취득은 물론, 패션 전문 인재로 나아가는 길에 든든한 밑거름이 되기를 바랍니다.

편저자 올림

시험 안내

개요

오늘날의 여성의류 시장은 제품의 다양화, 가격의 저렴화, 개성화, 패션화를 추구하게 되었다. 이에 따라 다양한 형태의 여성의류를 설계, 제단, 봉제할 수 있는 전문 기술인력 양성을 위해 자격제도를 제정하였다.

수행직무

주어진 디자인과 제시한 치수에 맞게 패턴을 제작하여 마킹 및 재단 후 손바느질과 재봉기를 이용하여 여성복을 제작하는 직무이다.

진로 및 전망

패션산업의 지속적인 성장과 함께 여성복기능사의 수요도 증가하고 있다. 자격 취득 후 패션디자인 및 제작(패션디자이너, 패턴디자이너 등), 패션유통 및 마케팅(머천다이저 등) 분야 등으로 진출할 수 있다.

시험일정

구분	필기 원서접수 (인터넷)	필기시험	필기합격 (예정자) 발표	실기 원서접수	실기시험	최종 합격자 발표일
제1회	1월 초순	1월 하순	2월 초순	2월 초순	3월 중순	4월 중순
제2회	3월 중순	4월 초순	4월 중순	4월 하순	5월 하순	6월 하순
제4회	8월 하순	9월 중순	10월 중순	10월 중순	11월 하순	12월 중순

※ 상기 시험일정은 시행처의 사정에 따라 변경될 수 있으므로, 한국산업인력공단 홈페이지(www.q-net.or.kr)에서 확인하시기 바랍니다.

시험요강

① 시행처 : 한국산업인력공단
② 시험과목
　필기 : 의복 재료, 의복 디자인, 여성복 패턴, 여성복 생산
　실기 : 여성복 패턴 및 봉제작업 실무
③ 검정방법
　필기 : 객관식 4지 택일형, 60문항(60분)
　실기 : 작업형(6~7시간 정도)
④ 합격기준 : 100점 만점에 60점 이상
⑤ 응시자격 : 제한 없음

출제기준(필기)

필기 과목명	주요항목	세부항목	
의복 재료, 의복 디자인, 여성복 패턴, 여성복 생산	섬유의 분류	• 천연섬유와 인조섬유	
	섬유의 외형	• 섬유의 특성	
	섬유의 성질	• 섬유의 물리적 성질과 화학적 성질	
	실	• 실의 특성	
	직물의 종류	• 직물의 종류 및 특징	
	직물의 조직	• 직물의 기본 조직	
	염색	• 염색의 특성	
	직물의 가공	• 직물의 가공 및 특성	
	의복	• 의복의 성능	
	의복 관리	• 의복의 선택과 관리	
	색채의 기초	• 색채의 3속성 • 색의 혼합	• 색의 분류 • 색의 표시
	색의 효과	• 색의 시지각적 효과	• 색의 감정적인 효과
	색채관리	• 색채관리와 생활	
	디자인	• 디자인의 요소	• 디자인의 원리
	핏 경향 분석	• 실루엣과 사이즈 경향 분석	• 의복제작 방법 경향 분석
	패션상품 샘플작업지시서 분석	• 디자인 의도 파악	• 원부자재와 봉제방법 계획
	메인패턴 제작	• 샘플 수정	• 겉감패턴과 부속패턴
	봉제사양서 작성	• 부자재와 재봉사	• 부위별 봉제방법
	패션상품 생산기술 지도	• 봉제기술	
	패션상품 QC샘플 검사	• QC샘플	• QC샘플 수정지시서
	그레이딩	• 그레이딩 편차와 사이즈별 패턴	• 패턴 입력
	패션상품 원부자재 소요량 산출	• 원부자재 소요량	
	샘플패턴 수정	• 샘플패턴	
	여성복 샘플패턴 제작	• 여성복 사이즈 • 입체재단 패턴	• 여성복 패턴제작과 샘플겉감 패턴제작
	제직의류 생산의뢰서 분석	• 생산의뢰서	
	제직의류 재단 후 작업	• 재단물	• 심지와 특수 작업
	제직의류 완성기계 작업	• 완성 다림질	• 특종 작업 • 검침
	제직의류 완성기타 작업	• 마무리 손바느질과 제사	• 포장
	제직의류 재단 준비작업	• 재단	• 생산보조용 패턴제작
	제직의류 재단 본작업	• 마킹	• 연단 • 커팅
	제직의류 부속 봉제	• 부속 봉제	
	제직의류 합복 봉제	• 합복 봉제	

구성 및 특징

CHAPTER 01 의복 재료

■ 섬유의 분류

천연섬유	셀룰로스 섬유 (식물성 섬유)	껍질 섬유(인피 섬유)	아마, 황마, 저마, 대마, 케나프
		과실 섬유	야자 섬유
		잎 섬유(엽맥 섬유)	마닐라마, 아바카, 사이잘마
		씨앗 섬유(종자 섬유)	면(목화), 케이폭(나무)
	단백질 섬유 (동물성 섬유)	스테이플	알파카, 낙타털, 캐시미어, 토끼털, 비큐나, 라마, 양털
		필라멘트	명주(견)
	광물질 섬유	석면	
인조섬유	유기질 섬유	재생섬유	• 셀룰로스계 : 비스코스 레이온, 큐프라 레이온 등 • 단백질계 : 카세인, 제인 등 • 기타 : 고무섬유, 알긴산 섬유 등
		반합성 섬유	아세테이트, 트라이아세테이트
		합성섬유 (합성 고분자)	축합 중합형 : • 폴리아마이 • 폴리에스터 • 폴리우레탄
			부가 중합형 : • 폴리에틸렌 • 폴리염화비 • 폴리염화비 • 폴리플루오 • 폴리비닐알 • 폴리아크릴 • 폴리프로필
	무기질 섬유	금속섬유, 유리섬유, 암석섬유, 탄소섬유, 스테인리스강	

■ 섬유의 단면

• 원형 단면 섬유 : 양모, 나일론, 폴리에스터, 폴리프로필렌 등이 있으며, 나쁘다.
• 삼각형 단면 섬유 : 견은 단면이 삼각형 구조이며, 광택이 우수하다.
• 섬유 단면의 모양에 따라 광택, 피복성, 촉감 등이 달라진다.
• 섬유 측면의 형태에 따라 방적성에 영향을 미친다.

2

핵심이론 10 제사

1. 제사 처리

① 정의

㉠ 제사 처리란 제품 봉제 후 발생하는 재봉사의 연장 잔여물을 제거하는 작업을 말한다.
㉡ 봉제 과정에서 묻어 있는 실밥, 박음질 시작 부분과 끝부분에 길게 붙어 있는 재봉실을 처리한다.
㉢ 최근에는 제사 처리가 중요한 공정이라는 인식이 확대되어 성능이 개선된 제사 처리기를 사용하여 비용을 절감하고 효과를 극대화하고 있다.
㉣ 보통 완성 프레스 작업이나 포장 작업 이전에 실시하나, 일부에서는 제사 처리와 검사를 함께 진행하기도 한다.

② 제사 처리 도구와 특징

쪽가위	• 현장에서 가장 많이 사용된다. • 깔끔하고 섬세한 실밥 제거가 가능하다. • 정교하게 봉제된 정장 제품, 예민한 소재의 원피스나 블라우스의 제사 처리에 적합하다. • 가윗집을 내어 의류를 손상시키거나 손을 다치지 않도록 주의한다.
흡입식 제사 처리기	• 잔사가 많거나 견고한 소재 및 봉제 방법의 데님 팬츠, 캐주얼 셔츠, 니트 제품의 제사 처리에 적합하다. • 연장 잔여물을 잘라냄과 동시에 흡입하여 실밥과 먼지 제거가 이루어진다. • 고정형과 유동형이 있다. • 처리속도가 빨라 비용이 절감되고, 먼지 흡입이 동시에 진행되어 작업장 청결 및 작업자 건강에 도움이 된다. • 섬세한 소재는 손상될 수 있으므로 사용하지 않는다.
잔사털이기	• 제사 후에도 붙어 있는 실밥 등을 송풍기로 깨끗이 털어준다. • 바람으로 빨아들이는 방식이므로 예민한 소재의 여성복에는 적합하지 않다. • 대량생산의 스포츠 의류, 캐주얼 의류에 많이 사용된다.

2. 복종별 제사 처리 위치와 주의사항

① 재킷

㉠ 겉감과 안감을 합치기 전에 시접 끝이나 되돌아박기 부위 등을 제사 처리한다.
㉡ 다트 끝 봉제선의 연장 실밥은 봉제선이 풀리지 않도록 2cm 정도 남겨 두므로 제사 처리 위치에서 제외한다.
㉢ 제사 처리를 하고 나서 겉감과 안감을 합쳐서 봉제해야 오버로크식 뭉침이나 잔사 자국이 겉으로 보이지 않는다.

② 팬츠와 스커트

㉠ 팬츠의 벨트고리, 프런트 플라이 바택, 주머니 바택 부위는 잔사가 많이 생기므로 제사 처리 위치로 정한다. 특히, 기모 제품인 경우에는 흡입식 잔사털이기를 사용한다.
㉡ 스커트 제사 처리 위치는 팬츠의 위치에 더해 스커트 트임 부위가 추가된다.
㉢ 바택과 자수 작업 시에는 특히 뒷면의 잔사를 처리해야 한다.

핵심예제

제사 처리 시 처리 속도가 빠르고 연장 잔여물을 잘라냄과 동시에 실밥과 먼지를 흡입하여 작업장 청결에 좋은 것은?
① 쪽가위
② 잔사털이기
③ 흡입식 제사처리기
④ 밴드나이프 재단기

[해설]
흡입식 제사 처리기는 처리속도가 빨라 비용이 절감되고, 먼지 흡입이 동시에 진행되어 작업장 청결 및 작업자 건강에 도움이 된다. 섬세한 소재는 손상될 수 있으므로 사용하지 않는다.

정답 ③

2012년 제5회 기출문제

01 래글런(raglan) 소매의 설명으로 옳은 것은?

① 길(몸판)과 소매가 연결된 것으로 활동적인 의복에 사용된다.
② 소맷부리를 넓게 하여 주름을 잡아 오그리고 커프스로 처리한 소매이다.
③ 어깨를 감싸는 짧은 소매로 겨드랑이에는 소매가 없는 디자인이다.
④ 소매산이나 소맷부리에 개더 및 플리츠를 넣은 소매로 주름의 위치와 분량에 따라 모양이 달라진다.

해설
래글런 슬리브(raglan sleeve)
• 길과 소매가 절개선 없이 연결되어 구성되는 소매이다.
• 목둘레선에서 겨드랑이에 사선으로 절개선이 들어간 소매로 활동적인 의복에 사용된다.

02 길이에 따른 슬랙스의 종류 중 원형의 무릎선에서 5~10cm 정도 길게 한 것은?

① 숏 쇼츠(short shorts)
② 버뮤다(bermuda)
③ 니커즈(knickers)
④ 앵클 팬츠(ankle pants)

해설
① 니커즈 : 무릎선에서 5~10cm 정도 내려온 길이의 바지이다.
① 숏 쇼츠 : 원형의 밑위길이선에서 3~5cm 정도의 바짓가랑이 길이의 바지이다.
② 버뮤다 : 무릎 위까지 오는 길이의 바지를 말한다.
④ 앵클 팬츠 : 발목 정도까지 오는 길이의 바지이다.

03 옷감과 패턴의 배치에 관한 설명 중 틀린 것은?

① 줄무늬는 옷감 정리에서 줄을 바르게 정리한 다음 배치한다.
② 패턴은 큰 것부터 배치하고 작은 것은 큰 것 사이에 배치한다.
③ 짧은 털이 있는 옷감은 털의 결 방향을 위로 배치한다.
④ 옷감의 표면이 밖으로 되게 반을 접어 패턴을 배치한다.

해설
옷감의 표면이

04 의복 원형이

① 인간의 신체에
② 원형의 분이 포
③ 서툰 초보자
제도법이
④ 원형은 되는 제

해설
인체 각 부위를 리의 치수를 가 서툰 초보자에

제1회 실전모의고사

01 천연섬유 중에서 유일한 필라멘트 섬유는?

① 양모
② 견
③ 면
④ 마

해설
장섬유사(filament yarn, 필라멘트사)
• 한 가닥, 한 올의 실은 모노필라멘트라 하는데, 보통 직물(패브릭) 니트제품을 만들 때는 몇 가닥의 긴 필라멘트를 합해 한 올의 실을 형성한다.
• 길이가 무한히 긴 섬유(수천 미터 이상)로 만들어진 실을 말한다.
• 광택이 우수하고 촉감이 차다.
• 천연섬유인 견 섬유(실크)와 합성섬유(나일론, 폴리에스터, 아크릴)가 있다.
• 열가소성이 좋다.

02 동물성으로 크림프와 스케일이 잘 발달된 섬유는?

① 양모
② 면
③ 마
④ 나일론

해설
양모는 동물성 섬유로, 크림프(crimp, 곱슬거림)와 스케일(scale, 겉비늘)이 잘 발달되어 있다.

03 섬유의 단면이 삼각형이고 가장자리는 약간 둥글며 측면은 투명 막대로 이루어지고 피브로인과 세리신으로 구성된 섬유는?

① 면
② 마
③ 아크릴
④ 명주

해설
견(명주) 섬유
• 단면이 삼각형 구조인 동물성 섬유로, 광택이 우수하다.
• 2가닥의 피브로인과 그 주위를 감싼 1가닥의 세리신으로 되어 있다(피브로인의 외부에 세리신이 부착).
• 주성분은 피브로인 75~80%, 세리신 20~25%로 구성되어 있다.
• 누에고치에서 실을 뽑을 때는 뜨거운 물이나 증기 속에 넣어 처리한다.

04 10cm의 섬유에 외력을 가하여 11cm로 늘인 후 외력을 제거하였더니 10.5cm가 되었다. 이 섬유의 탄성회복률(%)은?

① 20%
② 30%
③ 50%
④ 70%

해설
$$탄성회복률 = \frac{늘어난\ 길이 - 늘어났다가\ 돌아온\ 길이}{늘어난\ 길이 - 원래\ 길이} \times 100$$
$$= \frac{11 - 10.5}{11 - 10} \times 100 = 50\%$$

1 ② 2 ① 3 ④ 4 ③ 정답

목 차

빨리보는 간단한 키워드

빨간키

빨리보는 간단한 키워드

의복 재료

▌ 섬유의 분류

천연섬유	셀룰로스 섬유 (식물성 섬유)	껍질 섬유(인피 섬유)	아마, 황마, 저마, 대마, 케나프
		과실 섬유	야자 섬유
		잎 섬유(엽맥 섬유)	마닐라마, 아바카, 사이잘마
		씨앗 섬유(종자 섬유)	면(목화), 케이폭(나무)
	단백질 섬유 (동물성 섬유)	스테이플	알파카, 낙타털, 캐시미어, 토끼털, 비큐나, 라마, 양털
		필라멘트	명주(견)
	광물질 섬유	석면	
인조섬유	유기질 섬유	재생섬유	• 셀룰로스계 : 비스코스 레이온, 큐프라 레이온 등 • 단백질계 : 카세인, 제인 등 • 기타 : 고무섬유, 알긴산 섬유 등
		반합성 섬유	아세테이트, 트라이아세테이트 등
		합성섬유 (합성 고분자)	축합 중합형	• 폴리아마이드계 : 나일론 • 폴리에스터계 : 폴리에스터 • 폴리우레탄계 : 폴리우레탄
			부가 중합형	• 폴리에틸렌계 : 폴리에틸렌 • 폴리염화비닐계 : PVC • 폴리염화비닐리덴계 : 폴리염화비닐리덴 • 폴리플루오르에틸렌계 : 폴리플루오르에틸렌 • 폴리비닐알코올계 : 비닐론, PVA • 폴리아크릴로나이트릴계 : 아크릴 • 폴리프로필렌계 : 폴리프로필렌
	무기질 섬유	금속섬유, 유리섬유, 암석섬유, 탄소섬유, 스테인리스강 섬유	

▌ 섬유의 단면

- 원형 단면 섬유 : 양모, 나일론, 폴리에스터, 폴리프로필렌 등이 있으며, 촉감이 부드럽고 투명하지만 피복성은 나쁘다.
- 삼각형 단면 섬유 : 견은 단면이 삼각형 구조이며, 광택이 우수하다.
- 섬유 단면의 모양에 따라 광택, 피복성, 촉감 등이 달라진다.
- 섬유 측면의 형태에 따라 방적성에 영향을 미친다.

▮ 비중

- 일정한 부피의 4℃ 물의 밀도를 기준으로 두고 같은 부피의 어떤 물질의 밀도를 비교하여 나타낸 값을 말한다.
- 비중이 작으면 가벼우나 너무 작으면 드레이프성이 좋지 못하고 보온성이 대체로 크다.
- 섬유의 비중 : 석면·유리 > 사란 > 면 > 비스코스 레이온 > 아마 > 폴리에스터 > 아세테이트·양모 > 명주·모드아크릴 > 비닐론 > 아크릴 > 나일론 > 폴리프로필렌

▮ 드레이프성

- 옷감을 인체 등 입체적인 곳에 올렸을 때 대상의 굴곡대로 자연스럽게 늘어뜨려지면서 드리워지는 성질을 말한다.
- 꼬임이 많고 실의 굵기가 굵고 두꺼울수록 드레이프성이 감소한다.

▮ 양모 섬유

- 섬유의 단면은 원형이고 겉비늘이 있다.
- 측면에는 비늘 모양의 스케일(scale, 겉비늘)이 있어 방적성과 축융성이 좋다.
- 스케일은 광택과 밀접한 관련이 있으며 방적성을 높이고, 피질부(내층)를 보호하는 역할을 한다.
- 양털 섬유를 형성하는 단백질의 주성분은 케라틴이다.
- 흡습성은 모든 섬유 중에서 가장 크다.
- 열전도율이 낮고 다공성이 커서 보온성이 좋다.
- 강도가 천연섬유 중에서 가장 작다.
- 산에는 비교적 강하지만 알칼리에 약하다.

▮ 견(명주) 섬유

- 단면이 삼각형 구조인 동물성 섬유로, 광택이 우수하다.
- 천연섬유 중 가장 길이가 길고 강도가 우수한 편이며 신도는 양털보다 약하다.
- 산에는 강한 편이나, 알칼리에 약해서 강한 알칼리에 의하여 쉽게 손상된다.
- 촉감이 뛰어나며 매끄럽고, 가늘어서 섬세한 느낌을 준다.
- 여성의 옷감, 넥타이, 스카프, 한복감에 사용한다.

▮ 면 섬유

- 섬유의 측면은 리본 모양의 꼬임이 있다.
- 품질이 우수할수록 천연 꼬임의 숫자는 많아진다.
- 곰팡이의 침해를 받기 쉬우며, 습윤하면 강도가 가장 많이 증가한다.
- 산에는 약하나 알칼리에 강해서 합성세제에 비교적 안전하다.
- 내구성, 보온성, 흡습성이 좋은 위생적, 실용적인 섬유로 내의용 소재로 적당하다.

▌마 섬유

- 아마 섬유(린넨)
  - 아마과에 속하는 식물로 여러 개의 단섬유가 모여 섬유 다발을 만들고 있다.
  - 측면의 마디는 면 섬유의 꼬임과 같이 섬유와 섬유를 서로 잘 엉키게 하여 방적성을 좋게 해 준다.
- 저마 섬유(모시)
  - 마 섬유 중 단섬유의 길이가 가장 길고 순수한 셀룰로스로 되어 있다.
  - 흡습성, 발산성, 통기성이 우수해 시원하다.
- 대마 섬유(삼베) : 내구성과 내수성이 좋아 천막, 로프, 어망 등으로 사용되며 모기장으로도 사용된다.

▌비스코스 레이온

- 강도는 면보다 나쁘나 흡습성은 우수하다.
- 일광에 의해 면보다 쉽게 손상된다.
- 습윤할 때 강도 저하가 가장 심하다.
- 정전기가 잘 일어나지 않아 각종 양복 안감, 속치마, 블라우스 등에 이용된다.

▌아크릴

- 체적(부피)감이 있고 보온성이 우수하다.
- 워시 앤드 웨어(wash and wear)성이 좋고 따뜻하며 촉감이 부드럽다.
- 양모 대용으로 스웨터, 겨울 내의 등의 편성물 또는 모포에 많이 사용한다.
- 모든 섬유 중에서 내일광성이 가장 좋다.
- 내열, 내균, 내약품성이 좋지만 흡습성이 좋지 않아서 정전기가 발생한다.

▌실의 꼬임

- 실의 꼬임 방향에 따라 좌연사(Z꼬임)와 우연사(S꼬임)로 나누고 꼬임의 정도에 따라 강연사, 약연사로 구분한다.
- 실에 적당한 꼬임을 주면 섬유 간의 마찰이 커져서 실의 강도가 향상되지만 어느 한계 이상 꼬임이 많아지면 실의 강도는 오히려 감소한다.
- 꼬임수가 증가하면 실의 광택이 줄어들며 딱딱하고 까슬까슬해지고, 꼬임이 적으면 부드럽고 부푼 실이 된다.
- 꼬임수가 적은 것은 위사로, 꼬임수가 많은 것은 경사로 사용한다.

▌ 실의 굵기를 표현하는 방법

항중식 (번수)	•방적사(면사, 마사, 모사 등)의 굵기를 나타내는 방법이다. •일정한 무게의 실의 길이로 표시하며 번수 방식을 사용한다. •1파운드 무게의 실을 타래 수로 표시하고, 숫자가 클수록 실의 굵기는 가늘다. •번수('S)가 크면 실은 가늘어지고 번수가 작으면 실은 굵어진다. $$번수 = \frac{길이(yd)}{840 \times 무게(lb)}$$
항장식 (데니어)	•표준 길이에 대한 무게로 실의 굵기를 나타내는 방법이다. •필라멘트사(견, 레이온, 합성섬유)의 굵기를 나타내는 방법으로, 기호는 D(실) 또는 d(섬유)로 나타낸다. •1데니어(denier)는 실 9,000m의 무게를 1g으로, 1데니어(1D)로 표시한다. 데니어의 숫자가 커질수록 실은 굵다. $$데니어 = \frac{무게(g) \times 9,000(m)}{실의 길이(m)}$$

▌ 실의 길이별 분류

- 단섬유사(staple yarn) 또는 방적사(spun yarn)
  - 단섬유는 면, 모, 마와 같이 섬유장이 짧은 섬유나 견, 필라멘트와 같은 장섬유를 방적하기에 알맞은 길이로 짧게 절단한 것이다.
  - 단섬유를 평행하고 길게 만들어 꼬임을 주어 만든 실을 방적사라고 한다.
  - 필라멘트사에 비해 꼬임이 더 필요하다.
  - 비교적 부드러우며 감촉이 따뜻하다.
  - 굵기나 보풀상태가 불균일하고, 강도는 필라멘트사보다 약하다.
- 장섬유사(filament yarn, 필라멘트사)
  - 매끈하고 이음이나 꼬임이 없는 긴 형태의 실로, 모든 화학섬유는 처음에는 필라멘트의 형태로 생산된다.
  - 천연섬유로 견사, 재생섬유로 레이온사, 합성섬유로 나일론사, 폴리에스터사, 아크릴사 등이 해당된다.
  - 열가소성이 좋다.

▌ 편성물

- 한 가닥 또는 여러 가닥의 실을 고리 모양의 편환을 만들어 이것을 상하좌우로 얽어서 만든 것이다.
- 편성물의 기본이 되는 조직은 평편, 고무편, 펄편이다.

▌ 직물의 삼원조직

평직	•삼원조직 중에서 가장 간단한 조직이다. •가장 보편적이고 제직이 간단하며 앞뒤의 구별이 없다. •날실과 씨실이 한 올씩 교대로 교차된 조직이다. •광목, 옥양목, 포플린, 명주, 모시, 머슬린 등이 있다.
능직	•사문직이라고도 하며 날실과 씨실이 3올 이상 교차하여 만들고, 표면에 능선이 나타난다. •트윌, 서지, 개버딘, 진, 데님, 치노, 헤링본 등이 있다.
수자직 (주자직)	•날실과 씨실이 5올 이상 길게 떠 교차되는 직물이다. •경사, 위사의 조직점이 적어 유연하다 •목공단, 새틴, 도스킨, 베니션 등이 있다.

▌ 표백

방법		표백제	섬유
산화표백	산소계 (과산화물)	• 과산화수소 • 과탄산나트륨 • 과산화나트륨 • 과붕산나트륨	• 양모 • 견 • 셀룰로스계 섬유
	염소계	• 표백분 • 아염소산나트륨 • 차아염소산나트륨	• 셀룰로스계 섬유 • 나일론 • 폴리에스터 • 아크릴계 섬유
환원표백	• 아황산수소나트륨 • 아황산 • 하이드로설파이트		양모

▌ 섬유에 따른 염료의 분류

- 직접염료 : 면, 마 섬유의 염색에 사용
- 분산염료 : 폴리에스터, 아세테이트의 염색에 많이 사용
- 산성염료 : 양모, 견, 나일론 섬유의 염색에 많이 사용
- 염기성염료 : 아크릴 섬유의 염색에 사용
- 황화염료 : 무명의 염색에 사용

▌ 특수 가공

- 머서화 가공(실켓 가공) : 진한 수산화나트륨 용액으로 처리하는 가공으로 광택, 염색성, 흡습성, 강도 등이 증가된다.
- 샌퍼라이징 가공 : 면직물에 수분, 열, 압력을 가하여 미리 수축시켜 의복을 만든 후에 줄어드는 것을 방지하는 가공이다.
- 증량 가공 : 견 섬유에 금속염을 처리하여 중량을 증대시키는 가공이다.
- 런던슈렁크 가공 : 모직물을 물에 적셔 젖은 천 사이에 하루 동안 두었다가 건조하여 미리 수축시키는 가공이다.

▌ 의복의 성능

- 위생적 성능 : 투습성, 흡수성, 통기성, 열전도성, 보온성, 함기성, 대전성 등
- 감각적 성능 : 촉감, 축융, 기모, 광택, 필링성 등
- 실용적 성능 : 강도, 신도, 내열성 등
- 관리적 성능 : 형태 안정성, 방충성, 방추성 등

의복 디자인

▌ 색채의 3속성

- 색상 : 사물을 보았을 때 색채를 구별하는 기준이 되는 속성을 말한다.
- 명도 : 물체의 밝고 어두움을 나타내며, 수치가 높을수록 밝고 수치가 낮을수록 어둡다.
- 채도 : 물체 표면색의 선명함을 나타내며, 숫자가 높을수록 선명하고 숫자가 낮을수록 탁하다.

▌ 색입체

- 색상, 명도, 채도를 조합하여 색의 체계를 입체로 표현한 것이다.
- 색상은 원둘레의 척도이며, 스펙트럼의 배열순으로 나타낸다.
- 명도는 세로의 중심축으로 나타내며, 위로 올라갈수록 고명도다.
- 채도는 중심의 무채색 축을 0으로 하여, 축으로부터 멀어질수록 고채도다.

▌ 색입체의 단면

- 색입체의 수직단면 : 등색상면으로 동일 색상의 명도와 채도의 변화를 볼 수 있으나, 색상의 변화는 볼 수 없다.
- 색입체의 수평단면 : 등명도면으로 동일 명도의 색상과 채도의 변화를 볼 수 있으나, 명도의 변화는 볼 수 없다.

▌ 색의 분류

- 무채색 : 흰색, 회색, 검은색으로 채도는 없고 명도만 존재한다.
- 유채색 : 무채색을 제외한 모든 색으로 색상, 명도, 채도를 가지고 있다.

▌ 원색

- 색의 근원이 되는 으뜸의 색으로 다른 색의 혼합으로 만들 수 없다.
- 원색들을 혼합해서 다른 색을 만들 수 있다.

▌ 색광 혼합(가산 혼합, 가법 혼합)

- 빛의 색이 더해질수록 점점 밝아지는 원리이다.
- 빛의 3원색(red, green, blue)을 모두 혼색하면 백색광이 된다.

▌ 색료 혼합(감산 혼합, 감법 혼합)
- 색료의 색이 더해질수록 점점 어두워지는 원리이다.
- 색료의 3원색(cyan, magenta, yellow)을 모두 혼색하면 검정이 된다.

▌ 중간 혼합(평균 혼합, 중간 혼색)
- 두 색 또는 그 이상의 색이 섞여 중간의 밝기(명도)를 나타내는 원리이다.
- 병치혼색 : 일정 거리 이상에서 두 가지 이상의 색을 동시에 볼 때 심리적으로 혼색
- 회전혼색 : 원판에 색을 칠하고 고속으로 회전시키면 각각의 색이 혼색

▌ 보색
- 보색은 색상환에서 서로 마주하며, 색상 차이가 가장 큰 색을 말한다.
- 보색인 두 색을 혼합하면 무채색이 된다.

▌ 색체계
- 먼셀 색체계
  - 색상, 명도, 채도의 3가지 속성이 시각적으로 고른 단계가 되도록 색을 선정하였다.
  - 표기법 : 색상, 명도, 채도의 순으로 표기하고 기호는 'H V/C'로 한다.
- 오스트발트 색체계
  - 이상적인 백색, 이상적인 흑색, 이상적인 순색의 3가지 색을 혼합비율에 따라 회전원판에 의한 혼색으로 색을 체계화하였다.
  - 표기법 : W(흰색의 양) + B(검은색의 양) + C(순색의 양) = 100%로 나타내고 색상 번호, 흰색의 양, 검은색의 양의 순으로 표기한다.

▌ 색명
- 관용색명(고유색명) : 관용적인 색이름으로 동물, 과일, 식물, 사물 등에 빗대어 표현한다.
- 계통색명(일반색명) : 계통적으로 분류해서 표현할 수 있도록 한 색이름이다.

▌ 색의 대비
- 동시 대비
  - 가까이 있는 두 색을 동시에 볼 때 서로의 영향으로 색이 다르게 보이는 현상을 말한다.
  - 동시 대비에는 색상 대비, 명도 대비, 채도 대비, 보색 대비, 연변 대비 등이 있다.
- 계시 대비 : 어떤 색을 보다가 다른 색을 보았을 때 앞의 색의 잔상의 영향으로 본래의 색과 다르게 보이는 현상이다.

▌ 색의 동화와 잔상

- 색의 동화
  - 인접하고 있는 색의 영향으로 인접 색에 가까운 색으로 보이는 현상을 말한다.
  - 색의 동화에는 색상 동화, 명도 동화, 채도 동화가 있다.
- 색의 잔상 : 감각의 원인인 자극을 제거한 후에도 그 흥분이 남아 있는 현상을 말한다.

▌ 색채의 감정 효과

색채와 온도감	• 난색 : 빨강, 주황, 노랑 등 따뜻한 느낌 • 한색 : 파랑, 남색, 청록 등 차가운 느낌 • 중성색 : 연두, 녹색, 보라, 자주 등 따뜻하지도 차갑지도 않은 느낌
색채와 중량감	• 가벼움 : 고명도의 색 • 무거움 : 저명도의 색
색채와 경연감	• 딱딱함 : 저명도, 고채도, 한색 계열 • 부드러움 : 고명도, 저채도, 난색 계열
색채의 흥분과 진정	• 흥분 효과 : 고채도, 난색 계열 • 진정 효과 : 저채도, 한색 계열
색채의 진출과 후퇴	• 진출(팽창) : 고명도, 난색 계열 • 후퇴(수축) : 저명도, 한색 계열
색채와 계절감	• 봄 : 파스텔 계열의 고명도 색 • 여름 : 고명도, 고채도의 색 • 가을 : 난색 계열의 중명도, 중채도의 색 • 겨울 : 한색 계열의 저명도, 저채도의 색과 무채색

▌ 색채의 정서적 반응

- 색채의 연상 : 색에 대한 특정한 인상을 떠올리거나 어떤 사물을 색과 연결시켜 생각하는 것을 말한다.
- 색채의 상징 : 하나의 색을 보았을 때 직감적이고 알기 쉽도록 특정한 형태나 사상으로 나타난다.

▌ 색채관리 및 조절

- 색채관리 : 상품 색채의 통합적인 관리를 말하는 것이다.
- 색채조절 : 객관적 이론을 근거로 하여 색을 과학적이고 합리적으로 사용하는 것을 말한다.
- 색채계획 : 색채조절보다 확장되고 발전된 개념으로, 계획의 목적과 대상을 조사하고 아이디어에서 제품까지 디자이너가 의도하는 색을 분석한다.

▌ 의생활과 색채

- 패션은 트렌드 주기가 짧고 컬러 선택의 폭이 넓다.
- 추구하는 메인 콘셉트는 유지하면서 컬러는 다양하게 사용한다.

▌ 디자인 요소

- 형태
  - 점 : 1차원적 요소로, 형태를 지각하는 최소 단위이다.
  - 선 : 점이 이동하면서 남긴 자취로 길이와 방향을 나타낸다.
  - 면 : 2차원적 요소로, 공간을 구성하는 기본 단위이다.
  - 입체 : 3차원적 요소로, 공간에서 여러 개의 평면이나 곡선으로 둘러싸인 부분을 말한다.
- 색채 : 인간이 지각할 수 있는 가시광선의 파장에 의해 식별할 수 있는 시감각을 말한다.
- 질감 : 물체가 가지는 표면적 성격이나 특징을 말한다.

▌ 디자인의 원리

- 비례 : 전체와 부분 또는 부분 간의 관계를 나타낸다.
- 균형 : 시각적 무게감을 말하며 전체적으로 안정감과 통일감을 줄 수 있는 원리이다.
- 통일 : 단일성의 느낌이 조화의 미로 나타난다.
- 조화 : 두 개 이상의 요소가 통일되어 미적·감각적 효과를 이루는 원리를 말한다.
- 리듬(율동) : 유사한 형이나 색이 반복적으로 배열됨으로써 생기는 움직임으로 느낄 수 있다.
  - 리듬은 반복, 교차, 방사, 점이 등을 통해 얻어진다.
  - 방사상 리듬 : 한 점을 중심으로 각 방향으로 뻗어 나가는 것
- 강조 : 강조점을 효과적으로 활용하여 미적으로 우수하고 상황에 적합한 디자인을 할 수 있다.

CHAPTER 03 여성복 패턴

▌실루엣 경향 분석

- 시장 조사를 통해 얻은 사진이나 상품 화보, 온라인 쇼핑몰에 있는 제품 사진 등의 자료를 이용한다.
- 매장 방문 및 온라인 쇼핑몰을 통해 구매한 제품을 토대로 길이 및 둘레 항목의 사이즈 비율과 전체적인 외형상의 형태감을 확인한다.
- 경쟁사 제품의 부착물이나 부속품의 사이즈, 부착 위치 및 형태감 등을 확인한다.
- 경쟁사 제품의 구성 요소 분석 및 분해를 통해 재봉사, 심지, 안감 등의 재질과 사용 방법 및 봉제 방법 등을 확인한다.
- 경쟁사 제품 해체를 통해 사용된 봉제기기, 완성 방법 등을 파악한다.

▌사이즈 경향 분석

- 자사가 정한 콘셉트나 구매 고객층이 겹쳐 경쟁 관계에 있는 브랜드의 고객 인체 사이즈 및 제품 완성 사이즈 체계를 조사한다.
- 자사 브랜드의 아이템별 제품 사이즈 변화를 확인한다.
- 경쟁사 브랜드의 사이즈를 분석한 자료와 자사 브랜드의 사이즈 변화 추이표, 자사 브랜드 제품을 구매하는 고객의 요구를 반영하여 차기 시즌 자사 브랜드의 사이즈를 계획한다.

▌의복 제작 경향 분석

- 봉제기기 박람회나 봉제기기 전문 잡지, 봉제기기 카탈로그, 봉제 전문 서적 등을 통해 정보를 수집한다.
- 경쟁사 패턴 분석을 위해 제품을 해체할 때 부차적으로 얻어지는 정보를 통해 자료를 얻는다.

▌샘플작업지시서

- 새로운 제품 개발을 위한 샘플 작업 시 사용되는 문서이다.
- 디자이너의 도식화나 참조용 이미지 사진 등이 기입되며, 샘플용 원부자재의 기본 정보가 담긴다.
- 샘플작업지시서의 구성 요소

샘플 고유 정보	회사명, 브랜드명, 시즌, 복종, 스타일(복종)명, 스타일 번호, 샘플 고유 번호, 담당 디자이너 성명, 작성일, 납기일 등
샘플 디자인 정보	제품의 앞뒷면 도식화, 디자인의 세부 부분 확대 그림, 칼라나 주머니 등의 디자이너 요청 작업 방법, 디자이너 코멘트 등
샘플 소재 정보	샘플 원부자재의 실물 견본이나 지정된 코드 번호, 규격, 색상, 배색, 사용 부위 등 샘플 원부자재의 상세 내역 등

▌원부자재 분석 및 봉제 방법 계획

- 스와치는 일정 크기 이상으로 재단되어야 하며, 작업지시서 상하 방향과 식서 방향이 일치해야 한다. 원단에 무늬가 있을 때에는 한 리피트가 보일 수 있는 크기로 붙여져 있어야 한다.
- 샘플 원단의 두께감, 기모의 유무, 밀도감과 드레이프성, 신축성 등을 파악한다.
- 심지는 샘플 원단의 재질과 가장 유사한 것으로 선택한다.
- 샘플 원단의 재질 특성에 맞는 안감을 선정한다.
- 샘플용 겉감 원단의 물성, 무늬 패턴, 기모의 유무에 따라 적절한 봉제 방법을 선택한다.
- 안감의 유무에 따라 겉감의 솔기 처리가 달라지므로 각각의 경우에 알맞은 봉제 방법을 선택한다.

▌패턴 제작

- 패턴은 의복 제작 시 옷감을 재단하기 위해서 약속된 제도 기호로 그려낸 옷본이다.
- 평면 패턴 제작(평면 재단)
  - 인체 각 부위의 치수를 기본으로 하여 제도하고 패턴을 제작한다.
  - 플랫 패턴(flat pattern)에 의한 방법과 옷감 위에서 직접 드래프팅(drafting)하는 방법이 있다.
- 입체 패턴 제작(입체 재단)
  - 인체나 인대 위에 옷감 등을 직접 대어보면서 입혀가듯 디자인에 맞추어 재단하는 방법(draping)이다.
  - 옷의 입체감을 빠르게 파악할 수 있다.
  - 핀을 꽂거나 바느질을 하여 완성된 원단을 다시 뜯고 평면에 펼쳐 패턴을 완성한다.
- 병용 패턴 제작
  - 평면제도로 어느 정도 패턴의 형태를 만들어 머슬린에 배치하고 가봉하여 바디에 입혀서 디자인에 맞는 실루엣으로 완성하는 방법이다.
  - 평면 패턴 제작 방법과 입체 패턴 제작 방법의 적절한 조화를 통해 패턴의 완성도를 높일 수 있다.

▌장촌식 제도법(흉도식, 문화식)

- 기준이 되는 큰 치수 중 몇 항목만을 사용하여 그 치수를 등분하거나 고정 치수를 사용한다.
- 주로 가슴둘레의 치수를 기준으로 그 밖의 치수를 산출하여 제도하는 방법이다.
- 오차가 작아 비교적 정확하며 일정한 균형의 원형을 얻을 수 있다.
- 계측이 서투른 초보자에게도 적당한 방법이다.

▌단촌식 제도법

- 인체 각 부위를 세밀하게 계측하여 제도하는 방법이다.
- 각 개인의 체형에 잘 맞는 원형을 제도할 수 있지만 계측시간이 많이 필요하다.
- 뒷목둘레 혹은 가슴둘레를 나누어서 산출한다.
- 계측기술이 부족한 경우에는 계측 오차로 인해서 정확하지 못한 패턴을 제도할 수 있기 때문에 주의해야 한다.

▌ 제도 용구, 약자, 기호

- 제도 용구 : 직각자, 줄자, 곡자, 방안자, 축도자, 에스모드자, 룰렛, 2B 연필 등
- 주요 제도 약자

길(몸판)	B(가슴둘레), W(허리둘레), B.P(젖꼭짓점), S.L(옆선) 등
소매	A.H(진동둘레), S.C.H(소매산), S.B.L(소매폭선) 등
스커트	H(엉덩이둘레), W.L(허리선), C.F.L(앞중심선), C.B.L(뒤중심선) 등
슬랙스(팬츠)	H.L(엉덩이둘레선), K.L(무릎선) 등

- 제도 기호

완성선	
안내선	
안단선	
골선	

식서 방향 (올의 방향)		털의 결 방향		바이어스 방향	
직각		심지		턱(tuck)	
줄임		늘림		선의 교차	
다트		가윗밥		오그림	
등분		절개		단춧구멍	
단추위치		외주름		맞주름	
다림질		다림질 방향			
맞춤	옷본을 서로 붙여서 재단
맞춤 (노치, notch)	2장 이상의 원단을 서로 표시에 맞추어 맞물리도록 위치를 표시해 주는 것

▌ 인체계측 방법

• 너비

등너비	좌우 등너비점 사이의 길이를 잰다.
가슴너비	좌우 앞품점 사이의 길이를 잰다.
앞품	선 자세에서 오른쪽의 어깨끝점과 앞 겨드랑이점을 잇는 진동둘레선상의 가운데 지점과 왼쪽의 어깨끝점과 앞 겨드랑이점을 잇는 진동둘레선상의 가운데 지점 사이의 길이를 앞쪽에서 측정한다.
유폭	좌우 유두점 사이의 길이를 잰다.
어깨너비	피계측자의 뒤에서 좌우 어깨끝점의 길이를 잰다.

• 길이

유두길이(유장)	목옆점을 지나 유두점까지의 길이를 잰다.
등길이	목뒤점에서 뒤중심선을 따라 허리선의 허리뒤점까지의 길이를 잰다.
앞길이	오른쪽 목옆점에서 유두점을 지나 허리둘레선까지의 길이를 잰다.
밑위길이	의자에 앉은 자세에서 허리둘레선의 옆 중심에서부터 실루엣을 따라 의자 바닥까지의 수직거리를 잰다.
엉덩이길이	옆 허리둘레선에서 엉덩이둘레선까지의 길이를 잰다.
어깨길이	목옆점에서 어깨끝점까지의 길이를 잰다.
총길이	등길이를 계측하여 허리선을 지나 바닥까지의 길이를 잰다(목뒤점에서부터 바닥까지의 길이).
바지길이	오른쪽 옆 허리선에서 무릎 수준을 지나 발목점까지의 길이를 측정한다.
소매길이	팔을 자연스럽게 내린 후 어깨끝점에서 팔꿈치점을 지나 손목점까지의 길이를 잰다.
재킷 상의 길이	뒷목점에서 뒤중심선을 따라 정해진 옷길이를 잰다.
치마길이	옆 허리선부터 무릎점까지의 길이를 잰다.

• 둘레

목(밑)둘레	목뒤점에서부터 좌우로 옆목을 자연스럽게 내려오면서 앞목점에 이르는 둘레선을 잰다.
가슴둘레	선 자세에서 피계측자가 자연스럽게 숨을 들이 마신 후 숨을 멈추었을 때, 좌우 유두점을 지나도록 하는 수평 둘레를 측정한다.
허리둘레	앞쪽에서 보아 허리 부분에서 가장 안쪽으로 들어간 위치에서의 수평 둘레를 측정한다(허리의 가장 가는 부위를 수평으로 돌려서 잰다).
엉덩이둘레	하부 부위 중 최대 치수에 해당한다. 엉덩이의 가장 두드러진 부위를 수평으로 돌려서 잰다.
손목둘레	팔을 자연스럽게 내린 후 손목점을 지나는 부분을 수평으로 돌려 감아 잰다.
팔꿈치둘레	팔을 구부린 상태에서 팔의 가장 돌출된 부분(팔꿈치점)을 지나도록 돌려 감아 잰다.
넙다리둘레	넙다리(허벅지) 부위의 최대 둘레를 잰다.
무릎둘레	무릎뼈가운데점을 지나는 둘레를 측정한다.
발목둘레	오른쪽 발목의 가장 가는 부위의 수평둘레를 측정한다.

※ 유차 : 윗가슴둘레(유상동)와 가슴둘레(상동)의 차이

▌ 원형의 제도

• 원형의 개요 : 인간의 동적 기능을 방해하지 않는 범위 내에서 신체에 밀착되는 기본 옷을 말한다.

• 원형 제도 시 필요 치수 항목

길(bodice)	가슴둘레, 등길이, 유두길이, 어깨너비, 등너비, 가슴너비, 유두간격, 목둘레
소매(sleeve)	길 원형의 앞뒤 진동둘레 치수, 소매길이, 팔꿈치길이, 소매산길이, 손목둘레
스커트(skirt)	허리둘레, 엉덩이둘레, 스커트 길이, 엉덩이길이
슬랙스(slacks)	허리둘레, 엉덩이둘레, 엉덩이길이, 밑위길이, 바지길이

- 길 원형 활용(다트 머니퓰레이션, dart manipulation)
  - 다트를 활용하는 기본 방법이다.
  - 기본 다트를 디자인에 따라 다른 위치로 이동하거나 다른 형태로 만들어 주는 것이다.

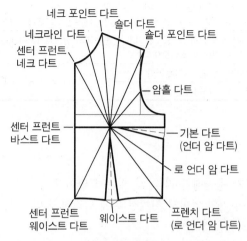

[여러 가지 다트]

- 소매산 제도
  - 소매산은 의복 소매에서 제일 높은 점과 제일 낮은 점(겨드랑이) 사이의 길이를 말한다.
  - 소매산 높이와 소매통은 반비례하여 소매산이 높으면 소매 폭이 좁아지고 활동하기 매우 불편하지만, 외관상 아름다워 보이는 효과가 있다.
  - 소매산이 낮으면 소매 폭이 넓어지고 겨드랑이 주위에 주름이 생기지만 활동하기 편해진다.

▌ 소매와 스커트

- 소매의 분류
  - 길(몸판)에 소매를 다는 세트 인 슬리브(set-in sleeve) 형태

• 퍼프(puff) 슬리브	• 랜턴(lantern) 슬리브
• 셔츠(shirt) 슬리브	• 레그오브머튼(leg of mutton) 슬리브
• 비숍(bishop) 슬리브	• 벨(bell) 슬리브
• 플리츠(pleats) 슬리브	• 캡(cap) 슬리브
• 페탈(petal) 슬리브	• 타이트(tight) 슬리브
• 카울(cowl) 슬리브	• 드롭 숄더(dropped shoulder) 슬리브
• 파고다(pagoda) 슬리브	• 웨지(wedge) 슬리브
• 케이프(cape) 슬리브	

  - 길과 소매가 절개선 없이 연결하여 구성되는 형태

• 프렌치(french) 슬리브	• 요크(yoke) 슬리브
• 돌먼(dolman) 슬리브	• 래글런(raglan) 슬리브

• 스커트 길이에 따른 분류

마이크로미니	초미니스커트라고도 불리며, 가장 짧은 길이의 스커트이다.
미니	무릎 위까지 오는 길이의 스커트이다.
내추럴	• 길이가 무릎 정도 되는 기본형 스커트에 해당한다. • 샤넬라인이라고도 하며 무릎 아래로 5~10cm 정도 내려온 스커트를 말한다.
미디	미디렝스(midi length)의 약어로 스커트 길이가 무릎선에서 밑으로 13~17cm 정도 내려와, 스커트 자락이 무릎에서 발목 사이의 중간 정도 오는 길이의 스커트이다.
맥시	길이가 발목까지 내려오는 긴 스커트이다.
풀렝스(롱)	발목을 가릴 정도로 길게 내려오는 스커트이다.

▌ 칼라와 포켓

• 칼라의 종류
  − 스탠드(stand) 칼라 : 칼라가 목둘레를 따라 서 있는 모양이다.
  − 플랫(flat) 칼라 : 스탠드분이 거의 없어서 어깨선 위에 납작하게 뉘어지는 것으로 옷을 착용했을 때 어깨선을 따라 평평하게 눕는 칼라 모양을 말한다.
  − 테일러드(tailored) 칼라 : 앞길 원형의 일부분인 라펠 부분과 이어진 모양의 칼라로 구성되어 있다.
• 포켓의 종류
  − 웰트(welt) 포켓 : '가장자리 장식'이라는 뜻으로, 가슴주머니에 많이 쓰인다.
  − 플랩(flap) 포켓 : 뚜껑이 달린 포켓을 말한다.
  − 파이핑(piping) 포켓 : 입술 포켓, 바운드 포켓이라고도 하며 주머니의 가장자리를 같은 감 또는 다른 소재의 감으로 덧대어 입술 모양처럼 길쭉하게 절개된 모양이다.
  − 인심(in-seam) 포켓 : 의복의 솔기를 이용한 포켓이다.

▌ 부자재

• 접착 심지는 직물 심지, 니트 심지, 부직포 심지, 복합포 심지 등으로 구분할 수 있다.
  − 직물 심지는 부직포 심지보다 겉감의 형태 안정성과 품질의 지속성이 우수하다.
  − 니트 심지는 직물 심지보다 부드럽고 신축성과 드레이프성이 크다.
  − 부직포 심지는 다양한 종류의 직물이나 신축성 소재, 저지 의류 제품에 사용이 가능하다.
  − 복합포 심지는 형태 안정성을 필요로 하는 재킷이나 코트 심지로 많이 사용된다.
• 재킷에 사용되는 비접착 직물 심지로는 모 심지, 헤어클로스(haircloth), 마 심지가 있다.
• 안감의 종류에는 합성섬유 안감, 재생섬유 안감, 천연섬유 안감 등이 있다.
  − 합성섬유 안감은 내세탁성, 내구성이 매우 우수하다.
  − 재생섬유 안감은 부드럽고 아름다워 고급 여성복 안감으로 많이 사용된다.
  − 천연섬유 안감 중 견 안감은 촉감이 부드럽고 염색성이 좋다.
• 기타 부자재로는 어깨패드, 슬리브헤딩(sleeve heading) 등이 있다.

▌ 솔기의 종류

- 쌈솔 : 세탁을 자주 해야 하는 운동복, 아동복, 와이셔츠, 작업복 등에 많이 이용되며 겉으로 바늘땀이 두 줄이 나오기 때문에 스포티한 느낌을 주는 바느질법이다.
- 통솔 : 오건디, 시폰 등과 같이 얇고 비치며 풀리기 쉬운 옷감이나 세탁을 자주 해야 하는 옷을 만들 때 주로 이용되는 솔기이다.
- 평솔 : 두 장 이상의 감을 완성선에 맞추어 한 번 박아서 처리하는 솔기를 말한다.
- 바운드 심(bound seam) : 시접 끝을 다른 소재의 감이나 테이프로 감싸 박음질로 처리하는 것이다.
- 슈퍼임포즈 심(superimposed seam) : 2매 이상의 소재가 끝부분이 서로 나란히 포개진 상태에서 한 줄 또는 여러 줄로 봉제하는 솔기 처리법이다.
- 플랫 심(flat seam) : 천을 포개지 않은 상태로 봉사나 다른 소재를 이용해 봉제하는 심이다.
- 랩 심(lapped seam) : 2장의 겹쳐진 천은 서로 포개어 겹쳐 있고, 이때의 겹쳐진 양은 땀을 유지시키거나 봉합하는 데 충분한 양이 되도록 봉합시킨다.
- 슬러트(슬롯) 심(slot seam) : 맞주름 솔이라고도 하며 두 장의 천의 끝을 맞붙여 그 아래에 같은 천 또는 배색이 좋은 장식 천을 놓고 원하는 너비로 박음질하여 만든다.

▌ 재봉 작업 시 바른 자세

- 재봉틀 테이블에서 15cm 정도 떨어져 바르게 앉는다.
- 몸의 중심(코)이 바늘과 마주보는 자세를 취한다.
- 어깨에 힘을 빼고 상체를 약간 굽힌다.
- 발판에 발의 위치를 엇비껴 놓는다.

▌ 산업용 재봉기의 분류

- 대분류는 재봉기의 재봉 방식에 따라 분류한다. 본봉(L), 단환봉(C), 이중환봉(D), 편평봉(F), 주변감침봉(E), 복합봉(M), 특수봉(S), 용착봉(W)이 있다.
- 중분류는 대분류한 재봉기를 용도에 따라 분류한다. 직선봉(S), 복렬봉(T), 지그재그봉(Z), 자수봉(E), 버튼봉(B), 버튼구멍봉(H), 관통정지봉(K), 장식봉(D), 복봉(M), 주변봉(F), 안전봉(A), 팔방봉(J), 포대구봉(P)이 있다.
- 소분류는 중분류한 재봉기를 또다시 베드(bed) 모양에 따라 분류한다. 단평형(1), 장평형(2), 원통형(3), 상자형(4), 기둥형(5), 이송암형(6)이 있다.

▌ 심 퍼커링(seam puckering)

- 박음질을 할 때 봉제선이 매끄럽지 않고 원하지 않는 작은 주름이 생기는 것을 말한다.
- 재봉실이 굵은 경우, 재봉실의 장력이 너무 강할 경우, 재봉바늘이 너무 굵은 경우, 재봉기의 회전수가 높은 경우, 땀수가 많은 경우, 톱니와 노루발의 압력 차이 등으로 발생한다.

▌재봉틀 청소

- 전원을 끄고 바늘을 빼어 놓은 다음 노루발을 떼어 놓는다.
- 바늘판 양쪽 나사를 돌려서 바늘판을 분리하고 북집을 꺼낸 다음 면봉 등 청소 도구를 이용하여 북집과 가마 속에 있는 먼지를 제거해 준다.
- 청소 후 기름칠을 하고 다시 조립해 준다.

▌실과 바늘의 호수

- 면사는 실의 번수가 높을수록 실의 굵기가 가늘다.
- 손바늘은 호수가 클수록 바늘이 가늘고 짧다.
- 재봉기 바늘은 번수의 번호가 클수록 바늘이 굵다.

▌박음질

- 손바느질 중에서 가장 튼튼하게 처리되는 것으로 바늘땀을 되돌아와서 다시 뜨는 방법이다.
- 재봉기로 박는 것과 같은 모양으로 겉면에 나타난다.
- 온박음질과 반박음질이 있다.

▌그레이딩

기본 사이즈의 마스터 패턴을 각종 사이즈로 확대, 축소하는 것이다.

▌의류 종류별 호칭 표기

- 의류 종류별 호칭은 기본 신체치수를 'cm' 단위 없이 '-'로 연결하여 사용한다. 예를 들어, 피트성이 필요한 여성복 정장의 호칭은 가슴둘레, 엉덩이둘레, 키를 연결하여 호칭을 표시한다. 예 85-94-160
- 피트성이 필요하지 않은 상의류인 운동복, 셔츠, 내의류 등은 85, 90, 95 등 가슴둘레만을 표기하거나 S, M, L, XL과 같은 문자로 표기한다.

▌원가 계산법

직접원가	직접재료비 + 직접노무비 + 직접경비
제조원가	직접원가 + 제조간접비
	재료비 + 인건비 + 제조경비
총원가	제조원가 + 판매간접비 + 일반관리비
이익	판매가 - 총원가

▌봉사의 소요량 영향 요인

- 직접적인 요인 : 천의 두께, 스티치의 길이, 봉사의 굵기
- 간접적인 요인 : 작업자의 작업 방식, 재봉기의 자동봉사 절단기의 사용 여부

▌ 가봉 시 유의사항

- 가봉할 옷을 착용하여 전체적인 실루엣을 먼저 관찰하고 부분적인 곳을 관찰하면서 보정해 나간다.
- 바느질 방법은 보통 손바느질의 상침시침으로 한다.
- 바이어스감과 직선으로 재단된 옷감을 붙일 때는 바이어스감을 위에 겹쳐 놓고 바느질한다.
- 실은 면사로 하되, 얇은 옷감은 한 올로 하고 두꺼운 옷감은 두 올로 한다.
- 일반적으로 왼손으로 누르고 오른쪽에서 왼쪽으로 시침한다.
- 바늘은 옷감에 직각으로 꽂아 옷감이 울지 않게 한다.

▌ 상반신 반신체 보정

- 앞중심에서 사선으로 절개선을 넣어 앞길이의 부족량을 늘려 준다.
- 뒷판의 여유분을 접어서 주름을 없앤다.
- 뒷다트 분량을 줄인다.
- 앞길 옆선을 늘리고 그 분량만큼 앞허리 다트를 늘린다.

▌ 상반신 굴신체 보정

- 뒷길이의 부족분을 절개하여 벌려 준다.
- 등길이의 부족량을 절개하여 늘려 준다.
- 앞중심의 길이가 남아 군주름이 생기므로 접어 줄여 준다.
- 등의 돌출로 인해 어깨다트를 늘려 준다.

▌ 마른 체형 보정

- 어깨 다트 분량을 줄이고 뒷길의 목둘레선을 작게 한다.
- 길의 진동둘레에 맞추어 소매산선을 조절한다.
- 등, 가슴 부분에 여유가 있어 주름이 생기는 경우로, 원형의 모든 치수를 줄인다.

▌ QC 샘플

- QC 샘플(검품 샘플) : 작업 후 최종 수정된 패턴을 이용하여 메인 제품을 제작하기 전 제품의 특성을 파악하고 품질을 확인하기 위해 만드는 샘플이다.
- 초두 제품(시제품) : 생산 공장 메인 작업을 할 때 라인에서 봉제를 완성한 최초의 제품으로, 전 제품 생산이 완료되기 전에 본사의 수정 지시사항이 제대로 지켜져서 생산되고 있는지 확인하기 위한 샘플이다.

CHAPTER 04

여성복 생산

▌ **생산의뢰서**
- 생산업체에 작업을 의뢰하기 위해 작성하는 문서로, 기획의도 및 디자인의 명확한 전달을 위한 제품 제작 설명서이다.
- 생산의뢰서 구성 요소 : 도식화, 사이즈, 생산 수량, 자재 내역, 봉제 구성 방법, 상표, 포장, 샘플 평가 기록 등

▌ **심지의 사용 목적**
- 의복의 실루엣을 아름답게 한다.
- 겉감의 형태를 안정하게 한다.
- 의복을 반듯하게 하고 형태가 변형되지 않도록 한다.
- 의복의 형태가 입체감을 이루도록 한다.
- 봉제 작업의 능률을 향상시킨다.

▌ **부직포 심지의 특징**
- 여러 종류의 섬유를 얇게 펴서 접착제를 사용하여 고정시킨 심지이다.
- 올이 풀리지 않고 올의 방향이 없어 사용하기에 간편하여 대부분의 기성복에 이용된다.
- 가볍고 값이 저렴하며 빨리 마른다.
- 탄력성과 구김 회복성이 우수하다.
- 두꺼운 심지는 빳빳하고 가벼운 심지는 가장자리가 구불거릴 수 있다.

▌ **심지의 선정**
- 빳빳하면서도 탄력성이 크며 형태 안정성이 큰 것이 좋다.
- 간편하게 부착할 수 있는 것이 좋다.
- 두께, 강도, 색채, 관리 방법이 겉감과 조화가 되는 것이 좋다.
- 신축성이 없는 겉감에는 신축성이 있는 심지를 사용한다.
- 버팀이 없는 겉감에는 적당한 버팀을 갖는 심지를 사용한다.

▌ **재단물의 분류**
- 재단물 분류 방법 : 로트별(lot별, 원단 절별) 분류, 호칭별 분류, 부위별 분류
  ※ 로트별 분류 : 로트별로 염색하고, 재단물을 구분하여 이색을 최대한 방지하고자 한다.
- 번들링 : 재단 후 봉제 투입 전에 재단된 원단의 각 부위, 안감, 심지, 부자재를 묶는 작업을 말한다.

- 넘버링 : 각각의 재단물을 어느 것과 봉제하여야 하는지 표시해 주기 위해 재단물에 일련의 번호를 부여함으로써 작업의 효율성을 높이는 작업이다.

▌주요 특수 작업

- 기계 주름 : 주름 기계로 열과 압력을 이용하여 스커트, 블라우스, 원피스 등에 주름을 만든다.
- 핀턱 : 원단에 주름을 잡으며 장식 스티치를 하여 무늬를 만든다.
- 셔링 : 원단에 잔주름을 잡아 장식한다.
- 스모킹 : 원단을 잡아당겨 생기는 잔주름을 잡고 그 위에 보다 굵은 실로 일정한 모양의 장식 스티치를 한다.

▌원단 종류별 적정 다림질 온도

소재	적정 온도	소재	적정 온도
면	160~200℃	폴리에스터	100~130℃
마	160~200℃	아크릴	100~130℃
모	120~160℃	레이온	120~150℃
견	130~140℃	큐프라	140~160℃
나일론	100~130℃	아세테이트	120~130℃

▌특종 작업 종류

- 단춧구멍 뚫기와 단추달이
- 스냅달이
- 바택 작업
- 블라인드 스티치
- 벨트고리달이 작업

▌밑단 처리 방법

- 속감침질 : 겉과 안에서 감친 곳이 보이지 않으며 단을 들춰야 바늘땀이 보인다.
- 감침질 : 가장 쉬운 단 바느질 방법으로 겉에서는 실땀이 잘 보이지 않으나 안쪽에서 사선으로 실땀이 나타난다.
- 새발뜨기 : 밑단 처리 시 단을 튼튼하게 할 때 사용한다. 왼쪽에서 오른쪽으로 1겹의 실로 정교하게 바느질한다.
- 공그르기 : 겉으로는 실땀이 나타나지 않게 잘게 뜨고 안으로는 단을 접어 속으로 길게 떠서 고정시키는 방법이다.

▌포장의 원칙

- 의복의 특성을 파악하여 포장 재료, 포장 형태를 적절히 선택한다.
- 취급이 쉽고 휴대하기 편리하며 운송이 편한 형태여야 한다.
- 투명한 폴리백으로 단일 포장하여 디스플레이 효과와 구매 촉진 효과를 얻는다.
- 운송, 유통, 보관 중 상품을 보호할 수 있고 비용을 절감할 수 있어야 한다.
- 포장 디자인이 소비자의 구매 욕구를 높일 수 있어야 한다.

▌ 포장 방법의 종류

- 개별 폴리백 포장 : 1장의 의류를 1장의 폴리백에 포장한다.
- 번들 폴리백 포장 : 1장씩 개별 포장된 의류 제품 여러 개를 대형 폴리백에 함께 포장한다.
- 접기 포장 : 디스플레이 했을 때 의류의 특성을 살려 잘 보일 수 있게 포장한다.
- 평면 포장 : 의류 제품을 접어 폴리백에 넣는 방법으로 폴딩 폴리백 포장이라고도 한다.
- 행거 포장 : 구김을 최대한 줄이기 위해 옷걸이에 의류 제품을 걸어둔 상태로 폴리백을 씌워 포장한다.
- 솔리드 포장 : 운송과 선적을 위해 개별 폴리백 포장이 된 제품을 한 박스에 포장한다.
- 어소트 포장 : 공장에서 색상별, 호칭별로 원하는 수량을 지정하여 박스에 포장하는 방법이다.

▌ 패턴 배치 방법

- 패턴은 옷감 안쪽에 배치한다.
- 줄무늬는 줄을 바르게 정리하여 배치하고 접어서 재단할 때는 핀으로 무늬를 맞추어 놓는다.
- 체크무늬는 옆선의 무늬를 맞추어 배치한다.
- 짧은 털이 있는 옷감은 털의 결 방향을 위로 배치한다.
- 옷감의 표면이 안으로 들어가게 반을 접어 패턴을 배치한다.
- 패턴은 큰 것부터 배치하고, 작은 것은 큰 것 사이에 배치한다.

▌ 재단 준비 작업

- 일반적인 기성복 제작 과정 : 패턴 제작 → 그레이딩 → 마킹 → 연단 → 재단 → 봉제
- 일반적인 맞춤복 제작 과정 : 치수 설정 → 의복 설계 → 제도 → 패턴 제작 → 재단 → 봉제

▌ 마킹

- 재단하려는 옷감에 패턴을 식서 방향에 맞추어 옷감의 소모를 최소화하며 배치하는 것을 말한다.
- 마킹 효율은 패턴을 원단에 배치한 후 차지하는 면적의 비율을 %로 표기한 것인데, 보통 80~90% 효율로 배치하나 디자인에 따라 달라질 수 있다.

▌ 원단 안과 겉의 구별

- 셀비지(변폭)에 상표, 품명 등의 표식이 있는 쪽이 겉이다.
- 잔털이 적고 매끈하며 광택이 많은 쪽이 겉이다.
- 열처리의 핀 자국이 돌출된 방향이 겉이다.
- 기모, 샌딩 처리한 원단은 잔털이 고르게 일어난 방향이 겉이다.
- 모직물은 광택이 많은 쪽이 겉이다.
- 능직으로 짠 모직물은 능선이 선명하게 나타나고 왼쪽 아래에서 오른쪽 위로 있는 쪽(///)이 겉이다.
- 양복지 등 더블 폴딩된 것은 안쪽이 겉이고 면, 합성직물 등 롤링된 것은 바깥쪽이 겉이다.

▌ 연단 방법

- 일방향 연단(한 방향 연단) : 능직, 주자직 직물, 편성물 등에 사용한다. 마커의 효율성이 적고 작업 시간이 많이 소요된다.
- 양방향 연단 : 단색, 평직물에 사용한다. 마커의 효율성이 커서 생산비를 절감할 수 있다.
- 표면대향 연단 : 기모 원단 등에 사용하며 인력 소모가 가장 크다. 마커의 효율성은 일방향 연단보다 크고 양방향 연단보다 작다.

▌ 개별 부속 제작 종류

- 연결 형태에 따른 스티치의 종류 : 본봉, 단환봉, 이중환봉, 주변감침봉, 복합봉, 편평봉, 특수봉, 용착봉
- 재봉 형태에 따른 스티치의 종류 : 직선봉, 복렬봉, 지그재그봉, 자수봉, 버튼봉(단추달이봉), 버튼구멍봉, 갓맺음봉, 장식봉, 장님봉, 주변봉(오버로크), 안전봉(인터로크), 팔방봉, 포대구봉
- 솔기의 종류 : 가름솔, 뉨솔, 통솔, 쌈솔

▌ 봉제공정도

- 봉제공정도는 작업 진행, 내용, 도구, 걸리는 시간을 순서대로 공정 기호로 도식화한 문서이다.
- 봉제공정도 기호

공정 분류	기호	내용
가공 공정	◯	본봉 재봉기를 사용하는 공정
	⦙	특수 재봉기를 사용하는 공정
	◎	다리미, 손작업 공정
	◉	프레스 공정
	◇	자동 재봉기를 사용하는 공정
정체 공정	▽	공정 시작(재단물, 재료 등 부품 대기)
	△	공정 끝(부품 완성 상태)
	▲	완성품 정체 공정
검사 공정	☐	양 검사 공정(완성 수량 및 봉제 개수 등 수량 검사)
	◇	질 검사 공정(봉제 상태, 사이즈, 불량 등 품질 검사)

█ 본봉 재봉기

- 제직의류 생산에 가장 많이 사용되는 봉제기기이다.
- 하나의 스티치를 만드는 데 두 개의 실(윗실과 밑실)이 사용되며, 앞면과 뒷면의 형태가 동일하고 직선과 곡선을 자유롭게 봉제할 수 있다.
- 작업 중에 밑실을 자주 교체해 주어야 하므로 생산 속도가 느리고, 신축성이 없는 소재에 사용하면 실이 쉽게 끊어진다.

█ 환봉 재봉기

- 루퍼사라는 밑실을 사용하여 스티치를 형성하는 재봉기이다.
- 밑실을 교체해야 하는 번거로움이 없어 본봉 재봉기보다 속도가 빠르므로 시간과 비용을 절감할 수 있다.
- 신축성이 있어 데님 소재의 의류, 신축성 있는 의류 또는 신축성이 필요한 부위의 부분 봉제에 적합하다.

█ 프레스기

- 종류 : 소매 프레스, 소매 둘레 프레스, 라펠 완성 프레스, 앞판 프레스, 등판 프레스, 암홀 프레스, 어깨 프레스, 칼라 마스터 프레스 등
- 소재별 프레스기 작업조건

원단 소재	스팀(열)	스팀 시간	압력	압력 시간	냉각 건조 시간
모직	150~160℃	4~5초	5~6kg	5~6초	5~6초
혼방	140~160℃	3~4초	4~5kg	4~5초	4~5초
방모	160℃	4~5초	3~4kg	4~5초	5~6초
T/C	140℃	4초	5kg	5~6초	4~5초
T/R	130~140℃	4~5초	4~5kg	4~5초	4~5초
나일론, 폴리에스터	120~130℃	3~4초	2~3kg	3초	2~3초

PART 01

핵심이론+
핵심예제

의복 재료

핵심이론 01 섬유의 분류

1. 천연섬유

① 천연섬유는 자연 상태에서 얻는 섬유를 말한다.

② 천연섬유의 분류

　㉠ 셀룰로스 섬유(식물성 섬유)

　　• 인피 섬유 : 식물 줄기의 껍질에서 얻으며 아마(린넨), 황마, 저마(모시), 대마(삼베) 등이 있다.

　　• 과실 섬유 : 야자수에서 얻는 야자 섬유가 있다.

　　• 엽맥 섬유 : 식물의 잎에서 얻으며 마닐라마, 아바카, 사이잘마 등이 있다.

　　• 종자 섬유 : 식물의 씨앗에 붙어 있는 털을 이용하며 목화에서 얻는 면, 케이폭 나무에서 얻는 케이폭 등이 있다.

　㉡ 단백질 섬유(동물성 섬유)

　　• 스테이플 섬유 : 알파카, 낙타털, 캐시미어, 토끼털, 비큐나(라마의 일종), 양털 등에서 얻으며 길이가 짧은 섬유이다.

　　• 필라멘트 섬유 : 누에고치에서 뽑은 명주(견) 섬유가 대표적이며 길이가 긴 섬유이다.

　㉢ 광물질 섬유 : 광물에서 얻을 수 있는 섬유이다.

[천연섬유의 분류]

셀룰로스 섬유 (식물성 섬유)	껍질 섬유 (인피 섬유)	아마, 황마, 저마, 대마, 케나프
	과실 섬유	야자 섬유
	잎 섬유 (엽맥 섬유)	마닐라마, 아바카, 사이잘마
	씨앗 섬유 (종자 섬유)	면(목화), 케이폭(나무)
단백질 섬유 (동물성 섬유)	스테이플	알파카, 낙타털, 캐시미어, 토끼털, 비큐나, 라마, 양털
	필라멘트	명주(견)
광물질 섬유	석면	

2. 인조섬유

① 인조섬유는 인공적인 제조공정을 통해 만들어진 섬유를 말한다.

② 인조섬유의 분류

　㉠ 재생섬유

　　• 셀룰로스계 재생섬유 : 레이온, 아세테이트(아세트산이 붙어 있어 반합성 섬유로 분류되기도 함) 등이 있다.

　　• 단백질계 재생섬유 : 카세인 섬유가 있으며 측면에 가느다란 줄무늬가 있고 매끄럽다. 단면은 둥글고 구멍이 있어 양털 섬유(천연 단백질 섬유)와 구분된다.

　　• 기타 : 알긴산 섬유는 다시마, 미역 등 해조류 함유 성분을 이용한다. 내수성이 약하고 약알칼리 용액에서 금방 녹아버리는 특성이 있는데, 이를 이용하여 외과수술용 봉합실로 사용하며 체내 혈액 속에서 녹아 없어지므로 봉합 후 실을 제거할 필요가 없다.

　㉡ 반합성 섬유

　　• 천연섬유에 화학적 처리를 하여 만든 섬유를 말한다.

　　• 아세테이트, 트라이아세테이트 등이 있다.

　　• 열가소성이 있으며 여성용 고급 블라우스나 안감으로 가장 많이 사용한다.

　㉢ 합성섬유

　　• 석유화학공업이나 석탄화학공업에서 얻어지는 간단한 화합물을 이용하여 만든 섬유이다.

　　• 천연섬유, 재생섬유, 반합성 섬유의 원료인 셀룰로스(섬유소)나 단백질 분자는 원래 고분자 형태이지만 합성섬유는 작은 분자를 서로 연결하여

큰 분자로 만든 후 섬유로 완성하기 때문에 합성 고분자 섬유라고 할 수 있다.
- 가장 많이 사용되는 3대 합성섬유는 폴리아마이드(나일론), 폴리에스터(폴리에스테르), 아크릴 섬유이고 그 밖에 스판덱스, 엑스란, 비닐론 등이 있다.

③ 중합
  ㉠ 고분자 화합물을 만들기 위해 단량체 분자들이 중합 과정을 거치며 이량체, 삼량체가 되는데, 계속 반응하여 높은 분자량을 갖게 되는 것을 고분자라고 한다.
  ㉡ 중합은 축합중합, 부가중합, 개환중합(일반 섬유 소재에 흔히 적용되지 않음)의 세 가지 반응으로 나눌 수 있다.
    - 축합중합 : 폴리아마이드(나일론)계, 폴리에스터계, 폴리우레탄계 등이 있다.
    - 부가중합 : 폴리에틸렌계, 폴리비닐알코올계, 폴리염화비닐계, 폴리염화비닐리덴계, 폴리프로필렌계 등이 있다.

[인조섬유의 분류]

유기질 섬유	재생 섬유		• 셀룰로스계 : 비스코스 레이온, 큐프라 레이온 등 • 단백질계 : 카세인, 제인 등 • 기타 : 고무섬유, 알긴산 섬유 등
	반합성 섬유		아세테이트, 트라이아세테이트 등
	합성 섬유 (합성 고분자)	축합 중합형	• 폴리아마이드계 : 나일론 • 폴리에스터계 : 폴리에스터 • 폴리우레탄계 : 폴리우레탄
		부가 중합형	• 폴리에틸렌계 : 폴리에틸렌 • 폴리염화비닐계 : PVC • 폴리염화비닐리덴계 : 폴리염화비닐리덴 • 폴리플루오르에틸렌계 : 폴리플루오르에틸렌 • 폴리비닐알코올계 : 비닐론, PVA • 폴리아크릴로나이트릴계 : 아크릴 • 폴리프로필렌계 : 폴리프로필렌
무기질 섬유			금속섬유, 유리섬유, 암석섬유, 탄소섬유, 스테인리스강 섬유

01 다음 중 천연섬유에 해당되지 않는 것은?
① 무기 섬유
② 단백질 섬유
③ 광물성 섬유
④ 셀룰로스 섬유

02 다음 중 축합중합체 섬유가 아닌 것은?
① 폴리아마이드
② 폴리우레탄
③ 폴리염화비닐
④ 폴리에스터

|해설|

01
무기 섬유는 무기물을 인공적으로 섬유로 만든 것을 말하며, 유리 섬유와 금속섬유 등이 있다.

02
중합의 분류
- 축합중합 : 폴리아마이드(나일론)계, 폴리에스터계, 폴리우레탄계 등이 있다.
- 부가중합 : 폴리에틸렌계, 폴리비닐알코올계, 폴리염화비닐계, 폴리염화비닐리덴계, 폴리프로필렌계 등이 있다.

정답 01 ① 02 ③

1. 섬유의 길이와 폭

① 섬유의 길이에 따라 단섬유(스테이플 파이버 ; staple fiber)와 장섬유(필라멘트 파이버 ; filament fiber)로 나눌 수 있다.

② 섬유의 길이는 섬유에서 중요한 역할을 하는데, 길이가 너무 짧으면 섬유가 될 수 없기 때문이다.

③ 방직이 가능한 섬유 강도는 1.5gf/d 이상, 길이는 5mm 이상이다.

④ 섬유장이 길수록 섬유에 꼬임을 주어서 포합성(섬유끼리 엉키는 성질)과 강도가 커진다.

⑤ 섬유가 길수록 고급섬유로 여겨져 값이 비싸다.

⑥ 천연섬유의 길이는 한계가 있으나 화학섬유는 길이를 자유롭게 할 수 있으며, 길수록 만들기 편리하고 외관이 좋으며 윤활성이 좋다.

⑦ 섬유의 단면은 완전한 원형이 아니므로 섬유의 굵기를 지름이나 단면적으로 정확하게 나타내기 어렵다. 따라서 간접적인 방법으로 일정 길이에 대한 중량의 비 등으로 나타내기도 한다.

[각종 섬유의 섬도와 직경]

종류	구분	섬도(D)	섬유의 직경(μm)
천연섬유	인간 모발	50~65	60~80
	면	12~18	12~18
	양모	3~10	20~40
	인견	1~1.3	12~13
합성섬유	보통사	1.5~6	15~125
	극세사	0.5~1	7~10
	초극세사	0.3 이하	5 이하

2. 섬유의 단면과 꼬임

① 단면의 모양과 섬유의 성질

  ㉠ 원형 단면 섬유

   • 양모, 나일론, 폴리에스터, 폴리프로필렌 등이 있다.

   • 촉감이 부드럽고 투명하지만 피복성은 나쁘다.

  ㉡ 평평한 단면 섬유 : 빛의 반사율이 높아서 밝지만 촉감이 거칠다.

  ㉢ 삼각형 단면 섬유 : 견은 단면이 삼각형 구조이며, 광택이 우수하다.

  ㉣ 섬유 단면의 모양에 따라 광택, 피복성, 촉감 등이 달라진다.

  ㉤ 섬유 측면의 형태에 따라 방적성에 영향을 미친다.

면 나일론, 폴리에스터 견

삼각단면 나일론 아마 아세테이트

비스코스 레이온 양모 비닐론

[섬유의 단면 형태]

② 단면의 모양과 필링(pilling)

  ㉠ 보풀은 필링(pilling)이라고도 하는데, 섬유의 일부가 직물 또는 편성물에서 빠져나와 탈락되지 않고 섬유 표면에 서로 뭉쳐서 섬유에 작은 방울이 생기는 현상을 말한다.

  ㉡ 섬유의 강신도가 클 때, 단면이 둥근 모양일수록 잘 생긴다.

  ㉢ 실의 꼬임이 많고 조직이 치밀할 때 덜 생긴다.

  ㉣ 필링시험을 통해 섬유에 필링이 일어나는 정도를 측정할 수 있다.

  ㉤ 필링에 영향을 주는 것은 섬유의 단면 외에도 섬유의 강도와 신도, 실의 구조, 직물의 조직 등이 있다.

③ 섬유의 단면과 특징

  ㉠ 면 섬유

- 면 섬유는 측면에 리본 모양의 꼬임이 있는데 이를 천연 꼬임이라고 한다.
- 천연 꼬임은 성숙한 섬유일수록 많으며 섬유끼리 잘 엉기게 하는 성질이 있어 방적성이 좋다.
- 면 섬유의 단면 가운데 있는 중공은 보온성을 유지하고 전기절연성을 부여한다. 또한 염착성을 증가시키고 중공에 있는 공기가 팽창하면서 섬유를 부풀게 한다.

  ㉡ 견 섬유의 단면은 삼각형이고 가장자리는 모나지 않고 약간 둥글며 측면은 투명 막대로 이루어져 있다.

  ㉢ 나일론의 단면은 대부분 원형이지만 단면에 따라 광택, 촉감 등이 달라지므로 섬유를 만들 때 방사구 모양을 변형시켜서 삼각단면 등의 이형단면(異型斷面)도 만들고 있다.

  ㉣ 양모 섬유는 섬유 겉 측면에 겉비늘이 있고 단면이 원형이다.

  ㉤ 아마 섬유는 측면에 길이 방향의 줄무늬가 있고, 줄무늬를 가로지르는 대나무 모양의 마디가 곳곳에 잘 발달되어 있다. 단면은 다각형 모양이고 면과 같은 중공이 있지만 면보다는 작다.

  ㉥ 아세테이트의 단면은 주름 잡힌 모양이다.

  ㉦ 비스코스 레이온의 단면은 불규칙한 톱니바퀴 모양의 주름이 잡혀 있다. 측면은 주름선이 있고 단조롭다.

핵심예제

01 다음 섬유 중 단면의 모양이 삼각형인 것은?

① 견   ② 면
③ 모   ④ 마

02 섬유나 실의 일부가 직물 또는 편성물에서 빠져나와 탈락되지 않고 표면에서 뭉쳐서 섬유에 작은 방울이 생기는 현상은?

① 필링(pilling)   ② 냅(nap)
③ 넵(nep)   ④ 파일(pile)

|해설|

01
단면 모양이 삼각형인 섬유는 견(명주, silk) 섬유로 광택이 우수하다.

02
필링(pilling)
- 섬유에서 보풀을 말하며, 섬유의 일부가 직물 또는 편성물에서 빠져나와 탈락되지 않고 섬유 표면에 서로 뭉쳐서 작은 방울이 생기는 현상을 말한다.
- 섬유의 강신도가 클 때, 단면이 둥근 모양일수록 잘 생긴다.
- 실의 꼬임이 많고 조직이 치밀할 때 덜 생긴다.
- 섬유에 필링이 일어나는 정도를 필링시험을 통해 측정할 수 있다.

정답 01 ①   02 ①

1. 균제도

① 섬유나 실 등이 가지고 있는 품질이나 외관 등의 균일한 정도를 말한다.

② 섬유의 길이와 굵기가 고르면 방적하는 데 유리하고 방적사의 균제성, 강도의 향상 등에도 영향을 준다.

2. 권축도

① 권축(crimp, curl)은 섬유가 가진 파상, 나선상의 주름을 말한다.

② 방적 공정 중 섬유 간의 엉킴성을 좋게 하여 방적성을 향상시키고 제품에 탄성과 촉감, 보온성을 부여한다.

③ 권축이 있으면 함기성이 좋아져 보온성을 높여주고 투습성, 통기성도 향상된다.

④ 권축은 천연섬유와 양모만 가지고 있는 특별한 현상으로, 이 중 양모가 가장 많은 권축을 가지고 있다.

⑤ 인조섬유는 권축이 없으므로 인위적으로 만든다.

　㉠ 기계적 권축 : 열가소성을 이용하여 만든다.

　㉡ 화학적 권축 : 화학적 성질이 다른 두 섬유를 접합 방사하여 만든다.

3. 강도와 신도

① 강도

　㉠ 섬유의 강도는 보통 인장강도(섬유에 힘을 주어 잡아당겼을 때 끊어지지 않고 견디는 것)를 말하며 섬유의 단위섬도(d)에 대한 절단하중(g)으로 나타낸다(단위 : g/d).

　㉡ 인장강도는 피복 재료로 요구되는 성질 중에서 역학적인 특징에 해당한다.

　㉢ 인장강도는 피복을 구성하는 실의 특성, 피복의 조직, 가공 방법 등에 따라 달라진다.

② 신도

　㉠ 섬유의 신도는 섬유에 하중을 가하여 끊어질 때까지 늘어난 섬유의 길이와 늘어나기 전의 섬유 길이에 대한 비율을 말한다.

　㉡ 주요 섬유의 강도와 신도

섬유	강도(g/d)	신장도(%)
면	3.0~4.9	3~10
아마	5.6~6.6	2.7~3.3
견	3.0~4.0	15~25
양모	1.0~1.7	25~35
아세테이트(보통)	1.2~1.4	24~35
나일론(보통)	4.8~6.4	28~42
폴리에스터	4.3~5.5	20~32
아크릴	2.2~3.2	20~38

4. 흡습성과 흡수성

① 흡습성은 공기 중에 있는 수분을 흡수하는 성질을 말하며, 섬유 안에 미세한 구멍이 많을수록 높아진다.

② 흡수성은 물속에 담근 섬유가 물을 흡수하는 성질을 말한다.

③ 일반적으로 단백질 섬유가 식물성 섬유보다 흡습성이 크고, 모직이 흡습량이 가장 많다.

④ 아마, 면(무명)은 흡습하면 강도가 강해진다.

⑤ 흡습성이 높으면 위생적이므로 피복 중 속옷의 흡습성이 가장 크게 요구된다.

⑥ 흡습성이 높을수록 투습성, 염색성이 좋고 섬유 표면에 정전기가 일어나지 않는다.

⑦ 섬유는 무게를 따져 거래되는 상품이므로 섬유가 가지고 있는 수분의 정도와 차이가 가격에 큰 영향을 미친다. 따라서 국가에서 표준이 되는 일정한 수분율을 정하여 거래하도록 하는데, 이를 공정수분율이라고 한다.

[주요 섬유의 표준수분율과 공정수분율(KS K 0301)]

섬유	표준수분율(%)	공정수분율(%)
면	8.0	8.5
마류(대마, 아마, 저마)	9.0	12.0
양모(톱부터 실까지)	16.0	18.25
정련견	9.0	12.0
레이온계 섬유	12.0	13.0
아크릴계 섬유	1.0~2.5	2.0
폴리우레탄계 섬유	0.4~1.3	1.0
폴리비닐알코올계 섬유	5.0	5.0
폴리아마이드계 섬유	4.0	4.5
폴리에스터계 섬유	0.4	0.4
올레핀계 섬유	0.01	0.0
아세테이트 섬유	6.5	6.5
유리 섬유	0.01	0.0

5. 초기 탄성률

① 초기 탄성률은 섬유의 강함 정도를 나타낸다. 초기 탄성률이 크면 튼튼하고 딱딱하며 강직한 섬유이고, 초기 탄성률이 작으면 부드럽고 유연한 섬유이다.
② 초기 탄성률이 가장 큰 섬유는 마이고, 작은 섬유는 양모, 나일론이다. 즉, 마 섬유는 섬유가 강직하고 딱딱하지만 양모와 나일론은 유연성이 있다.

6. 탄성

① 탄성은 섬유가 외력에 의해서 늘어났다가 외력이 사라졌을 때 본래의 길이로 돌아가려는 성질을 말한다.
② 탄성회복률은 늘어난 길이에 대한 회복된 길이의 백분율을 말한다. 다음과 같은 식으로 나타낼 수 있다.

$$\frac{늘어난\ 길이 - 늘어났다가\ 돌아온\ 길이}{늘어난\ 길이 - 원래\ 길이} \times 100$$

③ 탄성회복률이 가장 큰 섬유는 천연섬유에서는 양모이고, 합성섬유 중에서는 나일론이다.

7. 레질리언스(resilience)

섬유가 외부 힘에 의해 굴곡, 압축 등의 변형을 받았다가 외부의 힘이 사라졌을 때 원상으로 되돌아가는 능력이다.

8. 비중

① 일정한 부피의 4℃ 물의 밀도를 기준으로 두고 같은 부피의 어떤 물질의 밀도를 비교하여 나타낸 값을 말한다.
② 비중이 작으면 가벼우나 너무 작으면 드레이프성이 좋지 못하고 보온성이 대체로 크다.
③ 섬유마다 고유의 비중을 갖고 있어 섬유의 감별에 이용되기도 한다.
④ 비중법은 사염화탄소와 크실렌을 섞어 만든 비중액에 섬유 조각을 넣어서 비중을 알아낸 후 섬유의 비중표와 대조하여 섬유의 종류를 알아내는 방법이다.
⑤ 섬유의 비중은 석면·유리 > 사란 > 면 > 비스코스 레이온 > 아마 > 폴리에스터 > 아세테이트·양모 > 명주·모드아크릴 > 비닐론 > 아크릴 > 나일론 > 폴리프로필렌 순이다.

[섬유의 비중]

섬유	비중	섬유	비중
유리	2.54	양모	1.32
사란	1.71	견	1.30
면	1.54	모드아크릴	1.30
레이온	1.52	비닐론	1.26
마	1.50	아크릴	1.17
폴리에스터	1.38	나일론	1.14
아세테이트	1.32	폴리프로필렌	0.91

9. 마찰계수 및 내마찰성

① 마찰계수는 측정이 어렵고 마찰 대상물에 따라 계수가 달라진다.
② 마찰계수가 작은 것이 방적하기 좋다. 그러나 방적사의 강력에서 볼 때는 섬유 상호 간의 마찰계수가 클수록 실의 강력이 크다.
③ 내마찰성은 각종 마찰에 대한 저항을 말하며 옷의 내구력을 좌우한다.
④ 마찰 저항력은 섬유에 따라 다르며, 합성섬유가 현저히 강하다.

10. 방적성

① 섬유에서 실을 뽑아낼 수 있는 성질을 말하며 가방성이라고도 한다.

② 섬유의 길이와 굵기, 표면마찰계수, 권축 등에 의해 결정된다.

③ 강도 1.5gf/d, 길이 5mm 이상이어야 하며, 섬유끼리 서로 달라붙어 얽히는 포합성의 성질을 가져야 한다.

11. 열전도 및 보온성

① 섬유의 보온성과 관련이 있는 것은 열전도, 직물의 조직, 함기율 등이다.

② 보온성을 높이려면 섬유의 열전도율이 낮아야 하고, 체온의 발산을 위해서는 열전도율이 높아야 한다.

③ 함기율은 섬유가 가지고 있는 공기의 양을 말하는데 이것이 외부 공기와의 온도 전달을 차단하는 역할을 하므로 보온성과 가장 관계가 깊다.

④ 섬유 모양이 구불거릴수록 함기량이 높기 때문에 모섬유가 겨울 의복으로 많이 쓰인다.

⑤ 섬유의 보온성은 직물조직이 치밀할수록, 두께가 두꺼울수록, 열전도성이 작을수록, 공기 함유량이 많을수록, 흡습성이 클수록 좋다.

⑥ 스테이플 섬유로 만든 직물이 필라멘트 섬유로 만든 직물보다 보온성이 좋다.

12. 내열성

① 외부의 열을 견디는 정도를 말한다.

② 천연섬유는 보통 열에 안정적이지만 합성섬유는 열에 약하므로 옷을 다릴 때 주의해야 한다.

13. 열가소성

① 열가소성은 섬유에 열을 가해 형태를 변형시킨 후, 변형된 상태를 그대로 유지하려는 성질이다.

② 열가소성은 인조섬유 > 동물성 섬유 > 식물성 섬유 순으로 크다.

14. 대전성

① 섬유의 마찰에 의해 건조 상태에서 정전기가 발생하는 것을 말한다.

② 대전성이 크면 주변의 먼지를 흡착하여 옷이 더러워지고 몸에도 섬유가 달라붙어 옷 모양이 변형되고 착용감이 불편해진다.

③ 섬유의 흡습성을 높여 대전성을 낮출 수 있다.

④ 천연섬유(견, 모 등)의 마찰 시에는 문제가 되지 않지만 합성섬유의 경우에는 마찰 시 정전기가 발생되어 섬유 표면에 축적되므로 쇠붙이에 접촉할 경우 감전 등의 문제가 발생한다.

15. 취화 및 내후성

섬유가 오랜 시간 대기 중에 노출되어 햇빛, 공기, 비 등의 작용을 받아 점차 강도가 떨어져 약해지는 것을 섬유의 취화 또는 노화라고 한다. 이런 기후 조건에 견디어 약해지지 않는 성질을 내후성이라 한다.

16. 내약품성

① 제조공정과 세탁 시 다양한 약품과 접촉하기 때문에 약품들에 대한 내성을 가져야 한다.

② 셀룰로스 섬유는 대부분 산에 약하고 알칼리에 강하며, 단백질 섬유는 알칼리에 약하고 산에 강하다.

③ 합성섬유는 대부분 산, 알칼리에 모두 강하지만 나일론, 비닐론은 강한 산에 용해된다.

17. 염색성

① 염료를 흡수해 색을 잘 받아들이는 정도를 말한다.

② 섬유의 비결정 부분으로 수분이나 염료가 들어갈 수 있기 때문에 섬유에 비결정 부분이 많을수록 염색성이 높아지고, 적을수록 염색성이 떨어진다.

③ 흡습성이 클수록 염색이 잘된다.

④ 섬유마다 화학적 조성이 다르므로 이와 친화성을 가진 염료의 종류도 다양하다. 따라서 각 섬유에 적절한 염료와 염색법을 선택해야 한다.

18. 내일광성

① 일광(햇빛)에 노출했을 때 견디는 섬유의 강도를 말한다.

② 일광에 가장 약한 섬유는 견, 나일론이고 가장 강한 섬유는 아크릴이다.

19. 내구성

외부에서 가해지는 힘이나 환경의 변화를 견디는 능력으로, 특히 작업복을 만들 때 고려하여야 한다.

20. 강인성

① 섬유를 절단할 때 드는 힘을 말하며, 내구성과 비례관계를 갖는다.

② 섬유가 잘라지는 데 필요한 최소한의 하중을 절단하중이라고 한다.

21. 드레이프성

① 옷감을 인체 등 입체적인 곳에 올렸을 때 대상의 굴곡대로 자연스럽게 늘어뜨려지면서 드리워지는 성질을 말한다.

② 드레이프 계수로 나타내며, 드레이프 계수값이 작을수록 드레이프성이 우수하다.

③ 꼬임이 많고 실의 굵기가 굵고 두꺼울수록 드레이프성이 감소한다.

④ 견이나 아세테이트 섬유가 드레이프성이 좋다.

핵심예제

10cm의 섬유에 외력을 가하여 11cm로 늘인 후 외력을 제거하였더니 10.5cm가 되었다. 이 섬유의 탄성회복률(%)은?

① 20% ② 30%
③ 50% ④ 70%

｜해설｜

$$탄성회복률 = \frac{늘어난\ 길이 - 늘어났다가\ 돌아온\ 길이}{늘어난\ 길이 - 원래\ 길이} \times 100$$
$$= \frac{11 - 10.5}{11 - 10} \times 100$$
$$= 50\%$$

정답 ③

1. 감별 방법

① **외관 관찰법** : 섬유의 광택, 굵기, 길이, 형태 등을 육안으로 관찰
② **광학적 방법** : 현미경법, 적외선 흡수 스펙트럼법
③ **물리적 방법** : 비중법, 융점 측정법
④ **화학적 방법** : 연소시험법, 용해법, 정색법, 염색법

2. 분석 방법

① **화학적 정성 분석 방법**
  ㉠ 섬유의 특이한 성능, 성질을 화학적 방법으로 감별하는 것을 말한다.
  ㉡ 불을 붙여 연소할 때 타는 진행 상태를 평가한다.
  ㉢ 산이나 알칼리 등 시약에 대한 반응(용해성, 정색 등)을 관찰한다.
  ㉣ 염료에 의한 염착 상태를 살핀다.
  ㉤ 섬유분자 중에 포함된 원소나 원자단을 화학적 분석으로 검출한다.

② **물리적 정성 분석 방법**
  ㉠ 섬유의 특이한 성능, 성질을 물리적 방법으로 감별하는 것을 말한다.
  ㉡ 강도, 신도, 습윤강도, 흡습성, 비중 등을 측정한다.
  ㉢ 가열에 의한 연화나 용융하는 온도를 관찰한다.
  ㉣ 광학적으로 편광에 의한 간섭색이나 자외선에 의한 형광 등을 살펴본다.

3. 현미경법 · 용해법

① **현미경법** : 현미경 관찰법으로 섬유의 측면과 단면의 형태를 측정하여 섬유를 분석한다.
② **용해법** : 약제에 대한 용해성을 이용하여 섬유를 감별하는 방법으로 섬유의 용해성 특성을 참고한다.

4. 연소에 의한 섬유의 감별

섬유	연소	냄새	특징
면	급격히 붙어서 순식간에 훨훨 탄다.	종이 타는 냄새	작고 부드러운 흰색 재가 남는다.
저마(모시)	잘 탄다.	종이 타는 냄새	부드럽게 부서지는 검은 재가 남는다.
아마(린넨)	불꽃을 내며 활활 탄다.	종이 타는 냄새	부드러운 흰 재가 남는다.
대마(삼베)	형태를 유지하면서 서서히 탄다.	설탕 타는 냄새	흰 재가 가루로 부서진다.
모	지글지글 녹으면서 거품을 내듯 서서히 탄다. 안쪽으로 심하게 오그라든다.	모발 타는 냄새	부풀어 오른 검은 덩어리의 재가 파삭거리며 부서진다.
견	지글지글 녹으면서 거품이 일듯 탄다.	약한 모발 타는 냄새	광택이 있는 흑회색 재가 부드럽게 부서진다.
비스코스 레이온	심한 불꽃을 내며 활활 탄다.	종이 타는 냄새	소량의 그을음이 남고 재는 거의 남지 않는다.
아세테이트	오그라들면서 녹아 끊어져 버린다.	식초(초산) 냄새	검은색 재가 굳어 있다.
폴리에스터	급격한 속도로 타면서 녹아내린다.	설탕 타는 냄새	검게 굳은 덩어리가 남는다.
나일론	빨리 타들어가며 끈적거리는 느낌으로 녹는다.	독특한 악취	검게 굳은 덩어리가 만들어진다.
아크릴	녹으면서 활활 탄다.	독특한 냄새	파삭거리는 느낌의 검은 재가 만지면 쉽게 부서진다.
비닐론	녹으면서 탄다.	비닐 탈 때의 냄새	흑갈색의 단단한 덩어리가 남는다.
유리 · 석면	연소하지 않음		

01 모 섬유의 연소시험 결과 나타나는 현상이 아닌 것은?

① 모발 타는 냄새가 난다.
② 검은 덩어리의 재가 남는다.
③ 급격히 타며 저절로 꺼진다.
④ 지글지글 녹으면서 서서히 탄다.

02 섬유의 감별 방법이 아닌 것은?

① 연소에 의한 방법
② 현미경에 의한 방법
③ 용해에 의한 방법
④ 두들기는 방법

해설

01

모 섬유는 연소 시 지글지글 녹으면서 거품을 내듯 서서히 타며 안쪽으로 심하게 오그라든다. 냄새는 모발 타는 냄새가 난다. 연소 후에는 부풀어 오른 검은 덩어리의 재가 파삭거리며 부서진다.

정답 01 ③ 02 ④

핵심이론 05 양모 섬유

1. 물리·화학적 성질

① 섬유의 단면은 원형이고 겉비늘이 있다.
② 측면에는 비늘 모양의 스케일(scale, 겉비늘)이 있어 방적성과 축융성이 좋다.
③ 스케일은 광택과 밀접한 관련이 있으며 방적성을 높이고, 피질부(내층)를 보호하는 역할을 한다.
④ 양털 섬유를 형성하는 단백질의 주성분은 케라틴이다.
⑤ 양모의 축융성
　㉠ 모직물을 비누 용액, 산성 용액 및 뜨거운 물에서 비벼주면 섬유가 서로 엉켜서 굳어지는 현상이다.
　㉡ 양모 섬유는 마찰에 의해 섬유가 서로 엉겨 조밀한 옷감이 되는데, 이것은 표면에 스케일과 크림프(양털이 곱슬거리는 것)가 있기 때문이다.

2. 종류

① 씻은 양에서 얻은 털을 세척 양털(washed wool), 씻지 않고 깎은 털을 지부 양털(greasy wool)이라고 한다. 지부 양털은 섬유의 촉감이 부드럽고 분류 작업을 하기에 좋다.
② 양 한 마리에서 얻는 양털의 양을 플리스(fleece)라고 한다.
　㉠ 램 플리스(lam fleece) : 생후 6~7개월 만에 깎은 어린양의 털이다.
　㉡ 호그 플리스(hog fleece) : 생후 14~18개월 만에 처음 깎은 털로 버진 울이라고도 한다.
　㉢ 이어링(yearling) : 두 번 이상 깎은 털을 말한다.
　㉣ 웨더(wether) : 거세한 숫양의 털을 말한다.
　㉤ 스킨 울(skin wool) : 도살한 양의 가죽에서 화학적 방법으로 뽑아낸 양털이다. 깎은 양털에 비해 품질이 좋지 않다.

③ 사용한 양모를 회수하여 신모(새 양털)와 섞은 후 방모사로 방적하여 재사용하는 것을 재생모라고 한다.
- ㉠ 쇼디 : 축융 가공되지 않은 양모 제품에서 회수한 털을 말한다.
- ㉡ 멍고 : 축융 가공된 양모 제품에서 회수한 털을 말한다.
- ㉢ 익스트랙트 : 식물 섬유가 들어간 모직 제품에서 탄화하여 얻는다.

3. 특성
① 흡습성은 모든 섬유 중에서 가장 크다.
② 열전도율이 낮고 다공성이 커서 보온성이 좋다.
③ 강도가 천연섬유 중에서 가장 작다.
④ 산에는 비교적 강하지만 알칼리에 약하다.
⑤ 스케일이 있어 방축 가공에 용이하다.
⑥ 섬유 중에서 초기 탄성률이 작으며 섬유 자체는 유연하고 부드럽다.
⑦ 산성염료는 양모 섬유에 가장 친화성이 좋다.
⑧ 양모 섬유를 비눗물 중에서 비비면 서로 엉키기 쉽다.
⑨ 초기 탄성률은 아주 작고 신도가 크다.
⑩ 탄성회복률이 가장 높고 형체 안정성과 내추성이 우수하다.
⑪ 공기 함유량이 많고, 셀룰로스 섬유보다 비중이 가볍다.
⑫ 권축에 의한 함기성이 크다.

4. 용도
① 초기 탄성률이 낮아서 섬유 자체는 부드럽고 유연하지만 축융하면 힘 있는 옷감이 된다.
② 보온성, 흡습성이 커서 위생적이다.
③ 직물은 겨울 외투부터 여름옷까지 가능하다.
④ 편성물은 속에 입는 내의에서 스웨터와 외의용 옷감까지 가능하다.

⑤ 실내 장식, 카펫, 모포 등에 사용된다. 클로리네이션(스케일의 일부를 용해, 제거하는 가공법)으로 스케일 층을 얇은 합성수지피막으로 덮어 축융을 방지한다.

핵심예제

01 다음의 양모 섬유 중 재생털에 해당되는 것은?
① 램　　　　　　② 쇼디
③ 웨더　　　　　④ 이어링

02 양모 섬유를 비누 용액이나 산성 용액, 뜨거운 물에서 비벼 주면 섬유가 서로 엉켜서 굳어지는 현상은?
① 방추성　　　　② 축융성
③ 내구성　　　　④ 드레이프성

[해설]

01
양모는 값이 비싸기 때문에 사용한 양모를 회수하여 신모와 섞어 방모사로 방적하여 다시 이용하는데, 이것을 재생모라고 한다.

02
축융성은 물, 열, 알칼리, 마찰의 작용에 의해 섬유가 서로 엉키는 성질로, 양모의 대표적인 특징이다.

정답 01 ② 02 ②

1. 물리 · 화학적 성질

① 단면이 삼각형 구조인 동물성 섬유로, 광택이 우수하다.

② 2가닥의 피브로인과 그 주위를 감싼 1가닥의 세리신으로 되어 있다(피브로인의 외부에 세리신이 부착).

③ 주성분은 피브로인 75~80%, 세리신 20~25%로 구성되어 있다.

④ 누에고치에서 실을 뽑을 때는 뜨거운 물이나 증기 속에 넣어 처리한다.

⑤ 천연섬유 중 가장 길이가 길고 강도가 우수한 편이며 신도는 양털보다 약하다.

⑥ 내구성이 약하므로 물빨래, 다림질 시 주의해야 한다.

⑦ 초기 탄성률이 커 강직한 섬유이며, 드레이프성이 우수하다.

⑧ 탄성회복률이 양모 섬유 다음으로 우수하다.

⑨ 보온성이 낮고 내열성이 약하다.

2. 특성

① 흡습성이 좋아 공정수분율은 12%이다.

② 섬유장은 긴 편이나 탄성회복률이 양모 다음으로 우수하다.

③ 다른 천연섬유에 비하여 일광에 가장 약하다.

④ 산에는 강한 편이나, 알칼리에 약해서 강한 알칼리에 의하여 쉽게 손상된다.

⑤ 곰팡이 등의 미생물에 대해서는 비교적 안정하다.

⑥ 타닌산은 명주 섬유의 증량이나 매염제로 이용된다.

⑦ 산소계 표백제로 표백하고 세탁은 드라이클리닝한다.

⑧ 염기성, 산성, 직접염료에 의해 잘 염색되며 산성염료와 친화력이 가장 좋다.

3. 약품과의 관계

① 무기산 중 질산은 명주를 노랗게 변화시킨다.

② 유기산은 대체로 명주를 상하게 하지 않는다.

③ 묽은 아세트산, 타르타르산 용액으로 명주를 정련하면 광택과 촉감이 좋아진다.

④ 알칼리는 명주를 가장 쉽게 손상시키는 약품이다.

⑤ 암모니아수, 비누, 탄산나트륨, 붕사, 규산나트륨과 같은 약알칼리는 명주의 피브로인 단백질을 상하게 하지 않고 세리신을 녹인다.

4. 용도

① 우아하고 아름다운 광택으로 고급스럽고 장식적인 느낌을 준다.

② 촉감이 뛰어나며 매끄럽고, 가늘어서 섬세한 느낌을 준다.

③ 여성의 옷감, 넥타이, 스카프, 한복감에 사용한다.

핵심예제

명주를 가장 손쉽게 손상시키는 약품은?

① 비누
② 암모니아수
③ 규산나트륨
④ 수산화나트륨

|해설|

명주(견)는 알칼리 성분에 쉽게 손상된다.
※ 수산화나트륨은 알칼리성 물질이다.

정답 ④

1. 물리 · 화학적 성질

① 섬유의 측면은 리본 모양의 꼬임이 있다.

② 품질이 우수할수록 천연 꼬임의 숫자는 많아진다.

③ 곰팡이의 침해를 받기 쉽다.

④ 탄성이 좋지 않아 구김이 잘 생기며 형태 변형이 쉽다.

⑤ 장시간 일광에 노출되면 강도가 줄어들거나 누렇게 변할 수 있다.

⑥ 강도가 큰 편이며 젖으면 강도가 증가하고, 물세탁이 가능하다.

⑦ **구조**

　㉠ 단세포 구조이다.

　㉡ 현미경(검경)으로 보면 단면이 평편하고 중앙은 속이 빈 모양(중공)이다.

　㉢ 면 섬유의 중공

　　• 성숙한 섬유에 발달되어 있다.

　　• 제2차 세포막의 안층이다.

　　• 보온성이 좋다.

　　• 전기절연성이 크다.

2. 목화 산지별 분류

① 해도 목화는 비단과 같은 광택이 있고, 매우 가는 실을 뽑을 수 있는 가장 좋은 목화이다.

② 미국 목화는 일반적으로 색이 희고 섬유 길이가 고르다. 불순물이 적고 20~60번수까지 뽑는 데 적당하다.

③ 이집트 목화는 엷은 갈색이 많고 섬유의 길이가 길다. 섬유가 고르고 광택이 풍부하다. 해도 면 다음으로 우수하다.

④ 인도 목화는 가장 오래전부터 재배하였지만 품질은 좋지 않다. 섬유가 굵고 짧지만 탄력이 있다.

⑤ 남아메리카에서 생산되는 면은 주로 브라질과 페루에서 나는데 섬유가 뻣뻣하고 불순물이 많다.

⑥ 중국 목화는 섬유의 길이가 짧고 불순물이 많다.

[원산지에 따른 면 섬유의 종류]

종류	생산지	등급
해도 면	카리브해의 여러 섬	• 최고급 면 • 가늘고 길며 광택이 있다.
이집트 면	나일강 유역	• 고급 면 • 가늘고 길지만 해도 면보다 낮다.
미국 면	미국 내륙	중급 면
호주 면	호주	
인도 면	인도	• 저급 면 • 굵고 짧아 탄력이 있다.
중국 면	중국	

3. 특성

① 면 섬유의 정련에 사용할 수 있는 약제로는 수산화나트륨, 탄산나트륨이 있다.

② 면 섬유는 습윤하면 강도가 가장 많이 증가한다.

③ 산에는 약하나 알칼리에 강해서 합성세제에 비교적 안전하다.

④ 산에 의해서 쉽게 분해되므로 묽은 무기산에 의해서도 손상된다.

　※ 무명 섬유를 용해할 수 있는 약품 : 온도 25℃에서 70% 황산

⑤ 물기에 젖었을 때 강도가 증가하고, 물빨래 세탁에도 잘 견딘다.

⑥ 옷이 질겨 내구성이 크지만 탄성이 좋지 않아 구김이 잘 생기며 형태 변형이 쉽다.

⑦ 흡수성이 좋고 염색이 쉬우나 충해에 약하다.

⑧ 신장도는 견이나 양모보다 작고, 탄성은 양모보다 불량하다.

⑨ 내열성이 우수하여 다림질의 온도가 높다.

⑩ 면 섬유의 염색에는 직접염료, 배트염료, 반응성염료가 주로 사용된다.

⑪ 면 섬유의 꼬임은 방적할 때 섬유의 방적성과 탄력성을 부여한다.

⑫ 환원표백제에는 일반적으로 강하고, 염소표백제에는 농도·온도가 높아도 잘 견딘다.

⑬ 머서화 면의 특성

   ㉠ 강력과 흡습성이 증가하고 비단 광택이 생긴다.

   ㉡ 머서화 가공을 한 면봉사는 수축을 방지하고 매끄럽다.

   ㉢ 다림질할 때 200℃ 이상의 온도에는 약하다.

     ※ 머서화 가공(mercerizing, 실켓 가공) : 면사나 면 섬유를 진한 가성소다(수산화나트륨) 용액에 담가 처리하여 광택이 나게 하는 것

4. 용도

① 내구성, 보온성, 흡습성이 좋은 위생적, 실용적인 섬유로 내의용 소재로 적당하다.

   ※ 속옷의 재료로서 가장 중요한 성질 : 흡습성

② 다른 섬유와 혼방하여 겉옷용으로도 많이 쓰인다.

③ 알칼리나 약품에 강해 쉽게 취급할 수 있다.

④ 열에 강해서 삶을 수 있고 물세탁과 고온에서의 다림질도 가능하며 염색도 잘된다.

⑤ 면 섬유 중 품질이 가장 좋은 것은 가늘고 긴 것이다.

핵심예제

다음 중 산에 가장 약한 섬유는?

① 모　　　　　　② 면
③ 견　　　　　　④ 폴리에스터

해설

② 면 섬유는 천연 셀룰로스 섬유로 산에 약하다.
①, ③ 모, 견 섬유는 단백질 섬유이기 때문에 산에 강하다.
④ 폴리에스터는 합성섬유이기 때문에 산에 강하다.

정답 ②

핵심이론 08　마 섬유

1. 물리 · 화학적 성질

① 탄성과 레질리언스가 나빠서 구김이 잘 생긴다.

② 면에 비해 흡수와 건조가 빠르고 약품에 약하다.

③ 아마(린넨)는 마 섬유 중 가장 섬세하고 광택이 있어 일반 의류용으로 가장 많이 사용된다.

④ 대마(삼베)는 강도는 매우 크나 섬유가 거칠고 표백하면 크게 손상된다.

⑤ 양도체이므로 시원한 감이 있다.

⑥ 강도가 커서 질기다.

⑦ 신도는 모 섬유보다 적은 편이다.

⑧ 수분 흡습 시 강도가 커진다.

⑨ 열의 전도성이 좋다.

⑩ 뻣뻣하며, 물에 젖으면 강도가 커지고, 흡습성과 통기성이 좋다.

⑪ 수분의 흡수와 발산이 빠르다.

⑫ 탄성회복률이 매우 낮아 구김이 잘 생기고, 잘 펴지지 않는다.

⑬ 면보다 인장강도는 우수하나 신축성은 거의 없는 편이다.

⑭ 내열성은 크나 탄성이 부족하다.

2. 구조 및 특성

① 현미경으로 보면 측면은 투명하고 긴 원통을 이루며 길이 방향으로 많은 줄이 있다.

② 측면에는 마디가 있고, 중심부에는 작은 도관이 있다.

③ 단면은 5~6각의 다각형을 이룬다.

④ 마 섬유의 주요 불순물은 펙틴질이다.

⑤ 열에 대하여 양도체이므로 열의 전도성이 좋아 시원한 감을 준다.

⑥ 내구력이 풍부하고 세탁성이 강하다.

⑦ 화학약품에 대해서는 무명 섬유와 비슷하다.

⑧ 신축성이 없고 딱딱한 소재이기 때문에 주름이 쉽게 잡히는 편이다.

3. 종류

① 아마 섬유(린넨)
　㉠ 아마과에 속하는 식물로 여러 개의 단섬유가 모여 섬유 다발을 만들고 있다.
　㉡ 측면의 마디는 면 섬유의 꼬임과 같이 섬유와 섬유를 서로 잘 엉키게 하여 방적성을 좋게 해 준다.
　㉢ 아마 섬유 자체를 결합시키는 고무질이 셀룰로스 사이에서 접착제 역할을 하기 때문에 정련작업을 통해 고무질을 제거하는 과정을 거쳐 섬유를 얻는다.
　㉣ 면 섬유와 비교하였을 때의 성질
　　• 면 섬유보다 산에 대한 저항력은 크고, 알칼리에는 손상되기 쉽다.
　　• 면에 비해 염료의 침투 및 친화력이 적다.
　　• 아마는 천연 불순물이 많기 때문에 면보다 표백하기 어렵다.
　　• 흡습과 건조속도가 면 섬유보다 빠르다.
　　• 면 섬유보다 강도 및 열전도성이 크고, 탄성이 낮다.

② 저마 섬유(모시)
　㉠ 인피 섬유(껍질 섬유) 중에서 의복 재료로서의 가치가 가장 크다.
　㉡ 마 섬유 중 단섬유의 길이가 가장 길고 순수한 셀룰로스로 되어 있다.
　㉢ 색상이 희고 실크 같은 광택이 있다.
　㉣ 천연섬유 중 가장 강력이 세다(면의 2배).
　㉤ 까칠까칠한 맛이 있고 스티프니스[stiffness, 휨 강성(빳빳이)]가 있다.
　㉥ 흡습성, 발산성, 통기성이 우수해 시원하다.
　㉦ 일명 모시라고도 하며, 오래전부터 한복감으로 많이 사용했다.

　㉧ 붕대와 (의료용) 거즈 등에 가장 적합한 마 섬유이며 여름 옷감, 어망 등에 사용한다.

③ 대마 섬유(삼베)
　㉠ 뽕나뭇과에 속하는 1년생 식물로 암그루는 종자를 얻기 위해 기르고, 수그루는 섬유를 얻기 위해 재배한다.
　㉡ 모서리가 약간 둥그스름한 다각형 모양의 중공이 있는데, 아마 섬유보다 크다.
　㉢ 대마 중 품질이 좋지 않은 섬유는 어두운 갈색을 띠고, 품질이 좋은 섬유는 파란빛이 나는 흰색이다.
　㉣ 이탈리아에서 나는 대마 섬유가 가장 품질이 좋고 우수하다.
　㉤ 우리나라에서는 안동에서 생산되는 대마 섬유가 있는데 노란색이나 회색을 띠고 있다.
　㉥ 안동에서 만들어진 안동포는 조선시대 진상품이었다.
　㉦ 내구성과 내수성이 좋아 천막, 로프, 어망 등으로 사용되며 모기장으로도 사용된다.
　㉧ 상복이나 수의로도 사용하고 있으며 여름철 한복감으로도 사용한다.

4. 용도

① 열에 강해 다림질을 230℃에서도 할 수 있다.
② 열전도성이 좋아서 피부에 닿으면 시원한 느낌을 주어 여름용 소재로 쓰인다.
③ 물기를 흡수하는 흡습성과 배출하는 방습성이 좋아 빨리 마르고 내구성이 강하다.
④ 탄성률이 커서 빳빳하기 때문에 몸에 붙지 않는다.

현미경 구조에서 측면에 마디(node)가 보이는 섬유는?

① 아마　　　　　　　② 양모
③ 면　　　　　　　　④ 견

〔해설〕

아마 섬유

- 측면의 마디는 길이 방향의 줄무늬가 있고, 줄무늬를 가로지르는 마디가 곳곳에 잘 발달되어 있다.
- 마디는 대나무 마디와 같은 모양이다.
- 마디는 면 섬유의 꼬임과 같이 섬유와 섬유를 서로 잘 엉키게 하여 방적성을 좋게 해 주는 역할을 한다.

정답 ①

핵심이론 09 레이온

1. 레이온

① 레이온은 견(絹)처럼 광택이 있고 매끄러우며 유연한 특성을 갖되 저렴한 직물을 만들고자 사람이 최초로 개발하여 인조견 또는 인견이라고 불린다.

② 2차 세계 대전 이전에 개발된 나이트로셀룰로스 레이온, 현재 소량으로 생산되는 구리암모늄 레이온이 있으며, 생산량이 많고 널리 사용되는 것은 비스코스 레이온이다.

※ 레이온은 주로 비스코스 레이온을 의미한다.

③ 레이온은 셀룰로스를 재생한 재생섬유이다.

④ 면, 마와 달리 물속에서는 강도가 많이 떨어지므로 물세탁에 주의하여야 한다.

⑤ 목재펄프 중에서도 α-셀룰로스가 많은 용해펄프나 린터펄프를 원료로 한다.

2. 비스코스 레이온

① 성질과 구조

　㉠ 강도는 면보다 나쁘나 흡습성은 우수하다.

　㉡ 불에 빨리 타고 재는 거의 남지 않는다.

　㉢ 일광에 의해 면보다 쉽게 손상된다.

　㉣ 습윤할 때 강도 저하가 가장 심하다.

　㉤ 정전기가 잘 일어나지 않아 각종 양복 안감, 속치마, 블라우스 등에 이용된다.

　㉥ 현미경 관찰 시 단면은 불규칙하게 주름이 잡혀 있으며 톱날 모양이다.

　㉦ 외관에는 주름에 의한 평형된 줄이 있다.

　㉧ 목재펄프 섬유소를 재생한 섬유로 셀룰로스가 주성분이다.

② 특성

　㉠ 장시간 고온에 두면 황변된다.

　㉡ 단면이 불규칙하게 주름이 잡혀 있다.

　㉢ 강알칼리에서는 팽윤되어 강도가 떨어진다.

② 수분을 흡수하면 강도와 초기 탄성률이 크게 떨어지고 물세탁에 약하다.
⑩ 흡수성이 우수하여 촉감이 시원하고 산뜻하여 양복의 안감에 알맞다.
⑪ 습식방사로 제조된다.

3. 폴리노직 레이온
① 비스코스 레이온이 물에서 약해지는 결점을 보완하기 위해 제조방식을 변경해 개발된 섬유이다.
② 비스코스 레이온에 비해 강도가 높고 알칼리에 대한 저항성도 높다.
③ 물에 젖었을 때 강도가 많이 약해지지 않고 세탁 후의 수축도 작다.

4. 구리암모늄 레이온
① 단사 섬도가 대단히 가늘다.
② 습윤 시의 강력, 굴곡강력, 마찰강력이 비스코스 레이온보다 크다.
③ 온화한 광택을 가지고 있으며, 비중은 1.50이다.
④ 제조 시 방사원액은 황산구리, 암모니아, 수산화나트륨의 혼합용액을 사용한다.

핵심예제

다음 중 습윤할 때 강도가 가장 많이 저하되는 섬유는?

① 아크릴　　　　　② 양모
③ 레이온　　　　　④ 나일론

[해설]

레이온 섬유는 수분 흡수 시 강도가 가장 심하게 저하되는 섬유이다.

정답 ③

핵심이론 10　아세테이트

1. 개요
① 아세테이트는 천연섬유의 주성분을 화학적 처리를 통해 다른 고분자로 만들고 방사하여 만든 인조섬유이다.
② 고분자 화합물의 절반 정도를 화학적 처리를 했다고 해서 반합성 섬유라고도 한다.
③ 주된 성분은 셀룰로스를 원료로 하여 만든 셀룰로스 에스터 섬유이다.

2. 성질
① 아세테이트의 단면은 불규칙적인 꽃잎 모양을 하고 있고 측면은 굵은 선이 나타난다.
② 아세테이트는 광택이 나고 촉감이 좋은데 무광으로 만들고자 할 때는 산화타이타늄(TiO_2)을 가하여 광택을 없게 만들 수도 있다.
③ 탄성회복률은 천연섬유보다 뛰어나고 나일론보다는 낮다.
④ 아세테이트는 아세톤에 녹는 성질이 있어 섬유 감별에 이용되기도 한다.

3. 특성
① 마찰과 당김에 약하며, 흡습성이 적다.
② 다리미 얼룩이 잘 남으며, 땀이나 가스에 의해 변색되기 쉽다.
③ 면 섬유나 목재펄프를 초산으로 처리하여 만든 섬유이다.
④ 광택이 좋고 촉감이 부드러워 여성용 옷감, 양복 안감 등에 많이 쓰인다.
⑤ 해충이나 곰팡이에 안전하고, 흡습성이 비스코스 레이온과 같이 약해진다.
⑥ 셀룰로스 섬유에 비해 구김이 덜 생기고 쉽게 펴진다.
⑦ 장기간 일광에 노출되면 강도가 떨어진다.

⑧ 물에 대한 친화성이 작다.

⑨ 잘 더러워지지 않고 세탁이 쉽고 건조가 빠르다.

⑩ 열가소성을 이용하여 주름을 잡고 가열하여 고정 (pleats setting)한 주름치마 등을 만들기에 가장 좋은 직물이다.

⑪ 아세테이트와 트라이아세테이트

    ㉠ 아세테이트는 보통 사용하는 다이아세테이트, 트라이아세테이트의 두 가지가 있다.

    ㉡ 셀룰로스를 무수 아세트산과 반응시켜 에스터화 하면 아세테이트가 된다.

    ㉢ 셀룰로스의 3개의 수산기 모두를 에스터화 하면 트라이아세테이트가 된다.

    ㉣ 트라이아세테이트는 아세테이트보다 열에 덜 민감하고 세탁 후 줄어들지 않는다.

    ㉤ 트라이아세테이트는 아세톤에 용해되지 않는다.

핵심예제

다음 중 해충의 피해를 받지 않는 섬유는?

① 아세테이트   ② 면
③ 견   ④ 양모

|해설|

아세테이트나 합성섬유는 해충이나 미생물의 피해를 받지 않는다.

정답 ①

---

1. 개요

① 나일론은 폴리에스터, 아크릴과 함께 3대 합성섬유 중 하나이다.

② 나일론은 부가중합 고분자 섬유 중 폴리아마이드계에 속하는 합성섬유이다.

③ 합성섬유는 합성 고분자를 방사하여 만든 섬유이다.

④ 합성섬유는 섬유 원료를 처음부터 합성하여 얻기 때문에 재생 인조섬유와 달리 진정한 합성섬유라고 할 수 있다.

2. 특징

① 가볍고 튼튼하지만 흡습성이 적다.

② 열가연성과 탄력이 있으나 햇빛에 약해 오래 직사광선에 노출되면 황변하기 쉽다.

③ 산에 약해 염소계 표백제를 사용할 수 없다.

④ 탄성회복률과 레질리언스가 우수하여 구김이 잘 생기지 않는다.

⑤ 습윤상태에서는 신도가 증가하고 물에 젖어도 강도가 약해지지 않는다.

⑥ 흡습성이 좋지 않아 정전기가 잘 발생한다.

⑦ 투습성(습기를 밖으로 방출시키는 성질)이 낮아서 여름철 옷감으로는 부적당하다.

⑧ 염색성이 좋지 않아 산성염료를 사용하여 고압염색한다.

⑨ 항장력(절단되도록 힘을 받을 때 견뎌내는 힘)이 크다.

⑩ 내마찰성과 내굴곡성이 크다.

⑪ 다른 섬유에 비해 가벼워서 경량 피복 재료로 좋다.

3. 활용

① 신도가 크고 탄성회복률과 레질리언스가 우수하기 때문에 스타킹, 란제리에 많이 이용한다.
② 내마모성이 우수한 성질이 있기 때문에 양말과 셔츠에 많이 이용된다.
③ 비중이 작은 경량감을 이용하여 스포츠 웨어, 레저복에 활용된다.
④ 카펫, 실내장식 등에도 많이 이용되지만 내일광성이 좋지 않아 커튼에는 사용하지 않는다.

핵심예제

나일론 섬유의 특성 중 틀린 것은?

① 탄성이 우수하다.
② 일광에 의해 쉽게 손상된다.
③ 비중이 면 섬유보다 가볍다.
④ 흡습성이 천연섬유에 비해 크다.

[해설]

나일론 섬유는 흡습성이 적어서 정전기가 잘 발생하고 투습성이 낮아서 여름철 옷감으로는 부적당하다.

정답 ④

핵심이론 12 폴리에스터

1. 개요

① 나일론, 아크릴과 함께 3대 합성섬유 중 하나이며 그중 생산량이 가장 많다.
② 보통 부르는 폴리에스터 섬유는 폴리에틸렌 테레프탈레이트(PET)를 말한다.

2. 특징

① 합성섬유 중에서 내열성이 가장 뛰어나다.
② 염색이 어렵기 때문에 고온고압법, 캐리어 염색, 원액 염색으로 염색한다.
③ 분산성 염료를 사용하거나 고온염색을 하면 쉽게 염색할 수 있다.
④ 열가소성이 좋기 때문에 주름이 잡힌 부분이나 접힌 부분은 세탁을 해도 쉽게 펴지지 않는다.
⑤ 내일광성이 아크릴 섬유 다음으로 우수하고, 장시간 햇볕에 노출되어도 강력이 잘 낮아지지 않는다.
⑥ 내약품성이 좋아 산이나 알칼리에 영향을 거의 받지 않지만 강한 알칼리에서는 약해진다.
⑦ 섬유가 물에 젖어도 약해지지 않고, 건조 시와 거의 비슷한 강도를 가진다.
⑧ 연신 공정(원료를 실로 만들기 위해 길게 늘리는 공정)에 따라 강도와 신도의 차이가 난다.
⑨ 흡습성이 낮아 습기가 강도와 신도에 영향을 미치지 않는다.
⑩ 흡습성이 낮아 정전기가 잘 발생하므로 다른 섬유와 혼방하여 사용한다.
⑪ 공정수분율이 0.4%로 흡수성이 거의 없어서 세탁을 해도 줄어들지 않고 빨리 마르며 다림질이 필요 없는 워시 앤드 웨어(wash and wear) 섬유이다.

3. 활용

① 탄성회복률이 좋고 구김이 잘 가지 않기 때문에 활용 시 구김이 잘 가지만 통기성이 좋은 면과 혼방하여 사용한다.

② 겉옷감으로 많이 사용되며 운동복, 스웨터, 작업복, 넥타이, 블라우스, 와이셔츠, 양복 등 거의 모든 의류에 활용된다.

핵심예제

다음 중 3대 합성섬유에 해당하지 않는 것은?

① 나일론　　　　② 스판덱스
③ 아크릴　　　　④ 폴리에스터

[해설]

② 스판덱스는 폴리우레탄 섬유이다.

정답 ②

핵심이론 13 기타 합성섬유

1. 아크릴

① 개요
　　㉠ 아크릴은 폴리에스터, 나일론과 함께 3대 합성섬유 중 하나이다.
　　㉡ 아크릴로나이트릴의 함유율이 85% 이상의 폴리아크릴로나이트릴 섬유를 아크릴 섬유라고 하고, 함유율이 35~85%인 섬유를 모드아크릴 섬유라고 한다.
　　㉢ 아크릴 섬유에는 올론, 아크릴란, 엑스란, 캐시미론 등이 있다.
　　㉣ 모드아크릴 섬유에는 다이넬, 가네가론 등이 있다.

② 아크릴의 특징
　　㉠ 체적(부피)감이 있고 보온성이 우수하다.
　　㉡ 워시 앤드 웨어(wash and wear)성이 좋고 따뜻하며 촉감이 부드럽다.
　　㉢ 양모 대용으로 스웨터, 겨울 내의 등의 편성물 또는 모포에 많이 사용한다.
　　㉣ 모든 섬유 중에서 내일광성이 가장 좋다.
　　㉤ 내열, 내균, 내약품성이 좋지만 흡습성이 좋지 않아서 정전기가 발생한다.
　　㉥ 산과 알칼리 약품에 강하고 표백제나 세탁제에도 안정하다.
　　㉦ 산성염료, 분산염료로 염색이 가능하지만 카티온 염료로 염색하면 합성섬유 중 가장 선명한 색으로 염색할 수 있다.

③ 모드아크릴의 특징
　　㉠ 대체로 아크릴 섬유와 성질이 비슷하다.
　　㉡ 아크릴 섬유보다 탄성회복률이 우수하다.
　　㉢ 내열성은 아크릴 섬유보다 떨어진다.

④ 활용
ㄱ 아크릴 : 내일광성이 가장 좋기 때문에 텐트, 차양, 인조잔디 등으로 활용되고 모포, 쿠션, 카펫 등에도 쓰인다.
ㄴ 모드아크릴 : 쉽게 마르고 줄어들지 않기 때문에 가발, 인형머리 등에 쓰이고, 화학약품에 강하기 때문에 작업복과 실험복에도 쓰이고 있다.

2. 비닐론

① 폴리비닐알코올계 섬유이다.
② 친수성이 크고 열 고정성이 낮아 형태 안정성이 좋지 않으므로 이지케어 섬유에 부적당하다.
③ 합성섬유 중에서도 흡습성이 크고 보온성이 좋다.
④ 습기찬 상태에서 고온으로 다림질하면 굳어진다.
⑤ 마모강도와 굴곡강도가 크다.
⑥ 탄성과 레질리언스가 나빠서 구김이 잘 생긴다.
⑦ 염색성이 좋지 않다.

3. 폴리염화비닐

① 보온성이 뛰어나며 탄력성이 있다.
② 흡습성이 없고 열에 매우 약하다.

4. 폴리프로필렌

① 비중이 0.91로 가볍고 흡습성이 없어 물에 잘 뜬다.
② 내열성이 나쁘고 염색이 잘되지 않는다.
③ 강력 및 탄성이 크다.
④ 나일론이나 폴리에스터 섬유보다 레질리언스가 좋지 않다.

5. 폴리우레탄

① 스판덱스라고도 하며 섬유 중에서 신축성과 탄력성이 가장 우수하다.
② 마찰강도, 굴곡강도 등 내구성이 고무보다 우수하여 고무 대용으로 쓰인다.
③ 산에 약해서 염소계 표백제를 사용할 수 없다.
④ 염색성이 좋고 천연고무보다 노화에 강해 수영복, 란제리, 청바지 등 스트레치성이 필요한 의복에 많이 사용한다.

핵심예제

비닐론 섬유의 특성에 대한 설명으로 틀린 것은?
① 형태 안정성이 나쁘다.
② 마모강도와 굴곡강도가 크다.
③ 염색성이 좋아 선명한 색상을 얻기 쉽다.
④ 탄성과 레질리언스가 나빠서 구김이 잘 생긴다.

「해설」
③ 염색성이 좋지 않다.

정답 ③

1. 실의 꼬임

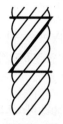

좌연사(Z꼬임)　　　우연사(S꼬임)

① 실의 꼬임 방향에 따라 좌연사(Z꼬임), 우연사(S꼬임)로 구분한다.
② 꼬임의 정도에 따라 강연사, 약연사로 구분한다.

2. 꼬임수

① 적당한 꼬임을 주면 실의 형태를 유지한다.
② 꼬임이 적으면 부드럽고 부푼 실이 된다.
③ 꼬임수가 적은 것은 위사로, 꼬임수가 많은 것은 경사로 사용한다.
④ 꼬임수가 증가하면 실의 광택이 줄어들고 딱딱하며 까슬까슬해진다.
⑤ 실에 적당한 꼬임을 주면 섬유 간의 마찰이 커져서 실의 강도가 향상되나, 어느 한계 이상 꼬임이 많아지면 실의 강도는 오히려 감소한다.
⑥ 강연사를 사용하여 제직하면 직물의 촉감이 까슬까슬하다.

3. 실의 굵기

① 실의 굵기는 방적성, 실의 균제도, 직물의 태에 영향을 미친다.
② 섬유의 번수 측정에 가장 적합한 표준상태는 온도 $20\pm2℃$, 습도 RH $65\pm4\%$이다.
③ 실의 굵기를 표현하는 방법으로 항중식과 항장식이 있다.

④ 항중식은 주로 방적사에 쓰이고 항장식은 필라멘트사에 쓰인다.

4. 항중식(번수)

① 방적사(면사, 마사, 모사 등)의 굵기를 나타내는 방법이다.
② 일정한 무게의 실의 길이로 표시하며 번수 방식을 사용한다.
③ 1파운드 무게의 실을 타래 수로 표시하고, 숫자가 클수록 실의 굵기는 가늘다.
　※ 타래 : 길이를 나타내는 단위로 실의 종류에 따라 다르다.
④ 면 1타래는 840야드, 마 1타래는 300야드이다.
⑤ 기호는 ′S 또는 S로 표시하며 실의 길이에 비례하고, 무게에 반비례한다.
⑥ 번수(′S)가 크면 실은 가늘어지고 번수가 작으면 실은 굵어진다.

$$번수 = \frac{길이(yd)}{840 \times 무게(lb)}$$

⑦ 미터식은 모든 섬유에 공통으로 사용하는 번수이며 무게가 1kg인 실의 길이를 km 단위로 표시한다.

5. 항장식(데니어)

① 항장식은 표준 길이에 대한 무게로 실의 굵기를 나타내는 방법이다.
② 필라멘트사(견, 레이온, 합성섬유)의 굵기를 나타내는 방법으로, 기호는 D(실) 또는 d(섬유)로 나타낸다.
③ 1데니어(denier)는 실 9,000m의 무게를 1g으로, 1데니어(1D)로 표시한다. 무게가 2g이면 2 denier이다.
④ 데니어의 숫자가 커질수록 실은 굵다.

$$데니어 = \frac{무게(g) \times 9,000(m)}{실의 \ 길이(m)}$$

6. 텍스법

① 모든 실의 단위를 통일하기 위해 국제표준화기구에서 정한 단위이다.

② 실 1,000m의 길이를 무게로 표시하는 것으로, 1g일 때 1텍스(tex)로 표시한다. 무게가 2g이면 2tex이다.

③ 데니어식과 같이 숫자가 커질수록 실이 굵어진다.

④ 항장식 번수의 하나이며, 1 tex = 9 denier이다.

7. 실의 강도와 신도

① 실의 강도
- ㉠ 실을 구성하는 섬유의 강도 및 실의 구조에 의해서 큰 영향을 받는다.
- ㉡ 일반적으로 필라멘트사의 강도는 구성하고 있는 필라멘트사의 강도를 합친 것과 가깝다.
- ㉢ 방적사에서는 원료 섬유의 길이, 섬유의 마찰계수, 섬유의 배향성, 꼬임수 등에 의해 강도가 결정된다.
- ㉣ 보통 섬유장이 길고 배향도가 좋으며 꼬임수가 많을수록 강도가 커진다.
- ㉤ 실의 강도를 측정하는 방법으로는 실이 부서지는 정도를 측정하는 매듭강도와 굴곡에 견디는 능력을 측정하는 루프강도가 있다.

② 실의 신도 : 섬유에 하중을 가하여 끊어질 때까지 늘어난 길이와 늘어나기 전의 길이에 대한 비율을 백분율로 표시한 것을 말한다.

01 실의 꼬임에 관한 설명으로 알맞은 것은?

① 꼬임의 수와 강도는 반비례한다.

② 꼬임이 많을수록 광택은 증가한다.

③ 강연사를 사용하여 제직하면 직물의 촉감이 까슬까슬하다.

④ 직물의 경사에는 대체로 위사보다 꼬임이 적은 실을 사용한다.

02 실의 길이가 9km이며 무게가 5g인 비스코스 레이온 실의 굵기(denier)는?

① 1D   ② 5D
③ 7D   ④ 10D

[해설]

01

① 실에 적당한 꼬임을 주면 섬유 간의 마찰이 커져서 실의 강도가 향상되나, 어느 한계 이상 꼬임이 많아지면 실의 강도는 오히려 감소한다.

② 꼬임수가 증가하면 실의 광택이 줄어들고 딱딱하며 까슬까슬해진다.

④ 꼬임수가 적은 것은 위사로, 많은 것은 경사로 사용한다.

02

$$데니어 = \frac{무게(g) \times 9,000(m)}{실의\ 길이(m)} = \frac{5g \times 9,000m}{9,000m} = 5D$$

정답 01 ③ 02 ②

1. 실의 종류

① 구성별 분류
  ㉠ 텍스타일(textile) : 의복까지 포함하는 넓은 의미의 섬유를 말한다.
  ㉡ 파이버(fiber) : 낱개의 섬유를 지칭하는 좁은 의미의 섬유를 말한다.

② 형태별 분류
  ㉠ 단사(single yarn) : 실의 가장 단순한 형태로 좌연(z) 또는 우연(s)의 방향으로만 꼬아서 만든 한 가닥의 실을 말한다.
  ㉡ 합연사(ply yarn) : 두 가닥 이상의 단사를 합하여 꼬임을 준 실을 말한다.
  ㉢ 합사(ends) : 편직 시 단사 두 가닥을 한 급사구에 공급하는 경우로 합연사와는 구별된다.
  ㉣ 코드사 : 합연사를 두 가닥 이상 꼬아 만든 실을 말하며 재봉사, 끈, 로프 등이 있다.

③ 원료별 분류
  ㉠ 순사 : 한 가지 원료를 이용해 만든 실로 면사, 마사, 모사, 견사, 레이온사, 아세테이트사, 나일론사, 폴리우레탄사, 폴리에스터사, 금속사 등이 있다.
  ㉡ 혼방사 : 두 종류 이상의 서로 다른 섬유를 혼합하여 방적한 실을 말한다.
  ㉢ 교합사 : 꼬임과 종류가 서로 다른 단사를 합연한 실로, 교합사로 만든 직물을 교직물이라고 한다.

④ 용도별 분류
  ㉠ 직사(weaving yarn) : 직물용 원사를 말한다.
  ㉡ 편사(knitting yarn) : 편직용 원사를 말한다.
  ㉢ 그 외 재봉사, 자수사, 장식사 등이 있다.

⑤ 길이별 분류
  ㉠ 단섬유사(staple yarn) 또는 방적사(spun yarn)
    • 단섬유는 면, 모, 마와 같이 섬유장이 짧은 섬유나 견, 필라멘트와 같은 장섬유를 방적하기에 알맞은 길이로 짧게 절단한 것이다.
    • 단섬유를 평행하고 길게 만들어 꼬임을 주어 만든 실을 방적사라고 한다.
    • 필라멘트사에 비해 꼬임이 더 필요하다.
    • 비교적 부드러우며 감촉이 따뜻하다.
    • 굵기나 보풀상태가 불균일하고, 강도는 필라멘트사보다 약하다.
  ㉡ 장섬유사(filament yarn, 필라멘트사)
    • 매끈하고 이음이나 꼬임이 없는 긴 형태의 실로, 모든 화학섬유는 처음에는 필라멘트의 형태로 생산된다.
    • 동일한 굵기일 경우 가닥 수가 많은 실이 유연하다.
    • 천연섬유로 견사, 재생섬유로 레이온사, 합성섬유로 나일론사, 폴리에스터사, 아크릴사 등이 해당된다.
    • 열가소성이 좋다.

2. 면 섬유의 방적 방법에 따른 분류

① 코마사(CM ; Combed Yarn)
  ㉠ 방적 공정 중 정소면기(comber)를 거쳐 짧은 섬유를 제거한 면사를 말하며 정소면사라고도 한다.
  ㉡ 실이 매끈하고 광택이 좋으며, 세번수사(가는 실)에 주로 쓰인다.

② 카드사(CD ; Carded Yarn)
  ㉠ 비교적 짧고 불균일한 섬유로 만든 것으로, 코마사에 비해 거칠고 질이 좋지 않다.
  ㉡ 소면사라고도 하며, 태번수사(번수가 큰 것, 굵은 실)에 주로 쓰인다.
  ㉢ 방적 공정 중 정소면기를 거치지 않고 카딩(소면) 공정만 거친 원사이다.

③ 면 방적 공정

> 혼타면(blowing) → 소면(carding) → 정소면(combing) →
> 연조(drawing) → 조방(roving) → 정방(spinning)

⊙ 혼타면(개면, 혼면, 타면)
- 개면은 포장되어 운반된 섬유를 풀어 불순물을 제거하는 것이다.
- 혼면은 개면기에 들어가는 원면이 포장되어 있는 것마다 품질이 다를 수 있기 때문에 균일한 면사를 뽑아내기 위해서 원면을 서로 섞어 주는 것이다.
- 타면은 개면과 비슷하게 섞은 원면의 불순물을 제거하여 더욱 부드러운 솜을 만들어 주는 것을 말한다.

⊙ 소면은 면 섬유에 있는 불순물과 단섬유를 제거하는 공정이다.

⊙ 정소면은 소면 공정을 거친 섬유에 여전히 남아 있는 짧은 섬유와 넵(nep)을 한 번 더 빗질하여 잡물을 완전히 제거하는 공정이다.

⊙ 연조는 소면과 정소면 공정을 거친 섬유를 굵기가 일정하도록 고르게 해 주는 공정이다.

⊙ 조방은 연조 과정을 거친 섬유를 실을 뽑을 수 있도록 더욱 가늘게 늘이는 공정이다.

⊙ 정방은 조방 공정에서 얻어진 실을 적당한 가늘기로 늘이고 꼬임을 주는 공정이다.

3. 양모 섬유의 방적 방법에 따른 분류

① 방모사(woolen yarn)
⊙ 짧거나 거친 양모, 재생모를 사용하여 만든 부피가 큰 실이다.
⊙ 모 섬유의 방적 공정에서 코밍 공정(늘이고 꼬임)을 거치지 않고 구불구불한 양모 섬유 모양 그대로 서로 얽히게 하여 만든 것을 말한다.

② 소모사(worsted yarn)
⊙ 소모방적 방식에 의하여 만든 모사로 가늘고 긴 고급양모를 이용하여 만든다(방모사보다 고급사).
⊙ 모 섬유의 방적 공정에서 단섬유를 제거하고 잡아 늘리면서 꼬임을 주면 소모방적사가 된다.
⊙ 소모사는 모 방적 과정인 카딩, 코밍, 조방, 정방의 공정을 모두 거친 실을 말한다.
⊙ 섬유 간의 간격이 촘촘해지고 실이 긴밀하게 연결된다.
⊙ 실의 표면이 매끄럽고 광택이 있다.

③ 중소모사(semi-worsted yarn)
⊙ 중소모사 방식에 의하여 만든 모사로 광택을 증가시키고 강하며 필링 발생이 적다.
⊙ 양탄자, 담요, 아트 직조에 사용한다.

핵심예제

실의 종류 중 코드(cord)에 해당되지 않는 것은?

① 합연사   ② 재봉사
③ 끈   ④ 로프

|해설|

코드사 : 합연사를 두 가닥 이상 꼬아 만든 실을 말하며 재봉사, 끈, 로프 등이 있다.

정답 ①

1. 직물

① 직물은 직기를 이용하여 실을 가로세로로 엮어 만든 옷감으로 길이와 폭을 가진 원단의 형태로 만들어진 것을 말한다.

② 경사 방향의 날실과 위사 방향의 씨실을 직각으로 교차하여 만든다.

③ 직물의 방향

   ㉠ 경사 방향

     • 원단이 롤러에서 풀리며 길이를 원하는 만큼 조절하여 자를 수 있는 식서 방향이다.

     • 직물은 양쪽 끝에 같은 종류의 식서를 만드는데, 식서는 직물 양쪽 끝의 약 5mm 정도 너비의 다른 부분과 구분되는 쫀쫀한 부분을 말하고 변(selvage)이라고도 한다.

     • 직물의 밀도가 많은 쪽의 실이다.

     • 직물의 제직, 가공, 정리 시에 큰 힘을 받는 부분이다.

     • 경사 방향의 실은 위사보다 꼬임이 많고 강도가 강하다.

     • 세탁 시 수축이 많이 되는 방향이다.

     • 견본을 살펴보아, 일반적으로 바르게 배열되어 있고 바디살 자국이 있는 쪽의 실이다.

     • 기모 직물에서는 털이 누워 있는 쪽의 실이다.

   ㉡ 위사 방향

     • 원단이 감긴 롤러를 세웠을 때 수직 높이 방향으로 위사 방향의 길이는 롤러의 높이 부분이다.

     • 위사가 경사에 비해 약하지만 신축성은 더 크다.

     • 장식이나 특별한 기능사는 보통 위사에 있다.

   ㉢ 바이어스 방향 : 위사 방향의 45° 방향으로, 위사와 경사 방향의 대각선 모양이다.

2. 편성물

① 개요

   ㉠ 편성물은 한 가닥 또는 여러 가닥의 실을 고리 모양의 편환을 만들어 이것을 상하좌우로 얽어서 만든 것이다. 메리야스 또는 니트라고 한다.

   ㉡ 편성물의 기본이 되는 조직은 평편, 고무편, 펄편이다.

   ㉢ 편성물의 분류

     • 위편성물 : 기본 조직은 평편, 고무편, 펄편, 양면편 등이고 양말, 스웨터, 원피스, 스커트, 코트 등이 있다.

     • 경편성물 : 트리코, 라셀, 밀라니즈 등이 있다.

② 특징

   ㉠ 조직점이 적어서 유연하다.

   ㉡ 직물에 비해 신축성과 함기성이 크다.

   ㉢ 직물보다 경제적이고 실용적이다.

   ㉣ 구김이 잘 생기지 않으며 보온성, 투습성, 통기성이 우수하다.

   ㉤ 편물로 된 의류는 통기성이 크기 때문에 바람 부는 곳에서 추위를 느끼기 쉽다.

   ㉥ 편성물의 가장자리가 휘말리는 컬업(curl up)성이 있어 재단과 봉제가 어렵다.

   ㉦ 세탁 시 모양이 변하기 쉽다.

   ㉧ 필링이 생기기 쉬우며 마찰에 의해 표면의 형태가 변화되기 쉽다.

3. 부직포

① 개요

   ㉠ 실로 제작하지 않고 섬유를 기계적, 화학적 또는 열적 방법으로 직접 결합시키거나 접착하여 만든 직물이다.

ⓛ 섬유 상태에서 실을 거치지 않아 짧은 섬유도 이용이 가능하다.
ⓒ 부직포는 심지의 종류 중 여러 종류의 섬유를 얇게 펴서 접착제를 사용하여 접착시킨 심지이다.
ⓔ 가볍고 올이 풀리지 않으며 올의 방향이 없어 사용하기 간편하다.
ⓜ 신사복, 숙녀복 등의 심지, 의류 부자재로 쓰인다.

② 특징
ⓐ 함기량이 많아 가볍고 따뜻하여 보온성이 좋다.
ⓛ 재단, 봉제가 쉽다.
ⓒ 방향성이 없으므로 잘라도 절단 부분의 올이 풀리지 않는다.
ⓔ 방향에 따른 성질의 차가 거의 없다.
ⓜ 광택이 적고 촉감이 거칠다.
ⓗ 탄성과 레질리언스가 강하다.
ⓢ 드레이프성이 부족하다.

4. 기타 직물

① 펠트
ⓐ 동물의 털이 가진 특징 중 축융성을 이용하여 섬유를 얽히게 하여 만든 것을 말한다.
ⓛ 가장자리가 잘 풀리지 않는다.
ⓒ 탄력성, 보온성, 흡수성이 좋다.
ⓔ 다른 직물만큼 강하지 않아 마찰에 약하고 신축성이 없으며 드레이프성이 부족하다.

② 문직물 : 기본 조직의 교차법에 변화를 주어 무늬가 생기도록 하는 직물로 도비 직물과 자카드 직물로 나뉜다.
ⓐ 도비 직물 : 도비 직기를 이용하여 무늬를 놓은 직물을 말한다.
ⓛ 자카드 직물 : 자카드 직기를 고안한 프랑스 발명가 조셉 마리 자카드의 이름에서 유래한 것이다.

③ 이중직물
ⓐ 경사나 위사 또는 경사, 위사 모두 이중으로 교차되도록 제직한 직물을 말한다.
ⓛ 경사가 이중으로 되어 있고 위사가 하나로 교차된 것을 경이중직, 위사가 이중으로 되어 있고 경사가 하나로 교차된 것을 위이중직이라고 한다.
ⓒ 두 겹으로 되어 있어 보온성이 좋고 두꺼운 양면 직물이다.

④ 첨모직물(파일직물)
ⓐ 양면 또는 한쪽 면에 루프를 형성한 직물이다.
ⓛ 위사가 파일로 되어 있는 위파일 조직과 경사가 파일로 되어 있는 경파일 조직이 있다.
 • 경파일 직물 : 벨벳(velvet), 벨루어(velours), 플러시(plush), 아스트라칸(astrakhan) 등
 • 위파일 직물 : 우단(벨베틴, velveteen), 코듀로이 등
 • 터프트 파일직물(파일을 심은 직물), 플로크 파일직물(파일을 수직으로 붙인 직물) 등

01 검사 결과 날실(경사)로 판정할 수 있는 것은?

① 견본 직물에 가장자리 부분이 있을 때, 가장자리 실(변사)과 수직을 이루고 있는 실이다.
② 일반적으로 실의 밀도가 작은 쪽의 실이다.
③ 견본을 살펴보아, 일반적으로 바르게 배열되어 있는 실이다.
④ 외올실(단사)과 여러 올의 합사 직물일 때에는 외올실이다.

02 편성물의 특성으로 옳은 것은?

① 신축성이 작아 잘 구겨진다.
② 직물과 비교하여 통기성이 나쁘다.
③ 컬업(curl up)성이 있어 재단과 봉제가 어렵다.
④ 편물은 실용성이 낮고 사치성이 있어 경제성이 작다.

[해설]

01

경사(날실)의 특징
• 직물은 양쪽 끝에 같은 종류의 식서를 만드는데, 식서는 직물 양쪽 끝의 약 5mm 정도 너비의 다른 부분과 구분되는 쫀쫀한 부분을 말하고 변(selvage)이라고도 한다.
• 직물의 밀도가 많은 쪽의 실이다.
• 직물의 제직, 가공, 정리 시에 큰 힘을 받는 부분이다.
• 경사 방향의 실은 위사보다 꼬임이 많고 강도가 강하다.
• 세탁 시 수축이 많이 되는 방향이다.
• 견본을 살펴보아, 일반적으로 바르게 배열되어 있고 바디살 자국이 있는 쪽의 실이다.
• 기모 직물에서는 털이 눕혀 있는 쪽의 실이다.

02

편성물의 특징
• 조직점이 적어서 유연하다.
• 편성물은 직물에 비해 신축성과 함기성이 크다.
• 편성물은 직물보다 경제적이고 실용적이다.
• 구김이 잘 생기지 않으며 보온성, 투습성, 통기성이 우수하다.

정답 01 ③ 02 ③

핵심이론 17 직물의 조직

1. 직물의 기본 조직

① 개요

 ㉠ 직물의 삼원조직은 평직, 능직, 수자직의 3가지 기본 조직을 말한다.
 ㉡ 경사와 위사가 어떤 방식으로 교차하였는지에 따라 구분되며, 삼원조직을 바탕으로 직물이 만들어진다.
 ㉢ 경사는 세로, 위사는 가로 방향이며 경사와 위사가 교차하여 위사가 경사 위쪽에 있을 때 만나는 점을 백색의 □ 또는 ⊠로 표시한다.
 ㉣ 완전조직은 직물조직이 같은 패턴으로 순환되는 직물조직의 1단위를 말한다.

② 평직

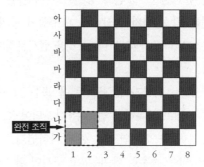

 ㉠ 삼원조직 중에서 가장 간단한 조직이다.
 ㉡ 가장 튼튼한 옷감으로 의복에 많이 사용되는 조직이다.
 ㉢ 가장 보편적이고 제직이 간단하며 앞뒤의 구별이 없다.
 ㉣ 날실과 씨실이 한 올씩 교대로 교차된 조직이다.
 ㉤ 교차점이 가장 많은 조직으로 여러 가지 방법으로 장식을 하거나 조직에 변화를 줌으로써 성질이 다른 직물을 얻을 수 있다.
 ㉥ 안과 밖의 구별이 없고 비교적 바닥이 얇지만 튼튼하고 마찰에 강해 실용적이다.

◈ 광택이 적고 조직점이 많기 때문에 실이 자유롭게 움직이지 못해서 구김이 잘 생긴다.

◎ 밀도를 크게 할 수 없다.

◈ 광목, 옥양목, 포플린, 명주, 모시, 머슬린 등이 있다.

③ 능직

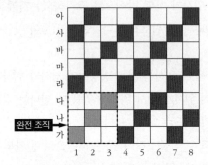

완전 조직

⊙ 사문직이라고도 하며 날실과 씨실이 3올 이상 교차하여 만들고, 표면에 능선이 나타난다.

㉡ 능선의 각 경사가 심할수록 내구성이 좋다.

㉢ 사문선의 각도가 45°보다 큰 것을 급사문직이라고 한다.

㉣ 경사 또는 위사가 한 올, 두 올 또는 그 이상의 올이 교대로 계속하여 업 또는 다운되어 조직점이 대각선 방향으로 연결된 선이 나타난다.

㉤ 직물바닥을 촘촘히 할 수 있고 구김이 잘 가지 않는다.

㉥ 평직보다 마찰에 약하지만 보온성과 광택이 좋고 표면이 곱다.

◈ 평직보다 조직점이 적어서 유연하다.

◎ 평직보다 밀도를 크게 할 수 있어 두꺼우면서 부드러운 직물을 얻을 수 있다.

◈ 트윌, 서지, 개버딘, 진, 데님, 치노, 헤링본 등이 있다.

　• 개버딘은 사문선이 약 63°로 나타나는 급사문직물이다.

　• 데님은 능직으로 짜여진 면 또는 면 혼방직물로서 작업복과 아동복에 많이 쓰인다.

④ 수자직(주자직)

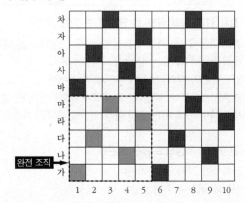

완전 조직

⊙ 날실과 씨실이 5올 이상 길게 떠 교차되는 직물이다.

㉡ 경사, 위사의 조직점이 적어 유연하다.

㉢ 경사가 표면에 많이 보이는 것을 경수자직, 위사가 표면에 많이 보이도록 한 것을 위수자직이라고 한다.

㉣ 평직과 능직보다 부드럽고 표면이 매끄러우며 광택이 좋지만 내구성이 약해 실용적이지 않다.

㉤ 마찰강도가 약하다.

㉥ 가장 주름이 잘 잡히지 않는 직물이다.

◈ 목공단, 새틴, 도스킨, 베니션 등이 있다.

⑤ 변화 조직

⊙ 바스켓직

　• 변화평직으로 평직보다 조직점이 적어 부드럽고 구김이 덜 생기며, 표면결이 곱고 평활하다.

　• 경사와 위사를 두 올 이상으로 엮어 만드는데, 바스켓(basket)의 조직과 비슷하다고 하여 이름 지어졌다.

　• 옥스퍼드(oxford) 직물이 대표적이다.

㉡ 이랑직

　• 두둑직이라고도 하며 변화평직 중 직물의 표면에 경사 또는 위사 방향으로 이랑의 줄무늬가 나타나는 조직이다.

　• 경이랑직 : 한 올의 경사를 여러 올의 위사와 엮은 것으로 이랑이 위사 방향으로 향해 있고 세로 줄무늬가 나타난다.

• 위이랑직 : 한 올의 위사를 여러 올의 경사와 엮은 것으로 이랑이 경사 방향으로 향하며 가로 줄무늬가 나타난다.

ⓒ 변화능직에는 능선을 변형시켜 만든 조직인 신능직과 능선을 연속하게 만들지 않고 반대 방향으로 마주보게 한 조직인 파능직, 다이아몬드 무늬를 닮은 능형능직, 사문선과 위사의 각도가 큰 급사문직, 산과 같은 무늬를 나타낸 산형능직 등이 있다.

ⓓ 변화수자직에는 주야수자직, 변칙수자직, 중수자직, 확수자직, 화강수자직 등이 있다.

01 직물의 삼원조직이 아닌 것은?
① 평직　　　　　　② 능직
③ 수자직　　　　　④ 문직

02 다음 중 평직의 특징과 상관이 없는 것은?
① 삼원조직 중 가장 간단한 조직이다.
② 밀도를 크게 할 수 없다.
③ 비교적 바닥이 얇으나 튼튼하다.
④ 구김이 잘 생기지 아니하고, 광택이 우수하다.

[해설]

01
삼원조직은 평직, 능직, 수자직의 3가지 기본 조직을 말한다.
문직물 : 기본 조직의 교차법에 변화를 주어 무늬가 생기도록 하는 직물로 도비 직물과 자카드 직물이 있다.

02
평직은 광택이 적고 조직점이 많기 때문에 실이 자유롭게 움직이지 못해서 구김이 잘 생긴다.

정답 01 ④　02 ④

1. 정련 및 표백

① 호발(발호)

ⓐ 직조 시 경사에 인장강도를 높이기 위해 풀(호료)을 먹여 제직하는데, 염색을 할 때는 풀을 완전히 제거해야 한다.

ⓑ 호발은 풀을 제거하는 공정이며, 가호 공정과 반대되는 개념이다.

※ 가호 : 제직 시 실 표면의 잔털을 정리하고 섬유들을 서로 밀착시키는 등 제직을 용이하게 하기 위해 경사에 풀을 먹이는 것을 말한다.

ⓒ 호료의 종류

천연호료 (불용성)	천연호료는 불용성으로 효소, 산, 알칼리 등의 발호제를 사용한다. • 식물성 　− 전분류 : 쌀, 밀, 옥수수, 감자 등 　− 해조류 : 알긴산 등 　− 천연고무(gum) : 아라비아 검, 트래거 검, 로커스트빈 검 등 　− 단백질 : 콩즙 등 • 동물성 : 아교, 젤라틴, 카세인 • 광물성 : 벤토나이트
합성호료 (수용성)	• 합성호료는 수용성이므로 뜨거운 물로 처리한다. • CMC, PVA, 아크릴계 합성수지, 알긴산나트륨, 전분글리콜산나트륨 등

② 정련

ⓐ 제직이 끝난 천연섬유(생지)에 묻어 있는 불순물을 제거하는 공정이다.

ⓑ 납질, 지방질은 알칼리 용액으로 분해시킨다.

종류	사용 약품	비고
무기정련제	수산화나트륨 (알칼리성 세제)	주로 천연섬유에 사용하고 무명 섬유의 정련에 가장 많이 사용
유기정련제	계면활성제	비누, 유기용제 등을 사용

③ 표백

방법		표백제	섬유
산화 표백	산소계 (과산화물)	• 과산화수소 • 과탄산나트륨 • 과산화나트륨 • 과붕산나트륨	• 양모 • 견 • 셀룰로스계 섬유
	염소계	• 표백분 • 아염소산나트륨 • 차아염소산나트륨	• 셀룰로스계 섬유 • 나일론 • 폴리에스터 • 아크릴계 섬유
환원 표백		• 아황산수소나트륨 • 아황산 • 하이드로설파이트	양모

㉠ 정련만으로 제거되지 않는 섬유 자체의 색소를 화학약품을 사용하여 산화 또는 환원에 의해 분해하여 섬유를 순백으로 만드는 공정이다.

㉡ 합성섬유에 일반적으로 많이 적용되는 표백제는 아염소산나트륨이다.

㉢ 셀룰로스 섬유를 표백할 때는 표백 전 수지가공 여부를 확인하여 변색을 방지해야 한다.

㉣ 셀룰로스 섬유는 차아염소산나트륨을 표백제로 사용한다.

㉤ 모, 견직물 등 단백질 섬유의 표백에 효과가 큰 것은 과산화수소이다.

㉥ 나일론 섬유의 산화표백제는 아염소산나트륨이 가장 적합하다.

2. 염색의 특성

① 염색 방법에 따라 크게 침염과 날염으로 나눈다.

㉠ 침염 : 염색 용액에 담가서 염색하는 것을 말하며 섬유, 실, 직물, 완성된 옷 등을 염색한다.

• 선염 : 제직 전에 실을 염색하는 것으로 사염(yarn dyeing)이라고도 한다.

• 후염 : 직물로 만든 후에 염색하는 것을 말하는데 포염(fabric dyeing)이라고도 한다.

㉡ 날염 : 완성된 옷에 염료와 안료를 이용하여 날인 및 기타 방법으로 염색하는 것이다.

② 염색 견뢰도

㉠ 염색된 섬유가 일광, 마찰, 세탁, 땀, 약품 등에 의해 영향을 받아 변색이나 탈색이 되지 않고 색상을 유지하는 정도를 말한다.

㉡ 섬유의 결정성과 비결정성, 염료의 화학적 성질 등이 영향을 미친다.

㉢ 섬유의 비결정 부분이 많으면 염색성, 흡수성이 좋아진다.

㉣ 세탁・땀에 대한 견뢰도는 1~5등급, 일광에 대한 견뢰도는 1~8등급으로 나누며, 숫자가 높을수록 우수하다.

③ 염료

㉠ 염료는 용매에 용해된 상태로 사용하며 물이나 기름에 녹는다.

㉡ 섬유에 친화력이 있어 염착된다.

④ 안료

㉠ 안료는 용매에 분산시켜 입자 상태로 사용하는 것을 말한다.

㉡ 물이나 기름 등에 녹지 않는 분말 형태이다.

㉢ 고착 시 합성수지가 필요하다.

⑤ 염료의 종류와 특징

염료	특징
직접	• 약알칼리성의 중성염 수용액에서 셀룰로스 섬유에 직접 염색되며, 산성하에서 단백질 섬유와 나일론에도 염착되는 염료이다. • 면, 마 섬유 등의 염색에 주로 사용된다.
배트	• 염료 자체는 물과 알칼리에 불용이나, 환원제로 환원하면 알칼리 수용액에 용해되어 셀룰로스 섬유와 친화성을 가져 염색할 수 있게 되는 염료이다. • 내일광성을 비롯한 산, 알칼리, 마찰, 세탁에 대한 견뢰도가 매우 좋고 색이 선명한 고급염료이다.
반응성	• 견뢰도와 색상이 좋아서 면 섬유에 가장 많이 사용되는 염료이다. • 염료분자와 섬유가 공유결합을 형성하는 염료이다.
황화	염소 표백에는 약하고 색상이 선명하지 않지만 일광과 세탁 등에 견뢰도가 우수하고 비용이 저렴하여 무명의 염색에 많이 사용된다.

염료	특징
염기성	• 물에 잘 녹으며 중성 또는 약산성에서 단백질 섬유에 잘 염착되고 아크릴 섬유에도 염착되는 염료이다. • 알칼리 세탁과 일광에 대한 견뢰도가 좋지 못하여 천연섬유의 염색에는 적합하지 않은 염료이다.
산성	단백질 섬유와 나일론에 염착되기 때문에 양모, 견, 나일론 섬유에 가장 많이 쓰이는 염료이다.
매염	섬유에 금속염을 흡수시킨 다음 염색하면 금속이 염료와 배위결합을 하여 불용성 착화합물을 만드는 염료이다.
분산	• 폴리에스터나 아세테이트 섬유의 염색에 가장 많이 사용되는 염료이다. • 승화성이 있는 전사날염에 가장 적합한 염료이다.

⑥ 섬유의 염색성에 영향을 미치는 요인
  ㉠ 섬유의 화학적 조성에 따라 염색성이 달라진다.
  ㉡ 섬유 내 비결정 부분이 많은 섬유가 염색성이 좋다.
  ㉢ 흡습성이 좋은 섬유가 일반적으로 염색성이 좋다.
  ㉣ 염료와 친화성이 큰 원자단을 갖고 있는 섬유가 염색성이 좋다.

⑦ 후처리
  ㉠ 일광 견뢰도를 높여 주고 물빠짐을 없애 주는 것이다.
  ㉡ 섬유의 기능을 회복시키고 염착이 잘 유지되도록 한다.

3. 염색의 분류
① 침염(dyeing)
  ㉠ 사염색 : 실의 상태에서 염색하는 것이며 선염과 같은 말이다.
  ㉡ 이색염색 : 크로스 염색이라고도 하며 혼방직물이나 교직물을 염색할 때 섬유의 종류에 따른 염색성의 차를 이용하여 각각 다른 색으로 염색할 수 있는 방법이다.

  ㉢ 원료염색 : 실로 만들기 전에 솜이나 털 상태에서 염색하는 것이다.
  ㉣ 원액염색 : 합성섬유를 만들 때 방사 전에 염료를 혼합하여 염색하는 것이다.
  ㉤ 톱염색 : 양모 섬유를 평행으로 배열하고 로프 상태로 만든 톱 상태에서 염색하는 것이다.
  ㉥ 포염색 : 직물로 제직 후 염색하는 것이며 후염과 같은 말이다.
  ㉦ 가먼트 염색 : 봉제하여 완성된 옷 상태에서 염색하는 것이다.

② 날염(printing)
  ㉠ 직접날염 : 염료를 섞은 풀을 천에 찍어 직접 무늬를 만드는 방법이다.
  ㉡ 발염날염 : 색을 제거하며 모양을 내는 방식으로 직물에 염색을 한 후 색을 제거하는 발염제를 직물에 프린트한다.
  ㉢ 방염날염 : 날염풀에 미리 염료 용액이 피염물에 침투하거나 고착되는 것을 방지하는 약제를 혼합하여 날인한 다음 건조시키고 나서, 최후에 바탕색을 염색하여 무늬를 나타내는 방법이다.
  ㉣ 블록날염 : 나무와 같은 단단한 물질에 양각하여 판화를 찍어내는 것과 같이 염료를 묻혀 천에 찍어내는 방법이다.

01 다음 중 나일론 섬유의 산화표백제로 가장 적합한 것은?

① 차아염소산나트륨
② 아염소산나트륨
③ 하이드로설파이트
④ 아황산가스

02 다음 중 분산염료로 염색이 가장 잘되는 섬유는?

① 비닐론
② 양모
③ 나일론
④ 폴리에스터

해설

01

표백
• 합성섬유에 일반적으로 많이 적용되는 표백제는 아염소산나트륨이다.
• 셀룰로스 섬유는 차아염소산나트륨을 표백제로 사용한다.
• 모, 견직물의 표백에 효과가 큰 것은 과산화수소이다.
• 나일론 섬유의 산화표백제는 아염소산나트륨이 가장 적합하다.

02
양모, 견, 나일론 섬유는 단백질 섬유와 나일론 섬유에 잘 염착되는 산성염료로 염색한다.

정답 01 ② 02 ④

핵심이론 **19** 직물의 가공

1. 일반 가공

① 대부분의 직물은 제조 후 여러 기계적 처리 또는 화학적 처리 과정을 거치게 된다. 가공은 옷감을 깨끗하게 정리해 주거나 외관의 감촉을 개선하기 위함을 목적으로 한다.

② 종류
　㉠ 소모(털 태우기)
　㉡ 캘린더 가공 : 직물을 다림질하는 것과 유사한 가공법으로, 딱딱하고 무거운 롤러 사이로 직물을 통과시켜서 처리한다. 조직을 치밀하고 매끄럽게 하며 광택을 높인다.
　㉢ 기모 가공 : 표면을 긁어 직물 표면에 잔털이나 파일을 발생시키는 가공 기법이다.

2. 특수 가공

① 면직물의 가공
　㉠ 머서화 가공(실켓 가공) : 진한 수산화나트륨 용액으로 처리하는 가공으로 광택, 염색성, 흡습성, 강도 등이 증가된다.
　㉡ 리플 가공(플리세 가공) : 진한 알칼리 용액에 담갔을 때 수축하는 성질을 이용한다. 알칼리 풀을 만들어 무늬대로 발라 이 부분을 수축시켜 직물 표면에 우글거리는 무늬가 생기도록 하는 가공을 말한다.
　㉢ 샌퍼라이징 가공 : 면직물에 수분, 열, 압력을 가하여 미리 수축시켜 의복을 만든 후에 줄어드는 것을 방지하는 가공이다.
　㉣ 방추 가공 : 주름이 생기기 쉬운 면, 마, 레이온과 같은 셀룰로스 섬유에 수지 처리하여 구김이 생기지 않도록 하는 가공이다.

② 모직물의 가공
　㉠ 런던슈렁크 가공 : 모직물을 물에 적셔 젖은 천 사이에 하루 동안 두었다가 건조하여 미리 수축시키는 가공이다.

ⓛ 방충 가공 : 해충의 피해를 막기 위해 방충제를 처리하는 가공이다.
ⓒ 축융 가공 : 모 섬유의 스케일이 적당한 수분, 온도, 마찰에 의해 잘 엉키는 성질을 이용하여 치밀하고 단단한 모직물을 만드는 가공이다.
ⓔ 축융 방지 가공 : 스케일을 파괴하거나 움직이지 못하도록 코팅하는 방법을 사용하여 모직물의 수축을 방지하는 가공이다.
③ 합성섬유의 가공
㉠ 방오 가공 : 친수성과 친유성을 모두 가진 불소 함유 화합물을 처리하여 때가 잘 타지도 않고 타더라도 세탁에 잘 빠지도록 하는 가공이다.
ⓛ 대전 방지 가공 : 친수성 화합물을 처리하여 정전기가 축적되지 않도록 하는 가공이다. 친수성 화합물을 처리하여 흡습성을 높여 주는 원리는 방오 가공과 같다.
ⓒ 알칼리 감량 가공 : 폴리에스터를 수산화나트륨으로 처리하여 중량이 감소되어 섬유가 가늘어지는 가공이다.
④ 기타 가공
㉠ 증량 가공 : 견 섬유에 금속염을 처리하여 중량을 증대시키는 가공이다. 증량제나 매염제로 타닌산을 사용하며 최근에는 증량뿐만 아니라 촉감, 광택, 드레이프성을 좋게 하려는 목적으로도 활용된다.
ⓛ 투습 방수 가공 : 직물 사이에 미세한 구멍이 많은 막을 붙이거나 직물 표면에 친수성막을 처리하여 외부에서 들어오는 물은 막고 땀은 밖으로 배출해서 위생적이고 편안한 기능을 주는 가공이다.
ⓒ 위생 가공 : 세균이 번식하는 것을 방지하기 위해 균의 번식을 막는 화합물을 처리하는 가공이다.
ⓔ 자외선 차단 가공 : 직물 표면에서 자외선을 산란, 반사시키거나 흡수하여 피부에 도달하지 못하도록 하는 가공이다.

ⓜ 주름 가공 : 나일론, 폴리에스터, 트라이아세테이트와 같은 열가소성 합성섬유에 주름을 잡아 열을 가한 후 냉각하여 영구적인 주름을 부여하는 것이다. 기타 섬유의 경우에는 합성수지로 처리한 후 열로 가공하여 주름을 고정한다.
ⓗ 플로킹 가공 : 직물의 면에 접착제를 바르고 그 표면에 짧은 섬유를 정전기를 이용하여 수직으로 접착시키는 가공이다.
ⓢ 번아웃 가공 : 시스루룩(see-through-look)의 효과를 내기 위해 산에 약한 레이온의 특징을 이용하여 산에 강한 섬유와 레이온으로 교직된 옷감에 산성의 약품으로 레이온을 원하는 부분만 남기고 태워내는 가공이다.

핵심예제

01 다음 중 방추 가공과 관계가 없는 섬유는?
① 면
② 마
③ 비스코스 레이온
④ 견

02 셀룰로스 직물의 수축을 방지하는 가공은?
① 런던슈렁크 가공
② 샌퍼라이징 가공
③ 방추 가공
④ 캘린더 가공

해설

01
방추 가공은 형태를 유지하고 옷의 구김을 방지해 주는 가공으로, 주름이 생기기 쉬운 면, 마, 레이온과 같은 셀룰로스 섬유에 수지 처리하여 구김이 쉽게 생기지 않도록 하는 것을 말한다.

02
샌퍼라이징(sanforizing) 가공은 면, 마, 레이온 등의 셀룰로스 직물을 미리 강제 수축시켜 수축을 방지하는 방축 가공이다.

정답 01 ④ 02 ②

1. 의복의 감각적 성능

① 장식성, 감각성 등의 기능이다.

② 외적으로는 우아하고 품위 있는 느낌을 준다.

③ 내적으로는 부드럽고 경쾌한 느낌을 준다.

④ 직물의 색상, 촉감, 축융, 기모, 광택, 필링성 등이 영향을 주는 요소들이다.

2. 의복의 위생적 성능

① 더위와 추위로부터 몸을 보호하는 기능이다.

② 의복의 쾌적성, 착용자의 건강과 관련된 성질이다.

③ 직물의 투습성, 흡수성, 통기성, 열전도성, 보온성, 함기성, 대전성 등이 영향을 주는 요소들이다.

3. 의복의 실용적 성능

① 빈부 차별 없이 누구나 사용할 수 있는 편리한 기능이다.

② 내구성, 내마모성, 내열성에 대한 성질이다. 옷이 금방 해진다면 실용적이지 않은 것이다.

③ 직물의 강도와 신도는 실용적 성능에 영향을 준다.

4. 의복의 관리적 성능

① 장기간 보관 시 형태를 흩트리지 않고 좀이나 곰팡이가 발생하지 않게 하는 기능이다.

② 형태 안정성, 방충성, 방추성 등이 있다.

핵심예제

01 형태 안정성, 충해, 피복지의 성능 요구도는 피복지로서 구비하여야 할 성능 중 어느 것에 속하는가?

① 관리적인 성능
② 감각적인 성능
③ 실용적인 성능
④ 위생상의 성능

02 다음 중 의복의 위생적 성능에 해당되지 않는 것은?

① 방추성
② 통기성
③ 보온성
④ 흡수성

[해설]

01
방추성, 형태 안정성, 충해(방충성), 비오염성(내오염성), 피복지의 성능 요구도 등이 관리적 성능에 영향을 준다.

02
투습성, 흡수성, 통기성, 열전도성, 보온성, 함기성, 대전성 등이 위생적 성능에 영향을 준다.

정답 01 ① 02 ①

※ 안전기준준수대상생활용품의 안전기준 부속서 1(국가기술표준원고시 제
2024-604호)

1. 의복의 분류

① 내의류
   ㉠ 지속적으로 피부에 직접 접촉하는 제품이다.
   ㉡ 슈미즈, 드로어즈, 브래지어류, 팬티류, 슬립류,
   잠옷류, 양말류(타이츠, 스타킹 포함), 복대, 레깅
   스류, 목욕가운 등이 있다.

② 중의류
   ㉠ 피부에 직접 접촉하는 제품이다.
   ㉡ 블라우스, 원피스, 바지, 치마, 셔츠, 타월, 장갑,
   수영복, 체조복, 체육복, 수면안대, 스포츠용 보호
   대, 헤어밴드, 가발 등이 있다.

③ 외의류
   ㉠ 피부에 간접 접촉하는 제품이다.
   ㉡ 슈트, 스웨터, 재킷, 코트, 커버올, 점퍼, 모자, 숄,
   머플러, 넥타이, 조끼, 스카프, 앞치마, 우의, 신발
   (운동화, 장화류, 슬리퍼, 샌들, 아쿠아 슈즈 등을
   말하며, 합성수지제 신발과 천연가죽·인조가죽
   또는 모피로 된 신발은 제외), 벨트류 등이 있다.

④ 침구류
   ㉠ 잠을 자는 데 이용하는 제품이다.
   ㉡ 이불 및 요, 베개, 모포, 침낭, 시트, 해먹, 카펫(면
   적 $1m^2$ 미만), 매트류 등이 있다.

⑤ 기타 제품류
   ㉠ 성인용 섬유제품 중 직접 착용하지 않는 제품이다.
   ㉡ 가방, 쿠션류, 방석류, 모기장, 커튼, 수의, 덮개
   등이 있다.

2. 소재별 의복 용도

① 양모 섬유
   ㉠ 보온성, 탄성회복률이 좋고 구김이 잘 가지 않아
   고급 의복을 만들 때 많이 사용한다.

   ㉡ 담요, 목도리, 스웨터, 카펫, 커튼, 부직포, 펠트
   등 광범위하게 쓰인다.

② 견 섬유(명주, 실크)
   ㉠ 광택이 아름답고 촉감이 좋으며 드레이프성이 가
   장 우수한 섬유이다.
   ㉡ 넥타이, 스카프, 고급 의상에 널리 쓰인다.

③ 면 섬유
   ㉠ 흡습성, 보온성, 내구성이 좋아서 대부분의 의류
   에 널리 활용된다.
   ㉡ 일반 의복뿐만 아니라 수건, 침구, 거즈, 붕대 등
   활용 범위가 넓다.

④ 마 섬유
   ㉠ 마 섬유는 내구성, 열전도성이 좋아서 시원한 느낌
   이며, 여러 번 세탁해도 광택이 유지되기 때문에
   여름철 옷감으로 사용된다.
   ㉡ 아마는 물을 잘 흡수하면서 건조가 빠르고 세탁성
   과 내균성이 좋아서 의복 용도 외에 손수건, 냅킨,
   식탁보, 행주, 커튼, 노끈, 로프, 난로심지, 텐트,
   소방용 호스 등에 널리 쓰인다.
   ㉢ 저마는 공기 중이나 물속에 두어도 쉽게 부식되지
   않는 장점이 있다. 열전도율이 크고 땀을 잘 흡수·
   발산하기 때문에 여름철 고급 의류에 많이 쓰이며
   내의, 한복, 거즈, 붕대 등으로도 활용된다.
   ㉣ 대마는 내구성과 내수성이 좋아서 천막, 로프, 어
   망, 모기장 등으로 사용되며 수의, 여름철 한복으
   로 사용된다.

⑤ 비스코스 레이온 : 흡수성이 우수하므로 촉감이 시원하
   고 산뜻하여 양복의 안감에 알맞다.

⑥ 아세테이트
   ㉠ 열가소성을 이용하여 주름을 잡고 가열하여 고정
   한 주름치마를 만들기에 가장 좋다.
   ㉡ 명주 섬유처럼 광택이 아름답고 부드러우며 드레
   이프성이 좋아 드레스, 스카프, 블라우스, 커텐,
   안감 등에 쓰인다.

⑦ 나일론

    ㉠ 신도가 크고 탄성회복률과 레질리언스가 우수하므로 스타킹, 란제리에 많이 이용한다.

    ㉡ 내마모성이 우수하여 양말, 셔츠에 많이 이용된다.

    ㉢ 비중이 작은 경량감을 이용하여 스포츠웨어, 레저복에도 활용된다.

⑧ 폴리에스터

    ㉠ 다양한 용도의 겉옷 소재로 널리 활용된다.

    ㉡ 운동복, 스웨터, 작업복, 넥타이, 블라우스, 와이셔츠, 양복 등 대부분에 많이 쓰인다.

    ㉢ 탄성회복률이 좋고 구김이 잘 가지 않기 때문에 구김이 잘 가지만 통기성이 좋은 면과 많이 혼방하여 사용한다.

⑨ 아크릴 : 양모 대용으로 스웨터, 겨울 내의 등의 편성물에 많이 사용한다.

핵심예제

양모 직물의 용도로 가장 적합하지 않은 것은?

① 스웨터   ② 펠트

③ 드레스 셔츠   ④ 카펫

|해설|

털을 이용한 따뜻한 느낌의 스웨터, 펠트, 카펫은 양모 직물로 만들기에 적합하지만 드레스 셔츠는 적합하지 않다.

정답 ③

핵심이론 22   세탁 방법 및 보관

1. 세탁 방법

① 세탁 방법의 분류

    ㉠ 일반적으로 건식 방법과 습식 방법으로 분류된다.

    ㉡ 세탁물의 분류에 따라 혼합세탁, 분류세탁, 부분세탁으로 나눈다. 부분세탁은 극소부분 세탁이 필요할 때 그 부분만 세탁하는 방법이다.

② 손세탁(손빨래) 방법

방법	내용	적합한 직물
흔들어 빨기	• 세탁물을 세제 용액에 담그고 좌우 또는 상하로 흔들어 용액을 유동시켜 세탁하는 방법 • 세탁 효과는 적으나 옷감의 손상이 적음	모직, 편성물, 실크
주물러 빨기	• 세제에 세탁물을 넣어 가볍게 주무르는 방법 • 흔들어 빨기보다 세탁 효과가 좋고, 섬유 손상도 적음	견, 모, 레이온, 아세테이트 등 부드러운 직물
두들겨 빨기	손빨래 중 세탁 효과가 가장 좋고 노력이 적게 듦	• 면, 마 등 • 습윤강도가 크고 형태가 변하지 않는 직물 • 삶는 세탁물
눌러 빨기	• 양손으로 가볍게 세탁물을 누르는 방법 • 세탁 효과가 좋고 섬유 손상도 적음	양모, 울, 실크, 견, 아세테이트, 레이온
비벼 빨기	• 세탁물에 비누를 칠하거나 세제 용액에 담가 두었다가 두 손 사이에서 또는 빨래판 위에서 비비는 것으로 우리나라에서 가장 많이 쓰이는 방법 • 섬유의 마찰과 충돌이 반복되어 세탁 효과가 매우 좋으나 섬유가 손상되기 쉬움 • 옷의 깃, 소매 끝 등의 심한 오염 부위 세탁에 적합	면, 마 등 내구성이 큰 직물
솔로 문질러 빨기	• 옷의 변형, 섬유의 손상이 비교적 적고 세탁 효과가 좋음 • 청바지, 작업복 같은 두꺼운 면직물에 적합	면, 마, 인조섬유 등
삶아 빨기	• 흰 면 속옷이나 시트와 같은 면제품이 심하게 오염되었을 때 사용하는 방법 • 세탁 및 살균·소독 효과가 있어 위생에 좋음	면

③ 드라이클리닝 방법

㉠ 물 대신 휘발성 유기용제(벤젠) 등을 사용하여 오염물질을 녹여 분산시키는 방법이다.

㉡ 물세탁 시 손상(수축, 형태 변화)되기 쉬운 모 섬유, 견 섬유, 아세테이트나 탈색, 변색되기 쉬운 염색제품 등에 이용된다.

㉢ 유용성 오점(기계유, 식용유, 왁스 등 기름얼룩)을 제거하기가 쉽다.

㉣ 옷감의 손상이 적고 세탁물의 변형이 거의 없다.

㉤ 옷감의 염료가 유기용제에 용해되지 않으므로 색상에 관계없이 동시에 세탁할 수 있다.

㉥ 습식 세탁보다 세척률이 좋지 않다.

㉦ 의류의 색과 형태가 보존되며, 세탁 후 손질이 간편하다.

㉧ 세정, 탈수, 건조가 단시간에 이루어진다.

④ 섬유별 세탁 방법

㉠ 면, 마 섬유

• 열과 알칼리에 강하므로 어떤 세탁 방법도 무난하다.

• 백색 직물은 비누나 알칼리성 합성세제를 사용하는 것이 좋다.

• 직접염료로 염색된 직물이나 수지 가공된 직물은 알칼리성 세제를 피하고 저온 세탁 후 그늘에서 건조한다.

• 오염이 심하면 탄산나트륨을 첨가하여 삶아도 좋다.

• P.P. 가공 직물은 염소표백제 사용을 피하고 40℃ 이하로 세탁한다.

※ P.P 가공 : 퍼머넌트 프레스 가공으로 의류에 주름이 잘 가지 않게 한다.

• 표백제는 차아염소산나트륨이나 과산화수소를 사용한다.

㉡ 양모 섬유

• 물이나 알칼리와 반응하면 축융이 일어나므로 드라이클리닝이 안전하다.

• 부득이한 손빨래 시에는 중성세제를 사용하여 가볍게 한다.

㉢ 견 섬유

• 물에 약하고 세제용액에서 강도가 줄어들기 때문에 주의하여 세탁한다.

• 내일광성이 좋지 못하므로 직사광선을 피해 건조시킨다.

• 드라이클리닝 또는 중성세제로 미지근한 물에서 잘 눌러서 세탁해야 한다.

㉣ 레이온

• 습윤하면 강도가 떨어지므로 세탁 시 큰 힘을 가하지 않는다.

• 비누나 약알칼리성 세제를 사용하고 고온을 피한다.

㉤ 아세테이트

• 40℃ 이상에서 세탁하면 주름이 생기고 변형되기 쉽다.

• 물세탁을 하면 광택을 잃기 쉬우므로 드라이클리닝이 좋다.

㉥ 모피와 피혁제품

• 치수 변화를 최소화하기 위해서 가능한 한 드라이클리닝을 한다.

• 염료가 용출되어 색상이 변할 수 있으므로 단시간에 세탁을 끝내야 한다.

• 탈지성이 적은 석유계 용제를 사용하는 것이 좋다(피혁류는 지방 보전이 중요).

• 염화비닐 합성피혁은 드라이클리닝에서 경화되므로 웨트클리닝을 한다.

• 모피류는 세탁기에 톱밥 등을 함께 넣어 모피에 있는 때를 톱밥에 옮아가게 한다.

㉦ 합성섬유

• 습윤강도가 크고 내알칼리성이 있으므로 세탁 방법에 큰 제한이 없다.

- 겨울철에는 정전기 발생이 심하고 끌어당기는 성질이 있어 재오염률이 높다.
- 열가소성이 있어 고온세탁, 고온건조에 의해 변형될 수 있으므로 세탁 시 온도는 40℃, 건조는 60℃ 이하가 안전하다.
- 아크릴, 나일론은 알칼리 세탁 시 황변할 수 있으므로 피한다.
- 중성세제를 사용해야 하나 폴리에스터는 알칼리성 세제도 무난하다.
- 기름 오점이 오래 경과하면 섬유 내부로 분산, 침투하여 완전 제거가 어려우므로 오점이 묻은 즉시 신속히 제거한다.

⑤ 오염물에 따른 세탁 방법
  ㉠ 술이 묻었을 때는 미지근한 비눗물로 1차 세탁하고 색소를 알코올로 2차 처리한다.
  ㉡ 쇠 녹의 얼룩은 옥살산(수산)으로 제거하고, 암모니아수로 헹구어 중화하는 것이 바람직하다.
  ㉢ 땀으로 인한 얼룩은 암모니아수로 제거한다.
  ㉣ 립스틱은 지우개로 지우거나 벤젠, 알코올, 유기용제 등으로 두드려 제거한다.
  ㉤ 먹물은 세제액에 담가 비벼 빤다.
  ㉥ 볼펜 잉크는 유기용제이므로 벤젠으로 녹여서 제거한다.
  ㉦ 달걀 얼룩은 건조시킨 후 솔로 털어내고, 벤젠이나 휘발유로 지방을 씻어낸 후 세제액으로 제거한다.
  ㉧ 수용성 오염(땀, 술, 설탕, 간장 등 물에 녹는 오염)은 물이나 중성세제로 제거한다.
  ㉨ 유용성 오염(동·식물성 기름, 화장품 등 기름에 녹는 오염)은 유기용제로 제거한다.
  ㉩ 불용성 오염(매연, 토사, 먼지 등 녹지 않는 오염)은 밀어내어 제거한다.

⑥ 세제의 종류
  ㉠ 세척률을 높이고 섬유의 손상을 막기 위해서 적절한 세제를 사용해야 한다.
  ㉡ 무명, 비닐론은 약알칼리성 세제를 사용하고 모, 실크 등은 중성세제를 사용한다.
  ㉢ 세제는 약 0.2~0.3%의 농도에서 최대의 세탁 효과를 나타낸다.

2. 해충 예방 및 보관
① 의복 보관 방법
  ㉠ 의복은 땀이나 세탁으로 인해 섬유가 약해질 수 있으며, 보관을 잘하지 못하면 변질될 우려가 있다.
  ㉡ 보관 중에 황변, 악취가 생기지 않도록 세탁 시 효소배합 세제를 사용한다.
  ㉢ 의복은 한 벌씩 따로 종이에 싸서 보관한다.
  ㉣ 무거운 옷을 밑으로 넣고, 형태가 눌리기 쉬운 것은 위에 보관한다.
  ㉤ 해충으로부터 의복을 보호하기 위해서 보관 시 방충제를 함께 넣어 보관한다.
  ㉥ 양복은 옷걸이에 걸고 옷 덮개를 사용하는 것이 좋다.
  ㉦ 옷에 풀기가 남아 있는 경우 변색과 곰팡이의 원인이 되므로 여름옷은 풀을 먹이지 않고 넣어둔다.
  ㉧ 의복에 오물이 남아 있을 경우 미생물이 번식할 수 있으므로 오물을 제거한 후 보관한다.
  ㉨ 모직물을 보관할 때는 좀벌레에 주의한다.
  ㉩ 모피 보관 시 탈습제를 넣어 둔다.

② 보관 용기
  ㉠ 방습, 방충을 위해 가능한 밀폐된 보관 용기를 사용한다.
  ㉡ 장기간 보관하는 용기는 습기나 열기(직사일광)에 영향을 받지 않는 재질이어야 한다.
  ㉢ 취급이 쉽고 무겁지 않아야 한다.
  ㉣ 좀벌레와 같은 해충의 해를 받지 않는 재질이어야 한다.
  ㉤ 피복류를 습윤시키지 않는 재질이어야 한다.

③ 방충제

　ⓐ 6~9월은 해충이 가장 왕성하게 활동하는 시기이므로 의복 보관 시 특히 신경써야 한다.

　ⓑ 우리나라에서 곰팡이가 가장 잘 발육되는 시기는 7~8월이다.

　ⓒ 방충제로 신문지, 장뇌, 나프탈렌, 파라다이클로로벤젠, 오동나무 장롱 등을 이용한다.

　ⓓ 모직물은 특히 실의 꼬임이 많은 직물이 해충의 피해를 많이 입는다.

　ⓔ 아세테이트는 해충이나 미생물의 침해를 받지 않는 섬유이다.

④ 곰팡이 관리

　ⓐ 면과 레이온은 곰팡이가 발생할 수 있어 깨끗하고 건조하게 보관해야 한다.

　ⓑ 곰팡이가 생겼을 경우 옷이 오염되고 광택이 떨어지며 퀴퀴한 냄새가 난다.

　ⓒ 곰팡이는 습도가 높을 때 잘 생기기 때문에 방습제(실리카겔, 염화칼슘)를 넣어 보관한다.

　ⓓ 곰팡이가 생기면 80℃에서 10분 정도 건열 처리하는 것이 가장 효과적이다.

　ⓔ 습기로 인해 강도가 떨어지고 변색, 곰팡이, 해충으로 인한 피해가 발생할 수 있으므로 의복을 충분히 건조시키고 습기제거제를 이용하여 보관한다.

---

01 의류의 세탁에 대한 설명으로 틀린 것은?

① 세탁 온도는 일반적으로 약 35~40℃가 적당하다.

② 양모나 견에서는 알칼리성 세제, 면이나 마에서는 중성세제를 사용한다.

③ 세제의 농도는 약 0.2% 정도에서 비교적 우수한 세탁 효과를 나타낸다.

④ 경수에서는 섬유의 종류와 관계없이 비누보다는 합성세제를 사용하는 것이 좋다.

02 옷에 녹(철분)이 묻었을 때 제거 방법은?

① 수산액으로 뺀다.

② 벤젠으로 뺀다.

③ 알코올로 뺀다.

④ 더운물로 뺀다.

해설

01

세제의 종류

• 세척률을 높이고 섬유의 손상을 막기 위해서 적절한 세제를 사용해야 한다.

• 무명, 비닐론은 약알칼리성 세제를 사용한다.

• 모, 실크 등은 중성세제를 사용한다.

02

쇠 녹의 얼룩은 옥살산(수산)으로 제거하고, 암모니아수로 헹구어 중화하는 것이 바람직하다.

정답 01 ② 02 ①

핵심이론 **01** 색채의 기초

1. 색채의 3속성

① 색상

ㄱ 색상은 사물을 보았을 때 색채를 구별하는 기준이 되는 속성을 말한다.

ㄴ 가시광선의 주파장에 의해 결정된다.

ㄷ 색상환

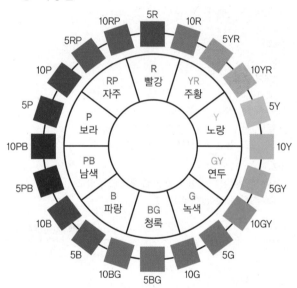

[먼셀의 색상환]

• 색상환은 색상의 변화를 고리 모양으로 배열한 것이다.

- 유사색 : 색상환에서 서로 인접하고 색상 차이가 크게 나지 않는 색

- 반대색 : 색상환에서 어떤 색과 멀리 떨어져 있어 색상 차이가 크게 나는 색

- 보색 : 색상환에서 서로 마주하며 색상 차이가 가장 큰 색

• 먼셀 표색계는 기본 색상(빨강, 노랑, 녹색, 파랑, 보라)에 중간 색상(주황, 연두, 청록, 남색, 자주)을 삽입하여 나타낸다.

② 명도

ㄱ 명도는 물체의 밝고 어두움을 나타낸다.

ㄴ 색채의 3속성 중에서 우리의 눈에 가장 민감하게 작용한다.

ㄷ 명도의 단계를 그레이 스케일(gray scale)이라고 한다.

ㄹ 이상적인 흑색을 0, 이상적인 백색을 10으로 하여 11단계로 표기한다.

ㅁ 수치가 높을수록(고명도) 밝고, 수치가 낮을수록 (저명도) 어둡다.

ㅂ 유채색과 무채색에 모두 있다.

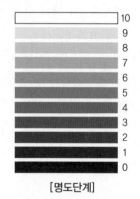

[명도단계]

③ 채도

ㄱ 물체 표면색의 순도 또는 포화도를 나타낸다.

ㄴ 무채색을 0으로 하여 순색까지 16단계로 표기한다.

ㄷ 무채색이나 다른 색이 섞일수록 채도는 떨어진다.

ㄹ 숫자가 높을수록 선명(고채도)하고, 숫자가 낮을수록 탁(저채도)하다.

2. 먼셀 색입체

① 기본 구조

ㄱ 먼셀은 색 감각을 색상(hue), 명도(value), 채도
(chroma)의 3가지 속성으로 표기하고, 3가지 속
성이 시각적으로 고른 단계가 되도록 색을 선정하
였다.

ㄴ 세로축에는 명도, 원주상에는 색상, 무채색의 중
심축으로부터 바깥 단계로는 채도축을 설정하여
다음 그림과 같은 체계로 개발하였다.

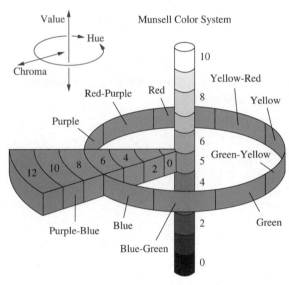

[먼셀 표색계의 색상, 명도, 채도]

② 특징

ㄱ 색상은 원둘레의 척도이며, 스펙트럼의 배열 순으
로 나타낸다.

ㄴ 명도는 세로의 중심축으로 나타내며, 위로 올라갈
수록 고명도다.

ㄷ 채도는 중심의 무채색 축을 0으로 하여, 축으로부
터 멀어질수록 고채도다.

ㄹ 순색은 중심의 무채색 축에서 가장 먼 색이다.

ㅁ 색입체는 비대칭형으로 색입체를 활용한 컬러 코
디는 부적합하다.

③ 색입체의 수직(세로)단면

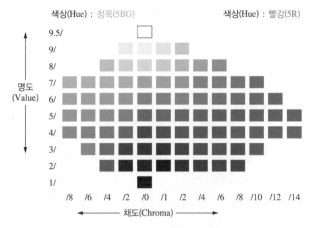

[먼셀 색입체의 수직단면도]

ㄱ 색입체를 세로로 절단하면 동일 색상이 나타나므
로 등색상면이라 한다.

ㄴ 동일 색상의 명도와 채도의 변화를 볼 수 있으나,
색상의 변화는 볼 수 없다. 예를 들어, 먼셀 색입체
를 빨간색과 청록색을 기준으로 자르면 빨간색과
청록색의 전체 톤 뉘앙스와 무채색 단계를 모두
관찰할 수 있다.

④ 색입체의 수평(가로)단면

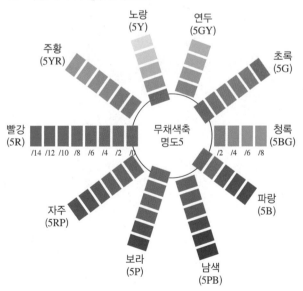

[먼셀 색입체의 수평단면도]

⊙ 색입체를 가로로 절단하면 동일 명도가 나타나므로 등명도면이라 한다.

⊙ 동일 명도의 색상과 채도의 변화를 볼 수 있으나, 명도의 변화는 볼 수 없다.

3. 색의 분류

① 무채색

　⊙ 무채색(흰색, 회색, 검은색)은 채도는 없고, 명도만 존재한다.

　⊙ 흰색부터 회색 계통을 거쳐 검은색까지 명도 차이를 나타내는 색이다.

　⊙ 무채색은 시감 반사율이 높고 낮음에 따라 명도가 달라진다.

② 유채색

　⊙ 무채색을 제외한 모든 색을 말한다.

　⊙ 색의 3속성(색상, 명도, 채도)을 가지고 있다.

01 색의 3속성 중 우리의 눈에 가장 민감하게 작용하는 것은?

① 색상　　　　　② 순색
③ 명도　　　　　④ 채도

02 색입체의 구조에 대한 설명 중 틀린 것은?

① 수평단면은 같은 명도에서 채도의 차이와 색상의 차이를 한 눈에 알 수 있다.
② 채도는 중심축에서 수평으로 밖으로 나올수록 채도가 낮아진다.
③ 명도는 무채색 축과 일치하게 위로 올라갈수록 명도가 높아진다.
④ 색상은 원둘레의 척도이며, 무채색 축을 중심으로 여러 가지 색상이 배치된다.

03 색을 무채색과 유채색으로 분류할 때 무채색에 해당하는 것으로만 묶은 것은?

① 빨강, 회색
② 주황, 흰색
③ 빨강, 검은색
④ 흰색, 검은색

|해설|

01
명도는 색의 밝고 어두운 정도로, 색채의 3요소 중 우리의 눈에 가장 민감하게 작용한다.

02
채도는 중심의 무채색 축에서 수평으로 멀어질수록 고채도다.

03
무채색에는 흰색, 회색, 검은색이 있다.

정답 01 ③　02 ②　03 ④

1. 원색

① 색의 근원이 되는 으뜸의 색이다.

② 빛(색광)의 3원색 : 빨강(R), 초록(G), 파랑(B)

③ 색료의 3원색 : 시안(C), 마젠타(M), 노랑(Y)

④ 다른 색의 혼합으로 원색을 만들 수 없다.

⑤ 원색들을 혼합해서 다른 색을 만들 수 있다.

2. 색 혼합

① 혼색

   ㉠ 두 가지 이상의 색광 또는 색료를 혼합하여 특정한 목적을 위해 새로운 색을 만드는 것을 말한다.

   ㉡ 혼색은 명도와 관련하여 가법 혼합, 감법 혼합, 중간 혼합으로 나눌 수 있다.

② 색광 혼합(가법 혼합, 가산 혼합)

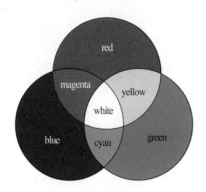

[색광 혼합]

   ㉠ 빛의 색이 더해질수록 점점 밝아지는 원리이다.

   ㉡ 색광 혼합의 3원색은 빨강(red), 초록(green), 파랑(blue)이다.

   ㉢ 빛의 3원색을 혼합하면 모든 색광을 만들 수 있다.

   ㉣ 빛의 3원색을 모두 혼색하면 백색광이 되고, 보색 간의 혼색도 백색광이 된다.

   ㉤ 혼합할수록 명도가 높아지고 채도는 낮아진다.

   ㉥ TV 모니터, 액정 모니터, 무대 조명 등과 같이 빛으로 색을 표현할 때 응용된다.

③ 색료 혼합(감법 혼합, 감산 혼합)

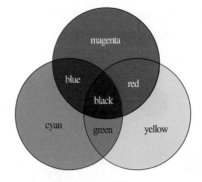

[색료 혼합]

   ㉠ 색료(물감)의 색이 더해질수록 점점 어두워지는 원리이다.

   ㉡ 감산 혼합의 3원색은 시안(cyan), 자주(magenta), 노랑(yellow)이다.

   ㉢ 색료의 3원색을 모두 혼색하면 검정이 되고, 보색과의 혼색도 검정이 된다.

   ㉣ 혼합할수록 명도와 채도가 낮아진다.

   ㉤ 물감, 도료, 인쇄 잉크 등과 같이 색료로 색을 표현할 때 응용된다.

④ 중간 혼합(중간 혼색, 평균 혼합)

   ㉠ 두 색 또는 그 이상의 색이 섞여 중간의 밝기(명도)를 나타내는 원리이다.

   ㉡ 중간 밝기의 정도는 혼색의 조건과 양에 따라 다르게 나타난다.

   ㉢ 색을 혼합하기보다 여러 가지 색을 인접하여 배치할 때 조합 색의 평균값으로 보인다.

   ㉣ 병치 혼색과 회전 혼색이 있으며, 물감의 혼색도 포함된다.

병치 혼색	일정 거리 이상에서 두 가지 이상의 색을 동시에 보여줄 때 심리적으로 혼색되어 다른 하나의 색채 효과로 나타나는 것이다.
회전 혼색	원판에 색을 칠하고 고속으로 회전시키면 각각의 색이 혼색된 상태로 보이게 된다.

3. 보색

① 보색은 색상환에서 서로 마주하며, 색상 차이가 가장 큰 색을 말한다.

② 보색인 두 색을 혼합하면 무채색이 된다.

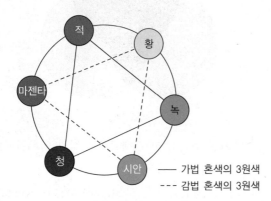

가법 혼색의 3원색
--- 감법 혼색의 3원색

[RGB와 CMY의 보색]

4. 배색과 조화

① 주의점

　㉠ 사용하는 목적과 주위 환경을 고려한다.

　㉡ 색의 배치나 면적, 비례를 고려한다.

　㉢ 색상, 명도, 채도의 변화를 고려한다.

　㉣ 사용되는 재질과 형체를 고려하여 배색을 미리 계획한다.

② 면적과의 관계

　㉠ 채도

　　• 저채도끼리의 배색은 점잖고 차분한 느낌이 있다.

　　• 중채도끼리의 배색은 안정감을 준다.

　　• 고채도끼리의 배색은 강렬하고 화려한 느낌을 준다.

　　• 저채도인 색의 면적을 넓게 하고 고채도의 색을 좁게 하면 균형이 맞고 수수한 느낌이 든다.

　　• 고채도인 색의 면적을 넓게 하고 저채도의 색을 좁게 하면 매우 화려한 배색이 된다.

　㉡ 한색과 난색

　　• 난색끼리의 배색은 침착하고 이지적인 느낌을 준다.

　　• 한색계의 색을 넓게 하고 난색계의 색을 좁게 하면 약간 침울하고 가라앉은 듯한 느낌이 든다.

　㉢ 명도

　　• 고명도의 색을 좁게 하고 저명도의 색을 넓게 하면 명시도가 높아 보인다.

　　• 저명도끼리의 배색은 무겁고 침울한 느낌이 있다.

　　• 중명도끼리의 배색은 변화가 적고 단조로운 느낌을 준다.

　　• 고명도끼리의 배색은 밝고 경쾌한 분위기를 준다.

　㉣ 매스 효과(mass effect) : 같은 색이라도 큰 면적의 색이 작은 면적의 색보다 밝고 선명하게 보이는 것이다.

③ 배색과 조화의 종류

　㉠ 인접색상 배색

　　• 색상환에서 약 30° 떨어져 있는 유사한 색상끼리의 배색을 말한다.

　　• 색상을 기준으로 한 배색 중 색상차가 가장 낮은 배색 방법이다.

　　• 인접색의 조화는 차분하고 안정된 효과를 준다.

　　• 유사한 색상의 배색은 온화한 감정을 준다.

　㉡ 동일색상 배색 : 한 가지의 색으로 명도를 조절하여 달라진 톤의 색으로 배색하는 방법이다.

　㉢ 보색 조화

　　• 색상환에서 가장 멀리 떨어져 마주보는 색들을 배색하는 방법이다.

　　• 매우 강렬한 느낌을 주며 서로 다른 색이 선명하게 보인다.

　　• 어떤 무채색 옆에 유채색을 놓으면 그 무채색은 옆에 있는 유채색의 잔상으로 인해 유채색의 보색이 보이게 된다.

ⓔ 분보색 조화
- 색상환에서 보색을 피해 보색의 양 옆에 있는 색을 이용하여 세 가지 색으로 조화를 이루는 것을 말한다.
- 보색 조화가 지나치게 강렬한 느낌을 주고 두 색의 관계가 뚜렷하게 나타나기 때문에, 이보다 약간 덜 눈에 띄는 미묘한 대비 조화를 이룰 때 사용한다.
ⓜ 중보색 조화 : 분보색 조화의 확장으로, 인접한 두 색과 두 색의 보색을 이용한 것을 말한다.
ⓗ 삼각 조화
- 색상환에서 각각 120°씩 떨어져서 정삼각형의 모양을 만드는 색상끼리 배색한 것을 말한다.
- 각각의 색 사이에 공통점이 없어서 색을 배색하면 강렬한 느낌을 준다.
④ 배색 기법
ⓖ 톤 온 톤(tone on tone) 배색
- '톤을 겹치다'는 뜻을 가지고 있는 배색이다.
- 한 색상의 명도와 채도를 변화시킨 배색으로 하늘색, 코발트 블루, 남색의 조합 등 무난한 느낌의 배색을 말한다.
ⓛ 톤 인 톤(tone in tone) 배색
- 비슷한 색상의 톤을 조합한 배색으로 같은 톤의 유사한 색상을 배색한다.
- 중명도, 중채도의 중간색계의 톤을 이용한 배색이다.
- 토널(tonal) 배색이라고도 한다.
ⓒ 카마이유(camaieu) 배색 : 거의 동일한 색상을 사용하여 하나의 색상처럼 보이도록 배색한 것을 말한다.

ⓔ 포 카마이유(faux camaieu) 배색
- 카마이유 배색이 거의 동일한 색상을 사용하는 것에 비해 포 카마이유 배색은 색상과 톤에 약간 변화를 주는 배색을 말한다.
- 거의 비슷한 색상의 다른 소재(재질)를 사용하여 생기는 색상차를 이용하는 효과를 말하기도 한다.
ⓜ 콘트라스트(contrast) 배색 : '서로 대조시키다'라는 의미로 색상, 명도, 채도의 차이를 크게 하여 배색시키는 것을 말한다.

핵심예제

01 빛의 3원색을 혼합하면 어떠한 색이 되는가?
① 백색
② 녹색
③ 청록색
④ 검은색

02 다음 중 중간 혼합과 관계가 없는 것은?
① 회전 혼합
② 감산 혼합
③ 병치 혼합
④ 평균 혼합

|해설|

01
빛의 3원색을 혼합하면 백색이 된다.

02
중간 혼합(회전 혼합, 병치 혼합, 평균 혼합)은 두 가지 이상 색을 인접하여 배치하였을 때 중간색으로 보이는 것을 말한다. 감산 혼합은 색료 혼합의 3원색인 자주(magenta), 노랑(yellow), 시안(cyan)을 혼합하여 새로운 색을 만들어 내는 것을 말한다.

정답 01 ① 02 ②

1. 색체계

① 정의 : 인간이 인식할 수 있는 모든 색 중에서 표현할 수 있는 색의 범위를 공간 좌표에 나타낸 것을 색체계라고 한다.

② 먼셀 색체계

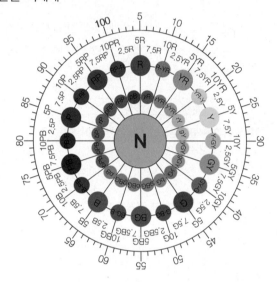

　㉠ 색상, 명도, 채도의 3가지 속성이 시각적으로 고른 단계가 되도록 색을 선정하였다.

　㉡ 색상

　　• 빨강(R), 노랑(Y), 초록(G), 파랑(B), 보라(P)를 기본으로 하고 각 색의 사이에 주황(YR), 연두(GY), 청록(BG), 남색(PB), 자주(RP)의 중간색을 두어 10가지 색상을 만들었다.

　　• 색상 사이에 1~10의 숫자를 표기하고 중간인 5는 표준색으로 정한다.

　　• 색상 기호 앞에 5가 있으면 기본 색상이다.

　㉢ 명도

　　• 색과 색 사이의 밝고 어두운 정도를 나타낸다.

　　• 가장 어두운 검은색을 0이라고 표시하고, 가장 밝은 흰색은 10으로 표시한다.

　㉣ 채도

　　• 색상의 맑고 깨끗한 정도를 나타내는 순도가 어느 정도인지를 나타내는 것이다.

　　• 중심의 무채색 축을 0으로 하여 수평 방향으로 번호가 커진다.

　　• 색상마다 채도가 가장 높은 색의 번호가 다르다. 예 5Y는 채도가 14, 5P는 10, 5BG는 8이다.

　㉤ 표기법 : 색상, 명도, 채도의 순으로 표기하고 기호는 'H V/C'로 한다. 예 5P 3/8는 색상은 5P(보라), 명도는 3, 채도는 8이다.

③ 오스트발트 색체계

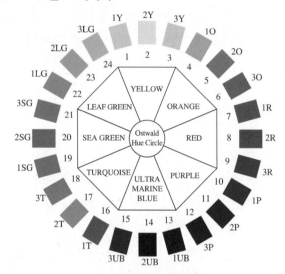

[오스트발트 색상환]

　㉠ 이상적인 백색, 이상적인 흑색, 이상적인 순색의 3가지 색을 혼합비율에 따라 회전원판에 의한 혼색으로 색을 체계화하였다.

　㉡ 색상

　　• 헤링의 4원색 이론을 기본으로 한다.

　　• 대응색인 빨강–초록, 노랑–파랑을 중심으로 주황, 연두, 청록, 보라를 더한 8가지 기본색을 다시 각기 3등분하여 24색상환으로 구성한다.

ⓒ 표기법

- 색은 W(흰색의 양) + B(검은색의 양) + C(순색의 양) = 100%로 나타낸다.
- 색상 번호, 흰색의 양, 검은색의 양의 순으로 표기한다. 예 17 nc
- 색상에 따라 같은 기호인 색이라도 명도의 구분이 모호하다.

2. 색명

① 색명이란 색에 이름을 붙인 것으로 색을 구분해서 표시하는 방법을 말한다.

② 색명에는 관습적으로 사용되어 전해 내려오는 관용색명과 색명을 체계화시켜 부르는 계통색명이 있다.

관용색명 (고유색명)	• 관용적인 호칭 방법으로 표현한 것으로, 동물, 과일, 식물, 사물 등에 빗대어 표현한다. • 정확한 색을 전달하기 어렵다. 예 레몬색, 코코아색, 베이지색 등
계통색명 (일반색명)	• 모든 색을 계통적으로 분류해서 표현할 수 있도록 한 색이름이다. • 색채를 정확하게 전달하기 위하여 기본색명에 색조를 함께 사용한다. • 명도 및 채도에 관한 수식어, 색이름 수식형, 기본색명의 순서로 표기한다. 예 분홍빛 하양, 진한 갈색 등

01 먼셀 표색계에 따라 5G 3/8로 표시된 색채에서 8이 나타내는 색의 속성은?

① 색상   ② 명도
③ 채도   ④ 색입체

02 다음 중 색명법의 분류가 다른 색 하나는?

① 금색   ② 살구색
③ 하늘색   ④ 진한 갈색

|해설|

01
먼셀 색체계에서 색은 색상, 명도, 채도의 순으로 표기하고 기호는 H V/C로 한다.

02
① · ② · ③은 관용색명, ④는 계통색명에 해당한다.

정답 01 ③ 02 ④

핵심이론 04　색의 시지각적 효과

1. 색의 시지각 반응

① 시지각적 요소
- ㉠ 인간은 오감각 중 시각을 통해서 80%의 정보를 입수한다.
- ㉡ 시지각적 요소는 크게 형태, 색채, 질감으로 분류할 수 있다.

② 색의 지각
- ㉠ 색은 물리적인 빛의 현상을 의미한다.
- ㉡ 색채는 빛을 어떤 표면에 비추었을 때 반사, 흡수에 의해 느껴지는 심리적 현상이다.

2. 색의 대비

① 동시 대비 : 가까이 있는 두 색을 동시에 볼 때 서로의 영향으로 색이 다르게 보이는 현상을 말한다.
- ㉠ 색상 대비 : 색상 차이가 나는 두 색을 동시에 보았을 때 서로의 영향으로 색상 차이가 나는 현상을 말한다.
- ㉡ 명도 대비
  - 명도가 다른 두 색이 서로 영향을 받아서 명도가 다르게 느껴지는 현상을 말한다.
  - 두 색의 명도차가 클수록 대비효과는 커진다.
  - 어두운 색 가운데서 대비되는 밝은 색이 한층 더 밝게 느껴지는 현상이다.

[무채색의 명도 대비]

- ㉢ 채도 대비
  - 채도가 다른 두 색이 서로 영향을 받아서 채도가 다르게 느껴지는 현상을 말한다.
  - 주변의 색의 채도가 높으면 채도가 낮아 흐려 보이고, 주변 색의 채도가 낮으면 채도가 높아 선명하게 보이는 현상이다.
- ㉣ 보색 대비 : 보색 관계인 두 색이 서로 영향을 받아서 채도가 높게 느껴지는 현상을 말한다.
- ㉤ 연변 대비
  - 두 색이 병치되었을 때 경계선 부분에서 대비가 두드러지게 일어나는 현상을 말한다.
  - 다음 그림과 같이 사각형 모서리의 흰 공간에 점이 있는 것처럼 보이는 것을 "하먼 그리드 효과"라고 한다.

[하먼 그리드 효과]

  - 색의 대비 중 인접한 두 색상 대비, 명도 대비, 채도 대비 현상이 더욱 강하게 일어나는 것이다.
- ㉥ 한난 대비
  - 따뜻한 색과 차가운 색이 대비되었을 때 차가운 색은 더 차갑게, 따뜻한 색은 더욱 따뜻하게 느껴지는 현상을 말한다.
  - 중성색은 한색과 있으면 차갑게, 난색과 있으면 따뜻하게 느껴진다.

② 면적 대비 : 면적 크기에 따라 색이 다르게 느껴지는 현상을 말한다.

③ 계시 대비
- ㉠ 어떤 색을 보다가 다른 색을 보았을 때에 앞의 색의 잔상의 영향으로 본래의 색과 다르게 보이는 현상이다.
- ㉡ 색을 보는 시간이 아주 짧은 경우에는 동시 대비와 같은 효과가 있다.

3. 색의 동화와 잔상

① 색의 동화

㉠ 인접하고 있는 색의 영향으로 인접 색에 가까운 색으로 보이는 현상을 말한다.

㉡ 색의 대비와는 반대되는 현상이다.

㉢ 동화의 종류

색상 동화	배경색과 문양이 서로 혼합되어 주로 색상의 변화가 보이는 현상을 말한다.
명도 동화	배경색과 문양이 서로 혼합되어 주로 명도의 변화가 보이는 현상을 말한다.
채도 동화	배경색과 문양이 서로 혼합되어 주로 채도의 변화가 보이는 현상을 말한다.

② 색의 잔상

㉠ 감각의 원인인 자극을 제거한 후에도 그 흥분이 남아 있는 현상을 말한다.

㉡ 자극의 강도와 주시된 시간에 따라 지속되는 시간이 비례한다.

㉢ 계시 대비와 관계가 있다.

㉣ 잔상의 종류

부의 잔상	• 원자극과 반대의 잔상이 생기는 현상이다. • 보색 잔상을 예로 들 수 있는데, 노란색 물체를 바라본 후 흰색의 벽을 보았을 때 남색으로 물체를 인지하게 된다.
정의 잔상	• 원자극과 동질성의 잔상이 생기는 현상이다. • 예로, 어두운 곳에서 빨간 성냥불을 돌리면 길고 선명한 빨간색 원이 그려지는 현상을 들 수 있다.

4. 색의 진출과 후퇴

① 색의 진출

㉠ 진출색은 두 가지 색이 같은 위치에 있어도 더 가깝게 보이는 것이다.

㉡ 난색계, 고명도, 고채도의 색일 때 진출되어 보인다.

㉢ 배경색과의 채도차가 높을수록, 배경색과의 명도차가 큰 밝은 색일수록 진출되어 보인다.

㉣ 난색계의 어두운 색보다 한색계의 밝은 색이 진출되어 보인다(색의 명도에 따라 크게 좌우).

② 색의 후퇴

㉠ 후퇴색은 두 가지 색이 같은 위치에 있어도 더 멀리 보이는 것이다.

㉡ 한색계, 저명도, 저채도의 색일 때 후퇴되어 보인다.

㉢ 배경이 밝을수록 주목하는 색이 작게 보인다.

[진출색과 후퇴색]

5. 색의 팽창과 수축

① 색의 팽창

㉠ 물체의 형태나 크기가 같아도 물체의 색에 따라 더 커 보일 수 있는데, 이를 팽창색이라고 한다.

㉡ 난색계, 고명도, 고채도의 색이 팽창되어 보이는 색이다.

㉢ 어두운 색 안의 밝은 색이 팽창효과가 가장 크다.

㉣ 한색의 밝은 색은 난색의 어두운 색보다 커 보인다.

② 색의 수축

㉠ 물체의 형태나 크기가 같아도 물체의 색에 따라 더 작아 보일 수 있는데, 이를 수축색이라고 한다.

㉡ 한색계, 저명도, 저채도의 색이 해당되며 후퇴색과 비슷한 성향을 가지고 있다.

㉢ 일반적으로 옷차림에 있어서 몸이 작은 사람이 어두운 색을 입으면 더 작아 보인다.

㉣ 배경색이 밝을수록 무늬색은 수축되어 보인다.

01 색의 지각적인 효과 중 다음의 특징에 적합한 것은?

> 눈에 색의 자극을 받아 제거한 후에도 그 흥분이 남아서 원자극과 동질 또는 이질의 감각경험을 일으키는 것으로 망막이 강한 자극을 받으면 시세포의 흥분이 중추에 전해져서 색감각이 생기고 그 자극이 중단된 후에도 계속 일어나는 시감각 현상

① 항상성
② 색의 대비
③ 색의 잔상
④ 색의 팽창과 수축

02 색의 진출과 후퇴에 대한 설명으로 옳은 것은?

① 주로 명도와 색상의 영향을 받는다.
② 난색 계열의 파랑은 후퇴되어 보인다.
③ 고명도 색은 저명도 색보다 후퇴되어 보인다.
④ 저채도 색이 고채도 색보다 진출되어 보인다.

【해설】

01
색의 잔상은 처음에 보았던 색의 자극에 영향을 받아 다음에 보이는 색이 다르게 보이는 것을 말한다.

02
난색 계열의 고명도 색은 진출되어 보이며 한색 계열의 저명도 색은 후퇴되어 보인다.

정답 01 ③ 02 ①

핵심이론 05 색의 감정적인 효과

1. 색채의 감정 효과

① 색채와 온도감(따뜻한/차가운)
   ㉠ 난색(장파장) : 빨강, 주황, 노랑 등 따뜻한 느낌
   ㉡ 한색(단파장) : 파랑, 남색, 청록 등 차가운 느낌
   ㉢ 중성색 : 연두, 녹색, 보라, 자주 등 따뜻하지도 차갑지도 않은 느낌

② 색채와 중량감(가벼운/무거운)
   ㉠ 색의 중량감은 명도의 영향을 받는다.
   ㉡ 가벼움 : 고명도의 색
   ㉢ 무거움 : 저명도의 색

③ 색채와 경연감(딱딱한/부드러운)
   ㉠ 색의 경연감은 명도와 채도의 영향을 받는다.
   ㉡ 경연감은 색채의 톤과 밀접한 관계가 있다.
   ㉢ 딱딱함 : 저명도, 고채도, 한색 계열
   ㉣ 부드러움 : 고명도, 저채도, 난색 계열

④ 색채의 흥분과 진정
   ㉠ 흥분 효과 : 고채도, 난색 계열
   ㉡ 진정 효과 : 저채도, 한색 계열

⑤ 색채의 진출과 후퇴
   ㉠ 색에 따라 팽창이나 수축되어 보이는 현상은 명도와 색상의 영향을 받는다.
   ㉡ 진출(팽창) : 고명도, 난색 계열
   ㉢ 후퇴(수축) : 저명도, 한색 계열

⑥ 주목성
   ㉠ 주목성은 색이 사람의 주의를 끄는 정도를 말한다.
   ㉡ 무채색보다 유채색, 한색 계열보다 난색 계열, 저채도보다 고채도가 주목성이 높다.

⑦ 명시성
   ㉠ 명시성은 두 색 이상의 배색 차이로 인하여 멀리서도 잘 보이는 것을 말한다.
   ㉡ 배경과 대상의 명도차가 클수록 잘 보이고, 명도차가 있으면서도 색상 차이가 크고 채도 차이가 있으면 시인성이 높다.

⑧ 색채와 계절감

   ㉠ 봄 : 파스텔 계열의 고명도 색을 사용하여 따뜻하고 부드러운 이미지 표현

   ㉡ 여름 : 고명도, 고채도의 색을 사용하여 시원하고 강렬한 이미지 표현

   ㉢ 가을 : 난색 계열의 중명도, 중채도의 색으로 다채로운 가을 풍경과 편안하고 따뜻한 이미지 표현

   ㉣ 겨울 : 한색 계열의 저명도, 저채도의 색과 무채색으로 깨끗하고 차가운 이미지 표현

2. 색채의 공감각

① 개요 : 공감각이란 색채가 시각뿐만 아니라 다른 감각(촉각, 미각, 후각, 청각 등)을 함께 불러일으켜 느끼는 현상을 말한다.

② 촉각과 색채

   ㉠ 색채는 촉감과 심리적으로 연결되어 연상된다.

   ㉡ 색채와 공감각 촉각

부드러움	• 명도가 높은 난색은 부드럽게 느껴짐 • 밝은 분홍, 밝은 노랑, 밝은 하늘색 등
거칢	• 무광택 소재는 거칠게 느껴짐 • 저명도, 저채도의 한색과 어두운 무채색
촉촉함	• 고명도의 한색은 촉촉하게 느껴짐 • 파랑, 청록 등 한색 계열
건조함	• 고명도의 난색은 건조하게 느껴짐 • 빨강, 주황 등 난색 계열

③ 미각과 색채

   ㉠ 난색 계열은 식욕을 돋우고, 한색 계열은 식욕을 저하시킨다.

   ㉡ 색채와 공감각 미각

     • 단맛 : 빨강, 분홍, 주황

     • 신맛 : 노랑, 연두

     • 쓴맛 : 올리브 그린, 갈색

     • 짠맛 : 연녹색, 연파랑, 회색

     • 매운맛 : 빨강, 주황, 자주

④ 후각과 색채

   ㉠ 색채는 경험에 의해 연관된 냄새와 연상된다.

   ㉡ 색채와 공감각 후각

     • 향기로운 향 : 고명도, 고채도의 순색

     • 나쁜 냄새 : 저명도, 저채도의 난색

     • 민트향 : 초록, 청록

     • 플로럴향 : 분홍 계열

     • 커피향 : 갈색 계열

⑤ 청각과 색채

   ㉠ 소리의 높고 낮음에 따라 각각 다른 색이 연상된다.

   ㉡ 색채와 공감각 청각

     • 높은 음 : 고명도, 고채도의 강한 색상

     • 낮은 음 : 저명도, 저채도의 어두운 색상

     • 거친 음 : 저명도, 저채도의 한색과 어두운 무채색

     • 부드러운 음 : 고명도의 난색 계열

     • 예리한 음 : 고채도의 선명한 색

3. 색채의 정서적 반응

① 색채의 연상

   ㉠ 색에 대한 특정한 인상을 떠올리거나 어떤 사물을 색과 연결시켜 생각하는 것을 말한다.

   ㉡ 종류

     • 구체적 연상 : 빨간색을 보고 불이라는 구체적인 대상을 연상할 수 있는 것

     • 추상적 연상 : 빨간색을 보고 애정, 정열 등 추상적인 관념을 연상하는 것

   ㉢ 유년기에는 구체적 연상을 많이 하며, 나이가 들수록 추상적인 연상이 많아지는 경향을 보인다.

② 색채의 상징

   ㉠ 하나의 색을 보았을 때 직감적이고 알기 쉽도록 특정한 형태나 사상으로 나타난다.

ⓛ 일반적인 색채 상징

색상	긍정적 상징	부정적 상징
빨강	열정, 생명, 활력, 행운, 길복, 사랑	전쟁, 혁명, 비속, 죄악, 위험, 금지
주황	즐거움, 풍요, 미각, 활력, 보호, 편안함	쇠퇴, 쓸쓸, 황혼, 고립
노랑	빛, 존귀, 권력, 신성, 즐거움, 풍요, 지성	배반, 이단, 질투, 불안정
초록	자연, 휴식, 안전, 보호, 젊음	독, 무료함, 단조로움, 의심
파랑	무한, 진리, 지혜, 편안함, 행운, 평화	슬픔, 우울, 부도덕, 금지, 고독
보라	고귀, 신성함, 낭만, 향기로움, 신비, 관능	죽음, 타락, 나약함, 우울, 미신
하양	깨끗함, 신성, 순결, 소박, 모던함	냉정, 서늘, 유령
회색	은은한, 평온, 금욕적, 모던한, 하이테크	노년, 불안, 적막
검정	위엄, 강함, 엄숙, 고급스러운	음산, 불길, 죽음

핵심예제

01 색의 중량감에 대한 설명이 잘못된 것은?

① 고명도의 색은 가볍게, 저명도의 색은 무겁게 느껴진다.
② 배색에 있어 고명도는 상부에, 저명도는 하부에 배치한다.
③ 흰 구름, 흰 종이 등의 명도가 낮은 색은 가벼움을 느끼게 한다.
④ 중량감에 가장 큰 영향을 미치는 것은 명도이다.

02 다음 중 색이 상징하는 내용으로 가장 거리가 먼 것은?

① 빨강 – 위험, 분노　　② 노랑 – 명랑, 유쾌
③ 녹색 – 안식, 안정　　④ 청록 – 신비, 우아

〔해설〕

01
색의 중량감은 명도의 영향을 받으며, 높은 명도의 색은 가볍게, 낮은 명도의 색은 무겁게 느껴진다. 흰 구름, 흰 솜, 흰 종이 등은 명도가 높은 색으로 가벼운 느낌을 준다.

02
신비, 고독, 조용, 고상함, 외로움, 슬픔 등을 연상시키는 색상은 보라색이다.

정답 01 ③ 02 ④

핵심이론 06 색채관리

1. 색채관리 및 조절

① 색채관리
　ⓐ 색채관리는 상품 색채의 통합적인 관리를 말하는 것이다.
　ⓛ 색채관리의 목적은 상품에 적합한 색을 도입하여 기능과 미를 충족시켜 판매를 증대하는 데 있다.

② 색채조절
　ⓐ 색채조절은 객관적 이론을 근거로 하여 색을 과학적이고 합리적으로 사용하는 것을 말한다.
　ⓛ 색이 가지고 있는 독특한 기능이 발휘되도록 조절한다.
　ⓒ 색채조절의 효과
　　• 눈의 피로와 긴장감을 풀어 준다.
　　• 사고나 재해를 감소시킨다.
　　• 능률이 향상되어 생산력이 높아진다.
　　• 유지관리가 경제적이며 쉽게 된다.
　　• 좋은 기분을 유지시켜 주며 생활에 활력을 준다.

③ 색채계획
　ⓐ 색채계획은 색채조절보다 확장되고 발전된 개념이다.
　ⓛ 계획의 목적과 대상을 조사하고 아이디어에서 제품까지 디자이너가 의도하는 색을 분석한다.
　ⓒ 목적에 맞는 정확한 기술과 방법을 검토하고, 인쇄, 염색, 시공, 제조, 판매 등을 구체화시켜 전달한다.
　ⓓ 계획의 지시, 제시 등 최종 효과에 대한 관리 방법까지 하나의 통합적인 계획이 있어야 한다.

2. 의생활과 색채

① 패션 디자인과 색채

　　㉠ 패션 디자인은 옷과 장신구에 관한 디자인을 말하며 지역, 기후, 생활양식 등의 사회 문화적 영향을 받으며 시간과 장소에 따라 다양하다.

　　㉡ 색채는 미적 상승 효과를 극대화하는 요소로, 계절별 유행색을 고려해야 한다.

② 패션 디자인 색채의 특징

　　㉠ 패션은 트렌드 주기가 짧고 컬러 선택의 폭 또한 넓다. 브랜드가 추구하는 메인 콘셉트는 유지하면서 컬러를 다양화시켜야 한다.

　　㉡ 패션 디자인 색채 고려사항

　　　• 여성복 : 시즌별로 변화하는 트렌드에 대한 다양한 욕구를 충족시킬 수 있는 배색이 요구된다.

　　　• 남성복 : 사회적 역할에 따른 다양한 욕구를 충족시킬 수 있는 배색이 요구된다.

　　　• 아동복 : 아동의 정서를 고려한 밝고, 선명한 배색이 요구된다.

핵심예제

색채계획에 필요한 사항이 아닌 것은?

① 개인만이 선호하고 호감을 느낄 수 있는 색채
② 다른 회사의 제품보다 특색이 있는 독특한 색채 감각
③ 자사 제품의 기능성이 우수하다고 연상되는 색채 효과
④ 기분 좋은 생활 환경이 조성될 수 있는 제품의 색채 고려

[해설]

색채계획에서는 많은 사람이 선호하고 호감을 느낄 수 있는 색채를 사용한다.

정답 ①

핵심이론 07 디자인

1. 디자인 요소

① 형태의 기본 요소

　　㉠ 점

　　　• 1차원적 요소로 형태를 지각하는 최소 단위이다.
　　　• 크기나 방향은 존재하지 않으며, 위치만 표시한다.
　　　• 점의 크기를 변화시키면 운동감이 향상된다.
　　　• 빈 공간 속의 부유물 같은 것으로서 무차원이라는 추상의 세계에 존재하는 것이다.
　　　• 공간에서 위치를 나타내는 점의 최소 개수는 1개이다.

　　㉡ 선

　　　• 선은 점이 이동하면서 남긴 자취이다.
　　　• 길이와 방향을 나타낸다.
　　　• 선의 종류에 따라 주는 느낌이 다르다.
　　　• 직선

수평선	• 안정적이고 정적인 인상을 주며, 키가 크고 날씬한(마른) 체형에 가장 어울리는 선이다. • 평안, 정숙, 휴식, 조용함과 같은 느낌을 준다.
수직선	• 날씬하고 길어 보이게 하는 디자인의 요소로 사용하는 선의 형태이다. • 고결, 희망, 상승감, 긴장감 등을 나타낸다. • 위엄, 권위의 느낌이 들기도 한다.
사선	• 플레어 스커트에서 볼 수 있으며 경쾌한 느낌이 나타나는 선이다. • 활동감, 흥분감 등을 나타낸다.
지그재그선	날카롭고 예민한 느낌이 든다.

　　　• 곡선

스캘럽 (scallop)	밝고 귀여우며 섬세한 느낌을 준다.
나선 (spiral)	• 가장 동적이고 발전적인 곡선으로 상징된다. • 곡선 중에서 매우 우아한 느낌을 주며, 네크라인이나 절개선에 사용하기도 하고 신체를 전체적으로 장식하는 트리밍선으로도 사용한다.
파상선 (wave)	부드럽고 율동적이며, 유연한 느낌을 준다.
타원(oval)	여성적이고 온유하며, 따뜻하고 부드러운 느낌을 준다.

ⓒ 면
- 2차원적 요소로 공간을 구성하는 기본 단위이다.
- 점의 확대나 선이 이동한 자취를 말한다.
- 질감이나 원근감, 색 등을 표현할 수 있다.
- 평면은 신뢰와 안정감의 느낌을 주고, 곡면은 부드러움과 동적인 느낌을 준다.

ⓔ 입체
- 3차원적 요소로 공간에서 여러 개의 평면이나 곡선으로 둘러싸인 부분을 말한다.
- 시각적인 요소로서 현실적인 형이다.

② 색채
ⓐ 색이란 인간이 지각할 수 있는 가시광선의 파장에 의해 식별할 수 있는 시감각을 말한다.
ⓑ 빛이 반사, 분해, 투과, 굴절, 흡수될 때 우리 눈에 감각되는 것이 색이다.

③ 질감
ⓐ 질감은 물체가 가지는 표면적 성격이나 특징을 말한다.
ⓑ 울퉁불퉁하거나 매끄러운 물체의 표면이 가지고 있는 특징을 시각과 촉각을 통해 느낄 수 있다.
ⓒ 각각의 소재 안에서도 다양한 종류가 있고, 그 질감과 특성은 매우 다양하다.

2. 디자인의 원리

① 비례
ⓐ 전체와 부분 또는 부분 간의 관계를 나타낸 것으로 비례에 따라 다양한 느낌을 받을 수 있다.
ⓑ 모든 사물의 상대적인 크기이며 가장 이상적인 비율인 황금비율은 1 : 1.618이다.
ⓒ 슈트 정장에서 포켓 위치를 정할 때 재킷의 길이를 고려하는 디자인의 원리이다.

② 균형
ⓐ 시각적 무게감을 말하며 전체적으로 안정감과 통일감을 줄 수 있는 원리이다.

ⓑ 대칭과 비대칭
- 대칭
  - 중앙의 기준을 중심으로 양쪽에 같은 형태가 위치하는 것을 말한다.
  - 균형의 가장 일반적인 형태로 안정적이지만 다소 딱딱하고 보수적이며 지루한 느낌을 줄 수 있다.
- 비대칭 : 형태상으로는 불균형이지만 시각적으로 균형감과 개성을 느낄 수 있다.

③ 통일
ⓐ 부분과 부분이 분리될 수 없다.
ⓑ 단일성의 느낌이 조화의 미로 나타난다.
ⓒ 일체감의 완성적 성격을 가지고 있다.
ⓓ 의복에서 통일감을 주려면 색상 조화에 있어 채도를 통일시킨다.
ⓔ 주색상을 뚜렷한 것으로 하여 대비 색상의 이미지를 통일시킨다.
ⓕ 서로 온도감이 유사한 색상을 이용하여 전체적인 분위기를 통일시킨다.

④ 조화
ⓐ 조화는 두 개 이상의 요소가 통일되어 미적·감각적 효과를 이루는 원리를 말한다.
ⓑ 유사조화 : 같은 성격의 요소들이 조화를 이루거나, 서로 다른 요소라도 서로 비슷한 형태, 모양, 종류, 의미, 기능들이 모여 조화를 이루는 것을 말한다.
ⓒ 대비조화
- 서로 다른 요소들이 서로 다른 것을 강조하면서 조화를 이루는 것을 말한다.
- 대비가 커질 때 오히려 강한 시각적 효과를 볼 수가 있다.

⑤ 리듬(율동)
ⓐ 리듬은 유사한 형이나 색이 반복적으로 배열됨으로써 생기는 움직임으로 느낄 수 있다.

ⓛ 리듬은 반복, 교차, 방사, 점이 등을 통해 얻어진
다. 반복은 규칙적으로 반복되는 것을 말하고, 점
이는 흐름을 강조하는 요소이다.

ⓒ 리듬의 종류
- 단순 반복 리듬 : 규칙적으로 반복되는 단순한
리듬으로 차분하고 안정감을 준다.
- 교차 반복 리듬 : 굵기가 다른 선의 교차, 반복
등으로 부드러운 리듬을 준다.
- 점진적인 리듬 : 반복되는 단위가 점점 커지거나
작아지는 경우이다.
- 연속 리듬 : 반복되는 단위가 한쪽 방향으로만
되풀이되는 것을 말한다.
- 방사상 리듬 : 한 점을 중심으로 각 방향으로 뻗
어 나가는 것으로, 생동감이나 운동감으로 강한
시선을 집중시키는 효과가 있다.

⑥ 강조
ⓐ 강조는 한 가지 요소가 다른 많은 요소들과 다를
때 나타나는 현상으로 대비, 분리, 배치, 색채에
의해 표현된다.
ⓑ 강조점을 효과적으로 활용하여 미적으로 우수하
고 상황에 적합한 디자인을 할 수 있다.
ⓒ 지나친 강조는 오히려 디자인의 질을 떨어뜨릴 수
있으므로 유의한다.

---

01 디자인의 기본 형태 요소에 해당되지 않는 것은?
① 점　　　　　　　② 선
③ 질감　　　　　　④ 입체

02 다음 중 리듬의 요소에 해당되지 않는 것은?
① 반복　　　　　　② 방사
③ 비례　　　　　　④ 교차

|해설|

01
디자인 형태의 기본 요소는 점, 선, 면, 입체로 구분한다.

02
유사한 형태와 컬러가 반복적으로 배열됨으로써 생기는 움직임
으로 리듬(율동)을 느낄 수 있으며 반복, 교차, 방사, 점이(강조)
등을 통해 얻어진다.

정답 01 ③　02 ③

CHAPTER 03 여성복 패턴

핵심이론 01 실루엣 경향 분석

1. 경쟁사 완제품의 실루엣 분석

① 시장 조사

ㄱ 경쟁 브랜드 및 소비자의 소비 경향을 조사한다.

ㄴ 시장 조사 방법

국내 시장 조사	• 백화점, 쇼핑몰 등을 직접 방문하여 조사 • 온라인 쇼핑몰 등을 통해 조사 • 패션잡지 및 언론사 등의 기사 검색
해외 시장 조사	• 패션 박람회나 각국에서 열리는 패션위크 기간 출장 조사 • 디자이너 : 의복의 색상, 형태감, 디테일 요소 등을 감성적인 시각으로 조사 • 패턴사 : 의복의 형태감, 제품의 구성 요소, 비례감 등을 정량적인 수치로 조사·정리

② 실루엣 분석

ㄱ 실루엣의 정의 : 외형상으로 보이는 의복의 형태감을 말하며, 실루엣은 그 시대의 문화, 사회적 쟁점, 경제 등의 영향을 받는다.

> **실루엣의 의미**
> 의복 외관을 구성하는 길이 항목과 둘레 항목의 수치 및 균형감, 칼라나 주머니의 크기와 달림 위치, 앞여밈의 단추 위치 및 겹침 분량과 앞 밑단 부위의 벌어짐이나 겹침 정도, 사이드 패널의 선 위치 및 구성 방식, 장식적인 요소로 쓰이는 비조나 견장, 허리벨트 고리의 크기 및 위치 등 옷을 이루는 외관 요소들의 형태 어우러짐을 의미한다.

ㄴ 실루엣에 영향을 주는 요소 : 옷감의 재질, 봉제 방법, 사이즈, 안감의 구성 방법 등

ㄷ 실루엣 경향 분석 방법

• 시장 조사를 통해 얻은 사진이나 상품 화보, 제품 사진 등의 자료를 이용한다.

• 매장 방문 및 온라인 쇼핑몰을 통해 구매한 제품을 토대로 길이 및 둘레 항목의 사이즈 비율과 전체적인 외형상의 형태감을 확인한다.

• 경쟁사 제품의 부착물이나 부속품의 가로세로 사이즈, 부착 위치 및 형태감 등을 확인한다.

• 경쟁사 제품의 구성 요소 분석 및 분해를 통해 재봉사, 심지, 안감 등의 재질과 사용 방법 및 봉제 방법 등을 확인한다.

• 경쟁사 제품 해체를 통해 사용된 봉제기기, 완성 방법 등을 파악한다.

2. 경쟁사 완제품의 패턴 분석

① 완제품 패턴

ㄱ 상품화되어 브랜드의 판매 매장에 걸려 있는 제품의 구성용 패턴을 말한다.

ㄴ 경쟁사 완제품의 패턴 분석은 경쟁사의 핏(fit) 분석과 함께 핏의 유행 경향을 연구하는 데 중요한 요소 중 하나이다.

② 완제품 패턴의 다양한 분석 방법

ㄱ 구매한 경쟁사 완제품의 길이 및 둘레 항목의 부분 사이즈를 정밀하게 측정하고, 패턴 제도를 하여 핏을 역으로 산출하여 분석한다.

ㄴ 모조지를 펼쳐 놓은 작업대 위에 경쟁사 완제품을 올려놓고 원단 결을 맞춘 상태에서 송곳이나 바늘대 등을 이용해 봉제선을 따라 패턴을 추출하여 분석한다.

ㄷ 경쟁사 완제품을 작업대에 올려놓고 얇은 광목천이나 적절한 원단을 제품 위에 올려놓은 후 원단 결을 맞춘 상태에서 제품의 완성선을 연필이나 펜, 송곳을 이용해 패턴을 추출하여 분석한다.

ㄹ 경쟁사 완제품을 해체한 후 작은 단위의 제품 조각들을 패턴 제작 용지 위에 올려놓고 원단 결을 맞춘 상태에서 패턴을 추출하여 검토한다.

3. 유행하는 의복의 실루엣 분석

① 조사할 아이템과 브랜드 선정

아이템 선정	• 트렌드 변화, 날씨, 계절적 요인, 국가 또는 사회적 행사 유무를 파악 • 세계 경제 흐름, 아시아 및 국내의 경기 지수 등을 참조 • 자사 브랜드의 콘셉트 변화, 소비자 요구를 반영
브랜드 선정	• 콘셉트가 비슷한 브랜드 중 소비자 반응이 좋은 브랜드를 선정 • 콘셉트는 달라도 소비자의 관심을 많이 받는 브랜드를 선정 • 트렌드를 리드하는 디자이너 브랜드를 선정 • 소비자 반응이 빠른 패션 전문 쇼핑몰에 입점한 브랜드를 선정

② 조사에 활용할 매체 선정

㉠ 대상 아이템 및 조사 브랜드의 특성에 따라 국내나 해외 출장을 통해 방문 조사를 할지, 인터넷을 이용한 온라인 조사를 할지 결정한다.

㉡ 패션 잡지, 트렌드 설명회, 패션 컬렉션 등의 다양한 경로를 통해 선정한다.

③ 유행하는 의복의 실루엣 분석

㉠ 유행은 다양한 사회적 구성 요소의 복합적인 상관관계로 인해 다양한 방향으로 나타난다.

㉡ 실루엣의 변화는 작게는 소매나 포켓의 형태감, 스커트나 재킷의 길이 변화로 나타난다.

㉢ 실루엣 변화의 양상은 허리선을 강조하거나 몸 둘레의 여유량을 극대화 또는 최소화하는 방식으로 나타나며, 팬츠 제품의 경우 허리선 위치의 변화로도 드러난다.

㉣ 유행하는 의복의 실루엣 조사는 단순히 외관으로 보여지는 형태감의 감성적 느낌이 아닌 왜 그런 형태감이 보여지는지에 대한 이유를 찾아 정량적인 수치로 기록하고 정리하도록 한다.

핵심예제

01 실루엣에 영향을 주는 요소로 볼 수 없는 것은?

① 옷감의 재질
② 봉제 방법
③ 옷감의 가격
④ 안감의 구성 방법

02 유행하는 의복의 실루엣을 분석하고자 할 때 활용할 수 있는 매체로 적절하지 않은 것은?

① 패션 잡지
② 패션 컬렉션
③ 트렌드 설명회
④ 소비자 반응이 없는 브랜드

[해설]

01

실루엣에 영향을 주는 요소로는 옷감의 재질, 봉제 방법, 사이즈 및 안감의 구성 방법 등이 있다.

정답 01 ③ 02 ④

1. 경쟁 브랜드의 사이즈 분석

① 사이즈 조사

　㉠ 자사 외에 다른 브랜드 제품의 완성 사이즈 및 유행하는 제품 사이즈를 조사한다.

　㉡ 조사용 샘플 구매 시 고려사항

　　• 착용감이 좋은 제품 중 형태 안정성이 우수한 제품을 선정하여 구매한다.

　　• 전체적인 몸판과 칼라, 소매 등의 사이즈 비율과 좌우 균형감이 좋은 제품으로 구매한다.

　　• 자사에서 상품화가 가능한 아이템의 디자인을 선정하여 구매한다.

　　• 계획한 구매 예상 비용을 초과하지 않는 선에서 구매를 결정한다.

② 인체 사이즈 체계

　㉠ 의류 제조 회사가 제품을 구성하는 데 인체 사이즈는 매우 중요한 기본 요소이다.

　㉡ 기성복은 모든 고객층의 다양한 체형과 인체 사이즈를 만족시킬 수 없으므로 주 고객층의 평균 인체 사이즈를 추출하여 이를 토대로 제품의 기본 완성 사이즈를 설계한다.

　㉢ 확정된 인체 사이즈를 토대로 브랜드에서 사용할 인대를 만들고, 모델 선정 시 기준으로 삼는다.

③ 사이즈 체계

　㉠ 자사가 정한 콘셉트나 구매 고객층이 겹쳐 경쟁 관계에 있는 브랜드의 고객 인체 사이즈 및 제품 완성 사이즈 체계를 조사한다.

　㉡ 경쟁 브랜드의 인체 사이즈를 조사할 때 해당 브랜드의 인터넷 쇼핑몰을 방문하는 것도 유용하다. 대부분 인터넷 쇼핑몰에는 주 고객층의 호칭별 인체 사이즈나 제품 사이즈를 올려놓아 고객들이 쇼핑할 때 참조할 수 있도록 하고 있기 때문이다.

2. 자사 브랜드의 사이즈 분석

① 아이템별 제품 사이즈 변화 확인

　㉠ 사이즈 경향을 분석할 때에는 경쟁사도 중요하지만 자사 브랜드의 사이즈 변화를 검토하는 것도 중요하다.

　㉡ 제품 사이즈는 트렌드나 고객의 요구에 의해 늘 변화한다.

② 아이템별 사이즈 변화 검토

　㉠ 자사 브랜드의 축적된 사이즈를 확인한 후 왜, 어떻게 변화되었는지 분석하는 과정이 필요하다.

　㉡ 자사 브랜드 사이즈 변화 추이표를 작성한다.

③ 사이즈 계획 : 경쟁사 브랜드의 사이즈를 분석한 자료와 자사 브랜드의 사이즈 변화 추이표, 자사 브랜드 제품을 구매하는 고객의 요구를 반영하여 차기 시즌 자사 브랜드의 사이즈를 계획한다.

핵심예제

차기 시즌 자사 브랜드의 사이즈를 계획하려 할 때 필요한 자료로 볼 수 없는 것은?

① 경쟁사 브랜드의 사이즈 분석 자료
② 자사 브랜드의 사이즈 변화 추이표
③ 일부 고객의 요구 및 불만 사항
④ 판매율이 좋았던 제품의 사이즈

|해설|

자사 브랜드 제품을 구매하는 고객의 요구를 반영해야 하지만, 일부 고객의 요구 반영으로 인한 제품 사이즈 변경은 자칫 판매율 감소로 이어질 수 있다.

정답 ③

1. 국내외 의복의 새로운 봉제 방법 조사

① 조사 목적

　㉠ 품질 향상, 생산 시간 단축, 생산 비용 절감

　㉡ 새로운 소재 개발이나 특수 봉제로 인한 디자인 품질의 향상

② 시장 조사

　㉠ 실루엣 및 사이즈 경향 조사 시 구매한 샘플을 통해 부가적으로 얻어지는 경우가 많다.

　㉡ 봉제기기 박람회나 봉제기기 전문 잡지, 봉제기기 카탈로그, 봉제 전문 서적 등을 통해 정보를 수집한다.

　㉢ 경쟁사 패턴 분석을 위해 제품을 해체할 때 부차적으로 얻어지는 정보를 통해 자료를 얻기도 한다.

③ 조사 내용

　㉠ 품질 향상과 비용 절감을 위한 봉제 경향을 조사한다.

　　• 재킷 밑단이나 소맷부리에 들어가는 심지를 자재가 감겨 있는 롤 상태에서 필요 폭으로 잘라 쓰면 재단 시간도 줄이고 요척도 절감할 수 있다.

　　• 셔츠 앞 플라켓 봉제 시 일반 본봉기보다 닥고 재봉기를 이용하면 작업 시간은 단축되고 봉제 품질은 올라간다.

　　• 스판 소재의 바지 제품 봉제 시 허릿단에 심지를 넣지 않고 허릿단 스티치를 체인으로 봉제하면 제품이 완성된 후에 1~2cm의 유격이 생겨 착용감이 편안해진다.

　㉡ 기존에 존재하지 않았던 봉제 경향을 조사한다.

　　• 스포츠 웨어나 아웃도어 업체에서는 바느질 선이 없거나 심 부위를 고주파나 접착액을 이용하여 합봉하는 무봉제가 시도되고 있다.

　　• 벨크로 테이프를 봉제기기를 쓰지 않고, 접착액을 이용하여 열로 고정시키는 경향이 나타나고 있다.

　㉢ 디자인 품질을 위한 봉제 경향을 조사한다.

2. 새로운 봉제기기 조사

① 새로운 소재나 부자재의 개발로 인해 새롭게 출시된 봉제기기를 분석·조사한다.

② 작업자의 작업 편리성과 의복 제품의 봉제 품질을 높이고, 시간과 비용을 절감할 수 있게 업그레이드되어 출시된 봉제기기 및 관련 보조기기 등을 분석·조사한다.

③ 새로운 봉제기기 사례

　㉠ 본봉기 : 가장 많이 쓰이는 봉제기기로, 다른 기기에 비해 꾸준히 업그레이드되고 있다.

　㉡ 포켓 웰팅기 : 재킷의 주머니를 만들어 주는 재봉기이다. 반자동형에서 자동 프로그램이 내장된 자동화기기로 업그레이드되었으며, 지금도 작업 속도 향상 및 절삭 기능의 개선 등을 통해 조금씩 발전되고 있다.

　㉢ 패턴 포머 : 재킷에서 앞판 몸판과 안단을 연결하는 작업을 할 때 많이 사용하는 기기이다.

3. 새로운 부자재 조사

① 재봉사

　㉠ 재봉사는 가공 방식에 따라 방적사, 필라멘트사, 가공사, 복합사, 혼방사, 교합사, 선염사, 후염사 등으로 나눌 수 있다.

　㉡ 소비 트렌드가 다양해지고 의복의 원자재와 디자인이 다양해지면서 새로운 재봉사가 지속적으로 개발·출시되고 있다.

② 바늘

　㉠ 대량생산에 적합하도록 강도와 내마모성 및 내열성이 좋은 바늘이 개발되고 있다.

　㉡ 재봉바늘의 종류 : 볼 포인트 바늘, 컷팅 포인트 바늘, 크롬 도금 바늘, 티타늄 도금 바늘, super-finished 바늘 등

③ 심지

　㉠ 심지의 기능
- 원단 안쪽 면에 접착시킴으로써 겉감 소재의 형태감을 보강하고 봉제 작업 시 작업성을 높인다.
- 퍼커링을 방지하거나 치수를 안정화시켜 완성품의 균일한 품질을 유지시켜 준다.
  ※ 퍼커링(puckering) : 원단의 우글거림을 말한다. 밀도가 높거나 얇은 원단의 경우 재봉바늘이 원단을 관통할 때 원단이 여러 방향으로 밀리면서 자글거리는 현상이 발생한다.

　㉡ 심지의 종류 선택 시 의복의 종류와 용도, 겉감 소재의 물성 등을 고려한다.

　㉢ 최근 경향
- 부직포 심지는 드레이프성이 없는 것이 특징이나 최근에는 드레이프성이 좋은 부직포 심지도 출시되었다.
- 두께감을 주거나 워싱 후 제품의 자연스러운 구김을 통해 빈티지한 느낌을 표현하기 위해 습기에 의해 수축이 심한 면 심지의 특성을 이용하는 경우도 있다.

④ 안감

　㉠ 안감의 기능
- 시접이나 심지 등 겉감의 봉제 작업 시 보이는 안쪽면을 감싸주므로 불필요한 부분이 보이지 않게 한다.
- 소재가 얇아 비치거나 구멍이 있을 때 의류 형태의 안정성을 도와주고 인체를 보호한다.

　㉡ 안감은 가벼우며 비침이 적은 제품이 좋다. 또 부드러우며 인장강도가 높아야 한다.

　㉢ 최근 경향
- 트렌드가 다양해지면서 안감의 소재도 점차 다양해지는 추세이다.

- 겉감 소재를 안감 소재로 사용하거나 스포츠 의류에서 사용하던 메시(mash) 안감을 숙녀복에서 사용하기도 하고, 안감으로 사용하지 않던 일반 소재를 안감으로 사용하기도 한다.

핵심예제

01 국내외 의복 봉제 방법에 대한 시장 조사 목적으로 가장 적절한 것은?
① 고급 의류 제작으로 마진 증가
② 디자인 품질의 향상
③ 봉제기기의 재활용
④ 부자재의 활용 축소

02 재킷의 주머니를 만들어 주는 재봉기에 해당하는 것은?
① 본봉기
② 포켓 웰팅기
③ 패턴 포머
④ 오버로크 재봉기

│해설│

01
국내외 의복 봉제 방법에 대한 시장 조사 목적
- 품질 향상, 생산 시간 단축, 생산 비용 절감
- 새로운 소재 개발이나 특수 봉제로 인한 디자인 품질의 향상

정답 01 ② 02 ②

1. 작업지시서

① 샘플작업지시서의 정의

　㉠ 새로운 제품 개발을 위한 샘플 작업 시 사용되는 문서이다.

　㉡ 디자이너의 도식화나 참조용 이미지 사진 등이 기입되며, 샘플용 원부자재의 기본 정보가 담긴다.

② 메인작업지시서의 정의

　㉠ 메인작업지시서는 디자인, 샘플 제작 및 품평회를 거쳐 대량생산이 확정된 제품에 대하여 생산에 필요한 모든 정보를 포함하여 작성된다.

　㉡ 메인작업지시서는 본사와 생산업체 간의 제품 생산과 관련된 입출고일 등이 기입되어 계약서의 역할도 한다.

2. 샘플작업지시서의 구성

① 샘플작업지시서의 구성 요소

샘플 고유 정보	회사명, 브랜드명, 시즌, 복종, 스타일(복종)명, 스타일 번호, 샘플 고유 번호, 담당 디자이너 성명, 작성일, 납기일 등
샘플 디자인 정보	제품의 앞뒷면 도식화, 디자인의 세부 부분 확대 그림, 칼라나 주머니 등의 디자이너 요청 작업 방법, 디자이너 코멘트 등
샘플 소재 정보	샘플 원부자재의 실물 견본이나 지정된 코드 번호, 규격, 색상, 배색, 사용 부위 등 샘플 원부자재의 상세 내역 등

② 도식화 작성 시 유의사항

　㉠ 도식화란 의도하는 디자인의 구체성을 그림으로 표현한 기초적인 옷의 설계도라 할 수 있다.

　㉡ 도식화 작성 시 간결한 선으로 앞면과 뒷면을 상세하게 그리며, 세부 묘사를 위해 비율에 맞게 정확하게 그려야 한다.

　㉢ 도식화 작성 시 디자인의 특징을 한눈에 알아볼 수 있도록 실루엣의 특징, 질감, 옷의 비율을 강조하여 완벽하게 작성되어야 한다.

3. 샘플작업지시서 파악

① 사이즈 파악

　㉠ 샘플작업지시서에 있는 사이즈 부분을 확인한다.

　㉡ 사이즈 요구사항이 있는 경우에는 디자이너가 의도한 핏을 확인한다.

② 실현 가능성 파악 : 샘플작업지시서에 있는 디자인 도식화를 보편적인 패턴으로 구현 가능한지 파악한다.

③ 패턴 제도 시 필요한 디테일 파악

　㉠ 패턴 제도 시 필요한 치수 확인을 통하여 전체적인 핏이나 의복의 외곽선을 확인한다.

　㉡ 의복의 외곽선 안에 있는 세부적인 디테일을 파악하여 패턴 설계를 대략적으로 계획한다.

④ 원가 상승 유발 요인 파악 : 샘플 제품이지만 대량생산을 목적으로 사전 제작하는 것이므로 생산 원가가 많이 나올 것으로 예상되는 부분 등을 세밀히 파악한다.

4. 디자인 수정 요청

① 디자인 문제점 보완

　㉠ 사이즈 수정이 필요한 경우 : 디자인 변경을 최소화하면서 사이즈를 약간씩 수정할 수 있는 방법을 제시한다.

　㉡ 재킷패턴 제도 시 세부적인 수정이 필요한 경우 : 완성도 높은 샘플을 만들기 위해서 몸판 크기 기준 포켓 비율, 허리선 기준의 앞단추 위치, 칼라와 라펠의 비율 등을 조절할 수 있는 방법을 제시한다.

　㉢ 재킷의 라인 유지를 위한 필수 요건의 수정이 필요한 경우 : 핏이나 형태를 유지를 위한 최소한의 다트를 추가하거나 다트를 다른 곳으로 이동시켜서 형태를 유지하는 방법을 제시한다.

　㉣ 생산 원가 상승을 방지하기 위해 디자인 수정이 필요한 경우 : 디자인상 중요한 부분이 아니면 대량생산에 대비하여 생산 원가 상승을 방지할 수 있다.

② 수정사항 요청 절차

　　㉠ 수정해야 할 문제점을 확인한다.

　　㉡ 샘플작업지시서 상단에 있는 담당 디자이너를 확인한다.

　　㉢ 담당 디자이너와 패턴 제도 시 발생할 수 있는 문제점에 대해 협의한다.

③ 수정사항 요청 시 태도

　　㉠ 디자이너와 협력적인 태도를 유지한다.

　　㉡ 무조건 패턴이 완성되지 않는다는 말보다는 디자이너의 디자인 의도를 이해하고자 하는 수용적인 태도를 가장 우선으로 표현해야 한다.

　　㉢ 패턴의 구조와 원리에 대해 디자이너가 이해할 수 있도록 설명한 후 해결책을 제시한다.

핵심예제

01 샘플작업지시서의 구성 요소로 적절하지 않은 것은?

① 담당 디자이너 성명
② 디자이너 요청 작업 방법
③ 샘플 원부자재의 실물 견본
④ 제품 생산과 관련된 입출고일

02 샘플작업지시서를 통하여 파악된 디자인의 수정사항 요청 절차로 옳은 것은?

> ㉠ 수정해야 할 문제점을 확인한다.
> ㉡ 담당 디자이너에게 협의를 요청한다.
> ㉢ 패턴 제도 시 발생할 수 있는 문제점에 대해 협의한다.
> ㉣ 샘플작업지시서 상단에 있는 담당 디자이너를 확인한다.

① ㉠ - ㉡ - ㉣ - ㉢
② ㉠ - ㉣ - ㉡ - ㉢
③ ㉢ - ㉠ - ㉡ - ㉣
④ ㉣ - ㉠ - ㉢ - ㉡

│해설│

01
제품 생산과 관련된 입출고일은 일반적으로 메인작업지시서에 포함된다.

정답 01 ④ 02 ②

핵심이론 05 　원부자재 분석

1. 원단과 디자인의 적합성 분석

① 스와치(swatch)의 확인

　　㉠ 스와치는 일정 크기 이상으로 재단되어야 하며, 작업지시서 상하 방향과 식서 방향이 일치해야 한다.

　　　※ 스와치 : 작업지시서에 부착해 놓은 원단 샘플

　　㉡ 원단에 무늬가 있을 때에는 한 리피트가 보일 수 있는 크기로 붙여져 있어야 한다.

② 샘플 원단의 물성과 특징 파악

　　㉠ 두께감, 기모의 유무 등을 파악한다.

　　㉡ 밀도감과 드레이프성, 신축성 등을 파악한다.

③ 디자인 의도에 따른 원단 분석

　　㉠ 직물 조직의 구성, 직조 방법, 무게감, 재질감 등을 파악한다.

　　㉡ 디자인 의도와 보편적인 직물의 이미지를 계절 등에 따라 구분한다.

④ 형태 유지에 따른 원단 분석

　　㉠ 원단의 특성이 적합하여 디자인을 정확하게 표현할 수 있는지 파악한다.

　　㉡ 재단과 봉제 및 다림질이 가능한지 파악한다.

2. 원단의 특성 파악

① **물성** : 밀도, 조직, 두께, 신도, 내열성 등을 파악한다.

② **수축률** : 샘플 작업 전에 원단이 수축되는 양을 검사하고 그 양을 감안하여 패턴을 제도하거나 샘플 원단을 다리미를 이용해 미리 수축시켜 작업한다.

③ **탄성** : 탄성에 의해 기본 원형 패턴에서의 여유량이 달라지고, 스판에 의해 줄어드는 방향이 추가되므로 늘어나거나 줄어드는 양을 패턴 제도 시 참조한다.

④ **무늬** : 샘플 겉감 원단이 무늬가 있는 경우 옆선이나 어깨선 위치를 맞추는 범위와 방법 등에 주의한다.

3. 원단의 특성에 따른 부자재 선정

① 심지 선정

   ㉠ 샘플 겉감 원단의 두께와 재질에 따라 심지의 두께와 재질이 결정된다.

   ㉡ 부착 부위에 따라 심지 종류가 결정되기도 한다. 예를 들어 셔츠의 칼라나 커프스에는 심지 접착액인 폴리에틸렌계가 도포된 두꺼운 면 소재의 심지가 사용된다.

   ㉢ 심지는 샘플 원단의 재질과 가장 유사한 것으로 선택한다.

② 안감 선정

   ㉠ 샘플 원단의 두께에 따라 안감 두께가 결정된다.

   • 봄/여름 시즌 : 시폰 안감을 주로 사용

   • 가을/겨울 시즌 : 두꺼운 트윌 안감을 주로 사용

   • 시즌과 상관없이 대표적으로 폴리에스터 안감을 많이 사용

   ㉡ 샘플 원단의 재질 특성에 맞는 안감을 선정한다.

핵심예제

원단의 특성에 따른 부자재 선정 방법으로 옳은 것은?

① 원단의 두께에 따라 안감 두께를 결정한다.
② 심지는 원단의 재질과 차이가 큰 것을 선택한다.
③ 가을/겨울 시즌에는 안감으로 시폰 소재를 선정한다.
④ 셔츠의 칼라는 얇은 폴리에스터 소재의 심지를 사용한다.

[해설]

② 심지는 원단의 재질과 가장 유사한 것으로 선택한다.
③ 시폰 소재는 봄/여름 시즌에 안감으로 많이 사용한다.
④ 셔츠의 칼라는 접착액이 도포된 두꺼운 면 소재의 심지를 많이 사용한다.

정답 ①

핵심이론 06 봉제 방법 계획

1. 디자인에 적합한 봉제 순서 계획

① 봉제 순서는 의류 제품의 종류와 디자인에 따라서 결정되는데, 이는 의류 제품의 품질을 가장 효과적으로 높여 봉제하기 위함이다.

> **전체 안감을 넣는 재킷의 봉제 순서**
> 겉감 앞판과 뒤판의 라인을 각각 박아서 연결한다. → 앞판에 포켓을 만들어 박는다. → 겉감 몸판과 안단을 연결한다. → 안감 몸판과 소매를 연결하여 박는다. → 칼라를 만들어 박는다. → 겉감과 안감을 박는다. → 두 장 소매를 연결하여 박고 이즈양을 잡는다. → 소매를 몸판에 연결한다. → 어깨패드와 슬리브헤딩을 연결한다. → 단추를 단다.

② 부분 안감을 넣은 재킷, 안감이 없는 홑겹 재킷 등 제품의 종류 및 디자인에 따라 봉제 순서 등을 다르게 계획한다.

2. 원부자재에 적합한 봉제 방법 선택

① 겉감에 따른 봉제 방법 : 샘플용 겉감 원단의 물성, 무늬 패턴, 기모의 유무에 따라 적절한 봉제 방법을 예상하여 패턴 제도 시 고려한다.

② 안감에 따른 봉제 방법 : 안감이 있는 경우와 안감이 부분으로 들어가거나 안감이 없는 경우에 따라 겉감의 솔기 처리가 달라지므로 각각의 경우에 알맞은 봉제 방법을 선택한다.

   예 안감이 없는 경우에는 겉감을 바인딩 솔기 처리를 많이 한다.

③ 디자인에 따른 봉제 방법 : 디자인에 따라 일반 본봉 재봉기기로 봉제할 수도 있고, 특수 재봉기기로 다른 느낌을 나타낼 수도 있다. 디테일에 따라 부분적으로 주름이나 퀼팅 전용기기를 사용하는 경우도 있고, 스티치 디자인에 따른 특수기기를 사용할 수도 있다.

3. 솔기 종류 선택

① 솔기(seam)의 정의
  - ㉠ 일정한 간격의 땀(stitch)으로 직물을 봉합한 상태를 말한다.
  - ㉡ 봉제에서 필요한 솔기에는 옆솔기, 어깨솔기, 허리솔기 등이 있고, 장식적인 솔기나 디자인에서 생기는 솔기는 절개선과 다트 등이 있다.

② 솔기의 목적과 기능
  - ㉠ 2매 이상의 직물을 연결하여 형태를 고정시킨다.
  - ㉡ 장식성이 가미된 변형된 땀과 다양한 재봉사로 디자인을 나타낸다.
  - ㉢ 직물의 올이 풀리는 것을 방지하는 등 의류 제품의 내구성 향상에 기여한다.

③ 조건에 따른 솔기 선택
  - ㉠ 디자인, 착용 목적, 핏, 최근 유행 경향, 부위에 알맞은 솔기를 선택한다.
  - ㉡ 원부자재의 특성에 알맞은 솔기를 선택한다.

핵심예제

겉감에 따른 봉제 방법을 선택할 때 고려해야 할 사항과 거리가 먼 것은?

① 기모의 유무
② 무늬 패턴
③ 원단의 물성
④ 주관적인 취향

[해설]

겉감 원단의 물성, 무늬 패턴, 기모의 유무 등에 따라 적절한 봉제 방법을 선택해야 한다.

정답 ④

핵심이론 07 패턴 제작

1. 패턴의 개요

① 패턴은 의복 제작 시 옷감을 재단하기 위해서 약속된 제도 기호로 그려낸 옷본이다.
② 패턴 제작 방법은 평면 재단법과 입체 재단법이 있으며, 보통 두 가지 방법을 병용하여 패턴을 제작한다.
③ 패턴 제작 시 원형은 기본 속옷만 입고 계측함을 원칙으로 한다.

2. 패턴 제작 방법

① 장촌식 제도법(흉도식, 문화식)
  - ㉠ 기준이 되는 큰 치수 중 몇 항목만을 사용하여 그 치수를 등분하거나 고정 치수를 사용한다.
  - ㉡ 인체 부위 중 가장 대표적인 부위(가슴둘레, 등길이, 어깨너비)만 측정한다.
  - ㉢ 주로 가슴둘레의 치수를 기준으로 그 밖의 치수를 산출하여 제도하는 방법이다.
  - ㉣ 가슴둘레 기준 치수를 등분한 치수로 구성되므로 가슴둘레와 조화를 이루는 원형 구성법이다.
  - ㉤ 오차가 작아 비교적 정확하며 일정한 균형의 원형을 얻을 수 있다.
  - ㉥ 체형에 맞도록 하기 위해서 보정이 필요하다.
  - ㉦ 계측이 서투른 초보자에게도 적당한 방법이다.
  - ㉧ 대량생산되는 의복에 적합하다.

② 단촌식 제도법
  - ㉠ 인체 각 부위를 세밀하게 계측하여 제도하는 방법이다.
  - ㉡ 각 개인의 체형에 잘 맞는 원형을 제도할 수 있지만 계측시간이 많이 필요하다.
  - ㉢ 뒷목둘레 혹은 가슴둘레를 나누어서 산출한다.
  - ㉣ 계측기술이 부족한 경우에는 계측 오차로 인해서 정확하지 못한 패턴을 제도할 수 있기 때문에 주의해야 한다.

③ 평면 패턴 제작(평면 재단)
  ㉠ 인체 각 부위의 치수를 기본으로 하여 제도하고 패턴을 제작하는 공정이다.
  ㉡ 플랫 패턴(flat pattern)에 의한 방법과 옷감 위에서 직접 드래프팅(drafting)하는 방법이 있다.
  ㉢ 최근에는 어패럴 패턴 CAD 시스템을 사용하여 평면 패턴 제도를 CAD로 작성하는 경우가 많다.

④ 입체 패턴 제작(입체 재단)
  ㉠ 머슬린 또는 기타 옷감을 이용하여 인체나 인대 위에 직접 대어보면서 입혀가듯 디자인에 맞추어 재단하는 방법(draping)이다.
  ㉡ 옷의 입체감을 빠르게 파악할 수 있다.
  ㉢ 핀을 꽂거나 바느질을 하여 완성된 원단을 다시 뜯고 평면에 펼쳐 패턴을 완성한다.

⑤ 병용 패턴 제작
  ㉠ 입체 패턴과 평면 패턴을 병용한 패턴 제작
    • 평면 제도로 어느 정도 패턴의 형태를 만들어 머슬린에 배치하고 가봉하여 바디에 입혀서 디자인에 맞는 실루엣으로 완성하는 방법이다.
    • 평면 패턴과 입체 패턴 제작 방법의 적절한 조화를 통해 패턴의 완성도를 높일 수 있다.
  ㉡ 컴퓨터를 활용한 병용 패턴 제작
    • 패턴 CAD 시스템이 제공하는 패턴 제작 기능을 사용하여 새로운 패턴을 제작하거나 수작업 패턴을 컴퓨터에 입력하여 부분적으로 패턴을 수정하고 완성할 수 있다.
    • 3D 가상착의 시스템을 활용하여 패턴을 완성하는 3D 패턴 제작 방법을 활용할 수 있다.

01 단촌식 제도법의 설명으로 옳은 것은?
① 인체계측에 숙련된 기술이 필요 없다.
② 인체의 각 부위를 세밀하게 계측하여 제도한다.
③ 가슴둘레를 기준해서 등분한 치수로 구성해 가는 방법이다.
④ 인체 부위 중 가장 대표가 되는 부위 치수를 기준으로 한다.

02 다음 설명에 해당하는 것은?

> • 인체 각 부위의 치수를 기본으로 하여 제도하고 패턴을 제작하는 공정이다.
> • 플랫 패턴(flat pattern)에 의한 방법과 옷감 위에서 직접 드래프팅(drafting)하는 방법이 있다.

① 연단　　　　　　② 평면 재단
③ 입체 재단　　　　④ 그레이딩

[해설]

01
인체계측에 숙련된 기술이 필요 없으며, 가슴둘레, 등길이, 어깨 너비 등과 같은 인체 부위 중 가장 대표적인 부위 치수를 기준으로 제도하는 것은 장촌식 제도법이다.

02
평면 패턴 제작 방법은 인체치수를 측정한 다음 주어진 방법에 따라 패턴을 제작하기 때문에 체계적이며, 사이즈의 정확성이 장점인 반면, 다양한 실루엣을 자유롭게 표현하는 데는 한계가 있다.

정답 01 ② 02 ②

1. 제도 용구

직각자	• 두 변이 직각으로 만나는 자이다. 한 면은 cm 단위의 눈금이 표시되어 있고 다른 한 면은 축소된 치수 눈금이 표시되어 있다. • 옷본을 제도할 때 사용하며 눈금이 앞뒤로 표시되어 있어 치수를 정확하고 빠르게 파악할 수 있다.	
줄자	치수를 잴 때 사용한다.	
곡자 (힙곡자)	곡선을 제도할 때 사용하며 제도 용구 중 허리선, 옆솔기선, 소매선, 다트 등의 선을 긋는 데 사용하기에 가장 좋다.	
방안자	일정한 간격의 시접을 그려 넣을 때나 평행선을 그을 때 사용한다.	
암홀자	암홀이나 목선, 암홀 프린세스 선 등 커브가 강한 곡선을 그릴 때 사용한다.	
축도자	실제 치수를 1/4, 1/5 등의 치수로 축소하여 제도할 때 사용하는 도구이다.	
에스모드자	진동둘레선이나 목둘레선 등의 곡선을 처리할 때 사용하는 자이다.	
룰렛	제도한 것을 다른 종이에 옮길 때 사용한다.	
송곳	패턴의 피벗점(회전의 중심점)을 찍을 때 사용한다.	
가위	재단 가위로 종이를 자르면 가위 날이 상하므로 종이용 가위를 준비한다. 이때 가위의 끝은 뾰족한 것이 좋다.	
종이 테이프	패턴 제도 시 종이를 붙여야 하는 경우 풀로 인해 종이가 우글거리는 것을 방지하기 위해 사용한다. ※ 패턴을 붙일 때 딱풀을 사용해도 종이가 울 수 있어 업체에서는 주로 본드를 사용함	
2B 연필	완성선을 제도할 때 많이 사용한다.	

2. 제도 약자

① 길(몸판)

B	가슴둘레, Bust Circumference
W	허리둘레, Waist Circumference
N	목밑둘레, Neck Circumference
A.H	진동둘레, Arm Hole
B.P	젖꼭짓점, Bust Point
N.P	목옆점, Neck Point
S.P	어깨끝점, Shoulder Point
B.L	가슴둘레선, Bust Line
W.L	허리선, Waist Line
N.L	목밑둘레선, Neck Base Line
S.L	옆선, Side Line
F.N.P	앞목점, Front Neck Point
C.F.L	앞중심선, Center Front Line
C.B.L	뒤중심선, Center Back Line

② 소매

A.H	진동둘레, Arm Hole
E.L	팔꿈치선, Elbow Line
S.C.H	소매산, Sleeve Cap Height
S.B.L	소매폭선, Sleeve Biceps Line
S.C.L	소매중심선, Sleeve Center Line
C.L	중심선, Center Line

③ 스커트

W	허리둘레, Waist Circumference
H	엉덩이둘레, Hip Circumference
W.L	허리선, Waist Line
S.L	옆선, Side Line
H.L	엉덩이둘레선, Hip Line
C.F.L	앞중심선, Center Front Line
C.B.L	뒤중심선, Center Back Line

④ 슬랙스(팬츠)

W	허리둘레, Waist Circumference
W.L	허리선, Waist Line
H.L	엉덩이둘레선, Hip Line
K.L	무릎선, Knee Line

3. 제도 기호

완성선	────────────		
안내선	────────────		
안단선	─ ─ ─ ─ ─ ─ ─		
골선	─ ─ ─ ─ ─ ─ ─		
식서 방향 (올의 방향)	↕	털의 결 방향	←
바이어스 방향	✕	직각	└
심지	(심지 기호)	턱(tuck)	(턱 기호)
줄임	⌒	늘림	(늘림 기호)
선의 교차	(교차 기호)	다트	(다트 기호)
가윗밥	(가윗밥 기호)	오그림	～～～
등분	(등분 기호)	절개	✂
단춧구멍	(단춧구멍 기호)	단추위치	⊕
외주름	(외주름 기호)	맞주름	(맞주름 기호)
다림질	(다림질 기호)	다림질 방향	↘
맞춤	옷본을 서로 붙여서 재단 (맞춤 기호)		
맞춤 (노치, notch)	2장 이상의 원단을 서로 표시에 맞추어 맞물리도록 위치를 표시해 주는 것 (노치 기호)		

01 소매산의 제도 약자로 옳은 것은?

① E.L
② A.H
③ S.C.H
④ S.B.L

02 다음 의복 제도 부호의 명칭은?

⌒

① 늘림
② 줄임
③ 심지
④ 오그림

[해설]

01

제도 약자
- S.C.H : 소매산(Sleeve Cap Height)
- S.B.L : 소매폭선(Sleeve Biceps Line)
- E.L : 팔꿈치선(Elbow Line)
- A.H : 진동둘레(Arm Hole)

02

제도 기호

심지	(심지 기호)	늘림	(늘림 기호)
줄임	⌒	오그림	～～～

정답 01 ③ 02 ②

1. 인체계측 기준선

① 상체

목밑둘레선	목뒤점, 목옆점, 목앞점을 지나는 곡선이다.
가슴둘레선	유두점을 지나며 상반신의 가장 두드러진 부분을 지나는 선이다.
어깨솔기선	어깨끝점과 목옆점을 연결하는 선이다.

② 하체

허리둘레선	허리의 가장 가는 곳(들어간 곳)을 지나는 수평 둘레선이다.
엉덩이둘레선	엉덩이의 가장 두드러진 부분을 지나는 수평선이다.

③ 중심

앞중심선	목앞점에서 수직으로 내려오는 선으로 인체의 정면을 반으로 나누는 선이다.
뒤중심선	목뒤점에서 수직으로 내려오는 선이다.

2. 인체계측 기준점

① 머리 부분

목옆점 (경부근점)	목밑둘레선과 어깨솔기선이 목 부위에서 만나는 점이다.
목뒤점 (경추점)	고개를 앞으로 구부렸을 때 가장 큰 뼈의 중심점이다.
목앞점 (경와점)	목밑둘레선과 정중선(신체의 중앙을 기준으로 좌우로 나누어주는 선)이 만나는 부분의 점으로 목 앞쪽의 좌우 쇄골 뼈가 만나는 부분의 움푹 팬 부분의 점이다.

② 팔 부분

손목점	손목뼈 중 새끼손가락 방향으로 가장 두드러진 뼈의 점이다.
팔꿈치점	팔꿈치를 굽혔을 때 팔꿈치 안에서 가장 뒤쪽으로 가장 두드러진 위치의 점이다.
어깨끝점	옆에서 보아 팔의 제일 굵은 곳을 이등분한 수직선과 진동둘레선이 교차되는 점이다.

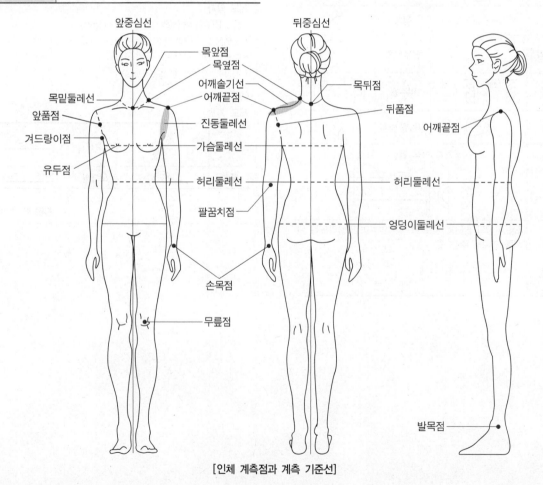

[인체 계측점과 계측 기준선]

③ 몸통 부분

유두점	젖꼭지의 가장 두드러진 부분의 점이다.
겨드랑이점	겨드랑이 밑이 접힌 부분의 가운뎃점이다.
앞품점	자를 겨드랑이에 끼워 앞겨드랑이 밑에 표시한 점과 어깨끝점과의 중간점이다(겨드랑앞벽점).
뒤품점 (등너비점)	앞품점과 같은 방법으로 하여 뒤에 점을 표시한 것이다(겨드랑뒤벽점).

④ 다리 부분

무릎점	무릎뼈의 가운데 위치한 점이다.
발목점	발목에서 가장 두드러진 뼈의 가운뎃점이다.

3. 인체계측 방법

① 너비

등너비	좌우 등너비점 사이의 길이를 잰다.
가슴너비	좌우 앞품점 사이의 길이를 잰다.
앞품	선 자세에서 오른쪽의 어깨끝점과 앞 겨드랑이점을 잇는 진동둘레선상의 가운데 지점과 왼쪽의 어깨끝점과 앞 겨드랑이점을 잇는 진동둘레선상의 가운데 지점 사이의 길이를 앞쪽에서 측정한다.
유폭	좌우 유두점 사이의 길이를 잰다.
어깨너비	피계측자의 뒤에서 좌우 어깨끝점의 길이를 잰다.

② 길이

유두길이(유장)	목옆점을 지나 유두점까지의 길이를 잰다.
등길이	목뒤점에서 뒤중심선을 따라 허리선의 허리뒤점까지의 길이를 잰다.
앞길이	오른쪽 목옆점에서 유두점을 지나 허리둘레선까지의 길이를 잰다.
밑위길이	의자에 앉은 자세에서 허리둘레선의 옆 중심에서부터 실루엣을 따라 의자 바닥까지의 수직거리를 잰다.
엉덩이길이	옆 허리둘레선에서 엉덩이둘레선까지의 길이를 잰다.
어깨길이	목옆점에서 어깨끝점까지의 길이를 잰다.
총길이	등길이를 계측하여 허리선을 지나 바닥까지의 길이를 잰다(목뒤점에서부터 바닥까지의 길이).
바지길이	오른쪽 옆 허리선에서 무릎 수준을 지나 발목점까지의 길이를 측정한다.
소매길이	팔을 자연스럽게 내린 후 어깨끝점에서 팔꿈치점을 지나 손목점까지의 길이를 잰다.
재킷 상의 길이	뒷목점에서 뒤중심선을 따라 정해진 옷길이를 잰다.
치마길이	옆 허리선부터 무릎점까지의 길이를 잰다.

③ 둘레

목(밑)둘레	목뒤점에서부터 좌우로 옆목을 자연스럽게 내려오면서 앞목점에 이르는 둘레선을 잰다.
가슴둘레	선 자세에서 피계측자가 자연스럽게 숨을 들이마신 후 숨을 멈추었을 때, 좌우 유두점을 지나도록 하는 수평 둘레를 측정한다.
허리둘레	앞쪽에서 보아 허리 부분에서 가장 안쪽으로 들어간 위치에서의 수평 둘레를 측정한다(허리의 가장 가는 부위를 수평으로 돌려서 잰다).
엉덩이둘레	하부 부위 중 최대 치수에 해당한다. 엉덩이의 가장 두드러진 부위를 수평으로 돌려서 잰다.
손목둘레	팔을 자연스럽게 내린 후 손목점을 지나는 부분을 수평으로 돌려 감아 잰다.
팔꿈치둘레	팔을 구부린 상태에서 팔의 가장 돌출된 부분(팔꿈치점)을 지나도록 돌려 감아 잰다.
넙다리둘레	넙다리(허벅지) 부위의 최대 둘레를 잰다.
무릎둘레	무릎뼈가운데점을 지나는 둘레를 측정한다.
발목둘레	오른쪽 발목의 가장 가는 부위의 수평둘레를 측정한다.

※ 유차 : 윗가슴둘레(유상동)와 가슴둘레(상동)의 차이

핵심예제

01 치수계측 방법에 대한 설명 중 옳은 것은?

① 바지길이 - 옆 허리둘레선에서 의자 바닥까지의 길이
② B.P길이 - 어깨점에서 B.P점까지의 길이
③ 엉덩이길이 - 옆 허리둘레선에서 엉덩이둘레선까지의 길이
④ 소매길이 - 어깨끝점에서 팔꿈치점까지의 길이

02 다음 중 가슴의 유두점을 지나는 수평 부위를 돌려서 재는 계측 항목은?

① 목둘레
② 등길이
③ 가슴둘레
④ 유두길이

[해설]

01
① 바지길이 : (오른쪽 뒤에서) 옆 허리선에서 발목점까지의 길이를 잰다.
② B.P길이(유장) : 목옆점을 지나 유두점까지의 길이를 잰다.
④ 소매길이 : 어깨끝점에서 팔꿈치점을 지나 손목점까지 잰다.

02
① 목둘레 : 목뒤점에서부터 좌우로 옆목을 자연스럽게 내려오면서 앞목점에 이르는 둘레선을 잰다.
② 등길이 : 목뒤점에서 뒤중심선을 따라 허리선의 허리뒤점까지의 길이를 잰다.
④ 유두길이 : 목옆점을 지나 유두점까지의 길이를 잰다.

정답 01 ③ 02 ③

핵심이론 10 원형의 제도

1. 의복의 원형

① 원형의 개요
  ㉠ 인간의 동적 기능을 방해하지 않는 범위 내에서 신체에 밀착되는 기본 옷을 말한다.
  ㉡ 원형의 각 부위에는 동작에 대한 기본적인 여유분이 포함되어 있다.
  ㉢ 여성복의 기본 원형의 세 가지 기본 요소는 길, 소매, 스커트이다.

② 원형 제도 시 필요 치수 항목

길(bodice)	가슴둘레, 등길이, 유두길이, 어깨너비, 등너비, 가슴너비, 유두간격, 목둘레
소매(sleeve)	길 원형의 앞뒤 진동둘레 치수, 소매길이, 팔꿈치길이, 소매산길이, 손목둘레
스커트(skirt)	허리둘레, 엉덩이둘레, 스커트 길이, 엉덩이길이
슬랙스(slacks)	허리둘레, 엉덩이둘레, 엉덩이길이, 밑위길이, 바지길이

2. 길(몸판) 원형 제도

① 개요
  ㉠ 길 원형을 제도할 때 가로선은 'B/2 + 4~5(여유분)cm' 공식으로 정하는 것이 좋다.
  ㉡ 길 원형에서 전후차란 앞길이와 등길이의 차이를 말한다.
  ㉢ 각 길 원형의 연결 부분을 완만하게 하기 위해서 직각으로 처리한다.

② 원형 제도 시 필요 항목
  ㉠ 길 원형 제도 시 기초선으로 필요한 치수는 등길이와 가슴둘레이다.
  ㉡ 정상체 원형 제도 시 기본이 되는 항목은 가슴둘레이다.
  ㉢ 가슴둘레는 상반신에서 둘레의 최대치를 나타내는 위치이며 길 원형 제도 시 가장 중요한 기본 항목이다.

ㄹ 길 원형에서 기준점이 되는 것은 가슴점(B.P)이다.

ㅁ 길 원형에서의 기준선은 목밑둘레선, 가슴둘레선, 엉덩이둘레선이다.

ㅂ 블라우스를 제도할 때 가장 먼저 해야 할 것은 뒷길이다.

③ 길 원형 활용(다트 머니퓰레이션, dart manipulation)

ㄱ 다트를 활용하는 기본 방법이다.

ㄴ 기본 다트를 디자인에 따라 다른 위치로 이동하거나 다른 형태로 만들어 주는 것이다.

ㄷ 다트는 평면의 재료를 인체에 맞춰 입체화시키는 기능적인 역할을 하며, 장식적인 효과도 겸할 수 있다.

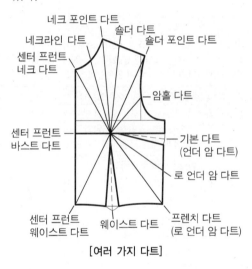

[여러 가지 다트]

3. 소매 원형 제도

① 제도 시 필요 항목

ㄱ 원형 제도에 필요한 항목은 길 원형의 진동둘레 치수, 손목둘레, 소매길이이다.

ㄴ 앞뒤 진동둘레는 소매 원형 제도 시 소매산 높이를 정하는 데 필요한 치수이다.

② 소매산

ㄱ 소매산은 의복 소매에서 제일 높은 점과 제일 낮은 점(겨드랑이) 사이의 길이를 말한다.

ㄴ 소매산 높이와 소매통은 반비례하여 소매산이 높으면 소매 폭이 좁아지고 활동하기 매우 불편하지만, 외관상 아름다워 보이는 효과가 있다.

ㄷ 재킷, 코트와 같은 외출복은 소매산이 높은 옷에 해당한다.

ㄹ 소매산이 낮으면 소매 폭이 넓어지고 겨드랑이 주위에 주름이 생기지만 활동하기 편해진다.

ㅁ 잠옷, 셔츠, 작업복 등은 소매산이 낮은 옷에 해당한다.

③ 소매산 높이

잠옷	$\dfrac{A.H}{8}$
작업복, 셔츠	$\dfrac{A.H}{6}$
블라우스, 원피스	$\dfrac{A.H}{4}+0\sim2cm$
정장, 외출복	$\dfrac{A.H}{4}+3\sim4cm$

4. 스커트 원형 제도

① 제도 시 필요 항목

ㄱ 스커트 원형을 제도할 때 필요한 항목은 스커트 길이, 허리둘레, 엉덩이길이, 엉덩이둘레이다.

ㄴ 스커트 원형을 제도할 때 스커트 길이로 세로선을 그리고, $\dfrac{엉덩이둘레}{2}+2\sim3cm$(여유분)의 값으로 가로선(기초선)을 그려 준다.

ㄷ 엉덩이둘레를 이용하여 스커트 원형의 가로 기초선의 길이를 나타낼 수 있기 때문에 스커트 원형에서 엉덩이둘레 항목은 가장 중요하다.

ㄹ 웨이스트 밴드를 대는 형태의 스커트 길이는 $\left(스커트\ 길이-\dfrac{밴드\ 너비}{2}\right)$로 정한다.

② 스커트 다트

　⊙ 다트 수는 디자인에 따라 다트의 너비를 등분하여 조절한다.

　ⓒ 엉덩이둘레와 허리둘레의 차이로 생기는 앞뒤의 공간을 다트로 처리한다.

핵심예제

01 여성복의 기본 원형이 아닌 것은?
① 길 ② 소매
③ 스커트 ④ 원피스

02 다음 중 다트 머니퓰레이션(dart manipulation)의 정의로 옳은 것은?
① 다트의 명칭을 나열한 것이다.
② 다트의 기초선을 그리는 것이다.
③ 다트를 활용하는 기본 방법이다.
④ 다트를 제도하는 것이다.

03 어깨끝점에서 B.P까지 연결된 다트의 명칭은?
① 숄더 다트(shoulder dart)
② 숄더 포인트 다트(shoulder point dart)
③ 언더 암 다트(underarm dart)
④ 로언더 암 다트(low underarm dart)

〔해설〕

01
여성복 기본 원형의 세 가지 기본 요소는 길, 소매, 스커트이다.

03
어깨끝점에서부터 B.P까지 이어지는 선은 숄더 포인트 다트(shoulder point dart)이다.

정답 01 ④ 02 ③ 03 ②

핵심이론 11 여성복 패턴 활용(1)

1. 소매의 종류

① 세트 인 슬리브(set-in sleeve) : 길(몸판)에 소매를 다는 형태의 소매를 말한다.

종류	설명	
퍼프(puff) 슬리브	진동둘레(소매산)와 소맷부리에 개더나 소프트 플리츠를 넣은 소매로서, 소매를 짧게 하면서 부풀린 소매로 주름 잡는 위치에 따라 종류가 달라진다. 주름 잡는 모양에 따라 슬리브 모양과 어깨 모양이 달라지고 부드럽고 동적인 분위기가 나타나는 슬리브이다.	
랜턴(lantern) 슬리브	소매가 주판알 혹은 랜턴(호롱불)처럼 부풀어 있는 모양이며 소매나 어깨를 강조할 때 이용하는 슬리브이다.	
셔츠(shirt) 슬리브	와이셔츠 소매처럼 커프스가 있고 소매산이 낮다. 셔츠 슬리브는 소매 원형에서 1.5~2cm 정도 소매산의 높이를 낮추어 활동성을 준다.	
레그오브머튼(leg of mutton) 슬리브	소매산 쪽은 주름을 넣어 부풀리고 소맷부리로 갈수록 좁아지는 형태의 소매로 '양의 다리와 같은 모양의 소매'라는 뜻을 가지고 있다.	
비숍(bishop) 슬리브	소맷부리에 개더를 잡아 부풀린 형태의 소매 모양의 슬리브이다.	
벨(bell) 슬리브	종 모양의 소매로 소맷부리로 내려갈수록 넓게 퍼지는 모양의 소매이다.	
플리츠(pleats) 슬리브	아코디언 주름상자 모양의 주름과 같은 플리츠를 넣은 소매를 말한다.	
캡(cap) 슬리브	어깨가 겨우 가려질 만큼 짧은 소매이다. 어깨 끝에 캡을 씌운 듯한 모양으로, 소매산으로만 구성되는 것으로 귀여운 형의 소매이다.	
페탈(petal) 슬리브	튤립과 같은 꽃잎 모양의 소매로 튤립 슬리브라고도 한다.	

타이트(tight) 슬리브	
소매에 여유분이 거의 없이 팔에 꼭 맞으며 품이 작고 홀쭉한 형태의 소매이다. 피티드 슬리브(fitted sleeve)라고도 한다.	

카울(cowl) 슬리브	
카울은 중세 수도승들이 착용하던 모자가 달린 망토인데, 이 망토가 늘어지며 생기는 자연스러운 주름을 '드레이프가 생긴다'고 표현한다. 이러한 형태에서 유래해, 유사한 주름이나 실루엣을 가진 소매를 말한다.	

드롭 숄더(dropped shoulder) 슬리브	
로 숄더(low shoulder)라고도 하며 보통의 어깨선보다 아래에서 붙여져 처진 어깨처럼 보이는 소매를 말한다.	

파고다(pagoda) 슬리브	
퍼널(funnel) 슬리브라고도 하며 '퍼널'은 '깔때기', '파고다'는 '탑'이라는 의미로 탑과 깔때기 모양처럼 소매산은 타이트하고 소맷부리로 갈수록 넓어지는 소매이다.	

웨지(wedge) 슬리브	
피벗(pivot) 슬리브라고도 하며 소매 이음 부분이 길 원형 안으로 들어가 쐐기 모양으로 연결된 소매이다.	

케이프(cape) 슬리브	
케이프는 소매 없는 형태로 된 방한의류를 말한다. 케이프 슬리브는 넉넉한 옷감을 늘어뜨려서 케이프를 덮은 듯한 느낌을 주는 헐렁한 소매이다.	

② 길과 소매가 절개선 없이 연결하여 구성되는 소매

프렌치(french) 슬리브	
소매길이가 어깨점에서 5~10cm 정도 연장된 슬리브로 기모노 슬리브(kimono sleeve)라고도 하며 소매 밑단 둘레가 비교적 넓어서 편안하게 착용할 수 있다. 기모노 소매가 매우 짧아진 형태부터 팔꿈치까지 내려오는 길이 등 여러 가지의 형태가 있다. 일반적으로 길이가 짧은 것으로 가련하고 경쾌한 느낌을 주며 소매 밑에 무를 달아서 입기에 편하고 어깨에 해방감을 주는 슬리브이다.	

요크(yoke) 슬리브	
어깨 부분을 다른 옷감으로 바꿔서 대는 소매로 몸 부분과 어깨 부분이 나누어지는 절개선 없이 하나로 된 소매이다.	

돌먼(dolman) 슬리브	
소매의 진동선이 없이 길과 소매가 한 장으로 연결된 소매로 겨드랑이 부분이 매우 넓고 소맷부리가 좁은 것으로 방한용 코트에 적합하며 키가 큰 체형에 어울린다.	

래글런(raglan) 슬리브	
목둘레선에서 겨드랑이에 사선으로 절개선이 들어간 소매로 활동적인 의복에 사용된다.	

2. 스커트 종류

① 길이에 따른 분류

㉠ 마이크로미니 : 초미니스커트라고도 불리며 가장 짧은 길이의 스커트이다.

㉡ 미니 : 무릎 위까지 오는 길이의 스커트이다.

㉢ 내추럴 : 길이가 무릎 정도 되는 기본형 스커트에 해당한다. 샤넬라인이라고도 하며 무릎 아래로 5~10cm 정도 내려온 스커트를 말한다.

㉣ 미디 : 미디렝스(midi length)의 약어로 스커트 길이가 무릎선에서 밑으로 13~17cm 정도 내려와, 스커트 자락이 무릎에서 발목 사이의 중간 정도 오는 길이의 스커트이다.

㉤ 맥시 : 길이가 발목까지 내려오는 긴 스커트이다.

㉥ 풀렝스(롱) : 발목을 가릴 정도로 길게 내려오는 스커트이다.

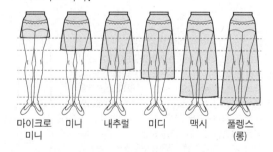

마이크로 미니 미니 내추럴 미디 맥시 풀렝스(롱)

② 스커트 형태에 따른 명칭

힙본(hipbone) 스커트
골반에 걸쳐서 입는 스커트이다.

플레어(flared) 스커트
나팔 모양이라는 뜻을 가진 플레어(flare) 스커트는 허리 부분은 꼭 맞고 아랫단 쪽으로 내려오면서 자연스럽게 넓어지는 스커트이다. 디자인상 바이어스(bias) 방향으로 재단할 때 스커트의 모양이 제대로 나타난다.

서큘러(circular) 스커트
'둥근, 원형의'라는 의미의 서큘러 스커트는 플레어 스커트와 비슷하게 치맛단으로 내려갈수록 퍼지는 모양의 치마로, 원형으로 재단한 천으로 만든 스커트이다. 360° 원으로 된 스커트를 풀 서큘러(full circular) 스커트라고 한다.

고어드(gored) 스커트
여러 장의 삼각형 폭을 등분한 후, 다트를 잘라내고 다시 이어서 만든 스커트이다.

티어드(tiered) 스커트
층마다 주름이나 개더를 넣어 층층으로 이어진 스커트이다.

랩어라운드(wrap-around) 스커트
한 폭으로 된 옷감을 몸에 휘감아 입는 스커트이다.

타이트(tight) 스커트
스트레이트(straight) 스커트라고도 하며 스커트에서 가장 기본이 되는 스커트이다. 엉덩이 둘레선에서 수직으로 내려오는 형의 스커트로 힙 라인에서 치마 밑단까지 직선으로 내려와 몸에 꼭 맞게 좁은 폭의 스커트를 말한다. 스커트 원형을 그대로 이용하면서 스커트 뒤중심에 킥 플리츠(kick pleats)를 넣어 기능성을 준 스커트이다.

킥 플리츠
(kick pleats)

세미 타이트(semi-tight) 스커트
타이트 스커트보다 살짝 여유가 있어 활동하기 더 편한 스커트이다. 허리에서부터 엉덩이 라인까지는 체형에 맞고, 치맛단까지는 직선보다 약간 퍼지며 내려오는 모양이다.

벨 라인(bell-line) 스커트

스커트 모양이 전체적으로 '종(bell)'과 같은 실루엣의 스커트이다.

트럼펫(trumpet) 스커트

허리부터 엉덩이 라인까지는 꼭 맞게 떨어지고 그 아랫부분은 개더나 플리츠 등으로 마무리하여 실루엣이 '트럼펫' 악기와 비슷해 보이는 스커트이다.

머메이드(mermaid) 스커트

'인어'라는 뜻의 머메이드 스커트는 허리에서부터 몸에 꼭 맞게 붙어서 내려가다가 치마 끝이 물고기의 꼬리지느러미처럼 넓어져 실루엣이 인어의 하반신과 비슷한 모양의 스커트이다.

드레이프(draped) 스커트

흘러내리는 듯한 자연스러운 주름이 잡혀 있는 스커트를 말한다.

페그톱(peg-top) 스커트

허리 윗부분에 주름을 많이 넣어 항아리처럼 생긴 실루엣으로 윗부분에 절개선을 많이 넣어 만든 스커트이다.

디바이디드(divided) 스커트

나누어진 스커트라는 의미로 바지처럼 가랑이가 있는 치마를 말한다. 스커트 원형을 다트가 1개인 세미 타이트로 만들고, 슬랙스를 제도하는 방법으로 밑부분을 그려 넣는 스커트이다. 흔히 '치마바지'라고 알려져 있고 큐롯 스커트(퀼로트 스커트. culotte skirt)라고도 한다.

개더(gather) 스커트

옷감을 오그려서 허리 부분에 주름을 많이 잡아 만든 스커트이다.

점퍼(jumper) 스커트

칼라와 소매가 없는 형태로, 블라우스나 스웨터 위에 입는 원피스 스타일의 스커트이다.

플리츠(pleats) 스커트

한쪽 방향으로 연속 주름을 스커트 너비 전체에 넣은 스커트이다. 위에서 아래까지 전체적으로 주름을 잡는 형으로 주름 모양에 따라 종류가 다르다.

ⓐ 소프트 플리츠 스커트(soft pleats skirt)
ⓑ 인버티드 플리츠 스커트(inverted pleats skirt)
ⓒ 원웨이 플리츠 스커트(one-way pleats skirt)
ⓓ 아코디언 플리츠 스커트(accordion pleats skirt)

핵심예제

01 소매의 구성상에 있어서 다른 것은?

① 래글런(raglan) 소매
② 퍼프(puff) 소매
③ 타이트(tight) 소매
④ 비숍(bishop) 소매

02 스커트 길이가 무릎선에서 밑으로 13~17cm 정도 내려온 스커트 종류는?

① 샤넬라인　　② 미니
③ 미디　　④ 맥시

|해설|

01
래글런 소매는 길과 소매가 절개선 없이 연결하여 구성되는 소매이고, 나머지 소매들은 일반적인 소매로, 길 원형에 소매를 다는 형태이다.

정답 01 ①　02 ③

핵심이론 12 여성복 패턴 활용(2)

1. 칼라(collar)

① 스탠드(stand) 칼라 : 칼라가 목둘레를 따라 서 있는 모양이다.

롤(rolled) 칼라	
목을 감싸면서 목을 따라 둥글게 말려 있는 칼라이다.	
나폴레옹(napoleon) 칼라	
폭넓은 라펠이 달려 있고 크게 접어 세울 수 있는 칼라이다. 나폴레옹이 입은 군복식의 칼라 모양이다.	
만다린(mandarin) 칼라	
차이나(china) 칼라라고도 하며 곧게 세워진 중국 관리의 관복 칼라 모양이다.	
하이 네크(high neck) 칼라	
길과 연결되어 목 위로 올라가는 칼라이다.	
버튼 다운(button down) 칼라	
칼라 끝에 앞길과 단추로 고정시킬 수 있는 단춧구멍이 있는 칼라이다.	

② 플랫(flat) 칼라

㉠ 스탠드(stand)분이 거의 없어서 어깨선 위에 납작하게 뉘어지는 것으로 옷을 착용했을 때 어깨선을 따라 평평하게 눕는 칼라 모양을 말한다.

㉡ 소재의 두께와 유연성, 네크라인의 파임 정도를 다양하게 디자인할 수 있다.

㉢ 목이 짧은 체형에 가장 잘 어울리는 칼라이다.

㉣ 종류

피터 팬(peter pan) 칼라	
플랫 칼라로 칼라 끝이 둥글게 처리된 칼라이다. '피터 팬' 소설에 등장하는 주인공의 옷 이름에서 유래되었다.	
케이프(cape) 칼라	
칼라가 어깨를 전부 덮을 정도로 커서 케이프를 걸친 듯한 느낌을 주는 칼라이다.	
세일러(sailor) 칼라	
칼라의 뒤쪽은 네모난 모양이고 앞쪽은 V 모양으로 트여 있는 칼라이다.	

프릴(frill) 칼라	
잔잔한 주름이 많이 잡힌 칼라로 러플 칼라와 비슷해 보이지만 주름 장식이 더 작은 것이 특징이다.	
러플(ruffled) 칼라	
수티앵 칼라, 숄 칼라 등을 기본으로 절개선을 넣어 부드러운 물결 같은 주름이 잡히는 칼라이다.	
퓨리탄(puritan) 칼라	
키가 크고 목이 짧은 체형이 피해야 할 칼라의 형태로 청도교 옷의 칼라와 비슷한 크고 흰 칼라이다.	
스퀘어(square) 칼라	
'스퀘어'는 '사각형'이라는 뜻으로 칼라 전체가 사각형 모양이다.	

③ 셔츠 칼라

셔츠(shirt) 칼라	
와이셔츠 칼라와 비슷한 칼라로 칼라와 스탠드분이 분리되어 스포티하면서 단정한 느낌을 주는 칼라이다.	
와이셔츠(white shirt) 칼라	
받침 칼라 부분을 따로 대어 목둘레에 꼭 맞도록 만드는 칼라이다.	
이탈리안(italian) 칼라	
칼라가 경사지고 브이넥 모양을 하며 칼라허리가 낮고 각진 칼라를 말한다.	
폴로(polo) 칼라	
셔츠 칼라의 목 앞 중앙 부분에 단추를 달아 짧은 트임이 있는 형태의 칼라이다.	
컨버터블(convertible) 칼라	
셔츠 칼라와 비슷한 모양으로 맨 윗 단추를 잠그거나 풀어, 두 가지 모양으로 입을 수 있는 칼라이다. 단추를 채웠을 경우에는 일반적인 셔츠 칼라처럼 보이고, 단추를 풀었을 경우에는 테일러드 칼라처럼 보인다.	
수티앵(soutien) 칼라	
컨버터블 칼라의 일종으로 칼라 앞부분을 열면 칼라가 오픈되고, 잠그면 스포티한 느낌을 주는 칼라이다. 주로 슈트나 코트에 쓰이는 칼라이다.	

④ 타이 칼라

타이(tie) 칼라	
셔츠 칼라에서 끝이 길게 늘어지고 그것을 타이로 묶는 형태의 칼라이다.	
리본(ribbon) 칼라	
칼라를 리본 모양으로 묶을 수 있도록 되어 있는 칼라이다. 보 칼라는 리본이 부착되어 있지만 리본 칼라는 부착되어 있는 형식은 아니다.	
보(bow) 칼라	
칼라가 띠처럼 길게 늘어진 모양으로 목 앞에 리본 모양으로 묶는 칼라이다.	

⑤ 테일러드 칼라 : 앞길 원형의 일부분인 라펠 부분과 이어진 모양의 칼라로 구성되어 있다.

테일러드(tailored) 칼라	
칼라가 몸판에서 이어진 라펠로 이루어진 칼라로 일반적인 신사복의 칼라이다.	
숄(shawl) 칼라	
숄을 걸친 듯한 모양으로 뒤 칼라의 너비와 비슷한 너비로 앞으로 넘어가 약간 둥글고 유연하게 된 플랫 칼라 형태이다.	
윙(wing) 칼라	
칼라 앞부분이 새의 날개 모양과 같은 칼라이다.	
오픈(open) 칼라	
라펠 부분과 앞 몸판이 이어진 모양의 칼라로 블라우스에 많이 이용된다.	

2. 포켓

① 아웃사이드 포켓 : 의복의 바깥쪽에 다는 포켓을 말한다.

패치(patch) 포켓	폴스(false) 포켓
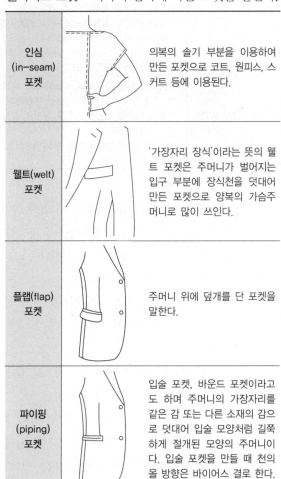	
몸판과는 별도로 재단하여 손바느질이나 재봉기로 박아 몸판에 붙이는 포켓을 말한다.	실제로 주머니는 달려 있지 않고 장식으로 플랩(flap)만 달아 놓은 것을 말한다.

② 인사이드 포켓 : 의복의 안쪽에 다는 포켓을 말한다.

인심 (in-seam) 포켓	의복의 솔기 부분을 이용하여 만든 포켓으로 코트, 원피스, 스커트 등에 이용된다.
웰트(welt) 포켓	'가장자리 장식'이라는 뜻의 웰트 포켓은 주머니가 벌어지는 입구 부분에 장식천을 덧대어 만든 포켓으로 양복의 가슴주머니로 많이 쓰인다.
플랩(flap) 포켓	주머니 위에 덮개를 단 포켓을 말한다.
파이핑 (piping) 포켓	입술 포켓, 바운드 포켓이라고도 하며 주머니의 가장자리를 같은 감 또는 다른 소재의 감으로 덧대어 입술 모양처럼 길쭉하게 절개된 모양의 주머니이다. 입술 포켓을 만들 때 천의 올 방향은 바이어스 결로 한다.

프런트 힙 (front hip) 포켓	사이드 힙 포켓이라고도 하며 보통 바지나 스커트의 앞쪽에 달린 주머니를 말한다.
힙(hip) 포켓	바지나 스커트 뒤에 붙어 있는 주머니를 말한다.

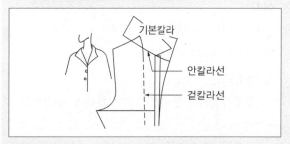

【 핵심예제 】

01 다음 그림을 활용한 디자인의 칼라는?

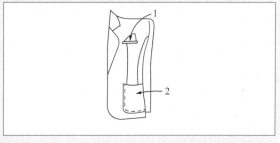

기본칼라
안칼라선
겉칼라선

① 셔츠 칼라　　　　② 케이프 칼라
③ 만다린 칼라　　　④ 컨버터블 칼라

02 다음 디자인에서 1번 포켓의 이름은?

① 플랩 포켓　　　　② 바운드 포켓
③ 웰트 포켓　　　　④ 인심 포켓

【 해설 】

01
컨버터블 칼라
• 가장 위쪽에 있는 단추를 풀거나 채워서 입을 수 있는 칼라이다.
• 단추를 채웠을 경우에는 일반적인 셔츠 칼라처럼 보이고, 단추를 풀었을 경우에는 테일러드 칼라처럼 보인다.

정답 01 ④　02 ③

1. 봉제사양서

① 생산에 필요한 지시사항 등을 문장이나 수치, 상세 도면으로 작성하여 생산 구성원 사이의 의사소통 도구로 사용하는 생산 설계도이다.

② 봉제사양서에는 심지나 부착 부자재의 위치와 부착 방법, 작업 조건, 부분 봉제 도식화, 봉제 주의사항 등이 간결하고 명확하게 표현되어야 한다.

2. 심지

① 심지 : 의복의 변형을 막고 일정한 실루엣을 형성, 유지시키는 목적으로 겉감의 보조적 역할을 한다.

② 심지의 조건

  ㉠ 빳빳하면서도 탄력성이 크며 형태 안정성이 큰 것이 좋다.

  ㉡ 부착이 간편한 것이 좋다.

  ㉢ 두께, 강도, 색채, 관리 방법이 겉감과 조화가 되는 것이 좋다.

  ㉣ 신축성이 없는 겉감에는 신축성이 있는 심지를 사용한다.

  ㉤ 버팀이 없는 겉감에는 적당한 버팀을 갖는 심지를 사용한다.

  ㉥ 수축성이 있는 겉감에는 수축성이 있는 심지를 사용한다.

  ㉦ 주름 방지성이 있고, 탄성회복성이 좋은 심지를 사용한다.

  ㉧ 표면이 균일하고 평평한 것을 사용한다.

③ 심지의 종류

  ㉠ 접착 방식에 따라 접착 심지와 비접착 심지로 나눈다. 접착 심지는 바탕천의 한쪽 면에 접착제 처리가 되어 있으며 열과 압력으로 원단에 접착하여 부착한다. 비접착 심지는 원단에 박음질하여 붙인다.

㉡ 접착 심지의 종류

접착 직물 심지	• 직물 심지는 부직포 심지보다 겉감의 형태 안정성과 품질의 지속성이 우수하다. • 겉감과 결 방향을 맞춰 재단해야 하며, 늘어나는 직물에 사용하는 것을 피해야 한다. • 직물 심지의 바탕천으로는 폴리에스터, 나일론, 비스코스 레이온, 면, 면혼방, 모, 마, 헤어클로스(haircloth) 등이 사용된다.
접착 니트 심지	• 심지의 바탕천이 니트로 짜여 있어 직물 심지보다 부드럽고 신축성과 드레이프성이 크다. • 스트레치 소재나 니트 의류 제품의 심지로 적합하다. • 올이 풀리지 않으나 끝이 말리는 단점이 있다.
접착 부직포 심지	• 섬유를 제직하거나 편직하지 않고 여러 종류의 섬유를 얇게 또는 두껍게 펴서 접착제를 사용하거나 섬유를 결합시킨 심지이다. • 가볍고 부드러우며 절단 부위의 흐트러짐이 없으며, 세탁에 의해 변하지 않는다. • 다양한 종류의 직물이나 신축성 소재, 저지 의류 제품 등에 사용이 가능하다. • 착용 후 직물 심지에 비해 내구성이 약하며, 필링이 생기는 단점이 있다.
접착 복합포 심지	• 가는 그물망을 부직포와 복합하거나, 부직포의 경사 방향에 폴리에스터실을 복합하여 부직포의 단점을 보완하고 직물 심지의 장점을 추가한 심지이다. • 형태 안정성을 필요로 하는 재킷이나 코트 심지로 많이 사용된다.

㉢ 비접착 직물 심지

  • 재킷에 비접착 심지를 사용할 경우 접착 심지와 비교하여 처음 그대로의 실루엣을 유지시킬 수 있는 장점이 있으나 봉제 공정이 까다롭고 비용이 많이 드는 단점이 있다.

  • 재킷에 사용되는 비접착 직물 심지로는 모 심지, 헤어클로스, 마 심지가 있다.

㉣ 접착테이프

  • 직물 심지와 부직포 심지를 좁은 폭으로 길게 롤로 만든 형태의 심지를 말한다.

  • 테이프는 재킷의 칼라와 라펠 부위, 칼라 꺾임선, 앞섶 등의 늘어남 방지, 강도 보강, 형태 안정성 유지 등의 목적으로 사용된다.

④ 심지 선정

　　㉠ 디자인에 따라 심지 부착 부위를 지정한다.

　　㉡ 겉감의 소재 특성에 맞는 심지를 선정한다.

　　㉢ 원단에 따른 심지 접착 조건을 제시한다.

3. 안감

① 안감의 역할

　　㉠ 겉감만으로 부족한 보온성을 추가해 준다.

　　㉡ 유연하고 입체적인 봉제품을 만든다.

　　㉢ 겉감에 땀 등 분비물이 묻어 상하는 것을 방지한다.

　　㉣ 탄성회복률이 나쁜 겉감의 변형을 막는다.

　　㉤ 겉감의 마모를 방지한다.

　　㉥ 옷이 몸에 달라붙는 것을 줄이고 의복의 착탈을
　　　　용이하게 한다.

② 안감의 종류

합성섬유 안감	• 내세탁성, 내구성이 매우 우수하다. • 합성섬유로 열에 약하다. • 물세탁과 드라이클리닝 겸용이다. • 폴리에스터 안감, 나일론 안감 등이 있다.
재생섬유 안감	• 부드럽고 아름다워 고급 여성복 안감으로 많이 사용된다. • 내구성이 낮은 편이다. • 비스코스 레이온 안감, 아세테이트 안감, 큐프라 안감 등이 있다.
천연섬유 안감	• 면 안감은 내구성, 흡습성, 보온성이 매우 우수하다. • 견 안감은 촉감이 부드럽고 염색성이 좋다. • 면 안감, 모 안감, 견 안감 등이 있다.
소재 혼합 안감	면·모 교직 안감, P/B(폴리에스터·큐프라) 안감 등이 있다.

③ 안감 선정

　　㉠ 겉감 특성에 따른 안감의 종류를 결정한다.

　　　• 겉감 및 피부나 내의와의 마찰로 인하여 이염이
　　　　나 파열 등이 일어나지 않도록 인장강도, 염색
　　　　견뢰도, 수축성 등을 확인한다.

　　　• 겉감과의 마찰로 인한 정전기 방지 기능과 촉감
　　　　이 부드러운 것을 선택한다.

　　㉡ 겉감 특성에 따른 안감 부착 부위를 결정한다.

　　　• 재킷 안감의 경우, 부착 부위에 따라 전체 안감,
　　　　3/4 안감, 반 안감, 안감 없는 재킷으로 구분할
　　　　수 있다.

　　　• 안감이 없는 재킷의 경우, 안감으로 가려지지 못
　　　　한 부위에 대해 심지, 테이프 색상, 접착 부위,
　　　　방법 등을 복합적으로 고려해야 한다.

4. 기타 부자재

① 어깨패드

　　㉠ 어깨패드는 주로 소매의 달림 상태에 따라 크게
　　　　세트 인 슬리브(set-in sleeve)용, 래글런 슬리브
　　　　(raglan sleeve)용으로 나누어진다.

　　㉡ 어깨패드는 윗부분과 아랫부분이 펠트(felt)로 싸
　　　　여져 있고 그 안에 솜, 헤어클로스로 구성되어 있다.

　　㉢ 어깨패드를 달기 전에 소매산 부착 부위의 시접
　　　　다림질 형태를 결정해야 한다.

　　㉣ 어깨패드 부착 방법에는 손봉제와 기계 봉제가
　　　　있다.

② 슬리브헤딩

　　㉠ 슬리브헤딩(sleeve heading)은 소매산 안쪽의 둘
　　　　레 부위에 덧대어 소매산의 볼륨을 살려주고 소매
　　　　의 형태를 안정시킨다.

　　㉡ 일자 형태와 부메랑 형태로 구분되며, 일자형의
　　　　슬리브헤딩은 소매산의 볼륨을 많이 살려 주며 부
　　　　메랑 형태의 슬리브헤딩은 소매 형태를 좁은 듯하
　　　　게 만들어 준다.

　　㉢ 슬리브헤딩은 소매산의 볼륨감을 줄 필요가 있을
　　　　때 사용하며, 그렇지 않을 경우 디자인 의도에 따
　　　　라 부착을 생략한다.

01 심지가 갖추어야 할 성질이 아닌 것은?

① 부착이 간편해야 한다.

② 형태 안정성이 커야 한다.

③ 빳빳하면서 탄력성이 커야 한다.

④ 두께는 겉감과 부조화되어야 한다.

02 의복 제작 시 안감을 사용하는 이유로 가장 관련이 없는 것은?

① 세탁에 의한 형태 변화를 막기 위해

② 겉감의 손상을 막기 위해

③ 보온 효과가 있으므로

④ 착탈 시 용이하게 하기 위해

|해설|

01

④ 두께, 강도, 색채, 관리 방법이 겉감과 조화가 되는 것이 좋다.

정답 01 ④ 02 ①

핵심이론 14 재봉사

1. 재봉사의 종류와 특성

종류	특성
방적 폴리에스터 봉사	• 다양한 의류 제품에 광범위하게 사용되고 있음 • 강도가 높고 탄력성과 내마모성이 있음 • 합성봉사 중 가장 열에 강함 • 흡습성이 적고, 정전기가 일어나기 쉬움 • 고속 봉제를 할 때 재봉바늘 온도를 상승시킴
코어스펀사	• 방적폴리에스터봉사의 단점을 보완하여 만들어짐 • 폴리에스터사가 있고 그 주위를 면이나 기타 다른 섬유로 커버하여 만들며, 고속 봉제 시 재봉바늘 온도 상승을 줄일 수 있음 • 같은 굵기의 방적봉사보다 가늘어 퍼커링이 적게 생김 • 다양한 의류 제품에 광범위하게 사용됨 • 강도가 높고 탄력성, 신축성이 있어 퍼커링이 생기기 쉬운 초극세사 의류에 많이 사용
견봉사	• 부드럽고 광택과 염색성이 좋음 • 견직물이나 모직물 고급 의류, 초극세사 폴리에스터 직물 의류에 사용함 • 자외선에 황변되므로 흰색 견사 사용에 주의해야 함 • 드라이클리닝하는 소재에 적합
면봉사	• 신장 회복력이 작아 퍼커링 방지에 유리함 • 머서라이즈가공 면사는 강도가 증가되어 부드럽고 가공하지 않은 면사보다 강함 • 면 소재 캐주얼재킷 재봉사로 적합
폴리에스터 필라멘트봉사	텍스처 가공으로 광택과 피복력을 증가시켜 니트류나 신축성 소재 커버스티치(오버로크봉, 삼봉)에 많이 사용
나일론봉사	인장, 마찰 등에 대단히 강하고 탄성이 풍부하여 솔기의 터짐을 방지해야 하는 스포츠웨어 등에 체인 스티치봉사로 사용되며, 폴라플리스 소재, 삼봉 이미테이션 스티치에 많이 사용

2. 재봉사 선정

① 겉감 특성과 봉제 방법에 적합한 재봉사 선정

ⓐ 재봉사는 고속 봉제로 인해 발생하는 고온을 견뎌야 하므로 강도와 내열성이 요구된다.

ⓑ 재봉사는 봉제 중 큰 마찰력을 받기 때문에 가능한 한 내마찰력이 커야 한다.

ⓒ 탄성이 높아 회복률이 큰 재봉사의 경우, 가능하면 봉사 장력을 적게 하여 봉사의 신장이 적게 되도록 하여 원래의 길이로 회복하려는 힘을 줄여야 한다.

ㄹ 굵기가 균일하지 않은 재봉사를 사용하면 봉제 중 재봉사가 끊어지게 되고, 바늘이 부러져 생산성이 떨어지고 제품 불량이 생기게 된다.

ㅁ 일반적으로 방적사로 직조된 원단에는 방적사 봉사를 사용하고, 필라멘트로 직조된 원단에는 필라멘트 봉사를 사용한다.

ㅂ 재봉사는 원단의 강도와 유사해야 착용과 세탁 조건을 견뎌 낼 수 있으므로 두꺼운 원단에는 두꺼운 재봉사가, 얇은 원단에는 가는 재봉사가 필요하다.

ㅅ 단춧구멍에 사용되는 실은 튼튼해야 하므로 내마모성이 큰 재봉사를 사용한다.

ㅇ 재봉사의 심미적인 요건으로는 염색의 균일성, 외관, 원단과의 색상 적합성 등이 필요하다.

② 안감 특성과 봉제 방법에 적합한 재봉사 선정

ㄱ 안감은 얇고 매끄러워 봉제 작업 중 솔기에 퍼커링이 많이 발생하므로 노루발의 압력, 바늘의 굵기, 침판의 높낮이, 바늘 끝의 마모 등을 면밀히 점검하여 안감의 특성에 맞도록 봉제 조건을 결정해야 한다.

ㄴ 안감을 봉제할 때 바늘땀은 겉감의 땀 간격보다 넓게 한다.

ㄷ 여성복에서는 방적폴리에스터사 60s/3합사를 많이 사용하나 안감의 퍼커링을 줄이고 외관을 좋게 하기 위해서는 이보다 가는 실을 사용한다.

ㄹ 윗실과 밑실의 장력을 약하게 풀고 노루발의 압력도 약하게 하여 안감의 손상을 막는다.

ㅁ 안감 시접 처리용 오버로크사는 가는 재봉사를 사용해야 옷의 핏을 좋게 한다.

3. 재봉사에 따른 바늘과 본봉 땀수 지정

① 두꺼운 원단과 느슨한 조직인 경우 굵은 재봉바늘이 적당하다.

② 얇은 원단과 밀도가 높은 조직의 원단의 경우 가는 재봉바늘이 필요하다.

③ 휘어지거나, 끝이 무디거나, 손상되거나, 원단과 크기가 맞지 않거나, 형태가 맞지 않는 재봉바늘을 선택할 경우 바늘땀이 뛰거나, 부러지거나, 바늘 온도가 상승하거나, 바늘구멍이 생긴다.

핵심예제

다음 설명에 해당하는 재봉사는?

• 합성봉사 중 가장 열에 강함
• 강도가 높고 탄력성과 내마모성이 있음
• 흡습성이 적고, 정전기가 일어나기 쉬움

① 면봉사
② 나일론봉사
③ 코어스펀사
④ 방적폴리에스터봉사

[해설]
방적폴리에스터봉사는 그동안 광범위한 의류 제품의 재봉사로 사용되어 왔으나, 방적폴리에스터봉사의 단점을 보완한 코어스펀사의 사용이 점차 확대되고 있다.

정답 ④

핵심이론 15 | 부위별 봉제 방법

1. 솔기의 종류와 특성

① 솔기(심) : 옷을 만들 때, 두 장의 천을 실로 꿰매어 이은 부분을 말한다.

② 처리 방법

    ㉠ 니트의 솔기 처리 방법으로는 지그재그 박기가 가장 적합하다.

    ㉡ 여름용 홑겹 슈트의 솔기 처리 방법으로는 바이어스 바인딩이 가장 적합하다.

③ 솔기의 종류

    ㉠ 쌈솔(flat felled seam)

      • 세탁을 자주 해야 하는 운동복, 아동복, 와이셔츠, 작업복 등에 많이 이용되며 겉으로 바늘땀이 두 줄이 나오기 때문에 스포티한 느낌을 주는 바느질법이다.

      • 강하며 내구성이 있고, 잘 풀리지 않고, 고쳐 만들기가 쉽지 않고, 두꺼운 직물의 경우 부피가 크고 뻣뻣하며, 곡선 부위 등에 주로 쓰이는 심이다.

      • 시접의 한쪽을 안으로 0.3~0.5cm 내어서 박은 다음 그 시접으로 접어서 한 번 더 박는 바느질로, 솔기가 뜯어지지 않게 처리하는 것이다.

    ㉡ 통솔

      • 오건디, 시폰 등과 같이 얇고 비치며 풀리기 쉬운 옷감이나 세탁을 자주 해야 하는 옷을 만들 때 주로 이용되는 솔기이다.

      • 시접을 완전히 감싸는 방법으로, 시접을 겉으로 0.3~0.5cm로 박은 다음 접어서 안으로 0.5~0.7cm로 한 번 더 박는다.

    ㉢ 평솔

      • 두 장 이상의 감을 완성선에 맞추어 한 번 박아서 처리하는 솔기를 말한다.

      • 가름솔로 양쪽으로 가르거나 한쪽으로 눕힌다.

    ㉣ 뉜솔 : 시접을 가르거나 한쪽으로 꺾어 위로 눌러 박는 바느질이다.

    ㉤ 곱솔

      • 깨끼바느질이라고도 한다.

      • 솔기를 한번 꺾어서 성기게 꿰매고, 또 다시 접어서 박는 솔기 처리법이다.

      • 박음질 후의 시접은 거의 남기지 않고 잘라서 정리한다.

      • 한복이나 손수건의 시접을 정리하는 방법으로 많이 쓰인다.

    ㉥ 바운드 심(bound seam) : 시접 끝을 다른 소재의 감이나 테이프로 감싸 박음질로 처리하는 것이다.

    ㉦ 슈퍼임포즈 심(superimposed seam) : 2매 이상의 소재가 끝부분이 서로 나란히 포개진 상태에서 한 줄 또는 여러 줄로 봉제하는 솔기 처리법이다.

    ㉧ 플랫 심(flat seam) : 천을 포개지 않은 상태로 두 천을 서로 인접한 상태에서 봉사나 다른 소재를 이용해 봉제하는 심이다.

    ㉨ 랩 심(lapped seam) : 2장의 겹쳐진 천은 서로 포개어 겹쳐 있고, 이때의 겹쳐진 양은 땀을 유지시키거나 봉합하는 데 충분한 양이 되도록 봉합시킨다.

    ㉩ 슬러트(슬롯) 심(slot seam)

      • 맞주름 솔이라고도 하며 두 장의 천의 끝을 맞붙여 그 아래에 같은 천 또는 배색이 좋은 장식 천을 놓고 원하는 너비로 박음질하여 만든다.

      • 움직임이 있을 때 박음질한 너비만큼 벌어지면서 안에 있는 장식 천이 살짝 보여 옷의 장식으로 이용한다.

2. 가름솔의 종류와 처리 방법

① 가름솔의 개요

ㄱ 옷감을 이은 솔기를 처리하는 바느질 방법으로, 두 장을 겹쳐 박음질한 후 펼쳤을 때 생기는 두 개의 솔기를 양쪽으로 갈라놓는 것을 말한다.

ㄴ 어깨솔기와 옆솔기 등에 가장 많이 사용한다.

② 가름솔의 종류

ㄱ 접어박기 가름솔(clean stitched seam) : 시접의 끝을 0.5cm 내로 접어 박아 정리한다.

ㄴ 핑크드 가름솔(pinked seam)
- 올이 풀리지 않는 옷감의 시접을 핑킹가위로 자른 다음 가르는 바느질이다.
- 시접의 가장자리를 잘라서 처리하는 방법으로, 올이 풀리지 않는 옷감의 솔기(시접) 처리에 적합하다.

ㄷ 오버로크 가름솔(overlock seam)
- 오버로크 재봉틀로 박아 시접을 정리한다.
- 올이 풀리는 것을 방지하며, 동시에 시접 가장자리도 정리하는 능률적인 솔기이다.

ㄹ 테이프대기 가름솔
- 시접을 테이프로 싸서 박아 정리한다.
- 감을 넣지 않고 재킷이나 블라우스의 시접을 처리하는 방법이다.

ㅁ 휘갑치기 가름솔(over cast seam)
- 위사 방향의 올이 풀리는 것을 방지하기 위해 사선 또는 ㄷ자로 어슷하게 땀을 만들어가는 바느질 방법이다.
- 올이 잘 풀리는 옷감일수록 촘촘하게 바느질을 해 준다.

ㅂ 홈질 가름솔(self-stitching seam) : 시접 끝을 접어서 홈질로 정리하는 가름솔이다.

ㅅ 지그재그 가름솔(zigzag stitched seam)
- 시접에 지그재그 재봉을 하고 나면 끝이 풀리는 것을 막아주는 가름솔이다.

- 시접을 지그재그 재봉틀로 박은 후, 여분의 시접을 잘라 준다.
- 주로 니트와 같은 직물에 사용한다.

3. 솔기 종류에 적합한 봉제 방법

① 퍼커링은 솔기가 매끄럽지 못하거나 봉제선을 따라 우글거리는 형상이 나타나는 것으로, 퍼커링이 생기면 의복의 외관을 해치게 된다.

② 솔기의 강도와 내구력은 의복의 용도, 착용 및 손질 시 필요한 수준을 유지해야 한다.

③ 품질이 좋은 솔기는 겉감만큼 강하고, 부속품에 가해지는 장력에 견딜 수 있어야 한다.

④ 솔기와 박음질 탄성은 직물의 탄성보다 약간 적은 것이 좋다.

⑤ 솔기 탄성은 스티치 유형과 재봉사 탄성에 의해 영향을 받는다.

⑥ 솔기의 강도와 내구력은 원단 특성, 솔기의 형태와 폭, 원단의 올 풀어짐 정도와 강도, 스티치 유형, 재봉사 종류와 사이즈, 재봉사 강도, 재봉사 장력 조절 상태 등에 영향을 받으므로 이를 고려하여 솔기 처리 방법을 선정한다.

01 주로 청바지의 솔기나 작업복, 스포츠 의류 등에 많이 사용하며, 솔기가 뜯어지지 않게 처리하는 바느질 방법은?

① 쌈솔   ② 통솔

③ 가름솔   ④ 파이핑 솔기

02 2매 이상의 소재가 끝부분이 서로 나란히 포개진 상태에서 한 줄 또는 여러 줄로 봉제하는 솔기는?

① 플랫 솔기(flat seam)

② 랩 솔기(lapped seam)

③ 바운드 솔기(bound seam)

④ 슈퍼임포즈 솔기(superimposed seam)

【해설】

01

쌈솔(flat felled seam)

세탁을 자주 해야 하는 운동복, 아동복, 와이셔츠, 작업복 등에 많이 이용되며 겉으로 바늘땀이 두 줄이 나오기 때문에 스포티한 느낌을 주는 바느질법이다.

02

슈퍼임포즈 심은 2매인 경우 그 양쪽 천 같은 쪽의 가장자리를 박는다.

정답 **01** ①   **02** ④

핵심이론 **16**   재봉기의 구조 및 기능

1. 재봉기 사용

① 재봉 작업 전 준비사항

  ㉠ 재봉기에 있는 기름이 충분한지 확인한다.

  ㉡ 북틀이나 톱니에 실이 감겨 있지 않은지 확인한다.

  ㉢ 실, 바늘, 가위 등 필요한 것들이 제자리에 놓여 있는지 확인한다.

② 재봉 작업 시 바른 자세

  ㉠ 재봉틀 테이블에서 15cm 정도 떨어져 바르게 앉는다.

  ㉡ 몸의 중심(코)이 바늘과 마주보는 자세를 취한다.

  ㉢ 어깨에 힘을 빼고 상체를 약간 굽힌다.

  ㉣ 발판에 발의 위치를 엇비껴 놓는다.

2. 재봉기 구조와 기능

① 재봉기의 구조

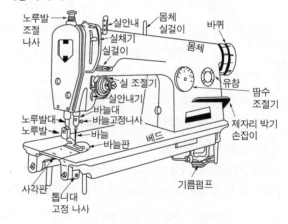

② 재봉기 주요 부분의 기능

종류	특성
북집 기구	• 바깥 북과 안 북으로 이루어져 있으며, 바깥 북이 윗실을 걸어내고 안 북 속의 밑실과 얽히게 하여 땀을 꿰는 역할을 한다. • 북은 직물의 직조 시 개구를 통하여 위사를 투입하는 역할을 한다.
바늘판(침판)	바늘과 톱니가 서로 맞물려 작용하기 위해 바늘판의 중간에 홈이 나 있는 것을 말한다.
바늘대 기구	• 상하운동을 하며 바늘이 박음질할 옷감에 윗실을 통과시키는 역할을 한다. • 관통한 윗실을 북에 걸어 당긴다.
실채기 기구	• 윗실을 바늘귀로 유도하는 한편, 윗실의 장력을 조절하는 역할을 한다. • 윗실 땀의 양만큼 실타래를 푼다.
실조절 기구	여러 가지 봉제 조건에 알맞도록 윗실과 밑실에 적당한 장력을 주어 옷감과 옷감 사이에서 윗실과 밑실을 교차시켜서 좋은 박음질이 되는 역할을 한다.
루퍼 기구	실 고리를 만드는 장치이다.
윗실 조절 기구	윗실이 당겨지는 정도를 조절한다.
노루발	• 봉제 시 용수철의 압력으로 천을 눌러 윗실의 고리 형성을 도와주는 역할을 한다. • 소재를 앞으로 또는 뒤로 보낼 때 방향을 잘 잡도록 적당한 압력으로 소재를 톱니에 밀착시키는 기구이다. • 바퀴 노루발(roller presser foot)은 노루발에 롤러가 달려 있어 잘 밀리지 않고 두꺼운 가죽과 같은 직물에 사용하면 효과적이다.
윗실압력 조절기	윗실의 장력을 조절한다.
천평크랭크	실채기에 의해 실을 위로 올리는 장치이다.
톱니/송치기구 (feed dog)	본봉 재봉기에서 주어진 땀 길이에 맞게 천을 앞으로 밀어주는 역할을 한다.

※ 박음질 기구 : 재봉기의 박음질 기구는 북집 기구, 바늘대 기구, 실채기 기구, 실 조절 기구, 루퍼 기구, 윗실 조절 기구이다.

핵심예제

재봉기의 구조 중 봉제 시 천을 용수철의 압력으로 눌러 윗실의 고리 형성을 도와주는 것은?

① 톱니   ② 바늘대 기구
③ 노루발   ④ 천평크랭크

|해설|

① 톱니 : 본봉 재봉기에서 주어진 땀 길이에 맞게 천을 앞으로 밀어주는 역할을 한다.
② 바늘대 기구 : 상하운동을 하며 바늘이 박음질할 옷감에 윗실을 통과시키는 역할을 한다.
④ 천평크랭크 : 실채기에 의해 실을 위로 올리는 장치이다.

정답 ③

1. 기종별 분류

① 대분류는 재봉기의 재봉 방식에 따라 분류한다.
② 중분류는 대분류한 재봉기를 용도에 따라 분류한다.
③ 소분류는 중분류한 재봉기를 또다시 베드(bed) 모양에 따라 분류한다.

2. 대분류에 대한 용어 및 표시 기호

용어	정의	기호
본봉	윗실과 밑실을 넣은 북 주위를 돌아, 윗실, 밑실의 짜임 결합을 구성하는 재봉 방식이다.	L
단환봉	피봉제물의 한 면만에서 짜임실을 공급하여, 연쇄상의 짜임 결합을 구성하는 재봉 방식을 말한다.	C
이중환봉	루퍼로 조작되는 밑실로서, 윗실과의 짜임 결합을 구성하는 재봉 방식을 말한다.	D
편평봉	윗실을 3본 이상 사용하고, 그중에서 1본 이상은 다른 2본 이상의 실 사이 걸침 재봉에 사용되고, 밑실은 각각 2본 이상의 윗실과 짜임 결합을 구성하는 재봉 방식을 말한다.	F
주변감침봉	피봉제물의 끝면부를 상하좌우로 이동하는 루퍼의 작용으로, 윗실과 상하면에서 각각 짜임 결합을 구성하는 재봉 방식을 말한다.	E
복합봉	서로 다른 종류의 이음매 형식을 2개 이상 조합한 것을 말한다.	M
특수봉	실을 사용하는 재봉 방식으로서, 위에 표시한 대분류에 속하지 않은 모든 재봉 방식을 말한다.	S
용착봉	피가공물을 롤러형 전극을 이동시키면서 용착하는 재봉 방식을 말한다.	W

[비고]
• 루퍼란 재봉에 필요한 밑실 가락지를 만들어 윗실 가락지에 작용시켜 재봉을 구성시키든가, 또는 실을 갖지 않고 윗실 가락지에만 작용시켜 재봉을 구성시키기 위한 부품을 말한다.
• 복합봉의 표시 기호는 필요한 경우 M 뒤에 ( )를 붙여서 복합되어 있는 재봉 방식의 대분류 표시기호를 병기한다. 예 M(ED)

3. 중분류에 대한 용어 및 표시 기호

용어	정의	기호
직선봉	피봉제물을 기계적으로 연속하여 일정한 방향으로 직진시켜, 직선상으로 바느질하는 재봉 방법을 말한다. 다만, 되돌림 재봉은 직선 재봉에 포함한다.	S
복렬봉	직선 재봉이 2개 이상 병렬되어 있는 재봉 방법을 말한다.	T

용어	정의	기호
지그재그봉	기계적으로 연속하여 지그재그로 하는 재봉 방법을 말한다.	Z
자수봉	수동 또는 기계적으로 자유로 임의의 모양을 그리는 재봉 방법을 말한다.	E
버튼봉	버튼 또는 스냅 등을 피복, 기타 피봉제물에 재봉으로 붙이기 위하여 버튼 또는 스냅을 적당한 위치에 유지하고, 재봉 일을 하는 작업을 기계적으로 1주기 사이에 하고, 또한 1주기마다 자동적으로 정지하는 재봉 방법을 말한다.	B
버튼구멍봉	버튼 구멍의 구멍뚫이와 그 변두리를 실로 겹치는 작업을 기계적으로 연속하여 1주기 사이에 하고, 또한 1주기마다 자동적으로 정지하는 재봉 방법을 말한다.	H
관통정지봉	피복, 기타 피봉제물의 각 부의 정지 재봉 또는 그들의 피봉제물에 부속품 또는 작은 물건 등을 붙이는 작업을 기계적으로 1주기 사이에 하고, 또한 1주기마다 자동적으로 정지하는 재봉 방법을 말한다.	K
장식봉	재봉 구성이 장식을 주로 하는 재봉 방법을 말한다. '수축 장식봉' 등은 그 예이나, 2본침의 장식봉과 같은 장식봉 재봉기 등도 포함한다.	D
복봉	피봉제물의 표면에 재봉 이음매가 나타나지 않도록, 그 두께 사이를 스쳐서 바느질하는 재봉 방법을 말한다. 표면에 재봉 이음매가 보이지 않으므로 복봉이라고 한다. 양복의 겹침깃의 코어 작업, 각종 보통 제사복 및 코트류의 주변 가공 등에 사용되고 있다.	M
주변봉	피봉제물의 끝 단면부가 풀리는 것을 방지하든가, 또는 장식 목적으로 하는 재봉 방법을 말한다.	F
안전봉	주변 겹침 재봉에 인접하고, 복합봉이 동시에 독립하여 형성되는 재봉 방법을 말한다. 재봉 강화를 목적으로 행하여지는 재봉 방법을 말한다.	A
팔방봉	바늘봉을 원의 중심으로 하고, 팔방 이송기구에 따라 피봉제물을 자유로운 어떤 방향이라도 바느질할 수 있는 재봉 방법을 말한다.	J
포대구봉	포대구를 맞추어 재봉하는 방법을 말한다. 바느질이 끝나는 방향에서 바느질이 시작되는 방향을 향하여, 기구를 사용하지 않고 간단히 풀 수 있도록 재봉한 것을 말한다.	P

[비고]
• 이상의 중분류에 속하지 않은 용도의 것은 표시 기호 X를 사용한다.
• 팔방 이송기구란 어떤 방향으로도 직진할 수 있는 이송기구가 암의 내부에 장치되어 있는 것을 말한다.

4. 소분류에 대한 용어 및 표시 기호

용어	정의	기호
단편형	베드면이 직사각형의 평면으로 되고, 테이블면과 대략 동일한 평면상에 있는 것으로서, 베드의 길이 방향의 치수가 420mm 미만인 것을 말한다.	1
장평형	베드면이 직사각형의 평면으로 되고, 테이블면과 대략 동일 평면상에 있는 것으로서, 베드의 길이 방향의 치수가 420mm 이상인 것을 말한다.	2
원통형	암과 대략 평행으로 돌출한 암 형상의 베드를 말하며, 암 모양의 베드라고도 한다. 보통 이 베드의 방향에 대하여 이송이 직각 또는 평행으로 작동하여 소매자락 등의 재봉에 사용되나, 별개의 이송기구와 자동 정지장치를 갖는 것은 관통 정지 또는 버튼봉 등에 사용된다.	3
상자형	재봉기의 내부 기구를 전부 덮고, 베드의 외모가 상자 모양을 갖는 것으로서, 테이블면에서 독립하며, 테이블 윗면의 일정한 위치에 놓고 작업이 진행되는 모양의 것을 말한다.	4
기둥형	적립 돌기된 베드면을 갖는 것으로서, 가방 등의 주변봉, 버선, 장갑 등의 손가락 끝의 재봉 작업에 적합한 모양의 것을 말하며, 술병 모양 또는 포스트형(우체통 모양)이라고도 한다.	5
이송암형	암에 대략 직각으로 가로 돌출한 암 모양의 베드를 말하며, 보통 이송이 그 암에 평행으로 작동하고, 소매, 바지 등을 자동적으로 원통으로 꿰매면서 이송하는 작업 등에 사용된다.	6

[비고]
이상의 소분류에 속하지 않은 것과 다른 모양 베드 또는 베드가 없는 것에는 표시 기호 9를 사용한다.

5. 표시 방법

재봉기의 표시 방법은 대분류, 중분류, 소분류의 순서로 각 분류의 표시 기호를 조합하는 것으로 한다. 다만, 중분류 이하의 분류가 복합된 것에 대해서는 원칙적으로 주된 분류로 표시하는 것으로 하지만, 특히 다같이 표시할 필요가 있는 경우에는 그 분류에서 주된 표시 뒤에 괄호를 붙이고, 그 복합된 것의 분류로서 표시하는 것으로 한다.

[표시 방법 예시]

대분류	중분류	소분류	표시 기호
본봉	직선봉	단편형	LS1
이중환봉	주변봉	상자형	DF4
주변감침봉	주변봉	상자형	EF4
본봉	관통정지봉	원통형	LK3
이중환봉	복렬봉	이송암형	DT6
단환봉	복봉	원통형	CM3
복합봉 (주변감침봉, 이중환봉)	안전봉	상자형	M(ED)A4

╭──── 핵심예제 ────╮

01 산업용 재봉기의 분류 중 대분류에 해당되지 않는 것은?

① 본봉　　　　　　　② 직선봉
③ 복합봉　　　　　　④ 특수봉

02 본봉 재봉기 다음으로 많이 이용되며, 바늘실과 루퍼실의 두 가닥의 재봉실이 천 밑에서 고리를 형성하는 재봉기는?

① 인터로크 재봉기　　② 이중환봉 재봉기
③ 오버로크 재봉기　　④ 단환봉 재봉기

|해설|

01
직선봉은 산업용 재봉기의 중분류(13종)에 해당한다.

02
안전봉 : 인터로크 재봉기라고도 하며 주변 겹침 재봉에 인접하고, 복합봉이 동시에 독립하여 형성되는 재봉 방법을 말한다. 본봉 재봉기 다음으로 많이 이용되며, 올의 풀림을 방지하고 어깨와 소매를 붙일 때 완전하게 감침질된다.

정답 01 ②　02 ①

핵심이론 18 재봉기의 고장과 수리

1. 재봉기의 고장과 수리

① 윗실이 끊어지는 경우의 원인
- ㉠ 바늘과 북의 타이밍에 결함이 있다.
- ㉡ 실 상태에 결함이 있다.
- ㉢ 바늘에 결함이 있다.
- ㉣ 실 안내에 결함이 있다.
- ㉤ 실채기 용수철이 너무 강하다.
- ㉥ 바늘의 부착 방향이 좋지 않다.
- ㉦ 윗실의 장력이 너무 강하다.

② 밑실이 끊어지는 경우의 원인
- ㉠ 북에 결함이 있다.
- ㉡ 실 상태에 결함이 있다.
- ㉢ 바늘판에 결함이 있다.
- ㉣ 밑실의 장력이 너무 강하다.

③ 밑실이나 윗실이 끊어질 때 처리 방법
- ㉠ 밑실이나 윗실이 바르게 끼워졌는지 확인한다.
- ㉡ 옷감에 맞는 바늘과 실을 사용하였는지 확인한다.
- ㉢ 실 안내걸이, 노루발, 바늘판, 북집, 바늘 끝에 흠이 있는지 점검한다.

④ 천 보내기가 나쁜 경우의 원인
- ㉠ 톱니에 결함이 있다.
- ㉡ 노루발에 결함이 있다.
- ㉢ 죔쇠에 결함이 있다.
- ㉣ 돌림바퀴의 큰 나사가 풀렸을 경우이다.

⑤ 봉비(skip, 땀뜀 현상)의 원인
- ㉠ 바늘 끝이 닳아서 뭉뚝할 경우이다.
- ㉡ 가는 바늘에 굵은 실이 끼워졌을 경우이다.
- ㉢ 실의 흘림에 저항이 있을 경우이다.
- ㉣ 바늘판에 결함이 있을 경우이다.
- ㉤ 북집 자체에 결함이 있을 경우이다.
- ㉥ 실의 불량일 경우이다.
- ㉦ 바늘의 불량이나 바늘의 끝이 파손된 경우이다.

- ◎ 꼬임이 강한 실을 사용한 경우이다.
- ㉧ 바늘과 북 끝의 타이밍이 불량인 경우이다.

⑥ 봉탈(slip out)의 원인 : 바늘판 및 노루발의 불량이다.

⑦ 회전이 무겁고, 소리가 많이 날 경우 : 반달집에 실이 끼었을 경우이다.

2. 심 퍼커링(seam puckering)

① 심 퍼커링 : 박음질을 할 때 봉제선이 매끄럽지 않고 원하지 않는 작은 주름이 생기는 것을 말한다.

② 재봉틀의 기구적 요인에 의한 퍼커링
- ㉠ 바늘 : 재봉바늘에 의해 올이 밀려나가 퍼커링이 발생한다. 봉제 천에 비하여 바늘이 굵은 경우 퍼커링 현상이 발생하므로 퍼커링 현상을 방지하기 위해서 가능한 가는 바늘을 사용한다.
- ㉡ 톱니와 노루발의 압력 : 겉면이 얇고 매끄러운 소재 또는 박음질하는 두 소재가 다를 경우 톱니와 노루발의 이동하는 양의 차이로 인해 퍼커링이 발생한다.
- ㉢ 재봉기의 회전수 : 회전수가 높은 경우 발생한다.
- ㉣ 땀수 : 재봉기의 땀수를 증가시키면 재봉실의 삽입량이 많아져 바닥 실이 밀리게 되고 퍼커링이 발생하므로 가능한 땀수를 적게 하는 것이 좋다.
- ㉤ 실의 장력 : 장력이 너무 약하면 스티치가 엉성하여 솔기의 강도가 약해지고 반대로 장력이 너무 강하면 퍼커링이 생긴다.

③ 봉사에 의한 퍼커링
- ㉠ 재봉실이 굵은 경우 발생한다.
- ㉡ 천을 구성하는 섬유와 같은 종류의 봉사를 사용하는 것이 좋다.
- ㉢ 옷감의 밀도가 높을수록 가는 봉사를 사용한다.

④ 옷감의 특성에 의한 퍼커링
- ㉠ 소재의 방향에 따라서 경사 방향은 퍼커링 현상이 가장 많이 나타나고 그 다음이 위사 방향이며, 바이어스 방향은 거의 나타나지 않는다.

ⓒ 부드럽거나 신축성이 큰 탄성 옷감을 딱딱하거나 신축성이 작은 천에 봉합할 때 많이 발생한다.

3. 재봉틀 청소

① 전원을 끄고 바늘을 빼어 놓은 다음 노루발을 떼어 놓는다.

② 바늘판 양쪽 나사를 돌려서 바늘판을 분리하고 북집을 꺼낸 다음 면봉, 솔 등 청소 도구를 이용하여 북집과 가마 속에 있는 먼지를 제거해 준다.

③ 청소 후 기름칠을 하고 다시 조립해 준다.

※ 재봉기의 윗실 거는 순서 : 실걸이대 → 윗실조절기 → 실채기

핵심예제

심 퍼커링(seam puckering)이 발생하는 원인이 아닌 것은?

① 재봉실이 굵은 경우
② 재봉바늘이 가는 경우
③ 재봉기의 회전수가 높은 경우
④ 재봉실의 장력을 크게 할 경우

|해설|

심 퍼커링(seam puckering)
• 심 퍼커링은 박음질을 할 때 봉제선이 매끄럽지 않고 원하지 않는 작은 주름이 생기는 것을 말한다.
• 재봉실이 굵은 경우, 재봉실의 장력이 너무 강할 경우, 재봉바늘이 너무 굵은 경우, 재봉기의 회전수가 높은 경우, 땀수가 많은 경우, 톱니와 노루발의 압력 차이 등으로 발생한다.

정답 ②

핵심이론 **19** 옷감과 바늘, 실의 관계

1. 옷감과 바늘, 실의 관계

① 옷감

ⓐ 본봉 재봉틀로 두껍고 딱딱한 천을 박아 줄 때는 노루발 압력을 강하게 하고, 얇은 천을 박을 때는 노루발의 압력을 약하게 한다.

ⓑ 의복 봉제 시 평면적인 옷감을 입체화시키기 위해서 다트로 박아 처리한다.

② 바늘

ⓐ HC바늘은 두껍고 딱딱한 원단의 봉제용이나 고속 재봉기에 적합하다.

ⓑ 재봉틀 바늘 부호 중 DC는 오버로크 재봉틀에 사용할 수 있는 바늘을 표시하는 기호이다.

ⓒ 재봉 시 재봉바늘에 발생하는 열은 재봉기의 회전 속도, 재봉바늘의 굵기, 천의 두께와 관련이 있다.

③ 실

ⓐ 봉제사로 가장 많이 사용하는 것은 3합 연합사이다.

ⓑ 봉제 시 실을 선택할 때는 옷감과 같은 재질을 선택하는 것이 좋다.

ⓒ 샌퍼라이징 가공된 옷감에 사용되는 실을 선택할 때는 방축 가공된 실을 사용한다.

ⓓ 의복 바느질 강도에 있어서 우선 생각해야 하는 것은 기능적 측면이다.

ⓔ 실이 옷감에 비해 약할 경우 봉제한 부분이 견고하지 못하여 여기저기 터지는 현상이 발생한다.

2. 옷감에 따른 바늘과 실의 선정

① 실과 바늘의 호수

ⓐ 면사는 실의 번수가 높을수록 실의 굵기가 가늘다.

ⓑ 손바늘은 호수가 클수록 바늘이 가늘고 짧다.

ⓒ 재봉기 바늘은 번수의 번호가 클수록 바늘이 굵다.

② 바느질 방법에 따른 강도

　㉠ 바느질 방법의 종류에 따라 그 강도가 달라진다.

　㉡ 의복의 바느질 강도에 있어서는 디자인보다 기능적인 면을 생각해야 한다.

　㉢ 바느질 방법에 따른 절단강도는 통솔보다는 쌈솔이 크다.

③ 옷감에 적합한 바늘과 실의 선정

옷감		바늘		실	
		재봉틀	손	재봉틀	시침
면·마	얇은 것 (오건디)	9호	8호	• 면 80'S/3, 70'S/3 • T/C 80'S/3	2합사
	중간 것 (포플린, 옥양목)	11호	4호, 5호	• 면 60'S/3, 50'S/3 • T/C 60'S/3	3합사
	두꺼운 것 (코듀로이)	14호, 16호	2호, 3호	• 면 40'S/3, 30'S/3 • T/C 40'S/3	3합사 4합사
견	얇은 것 (조젯, 오건디, 시폰)	9호	8호	견 21D/4×3	면 30'S/3
	중간 것(새틴)	11호	4호, 5호	견 21D/4×3	2합사 면 30'S/3
모	얇은 것 (머슬린)	11호	8호	견 21D/4×3	2합사
	중간 것 (개버딘, 프란넬, 저지)	11호	4호, 5호	견 21D/4×3	3합사
	두꺼운 것 (트위드)	14호, 16호	2호, 3호	견 35D/4×3	3합사 4합사
인조섬유	얇은 것 (조젯)	9호, 11호	8호	• 스판폴리에스터 80'S/3 • 나일론 30D/3 • T/C 80'S/3	면 30'S/3
	중간 것	11호	4호, 5호	• 폴리에스터 75D/3 • 스판폴리에스터 60'S/3 • 나일론 40D/3, 50D/3 • T/C 60'S/3, 50'S/3	2합사

옷감		바늘		실	
		재봉틀	손	재봉틀	시침
인조섬유	두꺼운 것	14호, 16호	2호, 3호	• 스판폴리에스터 40'S/3, 30'S/3 • 나일론 75D/3	3합사
인조섬유와 면·모혼방	얇은 것 (T/C)	9호, 11호	4호, 5호	• 스판폴리에스터 60'S/3 • 견 21D/4×3 • T/C 80'S/3, 60'S/3	2합사
	두꺼운 것	14호, 16호	2호, 3호	• 폴리에스터 75D/3 • 스판폴리에스터 40'S/3 • 견 35D/4×3	3합사

핵심예제

01 다음 중 재봉기 바늘의 호수가 표시하는 의미로 옳은 것은?

① 바늘의 경도　　　　② 바늘의 길이
③ 바늘의 굵기　　　　④ 바늘의 종류

02 재봉틀 바느질할 때 얇은 천(면직물의 오건디나 견직물의 조젯)의 옷을 만들기에 가장 적당한 바늘의 크기는?

① 6호　　　　　　　　② 9호
③ 14호　　　　　　　④ 16호

|해설|

01

실과 바늘의 호수
• 면사는 실의 번수가 높을수록 실의 굵기가 가늘다.
• 손바늘은 호수가 클수록 바늘이 가늘고 짧다.
• 재봉기 바늘의 번수 번호가 클수록 바늘이 굵다.

02

재봉틀 바늘과 옷감
• 9호 : 면·마직물의 오건디, 견직물의 조젯
• 14호, 16호 : 면·마직물의 코듀로이, 모직물의 트위드, 두꺼운 인조섬유 등

정답 01 ③　02 ②

1. 기초봉

① 공그르기
  ㉠ 바늘이 단을 접은 속으로 들어가서 실땀이 겉쪽에
    서나 안쪽에서 잘 보이지 않는 바느질법이다.
  ㉡ 스커트, 슬랙스, 소매 등의 밑단 부분에 많이 쓰이
    는 바느질이다.
  ㉢ 겉으로는 실땀이 나타나지 않게 잘게 뜨고, 안으로
    는 단을 접어 속으로 길게 떠 준다.

② 감치기
  ㉠ 밑단 부분이나 안감을 겉감에 고정시킬 때, 지퍼
    부분에서 안감을 겉감 부분에 고정시킬 때 많이
    사용한다.
  ㉡ 단을 튼튼하게 꿰맬 때 이용되며 옷의 안쪽 부분에
    사선의 감치기 한 실이 나타나고 겉쪽으로는 실땀
    이 보이지 않는 손바느질 방법이다.

③ 말아감치기
  ㉠ 손수건이나 스카프 등과 같은 얇은 감으로 단을
    말아서 좁게 접을 때 이용되는 손바느질이다.
  ㉡ 얇은 감의 러플이나 프릴의 가장자리를 처리할 때
    이용한다.

④ 숨은상침 : 뒤로 되돌아와 땀을 뜰 때 겉에서 보이지
  않도록 두세 올 정도만 땀을 뜨는 바느질법이다.

⑤ 새발뜨기
  ㉠ 두꺼운 옷감의 단 부분이나 뒤트임 부분에 많이
    사용되는 바느질법으로, 쉽게 뜯어지는 것을 방지
    하고 장식적인 효과도 있다.
  ㉡ 단이나 시접의 가장자리를 감아가면서 바느질하
    는 방법이다.
  ㉢ 시접처리 손바느질 방법 중 왼쪽에서 오른쪽으로
    바느질하며 주로 바늘이 단을 접은 속으로 들어가
    실땀이 겉쪽에서나 안쪽에서 잘 보이지 않는 바느
    질법이다.

⑥ 새발감침 : 손바느질 중, 왼쪽에서 오른쪽으로 순서대
  로 떠나간다.

⑦ 실표뜨기(표시뜨기)
  ㉠ 두 겹으로 겹쳐 재단한 옷감의 완성선을 표시할
    때 사용하는 바느질법이다.
  ㉡ 옷감의 표시 방법 중 옷감을 상하지 않게 하는 가장
    완전한 표시 방법이다.
  ㉢ 재단 후 실표뜨기를 할 때 사용하는 실로 가장 적합
    한 것은 백색의 굵은 무명실이다.
  ㉣ 2올로 겉에서는 실땀이 길고 뒤에서는 짧게 되도
    록 시침한다.
  ㉤ 직선일 때는 간격을 성글게, 곡선일 때는 간격을
    촘촘하게 시침한다.
  ㉥ 바늘땀을 3cm 정도로 뜨며 두 장의 옷감을 겹쳐
    시작하고 바느질이 끝나면 두 장의 옷감 사이를
    벌려가며 실땀을 잘라 준다.

⑧ 홈질 : 소매산을 오그릴 때 이용한다.

⑨ 박음질
  ㉠ 손바느질 중에서 가장 튼튼하게 처리되는 것으로
    바늘땀을 되돌아와서 다시 뜨는 방법이다.
  ㉡ 재봉기로 박는 것과 같은 모양이 겉면에 나타난다.
  ㉢ 온박음질과 반박음질이 있다.

⑩ 팔자뜨기
  ㉠ 몸판칼라, 테일러링 재킷의 칼라와 라펠의 심지를
    부착시킬 때에 사용하고, 재킷의 모양을 오랫동안
    유지시키기 위해서 이용되는 바느질이다.
  ㉡ 어슷시침과 같은 방법으로 하는데 땀이 작고 촘촘
    하다.
  ㉢ 안에서는 八자의 형태로 나타나고 겉에서는 실땀
    이 거의 나타나지 않게 한다.
  ㉣ 팔자뜨기는 겉감과 같은 색의 실을 사용한다.

⑪ 시침질

　㉠ 본 바느질을 하기 전에 두 장의 천을 떨어지거나 밀리지 않도록 임시로 꿰매는 바느질이다.

　㉡ 홈질과 같은 방법을 이용하지만, 바늘땀의 간격이 홈질의 2배 이상 넓게 하는 것이 차이점이다.

　㉢ 본 바느질이 끝난 후에 시침질한 실은 뜯어낸다.

⑫ 어슷시침

　㉠ 라펠, 주름 등의 일정한 면적을 고정시킬 때 사용되는 것으로, 겉으로는 길게 사선으로 나타나며 안으로는 짧은 땀이 나타나는 바느질이다.

　㉡ 앞중심선에서 겉감과 안단을 움직이지 않도록 고정시키거나 심지와 옷감을 일정한 면적 안에서 움직이지 않도록 하기 위한 손바느질 방법이다.

⑬ 상침시침

　㉠ 눌러박기라고도 한다.

　㉡ 일반적으로 가봉 시 이용하는 바느질 방법이다.

　㉢ 장식을 하기 위해 겉으로 박거나 박은 안 솔기가 겉으로 비어져 나오지 않게 하는 바느질 방법이다.

　㉣ 칼라 포켓의 가장자리나 단 등에 이용하거나 장식을 하기 위하여 겉으로 박는 바느질 방법이다.

　㉤ 시침바느질을 할 때 실은 꼬임이 적고 굵은 면사를 사용한다.

2. 부분봉

① 종류 : 단춧구멍 만들기, 단추 달기, 훅과 아이, 지퍼달기, 뒤트임 등이 있다.

② 단추

　㉠ 단추의 성능

　　• 가볍고 내충격성이 커야 한다.

　　• 세탁 후 색이나 광택이 변하지 않아야 한다.

　　• 다림질에 의해서 녹거나 변색되지 않아야 한다.

　㉡ 단춧구멍 만들기

　　• 단춧구멍 크기는 일반적으로 '단추 지름 + 단추 두께(0.3cm)'로 뚫어야 가장 좋다.

　　• 단춧구멍의 위치가 가로형인 경우, 앞중심선에서 앞단 쪽으로 0.2cm 정도 나온 위치에서 크기를 맞추어 정한다.

　　• 입술 단춧구멍은 구멍의 둘레를 옷감으로 바이어스를 대는 것으로 여성복, 여아복에 사용한다.

　　• 단추를 달 때 실기둥의 높이는 앞단의 두께로 정한다.

　　• 블라우스 단추의 위치는 길 중심선이다.

③ 지퍼달기

　㉠ 얇은 옷감이나 늘어나는 옷감일 경우 시접 뒷면에 접착테이프를 붙여 단다.

　㉡ 콘실 파스너

　　• 콘실 파스너는 재봉 시 지퍼 등솔기를 다리미로 가른 후 봉제하여 외관상 박음선이 드러나게 처리된다.

　　• 티스 부분이 테이프에 가려지게 되어 있어 완성된 모양이 한 줄의 절개선처럼 보이고 깔끔하여 주로 스커트나 원피스에 많이 사용한다.

핵심예제

01 단을 꿰맬 때 주로 쓰이며, 겉으로는 실땀이 나타나지 않게 잘게 뜨고 안으로는 단을 접어 속으로 길게 떠서 고정시키는 바느질은?

① 새발감침　　　　　② 말아감치기
③ 공그르기　　　　　④ 감치기

02 시침실을 사용하며 두 장의 직물에 패턴의 완성선을 표시할 때 사용되는 손바느질 방법은?

① 휘갑치기　　　　　② 실표뜨기
③ 홈질　　　　　　　④ 어슷시침

|해설|

02
실표뜨기는 두 겹으로 겹쳐 재단한 옷감의 완성선을 표시할 때 사용하는 바느질법으로, 옷감의 표시 방법 중 옷감을 상하지 않게 하는 가장 완전한 표시 방법이다.

정답 01 ③　02 ②

1. 장식봉

① **퀼팅(quilting)** : 두 감 사이에 솜이나 부드러운 심 등을 넣고 무늬를 돋보이게 내는 자수를 말한다.

② **스팽글(spangle)** : 금속 또는 합성수지 등의 얇은 판을 여러 모양으로 오려낸 것으로 옷의 색과 맞추어 붙이는 의복 장식봉이다.

③ **프릴(frill)** : 레이스나 얇은 옷감으로 러플을 만들어 블라우스나 아동복 등의 커프스나 치맛단 장식에 이용되는 것으로 러플보다 폭이 좁다.

④ **러플(ruffle)** : 프릴보다 너비가 넓은 것을 러플이라고 하며, 주름을 잡아 단 처리를 하거나 장식으로 이용한다.

⑤ **플라운스(flounce)** : 주름 장식으로 프릴보다 약간 더 폭이 넓은 것을 말한다.

⑥ **스캘럽(scallop)** : 옷의 단 부분에 조개껍질 모양의 곡선을 연결해 놓아 꾸민 것을 의미한다.

⑦ **아플리케(applique)** : 천 위에 다른 천이나 가죽 등의 장식을 깁거나 붙이는 기법으로 장식하는 것을 말한다. 중심 부분만 장식을 붙이거나 꿰매어 장식 주변은 띄우는 것은 플로팅 아플리케라고 한다.

⑧ **컷워크(cut work)** : 천 위의 도안대로 수를 놓고 천이 풀리지 않는 부분을 따라 잘라내어 무늬를 내는 자수 기법이다.

⑨ **코드(cord)** : 코드(두 올 이상의 실을 꼬아 만든 천)를 이용하여 매듭을 짓고 장식단추를 만들거나 자수를 놓아 장식하는 것을 말한다.

⑩ **루싱(ruching)** : 루슈(ruche) 장식을 말하는데 '벌통에서 사는 꿀벌 떼'라는 의미로 장식이 벌집처럼 보이는 효과 때문에 붙여진 이름이다. 일반적으로 가느다란 레이스 같은 것을 의미한다.

⑪ **터킹(tucking)**

   ㄱ 턱을 잡는 것으로, 가로 또는 세로 방향으로 옷감에 주름을 접어 일정한 간격으로 박아서 장식하는 바느질이다.

   ㄴ 외주름처럼 일정한 간격의 주름을 잡아서 접어 준 뒤 겉면에서 상침으로 바느질하여 고정시키므로 겉에서 상침선이 보이는 장식봉이다.

⑫ **레이스(lace)** : 여러 올의 실을 서로 매거나 꼬거나 또는 엮거나 얽어서 무늬를 짠, 공간이 많고 비쳐 보이는 피륙이다.

⑬ **파이핑(piping)**

   ㄱ 천의 한쪽에 바이어스 테이프를 대고 천 모서리를 감싸서 꿰매어 풀리지 않도록 하는 것이다.

   ㄴ 스커트, 코트, 포켓 등의 단이나 장식용이나 솔기를 마무리할 때 주로 사용한다.

   ㄷ 칼라의 가장자리나 옷감과 옷감 사이의 솔기선에 배색이 좋은 가죽이나 다른 천을 가늘게 끼워 넣어서 장식하는 것도 파이핑이다.

⑭ **패거팅(fagoting)** : 바이어스 테이프를 만들어 도안에 따라 얽어매면서 배치한 후 무늬를 나타낸다.

⑮ **프린징(fringing)** : 모사, 견사, 금·은사 등으로 술 장식을 만들어 천에 달거나, 옷단의 올을 풀어서 매듭을 지어 장식하는 것을 말한다.

⑯ **스모킹(smocking)** : 원단을 잡아당겨 생기는 잔주름을 잡고 그 위에 보다 굵은 실로 일정한 모양의 장식 스티치를 하여 무늬를 넣는 것을 말한다.

⑰ **웨이브 스모킹(wave smocking)** : 케이블 스티치를 응용한 것으로 파도 모양으로 자수하는 장식봉이다.

⑱ **케이블 스모킹(cable smocking)** : 개더를 한 산씩 바늘을 비스듬히 하여 위아래로 교차시켜 만든다.

⑲ **허니콤 스모킹(honeycomb smocking)** : 두 산씩 같은 곳을 뜨고 산 가운데를 세로로 뜨며 이동시켜 상하 교차하며 반복해 뜬다.

⑳ **아웃트라인 스모킹(outline smocking)** : 스템 스티치라고도 하며 개더를 한 코씩 바늘을 비스듬하게 하여 아래로 뜨는 방법과 위로 하여 뜨는 방법이 있다.

㉑ 개더(gather) : 러닝 스티치로 잘게 홈질하거나 재봉기로 박아 실을 잡아당겨 잔주름을 만드는 방법이다.

㉒ 셔링(shirring) : 개더를 여러 줄을 만들어서 장식하는 것으로 다림질이 필요 없는 얇은 직물에 적당한 장식봉이다.

㉓ 핀턱(pin tuck) : 주름이 적은 것으로, 블라우스나 원피스 등에 쓰이며, 특히 아동복에 사용된다.

㉔ 실루프(loop) : 스커트를 착용했을 때 안감이 미끄러지지 않도록 겉감과 연결하는 바느질법을 말한다.

㉕ 비즈(beads) : 옷감에 자수를 하여 달거나 옷감과 같이 짜거나 하여 복식에 이용되는 장식봉이다.

2. 장식사

① 장식사의 구성

　㉠ 장식사는 실의 종류, 굵기, 색 등의 변화 있는 배합으로 특수한 외관을 가지는 실이다.

　㉡ 장식사는 심사, 식사, 접결사 등으로 구성된다.

연결사
(접결사接結絲)
효과사
(식사飾絲)
중심사
(기본사, 심사心絲)

[장식사의 구성]

② 장식사의 종류

　㉠ 루프(loop)사 : 실 표면에 고리 모양이 나타나도록 한 장식실이다. 루프사의 종류에는 부클레(boucle), 라티네(ratine), 김프, 스날 등이 있다.

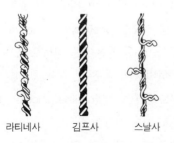

라티네사　　김프사　　스날사

㉡ 놉사 : 적당한 간격을 두고 중심사 주위에 실을 엉키게 만들어 올록볼록한 모양이 나타나게 한다.

㉢ 슬럽사 : 실의 굵기가 일정하지 않고 꼬임수가 적어 드문드문 굵게 되어 있는 부분을 슬럽(slub)이라고 하고 그와 같은 실을 슬럽사라고 한다.

핵심예제

01 가로 또는 세로 방향으로 옷감에 주름을 접어 일정한 간격으로 박아서 장식하는 바느질은?

① 개더링(gathering)　　② 셔링(shirring)
③ 프린징(fringing)　　④ 터킹(tucking)

02 칼라 끝이나 옷 솔기에 끼워 장식하는 것으로 옷감과 같은 색 또는 다른 색으로 만들어 장식하여 효과를 내는 것은?

① 터킹(tucking)　　② 파이핑(piping)
③ 스모킹(smocking)　　④ 패커팅(fagoting)

|해설|

01

터킹

• 가로 또는 세로 방향으로 옷감에 주름을 접어 일정한 간격으로 박아서 장식하는 바느질이다.

• 장식봉의 종류 중 작은 주름을 일정 간격으로 박아서 장식하는 것을 말한다.

02

파이핑 : 솔기 가장자리를 장식하는 것으로 바이어스보다 선을 가늘게 나타낸 것을 말한다.

정답 01 ④　02 ②

1. 그레이딩 편차 확인

① 그레이딩 : 본래 품질의 등급을 매기는 것이지만 어패럴 업계에서 사용하는 그레이딩의 의미는 기본 사이즈의 마스터 패턴을 각종 사이즈로 확대, 축소하는 것이다.

② QC(검품) 샘플의 부위별 치수 확인

　㉠ 메인작업지시서에 기재된 치수와 메인패턴 치수가 일치하는지 확인한 뒤에, 검품샘플의 부위별 치수가 메인작업지시서의 치수와 일치하는지 확인한다.

　㉡ 메인작업지시서, 메인패턴, 검품샘플의 치수 중 어느 것이 최종 결정된 치수인지 확인한 뒤, 그레이딩을 수행한다.

③ 패턴 부위별 그레이딩 편차

　㉠ 의복의 맞음새(피트성)에 영향을 끼치는 부분은 복종별로 패턴 부위 그레이딩 편차를 결정한다.

　　• 재킷 : 앞품과 뒤품, 목너비와 앞목깊이, 진동깊이와 등길이, 소매산높이, 팔꿈치길이 등이다.

　　• 스커트 : 중심선과 다트 사이 너비, 엉덩이길이, 트임길이 등이다.

　　• 팬츠 : 중심선과 다트 사이 너비, 앞샅폭과 뒤샅폭, 엉덩이길이, 밑위길이, 무릎선길이 등이다.

　㉡ 정확한 패턴 의도 및 디자인 의도를 파악하고 세부적 디테일 부위의 그레이딩 편차를 결정한다.

　㉢ 디자인에 따라 특정 부위의 그레이딩 편차를 기존 값보다 크게 또는 작게 적용할 수 있다.

④ 그레이딩 사이즈 스펙 : 스펙은 specification[자세한 설명서, 사양(仕樣)]을 줄여서 부르는 말이다. 즉, 그레이딩 사이즈 스펙은 사이즈 호칭별 패턴 부위 그레이딩 편차가 적혀 있는 사양서로 편차는 룰값으로 사이즈 스펙 안에 포함되어 있다.

2. 호칭별 사이즈 편차

① 국내 여성복 의류 호칭 체계(KS K 0051)

　㉠ 상의 의류 종류별 기본 신체부위

의류 종류 대표명	예시	기본 신체부위 및 표기 순서		
		1	2	3
정장 상의[a]	정장 재킷, 정장 조끼, 정장 코트, 피트한 블라우스	가슴둘레	엉덩이둘레	키
캐주얼 재킷, 캐주얼 코트, 점퍼[b]	블레이저 재킷, 기타 재킷, 캐주얼 점퍼, 아노락, 등산용 점퍼, 파카, 캐주얼 코트	가슴둘레	키	–
셔츠[b]	남방 셔츠, 캐주얼 셔츠, 캐주얼 블라우스	가슴둘레	–	–
편성물제 상의류[b]	카디건, 스웨터, 풀오버, 폴로티, 니트 티, 터틀넥티, 티셔츠, 니트 조끼	가슴둘레	–	–

[비고]
제품의 스타일에 따라 엉덩이둘레에 대한 피트성을 그다지 필요로 하지 않는 제품은 엉덩이둘레를 제외할 수 있다.
a. 피트성이 필요한 경우로 신체치수에 대한 의류치수의 적합성이 강조되는 의류, 즉 착용할 수 있는 신체치수의 범위가 비교적 좁은 의류
b. 피트성이 필요하지 않은 경우로 신체치수에 대한 의류치수의 적합성이 그다지 강조되지 않는 의류, 즉 비교적 넓은 범위의 신체치수가 착용할 수 있는 의류

　㉡ 피트성이 필요한 경우의 신체치수

기본 신체부위	신체치수(단위 : cm)
가슴둘레	… 73, 76, 79, 82, **85**, 88, 91, 94, 97, 100, 103 …
허리둘레	… 61, 64, 67, 70, **73**, 76, 79, 82, 85, 88, 91, 94 …
엉덩이둘레	… 82, 85, 88, **91**, 94, 97, 100, 103 …
키	… 145, 150, 155, **160**, 165, 170 …

[비고]
• 신체치수는 100cm를 기준으로 가슴둘레, 허리둘레 및 엉덩이둘레는 3cm, 키는 5cm 간격으로 연속한다. 신체치수의 평균값은 밑줄로 표시한다.
• 키를 제외한 위의 각 신체치수는 표기된 값의 ±1.5cm 범위를 커버한다. 키의 경우는 ±2.5cm 범위를 커버한다.

ⓒ 피트성이 필요하지 않은 경우의 신체치수

기본 신체부위	신체치수(단위 : cm)
가슴둘레	... 75, 80, **85**, 90, 95, 100, 105 ...
허리둘레	... 60, 65, **70**, 75, 80, 85, 90, 95 ...
엉덩이둘레	... 85, **90**, 95, 100, 105 ...
키	... 145, 150, 155, **160**, 165, 170 ...

[비고]
• 신체치수는 100cm를 기준으로 가슴둘레, 허리둘레 및 엉덩이둘레 및 키는 5cm 간격으로 연속한다. 신체치수의 평균값은 밑줄로 표시한다.
• 위의 각 신체치수는 표기된 값의 ±2.5cm 범위를 커버한다.

② 의류 종류별 호칭 표기

ⓐ 의류 종류별 호칭은 기본 신체치수를 'cm' 단위 없이 '−'로 연결하여 사용한다.

ⓑ 예를 들어, 피트성이 필요한 여성복 정장의 호칭은 가슴둘레, 엉덩이둘레, 키를 연결하여 85−94−160으로 호칭을 표시한다.

ⓒ 피트성이 필요하지 않은 상의류인 운동복, 셔츠, 내의류 등은 85, 90, 95 등 가슴둘레만을 표기하거나 S, M, L, XL과 같은 문자로 표기한다.

③ 세계 각국의 여성복 의류 호칭 체계 비교

(단위 : cm)

구분		작은 사이즈		중간 사이즈	큰 사이즈	
		XS	S	M	L	XL
한국	정장류	82−88 −155 (44)	85−92 −160 (55)	88−96 −160 (66)	94−100 −165 (77)	97−106 −165 (88)
	캐주얼	85	90	95	100	105
미국		2	4/6	8/10	12/14	16/18
유럽통합 (EU)		34	36	38	40	42
이탈리아		40	42	44	46	48
일본		7	9	11	13	15

그레이딩(grading)에 대한 설명으로 옳은 것은?

① 디자인 종류를 부분별로 구별하는 작업이다.
② 재단 작업에서 봉제 작업으로 이동하는 작업이다.
③ 상품화, 불량품을 분리하는 작업이다.
④ 각 사이즈별 패턴을 제작하는 작업이다.

【해설】

그레이딩은 기본 패턴에 의거하여 각 부위별 치수를 축소 또는 확대하여 각 주문 치수의 패턴을 조작해 주는 작업을 말한다.

정답 ④

1. 패턴 입력

① 패턴 입력의 의미

ㄱ 패턴 입력이란 종이에 직접 손으로 제도한 패턴을 패턴 CAD 프로그램이 있는 컴퓨터와 연결된 입력기(digitizer)에 놓고, 디지타이저 마우스로 패턴 모양을 찍어 디지털 데이터로 만드는 작업이다.

ㄴ 의복의 대량생산을 위한 그레이딩과 마킹 작업은 컴퓨터를 이용해 수행하므로 패턴을 디지털 데이터로 바꾸기 위해 패턴 입력을 한다.

ㄷ 최근에는 패턴 CAD에서 직접 패턴을 제도하는 경우가 많아서 패턴 입력을 해야 하는 경우가 줄어들고 있다.

② 패턴 입력 시 그레이딩값 지정의 유무

ㄱ 수작업으로 제작된 패턴은 그레이딩 할 때의 기본 사이즈 패턴이다.

ㄴ 패턴 CAD 시스템 기종에 따라 입력할 때 기본 사이즈의 패턴만 입력하는 경우와 입력점에 그레이딩 룰 값을 적용해 입력과 동시에 그레이딩이 이루어지는 경우가 있다.

2. 그레이딩 방법을 적용한 사이즈별 패턴 제작

① 그레이딩 수행 방식

ㄱ 절개 방식 그레이딩

• 패턴의 결선이 세로가 되도록 패턴을 세운 상태에서 패턴을 확대 또는 축소해야 할 부위에 절개선을 넣은 뒤(가위로 오린 뒤) 일정한 양만큼 패턴을 벌리거나 좁혀줌으로써 다른 호칭의 패턴을 만드는 것이다.

• 즉 패턴을 조각 낸 뒤에 새 종이에 조각을 붙여 외곽선을 다시 그리면 다른 호칭의 패턴이 만들어지는 것이다.

• 주로 패턴 CAD를 사용하여 작업한다.

• 장점 : 편차값 입력 시간이 줄어들어 그레이딩 작업이 수월하다.

• 단점 : A라인 스커트, 래글런 슬리브 등 사선이 있는 패턴 부위에 정확한 절개선 이동량을 지정하는 것은 어렵다. 절개 위치 중 다른 편차값을 입력해야 할 경우에는 절개 위치의 부분적 변경이 필요하다.

ㄴ 포인트 방식 그레이딩

• 포인트 방식에서의 그레이딩 값은 그레이딩 포인트의 수직, 수평 방향의 변화량, 즉 xy 좌푯값을 나타내는 것이다.

• 새롭게 정한 그레이딩 포인트를 연결하여 패턴 외곽선을 다시 그리면 다른 호칭의 패턴이 만들어진다.

• 수작업으로 그레이딩 할 때는 포인트 방식으로 작업하는 것이 수월하다.

• 장점 : 래글런 슬리브, A라인 스커트 등 사선의 패턴에 정확한 양을 지정할 수 있다. 특정 포인트를 움직일 때 용이하다.

• 단점 : 패턴의 모든 코너 점과 노치 등의 기점에 좌푯값을 부여해야 한다는 어려움이 따른다.

② 도구별 그레이딩 방법

ㄱ 수작업으로 하는 그레이딩

• 내수용 소규모 생산에 적합하며 CAD 장비 등 기초설비 투자비용이 절감되는 장점이 있다.

• 종이 패턴에 그레이딩을 작성하는 경우에는 포인트 방식의 그레이딩을 주로 사용한다.

• 사이즈별 패턴이 층층이로 겹쳐진 상태인 nested 패턴으로 그린 뒤 사이즈별로 패턴을 복사한다.

ㄴ 패턴 CAD를 사용한 그레이딩

• 현업에서는 대부분 패턴 CAD를 사용하여 그레이딩 작업을 한다.

• 그레이딩 시간이 단축되고 데이터의 보관과 관리가 용이하다는 장점이 있다.

• 그레이딩 후 여러 사이즈의 특정 포인트에서 편차값을 확인하고 형태와 균형이 잘 이루어졌는지 점검하여 수정하는 것이 수월하다.

3. 패턴 시접량

① 시접량

ㄱ 시접 : 옷 솔기가 접혀서 안으로 들어간 부분을 말한다.

ㄴ 의복의 완성선과 실루엣을 아름답게 나타내기 위해서 알맞은 시접 분량을 두어야 한다.

ㄷ 시접 분량은 바느질의 방법, 옷감의 재질 및 두께에 따라 다르게 주어야 한다.

② 기본 시접 분량

1cm	목둘레, 칼라, 요크선, 앞단, 스커트·슬랙스 허리선, 앞중심선
1.5cm	진동둘레, 가름솔
2cm	어깨, 옆선
3~4cm	소맷단, 블라우스단, 파스너단
4~5cm	스커트단, 재킷의 단

ㄱ 밑단의 시접은 3~5cm 정도 사이의 적절한 분량을 둔다.

ㄴ 심감의 시접은 겉감과 같은 분량으로 하고, 안단이나 칼라의 심지는 봉제 후 시접을 바짝 자른다.

ㄷ 재킷 재단 시 시접을 가장 작게 해야 할 곳은 목둘레이다.

ㄹ 코트(coat)에 있어서 가장 많은 시접이 필요한 부분은 옆솔기이다.

ㅁ 소매와 슬랙스와 같은 단 부분은 시접을 접은 다음 재단한다.

ㅂ 다트는 먼저 접은 다음에 시접을 두고 재단한다.

ㅅ 바이어스 테이프로 처리하는 방법은 가름솔 바느질 방법 중 안감을 넣지 않고 재킷이나 블라우스의 시접 처리법에 해당한다.

ㅇ 안감의 시접 분량은 단의 시접의 경우 겉감 시접 분량의 1/2 정도로 하고, 그 외의 시접 분량은 겉감의 시접 분량과 동일하게 한다.

ㅈ 스커트 안감은 겉감과 같은 시접 분량을 넣지만 길이는 겉감의 시접보다 3cm 정도 짧게 하여 스커트 외부로 안감이 나와 보이지 않도록 한다.

4. 패턴 배치 방법

① 일반적인 패턴 배치 방법

ㄱ 패턴은 옷감의 안쪽에 배치한다.

ㄴ 패턴은 큰 것, 기본 패턴부터 배치하고 작은 것은 큰 것 사이에 배치한다.

ㄷ 옷감의 표면이 안으로 들어가게 반을 접어 패턴을 배치한다.

ㄹ 줄무늬는 옷감 정리에서 줄을 바르게 정리한 다음 배치한다.

ㅁ 줄무늬 천을 접어 재단할 때에는 핀으로 무늬를 맞추어 놓는다.

ㅂ 체크무늬는 옆선의 무늬를 맞추어 배치한다.

ㅅ 패턴에 결 방향을 표시해 놓고 패턴의 종선 방향을 옷감의 종선에 맞추어 배치한다.

② 직물별 배치 방법

ㄱ 벨벳, 코듀로이와 같이 짧은 털이 있는 옷감은 털의 결 방향을 위로 배치한다.

ㄴ 벨벳은 원형 전부의 배치가 상하 같은 털의 결 방향이 되어야 한다.

ㄷ 털이 긴 옷감은 털의 결 방향이 밑으로 향하도록 배치한다.

ㄹ 첨모직물, 방향이 있는 직물은 패턴을 모두 같은 방향으로 배치한다.

01 다음 중 기본 시접 분량이 가장 적은 것은?

① 옆선   ② 어깨선
③ 목둘레선   ④ 블라우스단

02 옷감과 패턴의 배치에 대한 설명으로 옳은 것은?

① 무늬가 있는 옷감은 왼쪽과 오른쪽을 다른 무늬로 배치한다.
② 짧은 털이 있는 옷감은 털의 결 방향을 아래로 배치한다.
③ 옷감의 표면이 밖으로 되게 반을 접어 패턴을 배치한다.
④ 패턴은 큰 것부터 배치하고 작은 것을 큰 것 사이에 배치한다.

│해설│

01
③ 목둘레선의 시접 분량은 약 1cm 정도로 한다.

02
① 줄무늬는 옷감 정리에서 줄을 바르게 정리한 다음 배치하고, 체크무늬는 옆선의 무늬를 맞추어 배치한다.
② 짧은 털이 있는 옷감은 털의 결 방향을 위로 배치한다.
③ 옷감의 표면이 안으로 들어가게 반을 접어 패턴을 배치한다.

정답 01 ③ 02 ④

핵심이론 24 원부자재 소요량 산출

1. 원가 계산

① 원가

　㉠ 봉제공정 원가 견적에서 원가란 '재료비 + 가공비'를 말한다.

　㉡ 원단비용은 옷 가격을 계산할 때 가장 중요한 요인이라 할 수 있다.

　㉢ 디자인의 개발과 결정은 제조원가 계산 중 생산비에 가장 많은 영향을 미치는 요인이다.

　㉣ 부속품 비용은 옷을 생산하는 데 필요한 원단 이외의 것을 말한다.

			이 익
		판매관리비	
	제조간접비		
직접재료비 직접노무비 직접경비	직접원가	제조원가	총원가
직접원가	제조원가	총원가	판매원가

[원가의 종류]

② 제조원가

　㉠ 재료비와 인건비는 직접원가이며 또 제조원가의 기초가 되므로 직접원가를 먼저 산출하고 여기에 제조경비를 합하여 제조원가를 결정한다.

　㉡ 제조원가 3요소(제품 생산 요인의 3요소) : 인건비, 재료비, 제조경비

③ 재료비

　㉠ 원자재와 부자재로 나누어진다.

　㉡ 원자재는 모든 옷의 겉감을 말한다.

　㉢ 부자재는 그 외의 것들을 말하는데 안감, 심지, 지퍼, 단추, 봉사 등이 모두 부자재이다.

④ 인건비

　㉠ 옷을 만드는 데 필요한 연단, 재단, 봉제, 프레싱, 습식 공정 등에 드는 비용을 포함한다.

　㉡ 직접 인건비와 간접 인건비로 나누어진다.

ⓒ 직접 인건비는 실제 제조과정에서 들어가는 비용을 말하며, 재단, 봉제, 완성(마무리)단계에서 각각 쓰이는 것을 말한다.

ⓓ 간접 인건비는 재료 구입, 운반, 준비 작업에 쓰이는 간접비용만을 말한다. 검사 작업자 임금, 수선 작업자 임금, 운반 작업자 임금 등이 해당되고 완성 작업자 임금은 해당되지 않는다.

⑤ 제조경비

ⓐ 원가를 구성하는 요소 중 하나로 재료비, 노무비(인건비) 이외의 것을 경비라고 한다.

ⓑ 임대료, 세금, 부대시설 비용 등과 같은 비용을 말하며, 제조경비는 기업 규모에 따라 차이가 있다.

⑥ 총원가

ⓐ 모든 원가와 비용을 더한 것을 말한다.

ⓑ 총원가는 시장에서 판매하고자 하는 상품의 판매가를 고려하기 위해 산출한다.

기성복 제품의 원가 상승 혹은 하락 요인
- 복잡한 옷의 경우는 인건비가 많이 들므로 가격 상승의 요인이 된다.
- 원단값은 가격 결정에 중요한 역할을 하므로 기성복 생산의 경우에는 값싼 원단을 사용하는 경우도 있다.
- 부속품비는 옷을 만드는 데 드는 비용 중 비교적 큰 부분을 차지하므로 비용을 절감하기 위해서는 가격이 낮은 부속품을 사용한다.

---

2. 옷감량 계산

(단위 : cm)

종류		폭	필요 치수	계산법
블라우스	반소매	150	80~100	블라우스 길이 + 소매길이 + 시접(7~10)
		110	110~140	(블라우스 길이 × 2) + 시접(7~10)
		90	140~160	(블라우스 길이 × 2) + 시접(10~15)
	긴소매	150	120~130	블라우스 길이 + 소매길이 + 시접(10~15)
		110	125~140	(블라우스 길이 × 2) + 시접(10~15)
		90	170~200	(블라우스 길이 × 2) + 소매길이 + 시접(10~20)

(단위 : cm)

종류		폭	필요 치수	계산법
스커트	타이트	150	60~70	스커트 길이 + 시접(6~8)
		110	130~150	(스커트 길이 × 2) + 시접(12~16)
		90	130~150	(스커트 길이 × 2) + 시접(12~16)
	플레어(다트만 접음)	150	100~120	(스커트 길이 × 1.5) + 시접(10~15)
		110	140~160	(스커트 길이 × 2) + 시접(10~15)
		90	150~170	(스커트 길이 × 2.5) + 시접(10~15)
	플레어(180°)	150	90~100	(스커트 길이 × 1.5) + 시접(6~15)
		110	130~150	(스커트 길이 × 2.5) + 시접(5~10)
		90	140~160	(스커트 길이 × 2.5) + 시접(10~15)
	플리츠	150	130~150	(스커트 길이 × 2) + 시접(12~16)
		110	130~150	(스커트 길이 × 2) + 시접(12~16)
		90	130~150	(스커트 길이 × 2) + 시접(12~16)
슬랙스		150	100~110	슬랙스 길이 + 시접(8~10)
		110	150~220	[슬랙스 길이 + 시접(8~10)] × 2
		90	200~220	[슬랙스 길이 + 시접(8~10)] × 2
원피스 드레스	반소매	150	110~170	원피스 드레스 길이 + 소매길이 + 시접(10~15)
		110	180~230	(원피스 드레스 길이 × 1.2) + 소매길이 + 시접(10~15)
		90	210~230	(원피스 드레스 길이 × 2) + 시접(12~16)
	긴소매	150	110~170	원피스 드레스 길이 + 소매길이 + 시접(10~15)
		110	180~230	(원피스 드레스 길이 × 1.2) + 소매길이 + 시접(10~15)
		90	210~230	(원피스 드레스 길이 × 2) + 시접(12~16)
슈트	반소매	150	170~190	재킷길이 + 스커트 길이 + 소매길이 + 시접(20~30)
		110	220~270	(재킷길이 × 2) + 스커트 길이 + 시접(20~30)
		90	270~300	(재킷길이 × 2) + (스커트 길이 × 2) + 시접(20~30)
	긴소매	150	200~210	재킷길이 + 스커트 길이 + 소매길이 + 시접(20~30)
		110	250~270	(재킷길이 × 2) + 스커트 길이 + 소매길이 + 시접(20~30)
		90	320~350	(재킷길이 × 2) + (스커트 길이 × 2) + 소매길이 + 시접(25~30)

(단위 : cm)

종류		폭	필요 치수	계산법
코트	박스형	150	200~250	코트길이 + 소매길이 + 시접(15~30)
		110	240~280	(코트길이×2) + 소매길이 + 시접(20~30)
		90	300~350	(코트길이×2) + 소매길이 + 시접(20~30)
	플레어형	150	220~250	(코트길이×2) + 시접(20~30)
		110	300~350	(코트길이×2) + 소매길이 + 시접(20~40)
		90	390~450	(코트길이×3) + 소매길이 + 시접(20~40)
	프렌치소매형	150	220~250	(코트길이×2) + 시접(10~30)
		110	260~290	(코트길이×2.5) + 시접(10~30)
		90	330~350	(코트길이×3) + 시접(20~40)

3. 기타 부자재의 소요량 산출

① 재봉사

본봉사	• 패턴 조각을 합봉하기 위한 박음질용 실을 말하며, 견사, 코아사, 게트만사, 60수3합사 등이 사용된다. • 소요량 : 실측 거리의 3배
오버로크사	• 시접의 올이 풀어지지 않도록 오버로크 봉제기기를 사용하여 시접 끝을 마감하는 실을 말한다. • 안감의 시접 끝 처리를 오버로크로 할 경우, 안감 제작에 소요되는 오버로크사의 소요량도 산출한다. • 주로 60수3합사, 60수2합사, 코아사 등을 사용한다. • 소요량 : 실측 거리의 15배
스티치사	• 장식적인 목적으로 본봉 이후 상침하는 실을 말한다. 상침용 일반 재봉사(지누이도사), 상침용 두꺼운 재봉사(아나이도사), 코아사, 60수3합사, 20수4합사 등 다양하게 사용한다. • 소요량 : 실측 거리의 3배

※ 본봉사와 오버로크사의 소요량은 땀수에 따라 배수가 달라지고 수량에 따라 손실률을 달리 적용하는데, 10%에서 30%까지 차등 적용한다.

㉠ 그 밖에 자동밑단처리사(스쿠이사), 손바느질용 실, 재킷단춧구멍사(큐큐사), 재킷단춧구멍심사(큐심사), 블라우스단춧구멍사(나나인치사), 자수사, 인터로크사 등을 사용한 경우에는 이에 대한 소요량을 산출한다.

㉡ 손실량을 주는 이유는 여러 단계의 작업 공정에서 손실되는 부분이 발생하므로 상황에 맞게 별도로 추가 공급하는 것이다.

② 봉사의 소요량 영향 요인

㉠ 직접적인 요인 : 천의 두께, 스티치의 길이, 봉사의 굵기

㉡ 간접적인 요인 : 작업자의 작업 방식, 재봉기의 자동봉사 절단기의 사용 여부

③ 테이프 소요량 산출

㉠ 패턴상에 표기된 테이프 부착 위치를 그레이딩 중간 사이즈로 측정한다.

㉡ 측정한 총길이에 손실량을 포함하여 기재한다.

───── 핵심예제 ─────

01 원가 책정에서 제품 생산 요인의 3요소에 해당하지 않는 것은?

① 재료비 ② 인건비

③ 제조경비 ④ 재고비

02 옷감의 너비가 110cm일 때 옷감량의 필요량 계산법으로 옳은 것은?

① 슬랙스 = 슬랙스 길이 + 시접

② 플레어 스커트 = (스커트 길이×1.5) + 시접

③ 반소매 블라우스 = 블라우스 길이 + 소매길이 + 시접

④ 긴소매 슈트 = (재킷길이×2) + 스커트 길이 + 소매길이 + 시접

03 봉사의 소요량 산출에 영향을 미치는 요인 중 직접적인 요인이 아닌 것은?

① 천의 두께

② 봉사의 굵기

③ 스티치의 길이

④ 재봉기의 자동봉사 절단기의 사용 여부

|해설|

01

제품 생산 요인의 3가지 요소는 인건비, 재료비, 제조경비이다.

03

봉사의 소요량은 스티치의 길이, 천의 두께, 봉사의 굵기 등 직접적 요인과 작업자의 작업 방식, 재봉기의 자동봉사 절단기의 사용 여부 등의 간접적 요인을 고려하여 산출한다.

정답 01 ④ 02 ④ 03 ④

1. 가봉

① **가봉** : 임시로 꿰맨다는 의미로, 의복을 제작할 때 몸에 잘 맞는지 확인하기 위해 간단하게 시쳐 놓은 바느질이나 그 옷을 말한다.

② **가봉 준비**

  ㉠ 가봉 시 가장 필요한 준비물은 핀이다.

  ㉡ 가봉 방법은 의복의 종류에 따라 다소 다르다.

  ㉢ 칼라, 주머니, 커프스는 광목이나 다른 옷감을 사용하는 것이 좋다.

  ㉣ 칼라, 커프스, 포켓은 먼저 머슬린으로 재단하여 달아보고 치수, 크기, 모양 등이 잘 맞는가를 확인한 후에 옷감을 재단하도록 한다.

  ㉤ 단추는 같은 크기의 종이나 천을 잘라서 일정한 위치에 붙여 본다.

③ **가봉 바느질**

  ㉠ 가봉할 옷을 착용하여 전체적인 실루엣을 먼저 관찰하고 부분적인 곳을 관찰하면서 보정해 나간다.

  ㉡ 바늘은 옷감에 직각으로 꽂아 옷감이 울지 않게 하고 실이 늘어지지 않게 한다.

  ㉢ 실은 면사로 하되, 얇은 옷감은 한 올로 하고 두꺼운 옷감은 두 올로 한다.

  ㉣ 일반적으로 왼손으로 누르고 오른쪽에서 왼쪽으로 시침한다(보통 손바느질의 상침시침으로 함).

  ㉤ 바이어스감과 직선으로 재단된 옷감을 붙일 때는 바이어스감을 위에 겹쳐 놓고 바느질한다.

④ **의복 종류별 가봉 방법**

스커트 가봉	• 다트는 중앙으로 꺾어 상침한다. • 벨트는 심감으로 재단하여 대고 상침한다. • 단은 접어서 상침하고 스커트 마커로 표시하여 단을 접는다.
재킷 소매 가봉	• 소매의 다트를 접어 상침시침한다. • 소매 단을 접어서 상침시침한다. • 소매의 진동둘레를 오그린다.
테일러드 재킷 가봉	• 솔기 바느질은 상침시침으로 한다. • 패드가 필요할 경우 패드를 달고 칼라를 단다. • 포켓과 단추의 모양과 위치를 보기 위하여, 심지나 광목으로 잘라 붙인다.

2. 시착

① **시착 방법**

  ㉠ 시착은 가봉한 옷을 착용한 후 전체적인 균형을 세부적으로 파악하는 것을 말한다.

  ㉡ 시침바느질이 끝나면 겉옷에 맞추어 속옷을 정리하여 바르게 착용한 후 핀을 꽂고 관찰한다.

  ㉢ 가봉할 옷을 착용하여 전체적인 실루엣을 먼저 관찰하고 부분적인 곳을 관찰하면서 보정해 나간다.

② **관찰 방법**

  ㉠ 가슴둘레의 여유분이 적당한가를 관찰한다.

  ㉡ 전체적인 실루엣이 알맞은지 관찰한 후 부분적인 곳을 관찰한다.

  ㉢ 옷감의 올이 바로 놓였는가를 관찰한다.

  ㉣ B.P의 위치가 맞고 다트의 위치, 길이, 분량 등이 알맞은가를 관찰한다.

  ㉤ 옷 전체의 길이 및 여유분이 적당한가를 관찰한다.

  ㉥ 절개선 위치, 칼라의 형태, 크기가 적당한가를 관찰한다.

  ㉦ 옆선, 어깨선이 중앙에 놓였는가를 관찰한다.

  ㉧ 허리선, 밑단선이 수평으로 놓였는가를 관찰한다.

가봉할 때의 주의사항으로 틀린 것은?

① 바느질 방법은 손바느질의 상침시침으로 한다.

② 실은 면사로 하되 얇은 감은 한 올로, 두꺼운 감은 두 올로 한다.

③ 바늘은 옷감에 직각으로 꽂아 옷감이 울지 않게 하고 실이 늘어지지 않게 한다.

④ 바이어스감과 직선으로 재단된 옷감을 붙일 때는 바이어스감을 아래로 위치한 후 바느질한다.

「해설」

가봉 시 유의사항

• 가봉할 옷을 착용하여 전체적인 실루엣을 먼저 관찰하고 부분적인 곳을 관찰하면서 보정해 나간다.

• 바느질 방법은 보통 손바느질의 상침시침으로 한다.

• 바이어스감과 직선으로 재단된 옷감을 붙일 때는 바이어스감을 위에 겹쳐 놓고 바느질한다.

• 쉽게 끊어지는 목면실로 한다.

• 실은 면사로 하되, 얇은 옷감은 한 올로 하고 두꺼운 옷감은 두 올로 한다.

• 일반적으로 왼손으로 누르고 오른쪽에서 왼쪽으로 시침한다.

• 바늘은 옷감에 직각으로 꽂아 옷감이 울지 않게 한다.

정답 ④

핵심이론 26 보정(1)

1. 체형별 특징

① 반신체

㉠ 상체가 곧고 가슴이 높게 솟아 있으며, 엉덩이는 풍만하고 배가 평편한 자세의 체형이다.

㉡ 표준보다 몸의 중심이 뒤로 기울어서 뒤가 많이 남는 반면 앞의 길이가 부족하기 쉬운 체형이다.

② 굴신(屈身)체

㉠ 중년층이나 노년층에 많은 체형으로 몸 전체에 부피감이 없고 몸이 앞쪽으로 기울었으며, 등이 구부정하고 엉덩이와 가슴이 빈약한 체형이다.

㉡ 앞이 남고 뒤가 부족하기 쉬운 경우이다.

2. 체형별 보정

① 상반신 반신체

㉠ 앞중심에서 사선으로 절개선을 넣어 앞길이의 부족량을 늘려 준다.

㉡ 뒷판의 여유분을 접어서 주름을 없앤다.

㉢ 뒷다트 분량을 줄인다.

㉣ 앞길 옆선을 늘리고 그 분량만큼 앞허리 다트를 늘린다.

② 하반신 반신체

㉠ 뒤중심을 파 준다.

㉡ 중심을 올려 준다.

㉢ 앞다트 분량을 늘려 준다.

㉣ 뒷스커트의 다트 분량을 줄인다.

③ 상반신 굴신체

㉠ 뒷길이의 부족분을 절개하여 벌려 준다.

㉡ 등길이의 부족량을 절개하여 늘려 준다.

㉢ 앞중심의 길이가 남아 군주름이 생기므로 접어 줄여 준다.

㉣ 등의 돌출로 인해 어깨 다트를 늘려 준다.

④ 하반신 굴신체
　ㄱ 뒷스커트 허리에 보조 다트를 넣는다.
　ㄴ 뒤중심을 올려 주고 허리선을 오그려 준다.
　ㄷ 앞중심을 파 준다.
⑤ 상반신 후경체 : 앞길이를 위쪽으로 약간 추가하고 가슴 다트도 약간 크게 보정한다.
⑥ 마른 체형
　ㄱ 어깨 다트 분량을 줄이고 뒷길의 목둘레선을 작게 한다.
　ㄴ 길의 진동둘레에 맞추어 소매산선을 조절한다.
　ㄷ 등, 가슴 부분에 여유가 있어 주름이 생기는 경우로, 원형의 모든 치수를 줄인다.

01 다음 그림은 어떤 체형을 보정한 제도인가?

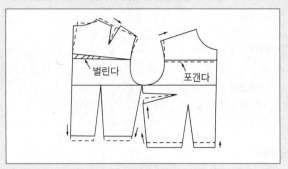

벌린다　　포갠다

① 가슴이 큰 체형
② 비만 체형
③ 등이 굽은 체형
④ 마른 체형

02 상반신 반신체의 원형 보정에 대한 설명으로 옳은 것은?
① 목 뒤 중심에 옆으로 주름이 생길 때는 목선을 수정한다.
② 뒷어깨선을 늘리고 그 분량만큼 앞어깨선은 줄인다.
③ 앞중심에서 사선으로 절개선을 넣어 앞길이의 부족량을 늘려 준다.
④ 앞중심에 생긴 주름만큼 접어주고 옆선과 다트를 줄여 준다.

〔해설〕

01
상반신 굴신체 보정
• 뒷길이의 부족분을 절개하여 벌려 준다.
• 등길이의 부족량을 절개하여 늘려 준다.
• 앞중심의 길이가 남아 군주름이 생기므로 접어 줄여 준다.
• 등의 돌출로 인해 어깨 다트를 늘려 준다.

02
상반신 반신체 보정
• 앞중심에서 사선으로 절개선을 넣어 앞길이의 부족량을 늘려 준다.
• 뒷판의 여유분을 접어서 주름을 없앤다.
• 뒷다트 분량을 줄인다.
• 앞길 옆선을 늘리고 그 분량만큼 앞허리 다트를 늘린다.

정답 01 ③　02 ③

1. 상의 보정

① 솟은 어깨
- ㉠ 뒷네크라인 아랫부분에 수평 주름이 생기는 원인은 원형보다 어깨가 높기 때문이다.
- ㉡ 어깨의 경사로 인해 암홀의 길이가 변화한다.
- ㉢ 앞뒤 어깨끝점을 위로 올려 주고, 같은 양으로 진동둘레 밑에서도 같은 치수로 올려 준다.

② 처진 어깨
- ㉠ 팔 둘레의 위치가 아래쪽에 있고, 어깨 경사각도가 큰 체형이다.
- ㉡ 가슴 다트 위의 진동둘레 부위와 뒷어깨 밑에 군주름이 생긴다.
- ㉢ 어깨솔기를 터서 군주름 분량만큼 시침 보정하여 어깨를 내려 주고, 어깨 처짐만큼 진동둘레 밑부분도 내려 수정한다.

③ 가슴 부위가 늘어질 때 : B.P를 지나 다트의 중간과 어깨 부위에 선을 넣어 늘어지는 부분이 없어지도록 접어 준 다음 다트를 다시 잡아 준다.

④ 가슴 부위가 당길 때 : B.P를 지나 다트의 중간과 어깨 부분을 절개한 후 벌려 준다.

⑤ 진동둘레가 작은 경우
- ㉠ 진동둘레의 밑부분을 내려주고, 옆선 쪽으로도 내주어 진동둘레를 넓혀 준다.
- ㉡ 진동 밑부분을 파 주고 소매도 같은 분량만큼 진동둘레를 낮추어 수정한다.

⑥ 목둘레가 뜰 때 : 목둘레선이 들뜨는 것은 목둘레가 커서 생기는 현상으로 목둘레선을 높여 앞뒤판을 맞춘다.

2. 하의 보정

① 스커트
- ㉠ 뒷허리와 엉덩이가 처진 체형에서 뒷허리 밑에 옆으로 주름(수평의 주름)이 생길 때는 뒷허리둘레의 중앙 부분을 더 파 주고 뒷허리선을 내려주며 뒷판 다트를 길게 한다.
- ㉡ 스커트 앞단이 올라가면서 뜰 때는 허리선을 올려서 앞중심부의 길이를 길게 한다.
- ㉢ 스커트 앞허리 밑에 옆으로 군주름이 생길 때는 옆을 내 주고 다트의 위치를 고쳐 준다.
- ㉣ 엉덩이가 나온 체형은 뒤에서 당기고 주름이 생기는데, H.L을 절개하여 뒤는 늘리고, 앞은 접어 줄여서 보정한다.
- ㉤ 배가 나온 체형은 스커트의 경우 밑단을 충분히 주어야 들리지 않는다.
- ㉥ 배 부분이 낄 경우에는 허리 다트로부터 H.L 3cm 전까지 절개선을 넣어 벌려 주고 다트는 길게 수정한다.
- ㉦ 스커트에서 앞허리 밑에 가로로 군주름이 생기는 이유는 허리 밑의 넓이가 너무 좁아서 꼭 끼기 때문이다.

② 슬랙스
- ㉠ 바지의 허벅지가 타이트할 경우에는 바지 옆선에서 부족한 만큼 내 준다.
- ㉡ 뒤 밑아래에 군주름이 생긴 경우에는 허리선을 내리고 밑아래를 넓혀서 보정한다.
- ㉢ 슬랙스의 앞중심 밑위선 부위에서 방사선 모양으로 주름이 생길 경우 앞 밑위 부분과 밑 아랫부분의 길이를 늘려 준다.
- ㉣ 한쪽 엉덩이가 높거나 커서 한쪽이 당길 경우 허리와 옆선을 내어 수정하거나 엉덩이 부위를 절개하여 수정한다. 스커트의 경우도 마찬가지이다.

3. 소매 보정

① 소매산의 높이가 낮을 경우

  ㉠ 소매의 앞과 뒤 양쪽으로 군주름이 생긴다.

  ㉡ 소매산을 높여서 소매통이 좁아지도록 한다.

② 소매 앞쪽에서 소매산을 향하여 주름이 생길 때

  ㉠ 소매산 앞쪽이 남아서 생기는 군주름이다.

  ㉡ 소매산 중심점을 앞소매 쪽으로 옮기고, 소매산 선의 곡선도 앞으로 이동시켜 선을 정정한다.

③ 소매 뒤에 군주름이 생길 때 : 소매 중심점을 앞쪽으로 옮긴다.

④ 소매 뒤에 소매산을 향해 주름이 생길 때

  ㉠ 소매산 뒤쪽이 남아서 생기는 주름이다.

  ㉡ 소매산 중심을 뒷소매 쪽으로 옮기고, 뒤쪽의 남는 부분을 앞으로 보내면서 소매산 둘레의 곡선을 수정한다.

⑤ 소매산 옆에 군주름이 생길 경우

  ㉠ 소매산이 높고 소매통이 좁을 때이다.

  ㉡ 식서 방향을 따라 절개한 후 적당하게 벌려 패턴을 수정하고, 길의 진동둘레도 파 준다.

  ㉢ 소매산을 내려 주고 소매통을 넓혀 준다.

핵심예제

01 한쪽 엉덩이가 높거나 커서 한쪽이 당길 경우의 스커트와 슬랙스 보정으로 가장 옳은 것은?

① 허리와 옆선을 내어 수정한다.

② 식서 방향을 따라 절개한 후 허리선을 올려 준다.

③ 당기는 부위를 파준 후 패턴을 교정하여 허리선을 올려 준다.

④ 당기는 부위를 접어서 핀을 꽂아 패턴을 교정하여 허리선을 올려 준다.

02 소매의 앞과 뒤 양쪽으로 군주름이 생기는 이유는?

① 소매산의 높이가 높다.

② 소매 중심점이 앞쪽으로 넘어 왔다.

③ 소매산의 높이가 낮다.

④ 소매통이 좁다.

[해설]

01

한쪽 엉덩이가 높거나 커서 한쪽이 당길 경우 허리와 옆선을 내어 수정하거나 엉덩이 부위를 절개하여 보정한다.

02

소매의 앞과 뒤 양쪽으로 군주름이 생길 때는 소매산의 높이가 낮을 경우이므로 소매산을 높여 준다.

정답 01 ① 02 ③

1. QC 샘플 치수 확인

① QC 샘플(검품 샘플)의 의미

   ⊙ QC(Quality Control) 샘플 : 작업 후 최종 수정된 패턴을 이용하여 메인 제품을 제작하기 전 제품의 특성을 파악하고 품질을 확인하기 위해 만드는 샘플이다.

   ⓛ 초두 제품(시제품) : 생산 공장 메인 작업을 할 때 라인에서 봉제를 완성한 최초의 제품으로, 전 제품 생산이 완료되기 전에 본사의 수정 지시사항이 제대로 지켜져서 생산되고 있는지 확인하기 위한 샘플이다.

② 치수 확인 목적

   ⊙ QC 샘플 치수의 정확성 점검

   ⓛ 제품 치수를 통한 실루엣 확인

   ⓒ 제품 치수를 통한 사용 편의성 점검

2. QC 샘플 착장 상태 확인

① 실루엣 및 여유량 확인

확인 부위	확인 내용
전체 실루엣	전체적인 조화 및 비례
몸판 부위	• 가슴 부위 실루엣과 여유 • 허리 부위 여밈 상태와 여유 • 허리 다트나 프린세스 선 위치와 좌우 대칭 상태 • 허리주머니의 위치와 좌우 대칭 상태 • 엉덩이 부위 여유 • 겨드랑이 밑 여유
어깨 부위	어깨 형태, 어깨점의 위치, 어깨 부위의 군주름 여부
소매 부위	• 소매산 실루엣과 군주름 • 몸판 암홀선 형태의 적합성 • 위팔 부위의 실루엣과 여유 • 팔꿈치 부위의 실루엣과 여유 • 소맷부리의 실루엣과 여유
칼라 부위	• 칼라, 고지선, 라펠의 형태와 좌우 대칭 • 라펠과 칼라의 놓임 상태 • 뒤칼라의 놓임 상태

② 활동성 확인

   ⊙ 재킷의 활동성 확인의 경우 의복을 입고 벗기, 팔 앞과 옆으로 뻗기, 팔을 위로 들어올리기, 팔꿈치 최대한 굽혔다 폈다 하기, 허리 앞으로 굽히기, 허리 좌우로 굽히기 등의 동작을 선정하여 활동성 정도를 설문·평가한다.

   ⓛ 평가 점수가 낮게 나타난 부위는 체크리스트에 표시를 하고 디자이너, 기획팀, 생산팀과의 논의를 거쳐 수정 부위를 결정한다.

   ⓒ 이때 디자인 의도와 동작 편의성 중 좀 더 강조할 부분을 고려하여 조치한다.

3. QC 샘플 봉제 상태 확인

① 봉제 상태 확인

   ⊙ QC 샘플의 바느질 상태, 즉 재봉사와 땀수 상태는 땀수, 봉사 장력, 봉탈, 땀 띔, 봉사절, 퍼커링 발생 여부 등을 확인한다.

   ⓛ QC 샘플의 솔기 처리 상태, 각 부위의 봉제 상태, 밑단 처리 상태 등의 봉제 상태를 확인한다.

② 부자재 부착 상태 평가

평가 항목	평가 내용
부자재의 부착 유무	단추나 스냅이 없거나 사라지지 않고 부착되어 있는지 여부
부자재 작동 상태	단추, 지퍼, 스냅 등의 부자재가 제대로 작동하고 있는지 여부
부자재 불량	우량 부자재 사용 여부 및 단추, 지퍼, 스냅, 아일릿 등의 부자재가 부식·파손되었는지 여부
부자재 부착 위치와 크기	단추, 스냅, 패드 등의 부자재 부착 위치가 메인작업지시서에 제시된 위치와 크기인지 여부
부자재 부착 방법 사용	단추, 스냅, 패드 등의 부자재가 메인작업지시서에 제시된 부착 방법에 맞게 봉제되었는지 여부

③ 마무리 완성 상태 확인

　　㉠ 다림질 및 프레스 상태 확인 : 봉제 중 다림질이나
　　　프레스로 인한 접착 불량, 버블 현상, 수축, 변색,
　　　접착제 유출 여부를 확인한다.

　　㉡ 정리 상태 확인 : 제사 처리, 안감 정리 상태, 오염,
　　　위치 표시 자국, 악취 등을 확인한다.

　　㉢ 라벨 부착 상태 확인 : 라벨 누락, 라벨 부착 위치
　　　불량 등을 확인한다.

4. QC 샘플수정지시서 작성

① QC 샘플의 외관 평가 및 봉제 사항, 사이즈, 디자인
　등 평가를 통해 수정이 필요한 부분에 대한 수정사항
　을 정리한다.

② 수정사항은 간단명료하게 작성해야 하므로 상세한 설
　명은 고려사항에 이해도를 높일 수 있도록 추가로 기
　록한다.

③ QC 샘플수정지시서를 작성하여 생산 공정에서 이를
　반영할 수 있도록 한다.

핵심예제

재킷의 QC 샘플을 입고 난 후 팔 앞과 옆으로 뻗기, 허리 앞으
로 굽히기 등의 동작을 수행하였다. 이를 통해 확인하고자 하
는 것은?

① 활동성 확인
② 봉제 상태 확인
③ 정리 상태 확인
④ 전체 실루엣 확인

해설

재킷의 활동성 확인의 경우 의복을 입고 벗기, 팔 앞과 옆으로
뻗기, 팔을 위로 들어올리기, 팔꿈치 최대한 굽혔다 폈다 하기,
허리 앞으로 굽히기, 허리 좌우로 굽히기 등의 동작을 선정하여
활동성 정도를 설문·평가한다.

정답 ①

04 여성복 생산

핵심이론 01 생산의뢰서 분석

1. 생산의뢰서

① 생산의뢰서의 정의

ㄱ 생산의뢰서란 생산업체에 작업을 의뢰하기 위해 작성하는 문서로, 기획의도 및 디자인의 명확한 전달을 위한 제품 제작 설명서이다.

ㄴ 생산지시서, 작업지시서, 작업의뢰서, 봉제사양서, 메인오더시트 등으로도 호칭한다.

ㄷ 최근 종이에서 전자파일 형태로 바뀌면서 패션 시장의 글로벌화, 신속화를 반영한다.

② 생산의뢰서의 구성 요소

ㄱ 도식화 : 제품의 앞뒷면 그림, 주머니·견장·벨트 등의 부분 확대 그림, 앞여밈·뒤트임·소매트임 등의 상세 그림 등을 포함한다.

ㄴ 사이즈 : 샘플설명서, 제품 총길이, 어깨너비, 가슴둘레, 허리둘레 등 부위별 상세 치수, 사이즈별 그레이딩 편차값 등을 포함한다.

ㄷ 생산 수량 : 색상별, 사이즈별 생산 수량을 포함한다.

ㄹ 자재 내역 : 원자재 소요량, 가용 폭, 색상, 부자재 규격 및 색상, 소요량 등을 포함한다.

ㅁ 봉제 구성 방법 : 심지·테이프 종류, 부착 위치, 접착 방법, 땀수·시접 작업 방법, 어깨패드나 비조 등의 봉제 작업 방법과 주의사항 등을 포함한다.

ㅂ 상표와 포장 : 라벨·태그 종류와 부착 위치, 포장 방법 등을 포함한다.

ㅅ 샘플 평가 기록 : QC 샘플 수정지시 내용을 포함한다.

③ QC 샘플

ㄱ 정의 : 본사에서 품질 향상을 위한 디자인 수정사항과 대량생산에 적합한지를 자체 검증한 후, 메인제품 제작 생산 전에 만드는 최종 샘플을 말한다.

ㄴ PP(Pre-production) 샘플과의 비교 : PP 샘플은 생산 현장에서 메인 제품을 제작하기 전에 제품 특성을 파악하고 품질을 확인하기 위해 만드는 샘플을 말하며, QC 샘플과는 다른 개념이다.

2. 도식화 분석

① 생산의뢰서의 도식화

ㄱ 도식화란 제품 생산을 위해 전체 비율을 평면적으로 그린 것이다.

ㄴ 의복을 인체에 입혀진 상태가 아니라 평평하게 놓은 상태에서 기장, 칼라 크기 등이 정확한 비율로 그려져야 한다.

ㄷ 회사가 정한 스타일 번호로 연도, 계절, 아이템 종류, 색상 등을 파악할 수 있다.

ㄹ 도식화를 통해 실루엣과 비율을 파악한다. 성인복의 경우 1 : 8 비율로 전체 실루엣을 표현한다.

② 복종별 도식화

ㄱ 재킷 : 재킷·소매 길이, 칼라·포켓 종류와 모양, 단춧구멍 형태, 단추 부착 위치·개수, 소매 종류와 모양, 앞여밈 위치, 소매와 뒤 몸판 트임의 형태, 디자인 라인, 스티치와 안감 유형, 패드의 종류와 사이즈 등이 있다.

ㄴ 셔츠 : 셔츠·소매 길이, 포켓·커프스 모양과 크기, 칼라 종류와 모양, 단추 위치·개수, 소매 종류와 모양, 앞여밈 크기, 디자인 라인 등이 있다.

ⓒ 스커트·팬츠 : 스커트·팬츠 길이, 허리벨트의 크기, 벨트고리 형태 및 위치, 지퍼 종류, 지퍼 부위의 봉제 형태와 걸고리 유무, 포켓 종류와 모양, 스커트나 팬츠의 폭, 디자인 라인, 스티치의 종류와 위치 등이 있다.

③ 도식화와 QC 샘플의 비교
　ⓐ 디자인 : 도식화의 아이템과 QC 샘플의 전체적인 디자인 라인 구성 비율을 확인한다.
　ⓑ 색상 : 도식화와 QC 샘플의 안감, 심지, 테이프, 보강 스티치, 단춧구멍 실, 세부 부분별 디자인에 따른 색상 변화, 배색 구분을 확인한다.
　ⓒ 세부 부분 : 도식화 부분 확대 그림과 QC 샘플의 칼라, 소매, 포켓 등이 일치하는지 확인한다.

④ 도식화와 생산용 패턴의 비교
　ⓐ 디자인별 패턴 : 생산의뢰서의 스타일 번호와 겉감 패턴에 표기된 패턴 번호가 일치하는지 확인한다.
　ⓑ 부속패턴 : 안감, 심지 및 주머니 패턴, 그 외 부속 패턴이 도식화와 일치하는지 확인한다.
　ⓒ 사이즈별 패턴 : 사이즈별 겉감패턴 및 부속패턴이 누락되지 않았는지 확인한다.

핵심예제

생산의뢰서에 들어갈 내용에 해당되지 않는 것은?
① 생산 수량　　　　② 자재 내역
③ PP 샘플　　　　　④ 도식화

[해설]
생산의뢰서는 생산업체에 작업을 의뢰하기 위해 작성하는 제품 제작 설명서로 납기일, 생산 수량, 원부자재 종류별 규격, 색상, 소요량, 업체명, 라벨 종류 및 부착 위치와 방법 등이 포함되어 있다. PP 샘플은 생산 현장에서 메인 제품을 제작하기 전에 제품의 특성을 파악하고 품질을 확인하기 위해 만드는 샘플을 말한다.

정답 ③

핵심이론 02　QC 의뢰사항과 원부자재 매칭차트

1. QC 의뢰사항

① 정의
　ⓐ 제품의 품질관리를 위해 주의해야 하는 사항을 말한다.
　ⓑ 디자인, 패턴, 생산기술을 지도하는 담당자가 QC 샘플을 기준으로 제품 생산 시 주의해야 할 사항을 생산의뢰서에 기재한다.
　ⓒ 생산의뢰서 분석단계에서의 QC 의뢰사항 확인은 생산의뢰서에 기재된 담당 업무별 주의사항 여부를 확인하고 담당자에게 전달하는 수준의 업무를 말한다.

② 내용
　ⓐ 재단 시 주의사항
　　• 생산의뢰서에서 확인해야 할 가장 중요한 정보 중 하나가 재단 시 주의사항이다.
　　• 격자무늬, 무늬가 큰 원단, 파일이 있는 직물 등은 각별한 주의가 필요하다.
　ⓑ 봉제 시 주의사항
　　• 제품 부위별 봉제 시 주의사항을 설명한다.
　　• 예를 들어 재킷 앞판 및 뒤판 만들기, 소매 달기, 칼라 달기, 뒤트임 봉제, 안감 봉제, 주머니 봉제 등을 구분하여 주의사항을 설명한다.
　ⓒ 원단 성분별 봉제 시 주의사항
　　• 면 원단이 평직으로 가공되어 얇거나 다양한 후가공을 거친 경우에는 특성에 맞는 주의사항을 설명한다.
　　• 마 원단은 밀도가 낮아서 미어짐 현상이 발생하므로 장력을 많이 받는 부위는 봉제 마감 작업을 튼튼히 해야 한다.
　　• 실크 원단은 강도가 약하므로 재봉사와 바늘을 신중히 선택해야 하며 다림질 온도에 주의해야 한다.

- 화학섬유는 원단의 밀도가 높아서 봉제 후 뜯어서 수정한 경우에는 바늘 자국이 남으므로 면 원단보다 주의해야 한다.
- 교직물은 혼용률로 인해 두 가지 이상의 성질이 있다.
- 폴리우레탄 소재는 볼포인트 바늘을 사용하고 늘어나기 쉬운 성질에 주의한다.

② 원단 무늬별 봉제 시 주의사항
- 체크무늬는 사이즈 처리를 적절히 하여 꼭 필요한 부분에서는 무늬를 맞춘다.
- 프린트 원단은 얇은 소재가 많으므로 바늘과 침판을 적절히 사용하여 원단 불량을 피한다.

⑩ 완성 시 주의사항
- 제품 불량, 사이즈 불량 등을 확인한다.
- 위치, 표시를 정확히 하여 추가 불량이 없도록 한다.

2. 원부자재 매칭차트

① 정의
- ⊙ 생산 현장의 자재 사고를 방지하기 위하여 생산의뢰서 내용에 따라 필요한 원부자재를 종류별·색상별로 부착하여 만든 목록을 말한다.
- ⓒ 컬러매칭차트, 자재목록, 자재카드라고 하며, 제작 주체에 따라 본사 원부자재 매칭차트, 생산현장 원부자재 매칭차트로도 분류한다.

② 구성 요소
- ⊙ 본사 원부자재 매칭차트에는 원부자재 업체명, 스타일 번호, 색상명, 겉감, 안감, 배색감, 사용 부위에 따른 샘플을 종류별로 부착한다.
- ⓒ 본봉사, 오버로크사, 스티치사, 단추 및 지퍼 등 부자재 종류와 색상, 부착 위치나 사용 부위 등을 기입하고 샘플을 부착한다.
- ⓒ 색상별 메인라벨 및 케어라벨, 사이즈 스티커, 태그 샘플 등을 부착한다.

③ 작성 시 주의사항
- ⊙ 스와치는 원부자재의 겉면 및 결 방향을 정확하게 구분하여 붙인다.
- ⓒ 모든 원부자재 및 배색 자재는 메인 작업용으로 발주된 원부자재를 부착한다.
- ⓒ 프린트나 자수가 있는 경우 색상별로 작업한 결과물을 부착한다.

핵심예제

의류 생산 현장에서 자재로 인한 사고 방지를 위해 필요한 원부자재를 생산의뢰서의 내용에 따라 확인한 후, 해당 원부자재의 종류 및 색상별로 부착하여 만든 목록은?

① 원부자재 매칭차트　　② QC 샘플
③ 도식화　　　　　　　④ 폴리에스터

해설

생산의뢰서에 기재된 본사 원부자재 매칭차트에 따라 입고된 원부자재의 규격, 종류, 표리, 색상 등을 확인할 수 있다.

정답 ①

---

1. 재단물의 분류

① 재단 후 봉제 공정의 효율성, 재단물의 섞임과 이색물을 방지하여 불량을 최소화하기 위하여 재단물을 구분하고 분류하는 것이다.

② 분류 방법

  ㉠ 로트별(lot별, 원단 절별) 분류

    • 한 번에 염색할 수 있는 원단 양이 한정되어 있으므로 최대한 로트별(원단 절별)로 염색하고, 로트별로 재단물을 구분하여 봉제한다.

    • 이색을 최대한 방지하고 한 옷에서 균일한 색상을 얻을 수 있다.

  ㉡ 호칭별 분류 : 호칭을 정확히 구분하고 다른 호칭과 섞이지 않도록 한다.

  ㉢ 부위별 분류 : 재단된 원단 조각들을 부위별로 정확히 구분하고 다른 부위와 섞이거나 혼동되지 않도록 한다.

2. 번들링(bundling)

① 정의

  ㉠ 봉제반에 재단물을 투입하기 전에 봉제의 효율성을 위해 재단된 원단의 각 부위와 안감, 심지, 각종 부자재를 묶는 작업을 말한다.

  ㉡ 번호 작업이 쉽도록 동일한 사이즈의 재단 조각끼리 묶는 공정이다.

  ㉢ 재단물의 이상이나 부속 빠짐이 발견되면 수정하거나 해당 재단물을 다시 재단해야 한다.

② 방법

  ㉠ 자수, 프린트 등 특수 작업 공정을 거치는 부위를 제외한다.

  ㉡ 봉제반에서 공정대로 작업하기 편하도록 그룹별·소단위별 묶음을 만들어 표시한다.

  ㉢ 재단된 원단 조각들은 남은 조각으로 묶고, 묶음마다 정보가 기입된 표를 달아준다.

  ㉣ 상의는 등판, 앞판, 윗소매, 밑소매, 옆솔기, 안단, 칼라, 주머니, 부속 등의 순으로 번들링한다.

  ㉤ 하의는 뒤판, 앞판, 허리밴드, 부속 등의 순으로 번들링한다.

3. 넘버링(numbering)

① 정의

  ㉠ 각각의 재단물을 어느 것과 봉제해야 하는지 표시해 주기 위해 재단물에 일련의 번호를 부여하는 작업이다.

  ㉡ 재단물이 섞이면 봉제 후 이색이 발생하거나 품질이 균일하지 않으므로 이를 방지하고자 한다.

② 넘버링 방법

  ㉠ 넘버링 표기가 작업 중에만 정확하게 보이고, 완성 후에는 보이지 않도록 소재와 특성을 고려하여 넘버링 방법과 위치를 선택한다.

  ㉡ 같은 번호의 조각끼리 봉제하여 봉제의 효율성을 높인다.

③ 넘버링 도구

  ㉠ 스티커 : 대부분의 작업 현장에서 사용하며 대량 생산에 적합하다. 올 손상이 염려되는 원단에 사용하되 스티커 접착액이 원단을 오염시킬 수 있으므로 주의한다. 스티커를 넘버링기로 부착하는 자동 방법, 손으로 부착하는 수동 방법이 있다.

  ㉡ 연필, 색연필, 초크 : 소량생산에 적합하며, 오염, 번짐, 비침 등이 생길 수 있어 원단보다는 주로 안감에 표기하거나 봉제 후 시접에 표기한다.

④ 넘버링 시 주의사항

    ㉠ 스티커는 가급적 시접 안쪽에 부착하고, 봉제 시 시접에 물리지 않도록 한다.

    ㉡ 심지 부착 부위 및 중간 공정 시 다림질 작업이 필요한 부분에는 부착하지 않는다.

    ㉢ 밝은색이거나 고급 소재일 경우 번호를 쓰기 위한 별도의 공간을 남겨 두고 재단하고, 별도 공간에 넘버링하여 봉제 작업을 한다.

    ㉣ 봉제 후에는 넘버링 부위를 제거하고 번호가 중복되거나 누락되지 않도록 한다.

핵심예제

번들링하는 방법으로 틀린 것은?

① 하의는 뒤판, 앞판, 허리밴드, 부속 등의 순으로 번들링한다.
② 자수, 프린트 등 특수 작업 공정을 거치는 부위를 먼저 작업한다.
③ 공정대로 봉제 작업하기 편하도록 그룹별, 소단위별 묶음을 만들어 표시한다.
④ 상의는 등판, 앞판, 윗소매, 밑소매, 옆솔기, 안단, 칼라, 주머니, 부속 등의 순으로 번들링한다.

│해설│

번들링 방법

• 번들링이란 봉제반에 재단물을 투입하기 전에 봉제의 효율성을 위해 재단된 원단의 각 부위와 안감, 심지, 각종 부자재를 묶는 작업을 말한다.
• 자수, 프린트 등 특수 작업 공정을 거치는 부위를 제외한다.
• 봉제반에서 공정대로 작업하기 편하도록 그룹별·소단위별 묶음을 만들어 표시한다.
• 재단된 원단 조각들은 남은 조각으로 묶고, 묶음마다 정보가 기입된 표를 달아준다.

정답 ②

핵심이론 04   **심지 접착**

1. 심지의 사용 목적

① 의복의 실루엣을 아름답게 한다.
② 겉감의 형태를 안정하게 한다.
③ 의복을 반듯하게 하고 형태가 변형되지 않도록 한다.
④ 의복의 형태가 입체감을 이루도록 한다.
⑤ 봉제 작업의 능률을 향상시킨다.

2. 심지의 구조별 분류와 특징

① 직물 심지

    ㉠ 위사와 경사의 굵기와 밀도가 유사하여 감촉이 균일하다.

    ㉡ 강하고 신축성이 적어 재킷, 코트에 주로 이용된다.

    ㉢ 올이 풀리기 쉽고 가격이 비싸다.

    ㉣ 고급의류의 단추와 단춧구멍처럼 특정 부위가 늘어나는 것을 방지하는 데 사용된다.

    ㉤ 올 방향을 반듯하게 재단하여야 한다.

    ㉥ 칼라나 커프스에는 경사가 가늘고 위사가 두터운 심지를 사용한다.

    ㉦ 드레이프성이 필요한 넥타이 등에는 바이어스로 재단하여 붙이면 유연성이 있다.

② 편물 심지

    ㉠ 직물 심지보다 부드럽고 드레이프성과 신축성이 크므로 얇은 원단에 부착하기 좋다.

    ㉡ 편물 구조 속에 위사 1올을 더 삽입한 심지는 드레이프성이나 유연성을 손상시키지 않고 태를 만들 수 있어 신축성 있는 원단 봉제에 주로 사용된다.

③ 부직포 심지

    ㉠ 여러 종류의 섬유를 얇게 펴서 접착제를 사용하여 고정시킨 심지이다.

    ㉡ 올이 풀리지 않고 올의 방향이 없어 사용하기에 간편하여 대부분의 기성복에 이용된다.

    ㉢ 가볍고 값이 저렴하며 빨리 마른다.

ⓔ 탄력성과 구김 회복성이 우수하다.

ⓜ 내세탁성이 좋아 수축되거나 모양이 뒤틀리지 않는다.

ⓗ 내구력이 적고 보풀이 생기기 쉬우며, 신축성과 드레이프성이 거의 없다.

ⓢ 절단된 가장자리가 잘 풀리지 않는다.

ⓞ 두꺼운 심지는 빳빳하고 가벼운 심지는 가장자리가 구불거릴 수 있다.

3. 천연섬유 심지의 분류와 특징

① 면 심지

  ⓖ 수축성이 작고 형태 지속성이 우수하다.

  ⓛ 일광이나 땀에 의해 변색되지 않는다.

  ⓒ 대전성이 없으므로 더러움을 잘 타지 않는다.

  ⓔ 수축력이 비슷한 면 소재 옷에 적당하며 여성복이나 캐주얼 셔츠에 주로 이용된다.

② 모 심지

  ⓖ 모 섬유를 소재로 하여 탄성이 좋다.

  ⓛ 적당한 드레이프성이 있다.

  ⓒ 방추성, 형태 안정성이 우수하고 형태보존성이 뛰어나다.

  ⓔ 표면이 거칠고 단단하나 신축성과 유연성이 좋아 형태를 구성하는 데 가장 적합하다.

  ⓜ 재킷에 모 심지를 사용하는 가장 큰 이유는 입체감을 살리기 위함이다.

  ⓗ 숙녀복보다 신사복에 많이 사용된다.

  ⓢ 혼방 교직하여 다양성을 줄 수 있다.

③ 마 심지

  ⓖ 아마가 주로 사용되며 대마, 황마도 사용된다.

  ⓛ 신축성이 적고 단단하다.

  ⓒ 강도가 크고 형태 안정성이 우수하다.

  ⓔ 겉감과 잘 어울리며 주로 신사복이나 숙녀복에 사용한다.

  ⓜ 마 심감은 넥타이 등에 사용한다.

4. 화섬 심지의 분류와 특징

① 폴리노직 심지 : 주로 얇은 심지에 이용되며, 형태 안정성과 내구성을 강화시킨다.

② 폴리에스터 심지 : 강도가 크고 빳빳하며 치수 안정성이 좋아서 다루기 쉽다.

③ 나일론 심지 : 멀티 필라멘트사 소재로 트리코트 심지라고도 한다. 신축성과 내세탁성이 좋지만 고온에 약하여 딱딱해질 수 있고, 정확하게 재단하기 어렵다.

5. 혼방 심지의 분류와 특징

① 형태 안정성을 강화한 것으로, 주로 고급 원단에 사용된다.

② 면 + 폴리에스터, 면 + 레이온, 폴리에스터 + 레이온 혼방이 있다.

③ 면 + 폴리에스터 심지는 다양한 굵기로 방적할 수 있으며, 구김방지 가공 셔츠나 블라우스에 주로 사용된다.

④ 폴리에스터형 단면사 + 면 또는 비스코스 레이온 + 모의 형태의 심지는 모 같은 형태와 탄성을 가질 수 있다.

⑤ 폴리에스터, 아크릴, 레이온 등과 마를 혼방하여 내세탁성, 착용성, 유연성을 높인다.

6. 접착 방법에 따른 심지의 분류

① 접착심지의 특징

  ⓖ 접착에 필요한 조건은 온도, 압력, 프레스 시간이다.

  ⓛ 옷감의 안정을 높여 주어 봉제를 쉽게 할 수 있으므로 작업자의 능률이 향상된다.

② 접착 부위의 넓이에 따른 분류

  ⓖ 부분 접착 심지 : 부분적인 형태 안정 및 보강을 위해 사용되며, 밑단, 소매 덧단, 칼라 등의 부위에 부착한다.

  ⓛ 전면 접착 심지 : 의복의 실루엣을 유지하고 형태를 안정시키며 봉제의 효율성을 위해 사용된다. 상의 앞판, 라펠 전체에 부착하여 구김과 형태의 뒤틀림을 방지한다.

③ 접착 지속성에 따른 분류

　㉠ 가접착 심지

　　• 임시로 붙이는 것으로 폴리에틸렌이나 EVA계의 파우더를 심지에 도포하여 고정한다.

　　• 다림질을 통해서도 접착할 수 있으므로 봉제 능률을 높인다. 부분 접착 심지라고도 한다.

　㉡ 영구접착 심지

　　• 세탁이나 드라이클리닝을 해도 떨어지지 않는다.

　　• 폴리아마이드나 폴리에스터계의 파우더를 심지에 도포하여 고정시키거나 도트형으로 만든다. 도트형 심지는 일정한 간격을 두고 접착제를 점으로 도포한 것으로 퓨징 프레스기로 원단에 접착시켜 사용한다.

[심지의 분류]

구분		세부 항목
구조별 분류		직물 심지, 편물 심지, 부직포 심지
소재별 분류		천연섬유 심지, 화섬 심지, 혼방 심지
접착 방법별 분류	접착 부위의 넓이	부분 접착 심지, 전면 접착 심지
	접착 지속성	가접착 심지, 영구접착 심지

01 심지의 종류 중 여러 종류의 섬유를 얇게 펴서 접착제를 사용하여 접착시킨 심지로, 가볍고 올이 풀리지 않으며 올의 방향이 없어 사용하기에 간편한 심지는?

① 마심지　　　　　　② 면심지
③ 모심지　　　　　　④ 부직포

02 심지를 사용하는 이유가 아닌 것은?

① 의복을 반듯하게 하기 위해서
② 형태를 변형시키지 않기 위해서
③ 안정된 모양을 갖기 위해서
④ 뻣뻣한 느낌을 갖기 위해서

해설

01

부직포 심지

• 여러 종류의 섬유를 얇게 펴서 접착제를 사용하여 섬유와 섬유를 얽히게 하여 고정시킨 심지이다.

• 올이 풀리지 않고 올의 방향이 없어 사용하기에 간편하다.

• 가볍고 값이 저렴하다.

• 탄력성과 구김 회복성이 우수하다.

• 절단된 가장자리가 잘 풀리지 않는다.

02

심지의 사용 목적

• 의복의 실루엣을 아름답게 한다.

• 겉감의 형태를 안정하게 한다.

• 의복을 반듯하게 하고 형태가 변형되지 않도록 한다.

• 의복의 형태가 입체감을 이루도록 한다.

• 봉제 작업의 능률을 향상시킨다.

정답 01 ④ 　02 ④

1. 정의

① 특수 작업이란 본봉 재봉기로 하는 기본 공정을 제외한 나머지 작업을 말한다.

② 다양한 기종, 방법, 기술을 이용하면 여러 디자인을 만들 수 있다.

2. 종류

① 주름 작업

　㉠ 기계 주름 : 주름 기계를 사용하여 열과 압력에 의해 다양한 주름을 만든다. 스커트, 블라우스, 원피스 등에 사용된다.

　㉡ 핀턱(pin tuck) : 원단에 주름을 잡으며 장식 스티치를 하여 무늬를 만든다. 블라우스, 셔츠, 원피스 등의 가슴 또는 허리 부위에 사용된다.

　㉢ 셔링(shirring) : 원단에 잔주름을 잡아 장식하는 것이다.

　㉣ 스모킹(smocking) : 원단을 잡아당겨 생기는 잔주름을 잡고 그 위에 보다 굵은 실로 일정한 모양의 장식 스티치를 하여 무늬를 넣는 것을 말한다.

② 자수 작업

　㉠ 휘몰이 : 인터로크 기계를 사용하여 스커트나 원피스의 밑단, 소맷부리나 프릴 끝단을 매우 얇게 말아서 작업하는 방법이다.

　㉡ 패거팅(fagoting) : 블라우스의 요크나 어깨 몸판에 구멍을 내고 구멍과 구멍 사이에 실을 넣어 다양한 모양을 만드는 방법이다.

　㉢ 호시(pick stitch) : 부분 완성 후 봉제 완성선에서 조금 떨어진 부분에 특수 재봉기로 장식 스티치를 한 것이다. 재킷, 코트 등의 칼라, 라펠, 앞 몸판, 주머니 플랩, 벨트 등에 주로 사용된다.

　㉣ 스팽글 : 반짝거리는 금속이나 합성수지로 만든 얇은 장식 조각으로 투명사를 사용하여 붙이는 것으로, 장식 효과를 위해 사용한다. 재킷 주머니 또는 몸판 전체 및 일부에 사용한다.

　㉤ 손자수 : 자수용 재봉기를 사용하여 정형화되지 않은 다양한 문양을 만들어내는 것으로, 고가의 여성 캐릭터 브랜드에서 주로 사용한다.

　㉥ 자수 퀼팅 : 원단과 원단 사이에 하스 같은 솜 또는 부직포 등의 심지를 넣고 전체나 부분을 장식적으로 재봉하는 것을 말한다. 일반 퀼팅과 비교하여 더 섬세하다.

　㉦ 로고와 문양 : 스포츠웨어, 아웃도어 브랜드에서 주로 사용한다.

③ 기타 작업

　㉠ 일반 퀼팅 : 자수 퀼팅 방법과 동일하나 대량으로 작업되고 덜 섬세하며 저렴하다.

　㉡ 전사 : 색상이 입혀진 완성된 그림을 필름에 출력하여 열과 압력으로 의류에 전이시키는 것이다.

　㉢ 핫픽스 : 입체적인 장식물 뒷면에 열가소성 수지가 붙어 있어 열과 압력을 이용하여 의류에 부착시킨다.

　㉣ 핫멜트 : 가열에 의해 용융되는 성질을 이용하여 지퍼, 포켓 등을 무봉제 시스템에서 작업할 때 사용한다.

　㉤ 웰딩(welding) : 고열로 원단 시접 부분을 용융 후 냉각시켜 부착시키는 것을 말한다.

　㉥ 심실링(seam sealing) : 웰딩기에 의해 부착된 시접선 부분에 심테이프를 부착하는 것을 말한다.

3. 특수 작업 의뢰 시 주의사항

① 작업 특성상 대량 설비나 고가의 특수 기계가 필요한 경우 작업 빈도가 낮다면 외부 공장에 의뢰한다.

② 규모, 견적, 단가, 품질(해당 작업 경력 5년 이상), 환경, 납기 준수에 특히 유의하여 실행업체를 선정한다.

01 특수 작업의 정의로 가장 적절한 것은?

① 일반 재봉기만을 사용하는 작업
② 기본 봉제만으로 완성되는 작업
③ 단순한 바느질 작업만을 의미
④ 본봉 재봉기를 제외한 다양한 기종과 방법으로 이루어지는 작업

02 핀턱 작업에 대한 설명으로 옳은 것은?

① 원단을 잡아당겨 잔주름 위에 스티치를 하는 작업이다.
② 자수용 재봉기를 사용하여 문양을 만드는 작업이다.
③ 원단에 주름을 잡아 장식 스티치를 하여 무늬를 만드는 작업이다.
④ 프린트된 그림을 열로 전사하는 작업이다.

해설

01
특수 작업이란 본봉 재봉기로 하는 기본 공정을 제외한 나머지 작업을 말한다. 특수 봉제는 다양한 기종과 방법, 기술을 이용해 다양한 디자인을 만들어낼 수 있다.

02
①은 스모킹, ②는 손자수, ④는 전사 작업을 말한다.

정답 01 ④ 02 ③

핵심이론 06 완성 다림질

1. 다림질 온도와 기호

① 완성 다림질의 정의

　㉠ 완성 다림질이란 다림질 작업을 통해 의류의 형태 완성도를 향상시키는 작업을 말한다.

　㉡ 작업 단계상 재단물 봉제 작업이 끝나고 완성반으로 넘어오면 제품 형태 특성과 소재 물성에 따라 적절한 다림질 도구와 온도를 선택하여 완성 다림질 작업을 한다.

② 주요 다림질 작업

　㉠ 솔기와 몸판 다림질

　　• 다림질 작업 중 가장 많은 작업을 차지한다.

　　• 솔기 시접들을 특성에 맞게 다림질로 자리 잡게 해 주고, 솔기 부분의 봉제 퍼커링과 겉 몸판, 안감의 구김들을 바르게 펴 주는 작업이다.

　㉡ 칼라와 주머니 다림질 : 칼라는 제품의 얼굴이므로 가장 공을 들여 다림질하고, 주머니 부위는 형태감이 잡혀 있지 않으면 품질이 떨어져 보이므로 주의한다.

　㉢ 비조나 견장 다림질 : 장식 모양과 안감의 전체적인 모양을 바르게 자리 잡게 해 준다.

③ 원단 혼용률과 특성에 따른 다림질 온도

　㉠ 천연섬유

　　• 면, 마 섬유는 높은 온도에서 다림질이 가능하다.

　　• 면직물을 다림질할 때는 덧헝겊을 대지 않아도 된다.

　　• 견 섬유를 다림질할 때는 수분을 가하면 얼룩이 지기 쉽고 옷감의 외관이 상할 수 있다.

　　• 모직물은 방축 가공이 된 경우가 많으므로 물을 가볍게 뿌려 헝겊을 덮고 다려야 한다.

　　• 모직물은 덮개 천을 덮고 다림질하면 광택이 생기는 것을 피할 수 있다.

　　• 백색 직물은 다리미 접촉시간이 길면 백도에 변화가 생기기 쉽다.

ⓒ 화학섬유

- 화학섬유는 전기 다림질 시 필히 온도에 유의하여야 한다.
- 저온으로 압력을 많이 가하지 않고 부드럽게 다림질해야 한다.

ⓒ 전기 다림질이 불가한 섬유 : 아크릴수지 가공천, 에나멜 가공천, 고무를 입힌 가공천, 폴리우레탄 수지 가공천 등이다.

ⓓ 다림질에 의한 섬유 변화

- 일반적으로 물에 젖은 섬유를 다림질했을 때 수축되는 현상이 가장 많이 나타난다.
- 다리미를 지나치게 가열시키면 섬유의 변색, 수축, 용융, 경화 현상이 나타난다.
- 합성섬유(비닐론이나 아세테이트)를 고온으로 다림질할 때 섬유가 가열로 연화되어 섬유 자체가 융착−냉각 후에도 그대로 굳어지는 현상인 경화 현상이 나타나고, 수분이 있을 경우에는 정도가 더 심하게 나타난다.

ⓔ 원단 종류별 적정 다림질 온도

소재	적정 온도
면	160~200℃
마	160~200℃
모	120~160℃
견	130~140℃
나일론	100~130℃
폴리에스터	100~130℃
아크릴	100~130℃
레이온	120~150℃
큐프라	140~160℃
아세테이트	120~130℃

④ 다림질 방법 표시 기호(KS K 0021)

기호	기호의 정의
(다리미, 3 210℃)	다리미 온도 최대 210℃로 다림질할 수 있다.
(다리미, 3 210℃, 밑줄)	다리미 온도 최대 210℃로 헝겊을 덮고 다림질할 수 있다.

기호	기호의 정의
(다리미, 2 160℃)	다리미 온도 최대 160℃로 다림질할 수 있다.
(다리미, 2 160℃, 밑줄)	다리미 온도 최대 160℃로 헝겊을 덮고 다림질할 수 있다.
(다리미, 1 120℃)	다리미 온도 최대 120℃로 다림질할 수 있다.
(다리미, 1 120℃, 밑줄)	다리미 온도 최대 120℃로 헝겊을 덮고 다림질할 수 있다.
(다리미, 1 120℃, 스팀 X)	다리미 온도 최대 120℃로 스팀을 가하지 않고 다림질할 수 있다. 스팀 다림질은 되돌릴 수 없는 손상을 일으킬 수 있다.
(다리미 X)	다림질을 하면 안 된다.

[비고] 다림질 방법 기호 중 온도 기호 "℃"는 생략할 수 있다.

2. 다림질 방법

① 원단 종류에 따른 다림질 방법

ⓐ 원단의 물성(파일 길이, 파일 결 방향 등)에 따라 다림질 방법이 달라야 한다.

ⓑ 침판이나 같은 소재의 원단을 다림질 판으로 사용한다.

ⓒ 소재의 두께 때문에 솔기 자국이 드러나는 경우에는 얇은 스펀지나 원단으로 다리미 바닥을 감싸서 작업한다.

② 의복 종류별 다림질 방법

ⓐ 재킷

> 암홀 → 소매 → 뒤 몸판 → 앞 몸판 → 칼라 순으로 다림질한다.

- 암홀 : 암홀 다림질 전용 보조형틀을 이용하여 암홀을 다림질한다. 솔기 시접이 겉감의 형태를 해치지 않게 하고, 소매산 주변의 오그림 분량도 형태를 잘 살도록 잡아준다.

- 소매 : 솔기 형태에 맞게 솔기 시접을 가르거나 한쪽 방향으로 뉘여서 자리를 잡아주고, 소맷단에 트임이 있으면 형태감을 잡아 다림질한다.
- 뒤 몸판 : 솔기들을 다림질한 후 몸판의 잔주름들을 펴 준다. 밑단 시접 부위는 늘어나지 않게 잡아주고 트임은 형태감을 잡아 다림질한다.
- 앞 몸판 : 솔기들을 다림질한 후 몸판의 잔주름들을 펴준다. 주머니 속감이 겉 몸판에 배어 나오지 않게 하고 플랩 모양이나 입술이 벌어져 보이지 않게 한다.
- 칼라 : 전체적인 모양을 잡아준 다음, 꺾임선 부위가 자연스럽게 돌아가도록 다리미로 누르지 않고 스팀을 이용하여 자리를 잡아준다.
- 다림질이 끝나면 옷걸이에 걸어놓고 스팀을 이용하여 미비한 곳을 보강 다림질한다.

ⓛ 바지

> 앞샅과 뒤샅 → 옆 솔기 → 뒤판 엉덩이와 뒷주머니 → 앞판 상단 주머니 → 허릿단 → 바지 몸판 순으로 다림질한다.

- 앞샅과 뒤샅 : 심한 곡선 부위여서 잘 늘어나거나 퍼커링이 생기므로 솔기 시접이 늘어나지 않으면서 곡선 형태가 잘 살도록 자리를 잡아준다.
- 옆 솔기 : 다림질 보조도구를 이용하고 바지를 뒤집어서 솔기 시접 부분을 다림질해 준다. 정장 바지는 가름솔이 많고, 캐주얼 바지는 통솔이 많다.
- 뒤판 엉덩이와 뒷주머니 : 다트 끝에 보조개가 생기지 않게 하고 주머니의 형태감을 살린다.
- 앞판 상단 주머니 : 주머니 입구가 늘어나지 않게 하고, 속주머니감이 겉감에 배어 나오지 않게 한다.
- 허릿단 : 안단이 겉에서 보이지 않게 하고 벨트고리가 기울어지지 않게 한다.
- 바지 몸판 : 안쪽과 바깥쪽의 솔기를 마주 보게 포갠 후 다림질한다.

ⓒ 스커트

> 옆 솔기 → 뒤판 엉덩이 → 앞판 상단 → 허릿단 → 몸판 → 밑단 트임 순으로 다림질한다.

- 옆 솔기 : 다림질 보조도구를 이용하여 솔기는 스커트를 뒤집어서 솔기 시접 부분을 다림질해 준다.
- 뒤판 엉덩이와 앞판 상단 : 뒤판 엉덩이는 다트 끝에 보조개가 생기지 않도록 자리를 잡아주고 지퍼 부위의 퍼커링을 다림질한다.
- 허릿단 : 안단이 겉에서 보이지 않도록 자리를 잡아주며 다림질한다.
- 몸판 : 몸판의 작은 주름들을 다림질한다.
- 밑단 트임 : 뒤트임이 벌어지거나 한쪽으로 기울어지지 않도록 형태감을 잡으며 다림질한다.
- 주름치마의 경우 주름이 벌어지거나 모양이 흐트러지지 않도록 주의한다.
- 불규칙한 주름이 허릿단이나 몸판의 절개선에 있는 디자인일 경우, 주름의 밑부분을 밑으로 당기며 스팀을 주어 주름의 자리를 잡아주면 형태 완성도가 좋아진다.

③ 다림질 보조형틀 및 다림용 매트 사용
  ㉠ 소매 암홀용 다림질 보조형틀
    - 작업 현장에서 가장 많이 쓰이는 보조도구이다.
    - 소매 암홀 부위, 주머니나 플랩, 비조 등 세밀한 부분을 다림질할 때 많이 사용한다.
    - 곡선이나 볼륨감을 살려야 할 때, 스커트나 바지의 다트 부분을 다림질할 때 많이 사용한다.
  ㉡ 바지 솔기용 다림질 보조형틀
    - 바지의 형태 특성상 길게 제작된 보조도구를 사용한다.
    - 솔기를 평평한 곳에서 다림질하면 눌림 자국이 생기므로 솔기를 다릴 때 많이 사용한다.

ⓒ 몸판용 다림질 보조형틀 : 다림질 할 부위의 주변에 생기는 불필요한 다림질 눌림 자국을 방지하기 위해 사용한다.

ⓔ 다림용 매트(vacuum board)
  • 본체에 모터가 달려 있고 철망 위에 두꺼운 스펀지를 올려놓고 원단으로 둘러서 만든다.
  • 매트 바닥의 발판을 누르면 흡입기가 작동하여 다리미에서 나오는 스팀을 빨아들여 제품을 습기로부터 보호하고, 습기 때문에 생기는 작은 주름들을 방지해 준다.

핵심예제

01 다음 중 안전 다림질 온도가 가장 높은 것은?
① 아세테이트   ② 아크릴
③ 아마   ④ 견

02 슬랙스를 만들 때 다리미로 많이 늘여야 할 부분은?
① 밑단   ② 허리 부분
③ 밑위, 밑아래   ④ 옆선 부분

[해설]

01
아마는 다림질을 할 때 가장 높은 온도를 가해도 될 정도로 내열성이 좋다.

02
슬랙스 밑위, 슬랙스 밑아래, 소매 앞 팔꿈치 부분, 앞다리가 시작되는 바로 밑, 바지 뒤, 소매 안쪽 등은 다림질할 때 부위를 늘여서 입체화시켜 정리한다.

정답 01 ③ 02 ③

핵심이론 **07** 특종 작업

1. 특종 작업의 정의
① 봉제 작업이 끝난 작업물에 단추나 스냅을 달고 단춧구멍을 만드는 작업을 포함한다.
② 아일릿 등 장식품 또는 봉제의 부분 보강을 위한 바택 작업을 포함한다.
③ 소맷단 및 몸판 밑단의 마무리 시 블라인드 스티치 합봉 작업을 포함한다.

2. 특종 작업의 종류
① 단춧구멍 뚫기와 단추달이 작업
  ㉠ 생산의뢰서, 샘플, 패턴을 확인하고 단춧구멍을 뚫을 위치를 표시한다.
  ㉡ 작업 위치 표시, 단춧구멍 규격, 꼬리 단춧구멍·끝맺음 단춧구멍 여부, 작업용 봉사 색상 등을 작업 전에 확인한다.
  ㉢ 단춧구멍 기기
    • 단춧구멍기는 의복에 단춧구멍을 만드는 데 사용한다.
    • 단춧구멍기는 셔츠용 단춧구멍기와 재킷용 단춧구멍기가 있다.
    • 단춧구멍 특종기기 중 재킷이나 코트용은 'QQ', 셔츠용은 '나나인치'라는 용어를 현장에서 사용하나 일본어에서 유래된 잘못된 용어이다.
  ㉣ 단추달이 기기 : 단추를 원하는 부위에 부착시키는 작업을 해준다.
  ㉤ 단추달기 작업
    • 단추를 달기 위해 준비한 재봉사 종류와 색상이 생산의뢰서 사양과 맞는지 확인한다.
    • 단추달이 기기에 준비한 재봉사를 장치한다.
    • 일반 천에 단추를 달아서 기기가 정상적으로 작동하는지 확인한 후 단추달이 작업을 한다.

• 재킷은 단추 기둥 만들기 기기를 이용하여 실기 등을 만든다.

② 스냅달이 작업 : 수동기계, 반자동기계, 자동기계가 있으며, 몰드로 수작업하던 환경에서 자동화 기계로 바뀌면서 생산성도 올려 주고 불량률도 줄고 있다.

③ 바택 작업 : 주머니 입구의 가장자리나 지퍼 주머니의 끝부분 등 힘을 많이 받는 부위가 뜯어지는 것을 방지하기 위해 보강 스티치 작업을 하는 것을 말한다. 현장에서 '간도메'라고도 한다.

④ 블라인드 스티치 : 소맷단이나 몸판 밑단 부분의 단 처리 마무리 공정을 위해 손바느질하던 새발뜨기 바느질 작업을 자동화한 것이다. 현장에서 '스쿠이'라고도 한다.

⑤ 벨트고리달이 작업 : 레인코트나 재킷의 허리 부분, 어깨 견장 부위, 바지의 허릿단에 들어가는 벨트고리를 자동으로 봉제하는 작업이다.

핵심예제

다음 중 특종 작업에 해당하지 않는 것은?
① 단추 달기
② 블라인드 스티치
③ 오버로크 재봉
④ 바택 작업

|해설|
특종 작업은 봉제 작업 이후에 부가적으로 이루어지는 마무리 작업이다.

정답 ③

핵심이론 08 검침

1. 검침의 정의

① 정의
  ㉠ 검침은 의복이 최종 완성되어 폴리백 작업이 다 된 상태에서 봉제 작업 중에 부러진 바늘이나 금속 파편 등의 이물질이 섞여 들어간 것을 검침기를 이용해 찾아 제거하는 작업을 말한다.
  ㉡ 이물질로 인한 소비자의 안전사고를 예방하고, 브랜드 품질에 대한 신뢰도가 추락하는 것을 방지하고자 한다.

② 의미
  ㉠ 제조물책임(PL ; Product Liability)
    • 제품의 결함에 의해 소비자 또는 제3자의 신체상·재산상의 손해가 발생한 경우, 제조자, 판매자 등 제조물의 제조 판매 등의 과정에 관여한 자가 부담해야 하는 손해배상책임을 말한다.
    • 생산물 배상책임은 생산물의 제조자와 공급자가 생산물 사용자 및 소비자의 생명, 신체 및 재산에 대해 침해를 가한 행위에 대해 부담하게 되는 넓은 의미의 손해배상책임을 지칭한다.
  ㉡ 기업의 제조물책임 대책
    • 제조물책임예방대책(PLP ; Product Liability Prevention) : 안전 면에서 결함이 없는 제품을 생산하기 위한 제품 안전대책으로 PL 사고 발생을 미연에 방지하기 위한 활동을 말한다.
    • 제조물책임방어대책(PLD ; Product Liability Defence) : 제조물책임 사고 발생 시 기업의 손실을 최소화하기 위한 대책을 말한다.
    • 체계적인 PL 대응 체제 구축을 위한 방안 : 전 사원에게 전 단계에 대한 PL 교육을 실시하고, 장기적이고 거시적인 관점에서 제품의 안전대책을 추진한다.

[제조물책임 발생이 가능한 의류 제품 사고 내용과 대책]

위험요인	사고 내용	대책
바늘에 의한 사고	패딩 재킷에 남은 바늘로 인한 인체 손상	검침기 사용, 검침기 록대장 작성, 바늘 관리 매뉴얼 작성, 검침 후 스티커 부착, 담당 책임 범위 명확화
연소, 화상	• 원단의 기모, 파일 연소로 인한 화상 • 장식이나 넓은 소맷부리의 연소로 인한 화상	철저한 취급주의 표시, 연소방법·방염 제품 인정기준 준수, 품질표시에 방염성 명시, 방염 품질기준 검토, 사용 목적에 적합한 디자인, 방염시험 데이터의 정비
피부 알레르기	• 소재·가공처리제 잔류 • 봉제실에 의한 자극 • 속옷 등 피부에 접촉하는 용도의 가공처리제 • 자외선 차단 소재를 착용했으나 피부가 검게 탐	가공처리제의 안정성 확인, 공인시험기관의 시험성적서 보관, 알레르기 가능성 경고 표시, 가공처리제 명기
병충해	• 의류 보관 시 냄새로 인한 어지러움 • 곰팡이 방지 제품을 사용했으나 곰팡이가 발생함 • 방충가공제품을 사용했으나 모기에 물려 뇌염에 걸림 • 항균방취 소재에 벌레, 박테리아가 생김	안정성 표시의 제정, 임상시험 데이터 정비, 명확하고 적절한 효과 표시
인체 손상	• 등산용 로프 절단으로 인한 추락사고 • 보호대 끈이 절단되어 유아가 떨어져 상처 입음 • 수선용 면도칼이 주머니에 있어 상처 입음	규격의 명확화, 책임 소재의 명확화, PL 보험 가입, 의류 수선 후 담당자의 철저한 제품 확인

2. 검침기의 종류와 작업 방법

① 검침기의 종류

　㉠ 포터블(portable) 검침기 : 부피가 작은 의류를 검침하는 데 편리하다.

　㉡ 컨베이어(convair) 검침기 : 부피가 크거나 많은 양을 신속히 검침하는 데 편리하다.

　㉢ 핸드(hand) 검침기 : 휴대가 간편하다.

② 검침 작업 방법

　㉠ 제품의 금속 부자재들이 검침기를 통과할 수 있게 만들어졌는지 확인한다.

　㉡ 검침할 제품의 생산 수량, 부피, 입고 날짜 등을 고려하여 적합한 검침기를 사용하여 작업한다.

> **핵심예제**

위험요인에 따른 검침 대책으로 옳지 않은 것은?

① 방충가공 시 임상시험 데이터를 준비한다.
② 가공처리제를 사용한 소재는 별도의 스티커를 부착한다.
③ 연소나 화상의 피해가 발생하지 않도록 품질표시에 방염성을 명시한다.
④ 옷에 남은 바늘에 의한 사고를 방지하기 위해 검침기로 검사한다.

【해설】

원단 소재·속옷 등의 가공처리제 잔류로 인한 피부 알레르기 방지 대책으로 가공처리제의 안정성 확인, 공인시험기관에서 행한 시험성적서 보관, 알레르기 가능성 경고 표시, 가공처리제 명기 등이 있다.

정답 ②

1. 손바느질 공정 부위 확인

① 제직의류 완성 기타 작업

㉠ 완성단계에서 수작업을 통해 마무리 손바느질하고, 제사 처리 및 포장하는 업무에 적용한다.

㉡ 손바느질 공정이란 완성 공정에서 손바느질을 하는 작업의 공정을 말한다.

㉢ 제사 처리란 봉제 후 발생하는 재봉사의 잔여물을 제거하는 작업을 말한다.

㉣ 제품 포장이란 의복 특성에 따라 옷의 구김을 예방하고, 제품의 손상을 방지하며, 효율적인 물류 이동과 관리를 위한 각각의 포장 방법을 말한다.

② 손바느질 공정 부위 확인

㉠ 재킷
- 디자인, 안감 여부에 따라 공정 부위가 달라진다.
- 고가용 재킷, 소량의 재킷은 기계작업보다 손바느질로 마무리한다.
- 재킷 앞판 안단선 시접 부위 고정, 겉감과 안감의 암홀 부위 고정, 밑단 부위 고정, 앞중심 여밈 손단추 달이와 스냅달이, 패드달이 등에 마무리 손바느질이 사용된다.

㉡ 팬츠
- 허리 여밈 부위의 단추달이, 지퍼 받침 고정, 밑단 처리 등에 마무리 손바느질이 사용된다.
- 안감이 있는 경우 지퍼 부위 안감 고정, 겉감과 안감 밑단 연결 부위에 사용된다.
- 허리 여밈 봉제에서는 견고성이 가장 중요하다.

㉢ 스커트
- 여밈 부위 단추달이, 후크달이, 지퍼 부위 안감 고정, 스커트 트임 부위 안감 감침, 밑단 감침, 스커트 밑단 안감 고정 등에 사용된다.
- 허리 여밈 장치의 부착은 팬츠와 마찬가지로 견고함이 최우선이다.

③ 손바늘의 종류와 선택

㉠ 손바늘은 호수가 클수록 두께가 가늘다.

㉡ 옷감의 두께나 구조, 실의 종류와 굵기, 용도 및 손바느질법의 종류에 따라 적당한 손바늘을 선택해야 한다.

[손바늘의 종류와 규격]

(단위 : mm)

구분	바늘 번호	바늘 지름	바늘 길이	사용 용도
보통 바늘 (sharps)	8	0.61	36.5	• 가장 일반적으로 광범위하게 사용된다.
	9	0.61	34.9	• 바늘 끝이 뾰족하고, 바늘 길이는 중간 정도이다.
	10	0.46	33.3	• 바늘구멍이 작고 둥글어 바느질 강도를 높여준다.
퀼팅 바늘 (betweens)	8	0.61	28.6	• 테일러드 재킷 같은 정교한 바느질이나 얇고 섬세한 소재의 마무리 손바느질에 사용된다.
	9	0.56	27.3	• 동일한 바늘 번호에서 보통 바늘보다 길이가 짧고, 바늘구멍이 작고 둥근 바늘구멍이다.
	10	0.56	25.8	
	12	0.51	22.7	
	13	0.51	22.0	• 중간 두께 원단은 6~8번, 얇고 섬세한 소재는 가늘고 짧은 9번, 두꺼운 소재는 5번 바늘을 사용한다.
시침용 바늘 (milliners)	5	0.84	50.8	보통 바늘보다 길어 데님 소재, 셔닐 소재, 셔링 잡기, 두꺼운 패드달이, 큰 단추달이 등에 사용된다.
	7	0.69	46.8	
	9	0.53	42.9	

2. 마무리 손바느질의 종류와 작업 방법

① 손단추달이

㉠ 일반적인 손단추달이
- 고가 의류, 기계달이 봉제기기가 없는 경우, 원단 미어짐이 심한 섬세한 소재의 경우에 사용한다.
- 일반적으로 몸판과 동일한 색상의 실을 사용한다(장식 기능이 있는 경우는 제외).
- 원단의 두께, 단추 사용 용도에 따라 실 겹수, 기둥 높이, 뿌리감기 횟수, 밑단추 사용 여부를 결정한다.

ⓛ 밑단추가 없는 경우의 손단추달이
- 겉면에서 바늘을 넣어 실 끝맺음이 보이지 않게 한다.
- 팬츠나 스커트 허리 여밈의 경우에 사용한다.

ⓒ 밑단추가 있는 경우의 손단추달이
- 재킷, 코트 등 원단이 두꺼운 경우에 사용한다.
- 칼라를 풀었을 경우 밑단추가 보이면 외관상 문제가 있으므로 맨 윗단추의 밑단추는 보이지 않게 생략한다.

ⓔ 기둥단추의 손단추달이는 뿌리감기를 생략한다.

② 걸고리달이

㉠ 후크 손 달이
- 후크는 허리밴드가 있는 스커트나 팬츠의 여밈을 견고하게 하려고 사용한다.
- 60수3합실이나 코어사를 많이 사용한다.

ⓛ 철사형 걸고리 손 달이 : 허리밴드가 없는 스커트나 팬츠의 허리 여밈, 원피스 뒤중심 지퍼 상단 여밈에 사용된다.

③ 스냅달이

㉠ 부드러운 소재의 여밈이나 벌어짐을 방지하기 위해 보조적으로 사용된다.

ⓛ 천으로 감싼 큰 스냅은 두꺼운 재킷과 코트 등의 여밈에 사용된다.

ⓒ 윗면에 볼록스냅을, 아랫면에 오목스냅을 단다.

④ 실고리 뜨기와 실루프 만들기

㉠ 실고리 뜨기 : 2겹의 실을 사용하여 견고하게 하며, 스커트 밑단, 상의류 암홀 부위의 겉감과 안감 고정, 안감 없는 상의류의 겉감과 안단을 고정할 때 사용한다.

ⓛ 실루프 : 재킷이나 원피스의 벨트용 실고리, 재킷이나 원피스의 후크걸이, 원피스나 블라우스의 단추걸이 등에 사용한다.

⑤ 단 처리

속감침질	• 고급 여성복 스커트, 원피스, 안감 없는 재킷과 코트의 밑단 처리 방법으로 사용된다. • 1겹의 실로 정교하게 바느질하고, 겉이나 안에서도 감친 곳이 보이지 않으며, 단을 들춰야 바늘땀이 보인다.
감침질	• 가장 쉬운 단 바느질법으로 1겹의 실로 정교하게 바느질한다. • 실크 같은 부드러운 옷감이나 안감을 겉감에 고정시킬 때도 사용된다. • 옷 안쪽 부분에 사선의 감침질 한 실이 나타나고 겉쪽에서는 실땀이 보이지 않는다.
새발뜨기	• 심감을 고정하거나 트임, 안단 등의 마무리 공정을 할 때 많이 사용하며, 밑단 처리에 사용할 경우에는 단을 튼튼하게 하기 위해 사용한다. • 왼쪽에서 오른쪽으로, 1겹의 실로 정교하게 바느질한다.
공그르기	• 스커트, 슬랙스, 소매 등의 밑단을 꿰맬 때 주로 쓰인다. • 겉으로는 실땀이 나타나지 않게 잘게 뜨고, 안으로는 단을 접어 속으로 길게 떠서 고정시킨다.

⑥ 패드달이

㉠ 기계작업 시에는 봉제 공정 중에 달고, 수작업 시에는 완성 공정에서 달아준다. 2겹의 실로 튼튼하게 바느질한다.

ⓛ 기본형 소매는 어깨 봉제선에서 0.7cm 정도 나오게 단다.

ⓒ 패드 분량은 보통 앞판 쪽에 2/5, 뒤판 쪽에 3/5으로 분배한다.

핵심예제

단을 처리할 때 사용되는 마무리 손바느질 방법이 아닌 것은?
① 감침질
② 공그르기
③ 새발뜨기
④ 반박음질

해설

완성 마무리 손바느질 밑단 처리에는 속감침질, 감침질, 새발뜨기, 공그르기 등이 있다.

정답 ④

핵심이론 10 제사

1. 제사 처리

① 정의

㉠ 제사 처리란 제품 봉제 후 발생하는 재봉사의 연장 잔여물을 제거하는 작업을 말한다.

㉡ 봉제 과정에서 묻어 있는 실밥, 박음질 시작 부분과 끝부분에 길게 붙어 있는 재봉실을 처리한다.

㉢ 최근에는 제사 처리가 중요한 공정이라는 인식이 확대되어 성능이 개선된 제사 처리기기를 사용하여 비용을 절감하고 효과를 극대화하고 있다.

㉣ 보통 완성 프레스 작업이나 포장 작업 이전에 실시하나, 일부에서는 제사 처리와 검사를 함께 진행하기도 한다.

② 제사 처리 도구와 특징

쪽가위	• 현장에서 가장 많이 사용된다. • 깔끔하고 섬세한 실밥 제거가 가능하다. • 정교하게 봉제된 정장 제품, 예민한 소재의 원피스나 블라우스의 제사 처리에 적합하다. • 가윗집을 내어 의류를 손상시키거나 손을 다치지 않도록 주의한다.
흡입식 제사 처리기	• 잔사가 많거나 견고한 소재 및 봉제 방법의 데님 팬츠, 캐주얼 셔츠, 니트 제품의 제사 처리에 적합하다. • 연장 잔여물을 잘라냄과 동시에 흡입하여 실밥과 먼지 제거가 이루어진다. • 고정형과 유동형이 있다. • 처리속도가 빨라 비용이 절감되고, 먼지 흡입이 동시에 진행되어 작업장 청결 및 작업자 건강에 도움이 된다. • 섬세한 소재는 손상될 수 있으므로 사용하지 않는다.
잡사털이기	• 제사 후에도 붙어 있는 실밥 등을 송풍기로 깨끗이 털어준다. • 바람으로 빨아들이는 방식이므로 예민한 소재의 여성복에는 적합하지 않다. • 대량생산의 스포츠 의류, 캐주얼 의류에 많이 사용된다.

2. 복종별 제사 처리 위치와 주의사항

① 재킷

㉠ 겉감과 안감을 합치기 전에 시접 끝이나 되돌아박기 부위 등을 제사 처리한다.

㉡ 다트 끝 봉제선의 연장 실밥은 봉제선이 풀리지 않도록 2cm 정도 남겨 두므로 제사 처리 위치에서 제외한다.

㉢ 제사 처리를 하고 나서 겉감과 안감을 합쳐서 봉제해야 오버로크실 뭉침이나 잔사 자국이 겉으로 보이지 않는다.

② 팬츠와 스커트

㉠ 팬츠의 벨트고리, 프런트 플라이 바택, 주머니 바택 부위는 잔사가 많이 생기므로 제사 처리 위치로 정한다. 특히, 기모 제품인 경우에는 흡입식 잡사털이기를 사용한다.

㉡ 스커트 제사 처리 위치는 팬츠의 위치에 더해 스커트 트임 부위가 추가된다.

㉢ 바택과 자수 작업 시에는 특히 뒷면의 잔사를 처리해야 한다.

핵심예제

제사 처리 시 처리 속도가 빠르고 연장 잔여물을 잘라냄과 동시에 실밥과 먼지를 흡입하여 작업장 청결에 좋은 것은?

① 쪽가위
② 잡사털이기
③ 흡입식 제사처리기
④ 밴드나이프 재단기

해설

흡입식 제사 처리기는 처리속도가 빨라 비용이 절감되고, 먼지 흡입이 동시에 진행되어 작업장 청결 및 작업자 건강에 도움이 된다. 섬세한 소재는 손상될 수 있으므로 사용하지 않는다.

정답 ③

1. 제품 분류

① 생산의뢰서의 작업 차수, 일련번호, 호칭별로 제품을 분류하는 작업을 말한다.

② 생산의뢰서에 기재된 색상과 호칭에 따라 제품이 분류되고 포장 방법이 결정된다.

2. 태그 부착 및 종류

① 태그 부착

　㉠ 제사 처리가 끝난 의류에 메인 태그, 원단혼용률, 취급주의 태그, 기능태그, 품질보증 태그, 가격태그 등을 부착하는 것을 말한다.

　㉡ 의류용 태그는 의류업체, 제조업체, 유통업체, 소비자들의 필요 정보를 나타내는 표를 의미하며, 사람 및 기계에 의해 판독할 수 있다.

[태그 기재 정보(섬유산업연합회)]

구분	정보	내용
1구역(필수)	상품식별	사람이 읽을 수 있으며 스타일 번호, 패턴, 모델 등을 표시한다.
2구역(선택)	공급업자 정보	컷 넘버, 다이로트 넘버 등 선택적 공급자 정보를 제공한다.
3구역(필수)	KAN-13 식별코드	국가식별코드, 의류제조업체코드, 상품품목코드, 검증번호 정보를 제공한다.
4구역(선택)	소비자 정보	혼용률, 원산지 등 소비자를 위한 선택적 제품 정보를 제공한다.
5구역(필수)	사이즈/치수 정보	사이즈 정보를 제공한다.
6구역(필수)	소매가격용 여백	소매업자들이 공급업자의 KAN 티켓에 접착 가격 스티커를 부착하는 데 사용한다.
7구역(선택)	제조업자 권장가격/판매보고용 바코드	제조업체 권장가격이나 제조업체의 정확한 판매실적 관리를 위한 판매보고용 바코드를 추가한다.

② 바코드

　㉠ 정의 : 굵기가 서로 다른 바와 스페이스를 조합하여 광학적으로 스캐너에서 판독할 수 있는 숫자로 나타낸 것을 말한다.

　㉡ 가격태그에 바코드 내용이 포함되어야 한다.

　㉢ 바코드는 상품식별과 판매현황관리의 전산화를 위해 부착한다.

　㉣ 유통업체에 따라 코드체계가 다르므로 적합한 바코드 체계를 선택해야 한다.

　㉤ 바코드 체계 종류

　　• 128코드 체계 : 국내의류업체에서 많이 사용되는 코드체계이다.

　　• KAN(Korean Article Number, 한국공통상품코드) : 한국에서 유통되는 소비재 상품에 공동으로 사용할 수 있는 식별번호이다. 표준형 KAN-13 코드는 국가별 식별코드 3자리, 의류제조업체 코드 4자리, 상품 품목 5자리, 검증코드 1자리로 구성된 표준코드이다.

③ 태그의 종류

　㉠ 메인태그 : 브랜드를 나타내기 위해 사용한다.

　㉡ 가격태그 : 가격 정보를 제공하며 상품식별 정보가 담긴 바코드를 포함한다.

　㉢ 품질보증 태그 : 제품 품질을 보증하고 소비자의 권익을 보호하기 위한 태그이다.

　㉣ 기타 태그 : 특수한 소재 정보, 원단가공 정보, 환경마크 등을 제공한다.

④ 태그 부착 재료

　㉠ 행태그(hang tag)를 의류에 부착하기 위한 재료에는 태그 끈에 태그 안전핀이 달려 있는 형태, 원통형 스트링 행태그 등이 있으며, 여성복에는 안전핀이 달려 있는 형태가 많이 사용된다.

　㉡ 태그 건과 자동 태그 부착기로 부착한다.

⑤ 태그 부착 목적

    ㉠ 공급업자의 광고용 태그로 브랜드를 식별한다.

    ㉡ 상품 정보, 가격 정보 등을 알기 위한 상품식별코드로 사용된다.

    ㉢ 메인태그, 가격태그, 품질보증 태그, 기타 태그 순서로 부착하되 생산의뢰서의 지정 위치를 따른다.

3. 포장

① 의의

    ㉠ 포장이란 복종별 특성에 맞춰 옷의 구김 예방, 제품의 손상 방지, 효율적인 물류 이동, 관리를 위한 각각의 포장 방법을 말한다.

    ㉡ 제품의 특징을 살리고 배송 시 상품을 보호하고자 한다.

② 포장의 원칙

    ㉠ 의류 제품의 특성을 파악하여 포장 재료, 포장 형태를 적절히 선택한다.

    ㉡ 취급이 쉽고 휴대하기 편하며 운송이 편한 형태, 크기, 구조, 디자인이어야 한다.

    ㉢ 상품 디스플레이 효과와 구매 촉진을 위해 투명한 폴리백으로 단일 포장하는 것이 좋다.

    ㉣ 상품을 확실히 보호할 수 있고 비용을 절감할 수 있어야 한다.

    ㉤ 포장 디자인이 소비자의 구매 욕구를 높일 수 있어야 한다.

③ 포장 재료의 요구 성능

    ㉠ 보호 기능 : 외부의 침식을 방어할 수 있는 확실한 보호 기능이 있어야 한다.

    ㉡ 안전성 : 인체와 의류 제품에 유해하지 않고 안전해야 한다.

    ㉢ 포장의 용이성 : 쉽게 포장할 수 있고, 저비용이며, 포장 후에 오염되지 않고 쉽게 오염 제거가 가능해야 한다.

    ㉣ 친환경성 : 환경을 보호할 수 있는 친환경 포장 재료를 사용해야 한다.

④ 포장 재료의 종류 : 폴리백, 옷걸이, 접착테이프, 제품 정보 스티커, 경고문구 스티커, 호칭 스티커 등

⑤ 포장 수량에 따른 포장 방법

    ㉠ 개별 폴리백 포장 : 1장의 제품을 1장의 폴리백에 포장하는 방법이다.

    ㉡ 번들 폴리백 포장 : 1장씩 개별 포장된 의류 제품 여러 개를 대형 폴리백에 함께 포장하는 방법으로, 미주나 유럽 쪽에 수출 시 많이 사용된다.

⑥ 폴리백 포장의 종류

    ㉠ 접기 포장(folding) : 디스플레이 했을 때 상품의 특성을 살려 소비자들에게 잘 보일 수 있도록 한다.

    ㉡ 평면 포장(flat pack)

       • 의류 제품을 접어 폴리백에 넣는 방법으로 폴딩 폴리백 포장이라고도 한다.

       • 접착 시트가 붙어 있는 투명한 폴리백에 구겨지지 않게 넣은 뒤, 폴리백의 입구를 봉한다.

       • 포장 후 습기가 생기는 것을 방지하기 위해 통기 구멍이 있는 폴리백을 사용한다.

       • 바이어의 요청이 있으면 습기 방지용 종이나 제습제 백을 넣어 포장한다.

       • 폴리백 겉면에는 사이즈 라벨을 부착한다.

       • 스포츠웨어, 셔츠, 팬츠에 많이 사용한다.

    ㉢ 행거 포장(hanger pack)

       • 구김을 최대한 줄이기 위해 옷걸이에 의류 제품을 걸어둔 상태로 폴리백을 씌워 포장한다.

       • 구김이 많이 가는 제품에 사용된다.

       • 폴리백 하단을 막아 먼지가 들어가거나 제품이 분실되는 것을 방지하기도 한다.

       • 정장 슈트, 블레이저, 코트, 팬츠 등의 포장에 많이 사용한다.

⑦ 운송과 선적을 위한 박스 포장

　㉠ 솔리드(solid) 포장 : 개별 폴리백 포장이 된 제품을 한 박스에 동일 호칭별, 색상별로 구분하여 포장하는 방법이다.

　㉡ 어소트(assortment) 포장

　　• 공장에서 색상별, 호칭별로 원하는 수량을 지정하여 박스에 포장하는 방법이다.

　　• 매장별 판매현황을 고려하여 수량을 기획하고, 호칭과 색상을 서로 다르게 구분 포장하여 판매 효율을 높인다.

　　• 어소트 포장 종류

　　　- 솔리드컬러 어소트사이즈 포장(solid color assorted size pack) : 전개된 전체 호칭이 단색으로 생산된 의류의 포장 방법

　　　- 어소트컬러 어소트사이즈 포장(assorted color assorted size pack) : 전개된 여러 호칭이 여러 색상으로 생산된 의류를 색상별·호칭별로 혼합 포장

⑧ 준비 및 출하

　㉠ 포장이 완료되면 출하 창고에 보관하고, 출하지시서가 입수되면 출하 준비를 한다.

　㉡ 출하지시서에는 지역별(대리점, 직영점)로 제품 수량이 배분되어 있다.

　㉢ 출하 준비가 완료된 제품은 출하일에 출하한다. 판매 시점이 가까워진 제품은 생산 공장에서 직매장, 대리점으로 직접 운송되고, 그 외에는 본사 제품 창고로 운반되었다가 판매 시점에 맞추어 각 직매장, 대리점으로 배분된다.

　㉣ 제품 창고, 직매장으로 출하되는 제품은 행거걸이가 부착된 차량을 주로 이용하고, 대리점으로 출하되는 제품은 주로 박스 포장하여 운송한다.

핵심예제

의류의 포장에 대한 설명 중 틀린 것은?

① 가격태그에는 바코드 내용이 포함되어야 한다.
② 소비자의 구매 욕구를 높일 수 있는 포장 디자인을 사용한다.
③ 어소트컬러 어소트사이즈 포장은 전체가 단색으로 생산된 의류 제품의 포장 방법이다.
④ 개별 포장된 제품 여러 개를 대형 폴리백에 함께 포장하는 방법은 미주 수출 시 많이 사용된다.

|해설|

어소트컬러 어소트사이즈 포장은 한 박스에 여러 호칭이 여러 색상으로 생산된 의류 제품을 색상별·호칭별로 혼합 포장하는 방법을 말한다. 전체 호칭이 단색으로 생산된 의류 제품의 포장 방법은 솔리드컬러 어소트사이즈 포장이다.

정답 ③

1. 재단 준비 작업

① 의의

　ㄱ 재단 준비 작업은 제직의류 봉제 준비 단계 중에서도 재단 전에 고려해야 하는 사항을 점검하는 단계이다.

　ㄴ 일반적인 기성복 제작 과정 : 패턴 제작 → 그레이딩 → 마킹 → 연단 → 재단 → 봉제

　ㄷ 일반적인 맞춤복 제작 과정 : 치수 설정 → 의복 설계 → 제도 → 패턴 제작 → 재단 → 봉제

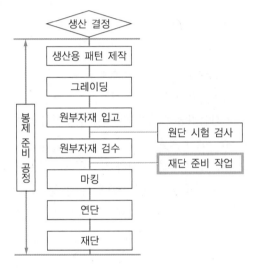

[재단 준비 작업 순서]

② 생산의뢰서에 따른 재단

　ㄱ 생산의뢰서 분석 : 생산의뢰서란 생산이 결정된 의복의 생산 지시사항 등을 문장, 수치, 샘플 부착, 상세 도면으로 작성하여 의사소통 도구로 사용하는 것을 말한다.

　ㄴ 어소트(assortment) 확인

　　• 어소트란 결정된 생산 의복의 사이즈별, 색상별 생산 수량을 말한다. 재단을 위해서 원단의 상태, 재단 환경 등을 고려해야 하기 때문에 어소트는 재단 전에 반드시 확인하고 분석되어야 한다.

　　• 생산의뢰서에 기재된 스타일 번호와 컬러별 생산 수량을 확인하고, 배색이 있는 경우에는 배색 필요량도 확인한다.

　　• 생산의뢰서에 기재된 스타일 번호 및 사이즈별 생산 수량과 총생산량을 확인한다.

　ㄷ 원부자재 소요량 확인

　　• 생산의뢰서에서 한 벌에 필요한 평균 소요량을 확인하고, 이를 기초로 전체 소요량 및 원부자재를 준비한다.

　　• 생산의뢰서에 표기된 가요척을 기준으로 전체 생산에 필요한 원단 소요량을 주문할 수 있다.

　　• 원가계산서에는 가요척이 실제 원단 사용량으로 다시 계산된다.

　　※ 가요척(임시 요척) : 메인 패턴이 완성된 후 결정된 원단의 폭, 무늬, 결 등을 고려하여 임시로 한 벌당 필요한 요척을 계산하는 것을 말한다.

2. 원단 상태에 따른 재단

① 원단 규격의 확인

　ㄱ 원단의 규격은 원단 폭, 원단 길이, 품질표시법에 따른 원단의 섬유명, 혼용률을 의미한다.

　ㄴ 재단 계획을 위해 생산의뢰서상의 원단 규격을 반드시 확인한다.

　ㄷ 원단 규격은 보통 원단의 폭을 의미하며 112cm, 142cm 등 다양하다.

　ㄹ 원단의 가용 폭은 생산에 사용될 원단 폭을 말하며 가장자리인 셀비지는 제외한다. 셀비지에는 회사명, 원단명, 혼용률 등이 기재되어 있다.

　ㅁ 가용 폭의 측정은 줄자 및 각종 자를 사용하여 측정할 수 있으며, 단위는 센티미터(cm)이다.

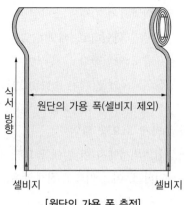

식서 방향

원단의 가용 폭(셀비지 제외)

셀비지   셀비지

[원단의 가용 폭 측정]

② 원단 표면의 확인
　　㉠ 텐터핀 자국을 보면 확인이 가능하지만 일정한 것
　　　은 아니므로 광택, 촉감, 염색, 상태, 조직 등을
　　　면밀히 확인한다.
　　　※ 텐터(tenter) : 여러 공정을 거치면서 수축되거
　　　　나 비뚤어진 원단 폭을 바로잡는 기계로 직물의
　　　　셀비지 부분을 원하는 폭만큼 텐터핀으로 고정
　　　　한 뒤 가공 후처리하는 작업을 말한다.
　　㉡ 제직기술이 발달하면서 원단 뒷면을 겉으로 사용
　　　하기도 하므로 점검 시 확인한다.
③ 원단 소요량 계획
　　㉠ 원단 소요량에는 원단 규격, 요척에 생산 수량을
　　　곱한 것 이외에 원단 손실량도 포함된다.
　　㉡ 원단 손실량에는 재단 환경에 따른 마카의 필요
　　　여유, 원단 불량에 따른 추가 소요량, 원단 장력에
　　　따른 안감의 추가 여유량 등을 계산하여야 한다.
　　㉢ 원단의 결, 상하 구별이 있는 무늬, 맞춤이 필요한
　　　줄무늬나 체크무늬 등을 확인한다.
④ 원단 점검
　　㉠ 이색 확인
　　　• 원단 폭 내에서 염색 색상이 서로 차이 나는 이색
　　　　현상이 있는지 확인한다.
　　　• 일반적으로 같은 로트끼리의 이색은 거의 없으
　　　　며, 다른 로트끼리 이색이 있을 수 있으므로 거래
　　　　명세서상 로트별 이색을 확인한다.

㉡ 수축 확인
　• 세탁 마찰 등에 의하여 원부자재의 치수가 변할
　　수 있다.
　• 원단 검사보고서를 통해 원단의 수축률을 확인
　　하거나 일정한 크기로 자른 원부자재를 다림질
　　하여 수축 정도를 확인할 수 있다.
　• 원부자재의 치수 변화로 인해 수축 가공(스펀징)
　　한 후 재단하기도 한다.

> **스펀징(sponging)**
> 일반적으로 모직물은 열과 습도에 수축되기 쉬운 특성
> 때문에 의복 사이즈가 잘못되거나 완성도에 영향을 미칠
> 수 있으므로 미리 습도를 공급하여 다림질하는 스펀징
> 과정을 거친다.

㉢ 오염 및 불량 확인
　• 원단 검사보고서를 통해 규격 및 불량 내용을 비
　　교·확인한다.
　• 검단기를 이용하여 자체 원단검사를 한다.
㉣ 결, 무늬 확인
　• 능직, 수자직 등 상하 직조 무늬가 뚜렷하게 나타
　　나는 직물, 편성물, 벨벳, 골덴 등 결이 있는 파
　　일직물은 패턴을 놓을 때 한쪽 방향으로만 배치
　　하므로 마카의 효율이 적고 연단 작업 시간도 더
　　소요된다.
　• 줄무늬, 체크무늬 원단은 패턴 조각이 만나는 부
　　분마다 무늬가 맞춰지도록 재단을 계획해야 하
　　므로 마카의 효율이 적고 작업 시간이 많이 소요
　　된다.
⑤ 부자재 확인
　　㉠ 안감 : 부자재 발주서, 생산의뢰서를 기준으로 하
　　　여 안감의 종류, 가용 폭, 중량, 색상 등을 확인하
　　　고 재단 계획을 세운다.
　　㉡ 심지 : 심지의 종류, 가용 폭, 두께, 색상 등을 확인
　　　한다.

3. 재단 차수 계획

① 의의

    ⊙ 마카를 기준으로 연단하고 이를 최소한의 횟수로 재단할 수 있도록 계획하는 것이다.

    ⊙ 생산량과 작업환경에 따라 재단 차수 계획이 조절될 수 있다.

② 재단 차수 계획서의 작성

    ⊙ 원형 재단기, 수직 재단기, 밴드나이프, 철형, 레이저 재단기, 워터젯 재단기 등 재단 도구를 확인한다.

    ⊙ 생산의뢰서의 색상별, 사이즈별, 소재별 어소트 수량을 확인한다.

    ⊙ 어소트 수량 비율에 따라 마킹 수와 연단 매수를 결정하여 재단 계획을 수립한다.

    ⊙ 어소트, 원단, 재단 환경을 고려한 마킹 결과를 확인한다.

    ⊙ 원단의 이색 및 불량을 확인한다.

    ⊙ 재단 차수 계획서를 작성한다.

핵심예제

일반적인 기성복 제작 과정으로 옳은 것은?

① 그레이딩 → 공업용 옷본 제작 → 마킹 → 연단 → 재단 → 봉제

② 공업용 옷본 제작 → 그레이딩 → 마킹 → 연단 → 재단 → 봉제

③ 그레이딩 → 마킹 → 연단 → 공업용 옷본 제작 → 재단 → 봉제

④ 공업용 옷본 제작 → 연단 → 재단 → 그레이딩 → 마킹 → 봉제

[해설]

일반적인 기성복 제작은 패턴 제작 → 그레이딩 → 마킹 → 연단 → 재단 → 봉제 과정을 거친다.

정답 ②

핵심이론 13　생산보조용 패턴

1. 생산보조용 패턴의 의의

① 마킹 계획을 위해 제작된 것이 아니라 생산의 효율 및 완성도를 높이기 위해 활용되는 별도의 패턴을 말한다.

② 정밀재단, 봉제 과정에서 효과적으로 사용되거나 완성도를 높일 수 있도록 활용된다.

2. 생산보조용 패턴의 종류

① 재단 생산보조용 패턴

    ⊙ 메인 패턴을 이용하여 작업의 생산성을 높이기 위한 1차 재단을 한 후, 정밀한 재단을 할 수 있도록 하는 패턴을 말한다. 예를 들어 원단의 수축을 예측하여 본래 패턴보다 여유 있게 재단한 후 방축 과정을 거치거나 심지를 붙인 후 밴드나이프로 정밀 재단하는 데 사용된다.

    ⊙ 메인 패턴과 동일하게 만들지만 작업 특성상 두꺼운 종이나 두꺼운 심지 재단에 철형으로 제작되기도 한다.

    ⊙ 메인 패턴과 같이 정확한 시접 분량이 포함되어 있으며 별도로 제작하지 않고 옥택지(oak tag paper)로 만든 생산용 패턴을 추가로 출력 및 제작하여 사용한다.

② 봉제 생산보조용 패턴

    ⊙ 봉제의 생산성과 완성도를 위해 제작된 패턴을 말한다. 예를 들어 대량 재단 시 재단물에 표시할 수 없는 주머니 위치를 표시하거나 칼라, 플랩, 주머니, 비조 등의 형태 완성도를 위해 사용된다.

    ⊙ 용도에 따라 두꺼운 종이, 양철(함석), 아크릴판, 샌드페이퍼 등을 재료로 사용한다.

ⓒ 주요 작업 절차

- 완성선 표시 : 디자인상 중요한 완성선이나 봉제 과정 중 정확성을 요구하는 부위에 시접 없는 패턴으로 제작되어 재단물이나 봉제 중간에 완성선, 위치를 표시한다.
- 형태 완성 : 주머니 또는 플랩 등 특정한 형태를 완성하기 위해 생산보조용 패턴을 사용한다.
- 시접 다듬기 : 재단을 위한 생산보조용 패턴의 역할과 흡사하나 봉제 과정 중에 사용된다. 예를 들어 슈트 상의에서는 여유 있게 재단하고 심지 봉제, 부속 봉제, 자리 잡음 등의 공정 후에 정확한 시접을 남기고 철형으로 잘라내어 다음 단계로 준비된다.
- 패턴 포머 : 보통 완성선을 따라 봉제되도록 프로그래밍되는 특수 재봉기와 함께 사용된다. 패턴 포머는 플라스틱에 파여진 홈이 침판에 높게 올라온 바늘구멍을 따라 이송될 수 있도록 홈을 파 제작한다.

③ 완성 생산보조용 패턴 : 일반적으로 위치 표시를 위해 제작된다. 예를 들어 단춧구멍 표시, 바택, 실걸고리 등의 위치를 표시한다.

④ 생산보조용 패턴의 활용

- ㉠ 재킷 : 제작 공정 중 라펠과 완성선의 테이핑 처리를 위한 표시, 다트 봉제 후 주머니 위치의 표시를 위해 사용되는 생산보조용 패턴이다.
- ㉡ 셔츠 : 칼라, 앞덧단, 소매 덧단, 커프스 등의 봉제 공정 중에 생산보조용 패턴을 사용한다.
- ㉢ 스커트, 팬츠 : 허릿단 제작을 위한 생산보조용 패턴은 시접을 정확히 접어 다리거나 테이핑 처리를 하기 위해 사용된다. 벨트고리 위치를 표시하는 데에도 사용된다.

01 원단의 수축을 예측하여 본래 패턴보다 여유 있게 재단한 후 방축 과정을 거치거나 심지를 붙인 후 밴드나이프로 정밀 재단하는 데 사용되는 생산보조용 패턴은?

① 재단 생산보조용 패턴
② 봉제 생산보조용 패턴
③ 패턴 포머
④ 완성 생산보조용 패턴

02 다음 중 단춧구멍, 실걸고리 등의 위치 표시에 사용되는 보조 패턴은?

① 봉제 보조용 패턴
② 재단 보조용 패턴
③ 완성 보조용 패턴
④ 마킹 보조용 패턴

【해설】

01
재단 생산보조용 패턴은 메인 패턴을 이용하여 1차 재단을 한 후, 정밀한 재단을 할 수 있도록 보조하는 패턴을 말하며 메인 패턴과 같이 정확한 시접 분량이 포함되어 있다.

정답 01 ① 02 ③

핵 심이론 **14** 마킹

1. 재단 작업 전체 공정도

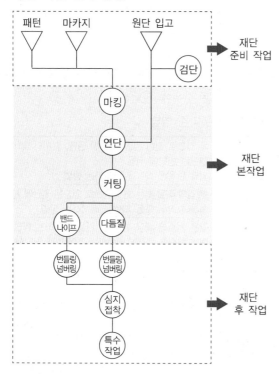

2. 마킹

① 정의

ⓐ 재단하려는 옷감에 패턴을 식서 방향에 맞추어 옷감의 소모를 최소화하며 배치하는 것을 말한다.

ⓑ 마킹 효율은 패턴을 원단에 배치한 후 차지하는 면적의 비율을 %로 표기한 것인데, 보통 80~90% 효율로 배치하나 디자인에 따라 달라질 수 있다.

ⓒ 효율적인 마킹은 원단의 소요량을 줄이고 원가절감에 기여할 수 있다.

② 마킹 작업의 준비

ⓐ 작업할 의복의 스타일 번호, 패턴의 쪽수, 식서 방향, 사이즈별 그레이딩 편차 등을 확인한다.

ⓑ 생산의뢰서의 원단 소요량 및 CAD 마킹을 확인한다.

ⓒ 어소트를 확인하고 마킹 계획을 세운다.

③ 요척(소요량)의 산출

ⓐ 마킹 후 요척을 산출한다.

※ 요척 : 옷을 만드는 데 필요한 원단의 최소 소요량을 말한다(로스율 포함).

ⓑ 원단 폭, 체크·줄무늬 유무, 원단 결 방향, 털·기모 유무, 원단 수축률을 감안한다.

ⓒ 소요량 기준 3% 내외에서 로스율을 추가한다.

• 중간 사이즈 패턴 2벌을 마킹하고, 마킹된 원단의 길이를 측정한 후 마킹 원단 길이 ÷ 2(벌수)로 계산하여 1벌분의 요척을 산출한다.

• 원단 발주량 = 총 요척 × 생산 수량
이때, 총 요척(Gross 요척) = 순 요척(Net 요척) × Loss분 3%

④ 마킹 작업 시 고려사항

ⓐ 재단대 규격과 사이즈별, 색상별 어소트를 기준으로 한다.

ⓑ 패턴은 왼쪽 끝에서 큰 패턴부터 배치하고, 큰 패턴 사이에 작은 패턴을 배치하되 부속은 되도록 한곳으로 모은다.

ⓒ 식서 방향에 맞추어 배치한다.

ⓓ 네크라인, 암홀 등 곡선 부위에는 재단칼 작업을 위해 패턴과 패턴 사이에 여유를 둔다.

ⓔ 노치 표시를 정확하게 한다.

ⓕ 체크나 줄무늬 원단은 핀을 이용하여 연단하고, 매칭 포인트를 정확히 맞춰 원단에 초크로 패턴을 그려준다.

ⓖ 원단 겹침과 틀어짐이 없게 한다.

ⓗ 마킹한 몸판 패턴의 식서 방향과 주머니, 칼라 등의 방향이 일치하는지 확인한다.

ⓘ 마킹이 끝나면 디자인, 작업 차순, 요척, 패턴 수량이 작업지시서와 동일한지 확인한다.

ⓙ 마킹 후 소요량을 확인하고 마킹 방법을 기록하여 추후 작업 시 참조한다.

ⓒ 재단선은 최대한 가는 선을 이용하면서 패턴의 정확성을 기해야 한다.
ⓔ 플란넷, 벨벳 등의 천의 표면에 짧게 혹은 길게 결이 있는 경우 한 방향으로 패턴을 배열한다.

3. 마킹 방법의 종류

① 수작업에 의한 마킹 방법
  ㉠ 패턴을 원단에 손으로 그리는 방법
    • 일반적으로 많이 사용되는 방법으로 CAD를 이용하는 것보다 변화에 쉽게 대처할 수 있다.
    • 본 생산 작업을 위한 샘플 제품의 제작, 체크 원단의 마킹 등에 주로 사용한다.
  ㉡ 재단물에 파우더 마킹하는 방법
    • 얇은 필름 용지에 패턴을 따라 펀치 홀을 낸 후, 재단물 위에 필름 용지를 올려놓고 파우더로 마킹하는 방법이다.
    • 패턴의 내부선을 원단에 표시하거나 자수할 때 사용할 수 있다.
  ㉢ 패턴을 마카지에 직접 출력하는 방법
  ㉣ 패턴을 복사하여 이를 마카지로 이용하는 방법

② CAD를 이용한 마킹 방법
  ㉠ 자동 방식
    • 일반적으로 저가 제품에 적용하는 방법이다.
    • 패턴 제작에 필요한 데이터를 컴퓨터에 입력하면 스스로 최적화된 배치 방법을 찾는 방식이다.
    • 작업자의 숙련도에 따른 개인차가 적고 작업 속도가 매우 빠르다.
    • 생산업체마다 사용하는 패턴 제작 방식이 달라 많이 활용되지 않는다.
  ㉡ 사례 방식
    • 과거 작업 시 효율이 높았던 마카를 유사하게 배치하는 방식이다.
    • 작업 시간을 줄이고 좋은 결과물을 얻을 수 있다.

  ㉢ 대화 방식
    • 작업자가 직접 제공되는 패턴 제작 기능을 사용하여 마킹하는 방법이다.
    • CAD 시스템을 활용하는 대부분의 경우에 이용한다.
    • 마킹 시 주의를 요하는 경우 또는 새로 마킹 작업을 하는 경우에 선택한다.

③ 배치에 따른 마킹 방법

반 벌 배치	• 두 겹으로 접힌 원단, 원통형 원단, 겉끼리 맞대어 연단된 원단에 사용 • 의복 반쪽에 패턴을 배치하는 방법
한 벌 배치	• 한 겹의 직물 혹은 한 방향으로 연단된 원단에 사용 • 의복의 좌우 모든 패턴을 배치하는 방법
한 치수 배치	• 같은 치수에 해당되는 패턴만을 배치하는 방법 • 여러 치수를 동시에 배치하는 것에 비해 원단 손실이 큼
치수 구획 배치	• 2개 이상의 직사각형 구획이 뚜렷하게 생기는 배치 방법 • 각 구획에는 한 치수에 해당하는 모든 패턴을 배치
맞물림 배치	• 치수 구획 배치와 유사하게 2개 이상의 직사각형 구획이 생기는 배치 방법으로, 대부분 다른 치수의 패턴을 이어서 배치 • 두 구획의 경계에 양쪽 패턴들이 맞물려 배치
다중 치수 혼합 배치	• 구획선이 없이 치수가 다른 패턴을 혼합하여 배치하는 방법 • 원단의 효율성이 높음

④ 원단 무늬에 따른 마킹 방법

솔리드	• 무늬가 없으므로 패턴 사이에 여유 없이 최대한 붙여서 마킹한다. • 가장 쉬운 방법으로 손실량이 가장 적다.
줄무늬	• 줄무늬를 맞추어야 할 부분은 한 무늬 간격 정도의 공간을 남기고 마킹한다(재단 공정 중 무늬 맞춤 시 폭 빠짐 방지). • 재단 시 무늬를 맞추어야 할 부위는 앞판, 뒤판, 안단(라펠) 등이며, 연단 시 무늬를 맞출 경우에는 공간을 남길 필요가 없다(핀 테이블을 활용하여 연단할 경우).
체크무늬	• 노치를 기준으로 가로, 세로의 무늬를 맞추어 작업한다. • 중앙을 중심으로 앞판 대칭을 원할 때는 좌우의 무늬 하나 간격만큼을 띄운 후 좌우를 서로 마주 붙여서 배치한다. • 원단 위에 초크로 마킹하여 체크 위치를 맞춘다.

특정 무늬	• 옷에서 무늬가 놓일 위치를 보면서 원단 위에 직접 마킹하며 배치한다. • 특정 위치에 프린트를 배치하는 경우로 원단의 효율성은 떨어진다.

⑤ 원단 활용에 따른 마킹 방법

접폭 마킹	• 원단 폭을 반으로 접었을 경우를 기준으로 마킹한다. • 주로 '한 사이즈' 기준으로 마킹하여 수작업 체크 마킹이나 사이즈별 수량이 적은 잔량 작업일 경우 사용된다.
펼침 마킹	• 원단 한 겹을 펼쳐서 재단할 때 사용한다. • 일반적인 대량생산 공정의 연단 작업 시 사용된다.

⑥ 원단의 방향성에 따른 마킹 방법

사이즈 한 방향 마킹	• 한 사이즈 패턴 전부를 한 방향으로 향하게 배치하고 다른 사이즈의 패턴 전부는 그 반대 방향으로 배치하는 방법이다. • 마카의 효율성은 약 80~83%로 중간 정도의 효율성을 나타낸다.
전체 한 방향 마킹	• 전 사이즈 패턴이 무늬 방향이나 원단 결 방향과 같은 방향으로 향하도록 배치하는 방법이다. • 특정한 무늬가 있거나 불규칙한 리피트가 있는 원단에 사용한다. • 마카의 효율성은 약 77~79%로 3가지 방법 중 가장 효율이 낮다. • 벨벳, 코듀로이 등 기모 원단에 적용되며, 체크무늬나 줄무늬 모양에 따라 전체를 한 방향으로 재단하는 경우도 있다.
양방향 마킹	• 전 사이즈 패턴을 특정한 방향 없이 자유롭게 배치하는 방법이다. • 평직, 단색, 방향성이 없는 원단, 심지 등에 사용한다. • 마카의 효율성은 약 81~85% 정도로 3가지 방법 중 가장 효율적이다.

⑦ 원단의 변화에 따른 마킹 방법

근접 마킹	이색을 방지하도록 같은 부위나 한 벌 안에서 서로 봉제가 되는 부분을 최대한 가깝게 배치하는 방법이다.
분산 마킹	• 결선, 색상, 무늬에 구애받지 않을 때 사용한다. • 원단 소모량이 적으며 근접 마킹보다 시간이 절약된다.

재단 공정 중 마킹에 대한 설명으로 틀린 것은?

① 패턴의 배열은 큰 패턴부터 배치한다.
② 재단선은 최소한의 가는 선을 이용한다.
③ 패턴의 배열은 오른쪽 끝에서부터 배치한다.
④ 천의 표면에 결이 있는 직물일 경우 한 방향으로 패턴을 배열한다.

〔해설〕

마킹 시 패턴은 왼쪽 끝에서 큰 패턴부터 배치하고, 큰 패턴 사이에 작은 패턴을 배치하되 부속은 되도록 한곳으로 모은다.

정답 ③

1. 연단

① 정의 : 원단, 안감, 심지 등을 생산량만큼 재단할 수 있도록 연단대 위에 가지런히 쌓아올리는 작업이다.

② 연단을 위한 원단의 준비

　㉠ 원단 폭 확인 : 연단 작업 중 원단 폭이 차이가 나면 재단 및 수량 계획이 달라질 수 있다.

　㉡ 원단 안과 겉의 구별

　　• 셀비지에 상표, 품명 등이 있는 쪽이 겉이다.

　　• 잔털이 적고 매끈하며 광택이 많은 쪽이 겉이다.

　　• 열처리의 핀 자국이 돌출된 방향이 겉이다.

　　• 기모, 샌딩 처리한 원단은 잔털이 고르게 일어난 방향이 겉이다.

　　• 모직물은 광택이 많은 쪽이 겉이다.

　　• 줄무늬 원단은 무늬가 뚜렷한 쪽이 겉이고, 날염 원단은 날염이 선명한 쪽이 겉이다.

　　• 능직으로 짠 모직물은 능선이 선명하고 왼쪽 아래에서 오른쪽 위로 있는 쪽(////)이 겉이다.

　　• 양복지 등 더블 폴딩된 것은 안쪽 부분이 겉이고 면, 합성직물 등 롤링된 것은 바깥 부분이 겉이다.

　㉢ 원단의 결 및 이색 확인 : 리스팅 검사를 하고 이색 여부를 확인한다.

　㉣ 원단의 불량 유무 확인(검단 작업)

원사 불량		균일하지 못한 원사, 슬럽, 미성숙 면, 매듭 등
제직 불량		쌍올, 올 끊어짐, 올 빠짐, 직기 정지로 발생하는 이색 잡사 등
염색 또는 프린트 불량	얼룩	원단 표면의 불균염을 말하며, 원사 로트 차이, 전처리 불량, 염료 선정 불량 등이 원인
	리스팅과 엔딩	원단 중앙과 양 가장자리 부분에 색상 차이가 나는 리스팅과 길이 방향으로 농도가 조금씩 짙어지거나 옅어지는 엔딩 현상
	로트별 색상 차이	염색을 한 번에 할 수 없어 나누어 염색할 때 생기는 색상 차이
	오염 및 반점	염료 불량, 작업장 내 청소 미비로 인한 이동 중 오염, 염색기기의 청소 불량, 염료 잔여물 등이 원인
	접힘 자국 (시와)	불규칙적으로 접힌 자국이 나타나는 것을 말하는데 편직 후 바로 개폭하여 감아두면 방지할 수 있음

　㉤ 자연 방축(relaxing, 수축)

　　• 자연 방축은 롤에 말려 있는 원단을 풀어서 얼마간 자연스럽게 수축되도록 하는 것이다.

　　• 롤에 말 때 당겨진 장력 때문에 늘어난 것을 원래대로 수축시켜 봉제 후 형태 안정성을 갖게 한다.

　　• 울, 스판, 니트 소재는 원단이 수축되고 올이 한쪽으로 휘어져 치수가 작아질 수 있다.

　　• 봉제 전 심지 접착에 의한 수축, 봉제 공정 중 열과 수증기에 의한 수축, 세탁이나 날씨의 변화에 따른 수축 등이 원인이 된다.

　　• 연단 상태에서 방치, 큰 재단 상태에서 방치, 해단 상태에서 방치, 기계를 통해 봉제 전 수분을 미리 공급하는 방법 등으로 방축시킨다.

　　• 수축률을 최소화하기 위한 가공으로 샌퍼라이징, 스펀징, 데카타이징 가공이 있다.

③ 연단 시 장력 조절

　㉠ 연단 작업 시 원단의 장력이 팽팽하거나 느슨함이 없어야 한다.

　㉡ 신축성이 많은 원단을 당겨서 연단 작업을 하면 작업 후 수축되어 길이가 짧아질 수 있고, 재단 후에도 길이 방향으로 줄어들어 사이즈가 작아질 수 있다.

2. 연단 방법

① 원단 특성에 따른 연단 방법

　㉠ 일방향 연단(한 방향 연단)

[일방향 연단]

- 패턴을 한 방향으로 재단되도록 배치한다.
- 능직이나 수자직 등 직조가 뚜렷한 직물, 편성물, 비교적 고품질 직물, 불규칙적인 체크 원단 또는 프린트 원단에 사용한다.
- 마커의 효율성이 적고, 작업이 오래 걸린다.
ⓛ 양방향 연단

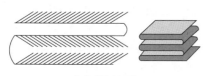

[양방향 연단]

- 단색이나 결이 없는 평직물에 사용한다.
- 고품질이 아닌 소재에 가장 많이 이용된다.
- 일방향 연단보다 마커의 효율성이 크고 생산성이 높아서 생산비를 절감시킬 수 있다.
ⓒ 표면대향 연단

[표면대향 연단]

- 소재의 결이나 문양을 같은 방향으로 재단해야 할 때 사용한다.
- 소재가 감긴 롤러를 돌려가며 연단해야 하므로 인력 소모가 가장 크다.
- 마커의 효율성은 일방향 연단보다 크지만 양방향 연단보다 작다.
- 겉면끼리 서로 마주 보면 재단 시 밀림 현상이 발생하지 않아 기모 원단에 사용한다.

② 연단 높이의 결정
ⓖ 연단 높이는 낮을수록 좋다.
ⓛ 연단이 높을수록 맨 위와 맨 아래의 재단물 크기의 차이가 커질 수 있다.
ⓒ 연단 높이는 재단칼 높이에 제한을 받는데 연단 높이가 약 10cm이면 7인치(18cm) 칼이 좋고, 5cm 이내이면 5인치(13cm) 칼이 편리하다.

ⓔ 열에 약한 화학섬유는 재단칼의 열로 인해 엉겨 붙을 수 있으므로 일정 수량(20~50매)을 연단한 후에는 비닐을 깔아서 이를 방지한다. 칼날에 양초를 칠하면 엉김을 방지할 수 있다.
ⓜ 원단의 특성에 따라 연단 매수를 달리한다.

3. 연단기
① 개요
ⓖ 연단기는 대량생산을 위하여 여러 장의 원단을 쌓아서 한꺼번에 재단하기 위한 기계이다.
ⓛ 말려 있거나 접힌 상태의 옷감을 안정되게 평면상으로 펼쳐 재단하고자 하는 연단대에 가지런히 펼쳐서 포개어 주는 기기이다.

② 연단기의 종류

수동 연단기	• 소규모 업체에 적합한 재래식 방법이며 현재에도 많이 사용된다. • 2인 이상이 손으로 원단의 롤을 조심스럽게 당겨서 원하는 길이로 자르는 방식이다. • 요척이 짧고 원단 및 색채가 자주 바뀌는 경우에 적합하다.
자동 연단기	• 연단기의 운반기가 자동화된 것으로 규모가 비교적 큰 생산 공장에서 사용한다. • 시간과 인력을 줄일 수 있다. • 많은 수량을 연단할 때 효율적이다.
반자동 연단기	• 수동식 연단기에 동력장치가 달려 있는 형태이다. • 손으로 운반기를 조작하여 반자동으로 직물을 펼치고 연단하는 방법이다. • 연단대 위를 연단기가 앞뒤로 움직이면서 원단의 가장자리를 맞추거나 편편하게 쌓는 방식이다. • 수동 연단기에 비해 효율성이 높아 소규모 업체에도 적합하다.
연단 커팅기	• 가위로 하는 것에 비해 인력과 시간을 줄일 수 있다. • 예민한 원단의 경우에는 원단 올뜀 현상이 생길 수 있으므로 가위를 사용하기도 한다.

③ 연단 시 고려사항

　　㉠ 원단의 폭, 길이, 품질 불량을 연단 전 확인하여
　　　결함 부분을 체크하고 원단 불량으로 인한 재단을
　　　최소화해야 한다.

　　㉡ 당김이나 주름이 없는 무장력 상태에서 연단 작업
　　　을 한다.

　　㉢ 연단대는 수평이 되는지 확인한다.

　　㉣ 모직 원단, 스판 원단 등은 원단이 수축되고 올이
　　　한쪽으로 휠 수 있으므로 연단 후 일정 기간 방축하
　　　여 안정시킨 후 재단한다.

　　㉤ 원단의 결 방향, 표리 방향, 무늬 방향을 잘 맞추어
　　　연단한다. 체크무늬는 연단대를 핀으로 고정하여
　　　사용한다.

　　㉥ 연단 시 원단의 길이가 줄어드는 것을 방지하기
　　　위해 마카 길이보다 조금 여유를 주어 작업할 때에
　　　는 분량을 최소한으로 한다.

　　㉦ 연단 길이 및 폭 빠짐이 없어야 한다.

　　㉧ 이색이 많은 원단은 잔단을 구분하여 남긴다.

　　㉨ 연단 높이는 재단기를 고려하여 결정한다.

　　㉩ 마카의 폭보다 약간 좁은 원단이 있으면 제일 위쪽
　　　으로 연단한다.

　　㉪ 연단 시 원단의 결점이 있으면 표시한다.

01 연단 방법 중 옷감이 감긴 롤러를 돌려가면서 연단해야 하기 때문에 인력 소모가 가장 큰 것은?

① 표면대향 연단　　　　② 무방향 연단
③ 양방향 연단　　　　　④ 일방향 연단

02 연단기에 대한 설명 중 틀린 것은?

① 반자동 연단기는 수동식 연단기에 동력 장치가 달려 있는
　연단기이다.
② 자동 연단기는 요척이 짧고 원단이 자주 바뀌는 경우에 적합
　하다.
③ 대량생산을 위하여 여러 장의 원단을 쌓아서 한꺼번에 재단
　하는 기계이다.
④ 연단기의 종류로는 자동 연단기, 턴테이블 연단기, 적극 송
　출 연단기 등이 있다.

|해설|

01

표면대향 연단

소재의 결이나 문양 등 같은 방향으로 재단해야 하는 경우에 사용
되며, 효율성은 일방향 연단보다 크나 양방향 연단보다는 작다.
소재가 감긴 롤러를 돌려가면서 연단을 해야 하기 때문에 인력
소모가 가장 큰 재단 방법이다.

02

수동 연단기는 요척이 짧고 원단이나 색채가 자주 바뀌는 경우에
적합하다. 소규모 업체에 적합한 재래식 방법으로 현재에도 많이
사용된다.

정답 01 ① 02 ②

1. 커팅

① 정의 : 연단 후 옷감 위에 마커지를 부착한 후 재단선을 따라 재단기로 자르는 공정을 말한다.

② 재단을 위한 공정의 설명

　㉠ 정확한 재단은 제품의 품질을 향상시키고 생산성을 높일 수 있다.

　㉡ 재단물을 투입하기 전에 봉제 작업을 쉽게 하기 위한 표시(노치, 다트 위치 등)를 빠짐없이 해 주어야 한다.

　㉢ 다듬질은 커팅 작업 후에 기계로 정확한 작업을 할 수 없는 부분이나 거칠게 작업된 부분을 손칼로 다시 다듬어 주는 공정이다.

　㉣ 넘버링은 재단 후 재단물에 번호를 표시하여 차례가 바뀌지 않게 하는 작업이다.

　㉤ 선별 작업은 각 사이즈를 구분하고, 넘버(No)와 묶음별 수량을 확인·점검하는 작업이다.

2. 커팅의 종류

① 수동 재단기를 이용한 커팅

　㉠ 종류

전동식 수직 재단기	• 1분에 3,000회 정도 상하운동을 하면서 재단되며 가장 많이 사용된다. • 원단이 얇고 연단물 높이가 낮으면 작은 재단칼을 사용한다. • 원단 소재에 따라 일자형 칼은 일반 소재, 톱니형 칼은 인조가죽, 눈금 칼은 능직 원단에 사용한다. • 원단에 따라 칼의 이동 거리와 회전속도를 바꿔준다.
밴드나이프	• 정밀 재단이 필요한 부분에 사용한다. • 재단속도는 500~1,200rpm으로 변속할 수 있고, 약 30cm 높이까지 재단할 수 있다. • 별도로 제작된 재단용 패턴을 재단하며 재단기가 아니라 원단을 움직여서 재단한다.
전동식 원형 재단기	• 곡선이 적은 부위, 직선 부위를 자를 때 사용한다. • 정밀재단을 위해 원단을 대충 잘라놓을 때 사용한다. • 재단대가 작은 특수 현장, 작업 수량이 적은 샘플 작업, 정밀작업이 필요 없는 안감, 심지 등에 사용한다. • 보통 1회전 속도는 1,200rpm이며, 보통 5cm 두께 정도까지 재단할 수 있다. • 원단 소재에 따라 칼날의 형태를 선택한다.
철형판 재단기 (프레스 재단기)	• 다이 커팅기라고도 하며, 패턴의 형태를 철판으로 제작하여 소재의 밑이나 위에서 압력으로 절단하는 방법이다. • 소요 기간이 짧고 정밀도가 높다. • 철판 제작 가격이 비싸고 철형 제작 시간이 소요된다. • 디자인이 자주 바뀌지 않는 와이셔츠 작업, 반복적으로 사용되는 부속 재단 등에 사용한다.
재단 가위	낱 장의 재단물을 커팅할 때 사용한다.

　㉡ 특징

　　• 큰 패턴 조각은 수직 재단기 또는 원형 재단기로 커팅하고, 칼라나 커프스 등 작은 조각은 큰 패턴 커팅 후 밴드나이프로 커팅한다.

　　• 정밀도가 높지 않은 안감이나 심지는 전동식 원형 재단기로 커팅한다.

　㉢ 주의사항

　　• 재단기의 정면에서 작업하되 기계는 항상 몸과 직각 혹은 평행을 유지한다.

　　• 재단은 작은 것부터 큰 것으로, 가장자리에서 중앙으로 재단한다.

　　• 정밀재단이 필요한 재단물은 마카보다 크게 재단한다.

　　• 칼라, 커프스 등의 작은 조각은 수직 재단기나 CAM으로 1차 커팅한 후, 밴드나이프로 정밀하게 커팅한다.

　　• 가로줄 무늬를 맞춰야 할 부분은 무늬 빠짐이 발생되지 않도록 최대한 크게 재단한다.

- 암홀, 목선, 소매산 등 곡선 부분은 쉬지 않고 한 번에 재단해야 곡선이 정확하게 나온다.
- 곡선과 각이 맞붙어 있을 때는 곡선부터 자르고 각을 만든다.
- 재단 속도를 낮추고 연단의 높이를 높지 않게 하여 위 장과 아래 장의 편차를 방지한다.
- 노치는 소재에 따라 길이가 다르며, 너무 깊거나 적게 표시되지 않도록 한다.
- 클립으로 고정하여 마카지가 밀리지 않고 패턴과 원단의 편차가 발생되지 않게 한다.
- 수직 칼은 대부분 수직으로 사용하나 노치를 넣을 경우 비스듬히 뉘어서 표시한다.

② 자동 재단기를 이용한 커팅

㉠ 종류

칼을 이용한 CAM 재단	• 컴퓨터에서 제어하며, CAD 입력된 프로그램대로 재단되는 방식이다. • 고속으로 상하왕복하는 가늘고 예리한 칼날이 헤드로부터 내려와서 연단된 원단을 자르는 원리이다. • 고가이고 유지보수 비용이 높아 일부 브랜드의 자체 공장이나 규모가 있는 임가공 생산 공장에서만 사용 중이다.
레이저 커팅기	• 가죽, 인조가죽, 순면, 실크, 각종 섬유 등의 직물류 커팅에 사용하며, 한 겹 혹은 서너 겹 정도의 원단을 재단할 수 있다. • 정밀도가 높고 가공 효율이 높다.
워터젯 커팅기	• 초고압(3,000~4,000기압)으로 응축된 물을 노즐을 통해 소재 표면에 분사하여 절단하는 원리이다. • 가열 및 분진의 발생이 없고, 가공 후 변형이 없다. • 자유로운 모양으로 커팅할 수 있고 복잡한 제품의 커팅에도 적합하다. • 가죽, 원단, 플라스틱 등 다양한 소재의 커팅에 활용된다. • 1인치(2.5cm) 높이 이하로 연단된 원단을 한꺼번에 재단할 수 있다. • 대량생산 용도로는 유용하지 않다.

㉡ 특징
- 재단의 정밀도와 작업 능률이 높다.
- 수동 재단기에 비해 가격이 비싸나 작업성이 뛰어나다.

- 패턴에 일그러짐이 있거나 매끄럽고 힘이 없어 재단하기 어려운 원단의 경우에는 클립, 핀 등 부속품을 이용하여 고정할 수 있다.

㉢ 주의사항
- CAD와 연계되어 커팅되므로 컴퓨터에 입력된 재단물이 작업하고자 하는 재단물과 일치하는지 확인한 후 커팅 작업을 실시한다.
- 칼날 상태를 주기적으로 점검하고 사용한다.
- CAM은 10인치(25cm) 정도까지 자를 수 있으나 더 나은 품질을 위해 2인치(5cm) 정도만 연단하고 커팅한다.
- 커팅 시 위쪽에 비닐을 깔아 주는 이유는 아래쪽에서 공기를 빨아들여 원단을 안정되게 고정해 정밀한 재단을 하기 위해서이다.
- 스트라이프나 체크 원단 같은 경우 정밀재단이 어려우므로 2차 재단을 해 준다.

3. 원자재의 특성에 따른 재단 방법의 선택

① 상하 구별이 없는 단색의 평직 원단 : 수직 재단기, CAM을 이용한다.

② 체크 및 스트라이프 원단 : 체크와 스프라이프 선을 맞춰 작업하여야 하므로 핀으로 고정한 후 수직재단기를 사용하여 재단한다.

③ 실크 등 얇은 소재 원단 : 실크, 폴리 시폰 등의 얇은 소재는 원단의 올 나감 현상이 자주 발생하므로 재단할 때 칼을 자주 갈아줘야 하며, 재단칼의 속도를 느리게 해야 한다.

④ 합성섬유 : 재단 시 연단의 높이가 높거나 속도가 빨라지면 재단칼과 원단 간의 마찰로 열이 발생하여 가장자리가 융착될 수 있다. 이때 냉각제를 사용하거나 원단 20~30장마다 파라핀 종이를 끼워 연단 장수를 줄이면 열의 발생을 줄일 수 있다.

재단 시 작업 요령으로 틀린 것은?

① 연단대 위에 마킹 종이가 움직이지 않도록 클립으로 고정시킨다.

② 앞판을 절단할 경우에는 언제나 깃을 달아야 하는 부위부터 절단한다.

③ 앞판의 중앙 부분의 줄무늬보다는 옆솔기의 줄무늬가 틀어지지 않도록 주의하여야 한다.

④ 기계는 무리하게 밀지 않아야 하며, 얇은 천일수록 속도를 천천히 한다.

[해설]

무늬 있는 옷감은 위의 한 장을 자른 후에 아래의 무늬를 확인하면서 자른다.

정답 ③

핵심이론 17 부속 봉제

1. 의의

① 부속 봉제란 합복 봉제를 제외한 모든 봉제 작업을 의미하는 것으로 소매, 옷깃(칼라), 주머니, 안감 등의 부속물은 따로 제작되어 합쳐진다.

② 부속이 정확히 제작되어야 전체 의복의 품질도 유지될 수 있다.

2. 부속물 분류

① 안감

　㉠ 안감은 겉감의 패턴에 기초하나 여유분과 시접 봉제 방법이 다르다.

　㉡ 생산의뢰서에 따라 안감이 있는 부위와 처리법을 확인하고 재단물의 준비사항을 분류한다.

② 소매

　㉠ 재킷 소매의 경우 심지 처리를 확인한다.

　㉡ 재단물의 넘버링, 번들링이 제대로 되어 이색이 나지 않는지 확인하고 공정 중 섞이지 않도록 한다.

　㉢ 공정 순서, 트임·장식 여부에 따라 덧단, 커프스 등 부속 재단물이 추가로 필요할 수 있다.

③ 칼라

　㉠ 디자인에 따라 생산의뢰서의 봉제를 위한 재단과 심지 처리가 되어있는지 분류한다.

　㉡ 밴드가 있는 경우 같은 그룹으로 봉제될 수 있도록 준비하고 테이핑 과정으로 넘긴다.

④ 주머니

　㉠ 주머니는 공정에 따라 미리 봉제되기도 하고 합복 과정에서 봉제되기도 한다.

　㉡ 주머니 종류, 디자인, 원단의 조건에 따라서 방법과 순서가 조금씩 달라질 수 있다.

⑤ 허릿단(벨트)

　㉠ 디자인에 따라 허릿단, 벨트고리, 비조, 덧단, 커프스 등 다양한 부속이 존재한다.

ⓛ 허릿단 모양이 직선인지 곡선인지에 따라 심지 및 테이핑 처리가 다르게 준비되어야 한다.

3. 부속물 준비

① 테이핑 처리

㉠ 형태 안정성이 필요한 곳에 심지를 부착한다.

㉡ 대부분 재단 후 공정에서 이루어진다.

㉢ 재단 방향에 따라 식서 방향·바이어스 방향 심지, 접착 방법에 따라 접착·비접착 심지, 재질의 구조에 따라 제직·편물·부직포 심지, 재료에 따라 면·폴리에스터 심지, 심지 구성 방법에 따라 이중 제작·테이프 중앙의 스티치 처리 심지 등이 있다.

② 테이핑 처리 방법

식서테이프 (다데테이프)	• 식서 방향으로 잘라져 말려 있는 형태를 통틀어 말한다. • 심지의 보강, 완성선의 형태 안정성, 곡선 솔기의 형태 유지를 위해 사용된다. • 재킷·코트의 뒷어깨 부분, 재킷의 앞 몸판 라펠 부위, 칼라 끝 부위, 스커트·팬츠의 허릿단 완성선, 주머니, 트임 위치, 지퍼 위치, 원피스 뒤 지퍼의 좌우 등에 부착한다. • 5mm, 7mm, 10mm, 12mm, 15mm의 다양한 폭이 있다.
바이어스 테이프	• 심지가 바이어스 방향으로 절단된 형태이다. • 정바이어스뿐만 아니라 15° 정도의 바이어스 테이프도 있다. • 목둘레, 진동둘레 등 곡선이 심한 부위를 보강하는 것에 사용된다. • 5mm, 7mm, 10mm, 12mm, 15mm의 다양한 폭이 있다.
이중테이프	• 바이어스 테이프 위로 더 좁은 식서테이프를 덧박은 형태이다. • 착용 후 형태가 변하기 쉬운 상의의 진동 부위에 부착한다. • 10mm, 12mm, 15mm의 폭이 있다.

4. 공정에 따른 기기

① 재봉기 종류와 특징

솔기 봉제	• 본봉기 : 본봉 한 바늘이 일직선으로 전진, 후진하면서 박는 것이다. • 1본침 칼 본봉기 : 칼이 장착되어 재봉과 커팅이 동시에 진행된다.

솔기 봉제	• 오버로크 재봉기 : 제직 의류의 겉감과 안감 시접의 올 풀림 방지용으로 사용된다. • 2본침 오버로크 재봉기 : 편직물의 어깨, 옆, 진동에 솔기 박음과 시접 처리를 동시에 할 수 있다. • 2본침 더블 체인 재봉기(쌍침기) : 2개의 바늘이 전진, 후진하면서 직선 솔기를 박는다. 쌈솔 봉제에 사용한다. • 3본침 더블 체인 재봉기 : 3개의 바늘이 직선 솔기를 박는다. 쌈솔 봉제에 사용한다.
마무리 봉제	• 밑단 감치기 재봉기 : 스커트, 팬츠 단을 겉에서 보이지 않게 떠준다. • 큐큐 단춧구멍 재봉기 : 재킷, 코트 등의 단춧구멍을 뚫을 수 있다. • 나나이치 단춧구멍 재봉기 : 블라우스나 셔츠 단춧구멍 작업을 한다. • 바텍 재봉기 : 벨트고리나 단춧구멍 마무리를 보강한다. • 단추달이 재봉기 : 단추를 다는 봉제에 사용한다. • 심실링기 : 열과 압력으로 솔기를 붙이는 기기로, 아웃도어 의류에 많이 사용한다.
장식 봉제	• 지그재그 재봉기 : 다양한 스티치 모양의 재봉, 장식 스티치나 고무밴드의 고무줄 고정, 심지 고정에 사용한다. • 숨은상침 재봉기 : 스티치 자국을 내준다. • 자동 텐션 재봉기 : 고무밴드를 일정한 텐션으로 봉제한다.
기타 부속 봉제	• 입술 주머니 짜기 재봉기(웰팅기) : 입술주머니 봉제에 맞춘 것이다. • 패턴 포머 : 플랩이나 디자인 라인을 균일하게 봉제한다.

② 재봉 보조기

㉠ 재봉 보조기는 특수한 봉제 작업을 돕고 작업 효율을 높이기 위해 재봉기에 보조적으로 부착하는 재봉 보조도구를 말한다.

㉡ 생산 공정 시간 단축, 품질관리 효과가 있다.

㉢ 셔링 보조기, 파이핑 코드 보조기, 말아 박기 보조기, 자석 균등 시접 스티치 보조기, 양쪽 시접 접는 보조기, 바이어스 시접 보조기, 허리밴드 접기 보조기 등이 있다.

③ 재봉기 바늘과 재봉사

㉠ 소재에 따라 바늘과 재봉사를 적합하게 사용하여 품질과 생산성을 높인다.

㉡ 폴리에스터와 면 합섬 봉사나 폴리에스터 봉사를 많이 사용한다.

ⓒ 공정 중 재봉사가 모자라거나 콘(cone)을 감아야
하는 이유로 지연되지 않게 미리 준비한다.

ⓔ 재봉사의 콘의 개수는 사용하는 기계 종류에 따라
다르게 준비한다.

④ 노루발과 톱니

ⓐ 노루발은 원단을 눌러주고 톱니가 전진할 때 원단
을 앞으로 보낼 수 있도록 톱니에 적당한 압력을
가하여 루프의 형성을 도와준다.

ⓑ 톱니는 이빨 형태와 개수, 위치에 따라 직물의 전
진과 퍼커링에 영향을 줄 수 있다.

ⓒ 두꺼운 직물에는 압력을 강하게 하고, 얇은 직물에
는 압력을 약하게 한다.

⑤ 다림질 도구

ⓐ 다림질은 솔기 시접과 완성선을 형태감 있게 자리
잡도록 하고, 퍼커링을 펴준다.

ⓑ 원단을 고려하여 다림질 온도를 설정하고 원자재
및 심지에 알맞은 온도를 고려한다.

핵심예제

옷감 위에 옷본을 놓고 표시할 때 반드시 표시하지 않아도 되
는 것은?

① 완성선
② 다트 위치
③ 시접의 분량
④ 단춧구멍 위치

[해설]

③ 시접은 표시하지 않는다.
옷본 표시 항목 : 완성선, 중심선, 안단선, 다트 위치, 단춧구멍
위치, 가위집(노치), 식서 방향, 주머니 위치 등을 표시한다.

[정답] ③

핵심이론 18 부속 봉제의 개별 부속 제작

1. 연결 형태에 따른 스티치의 종류

① 본봉(lock stitch)

ⓐ 가장 보편적으로 사용되는 스티치이다.

ⓑ 윗실이 밑실에 감겨 있는 북과 북집 주위를 돌면서
밑실을 윗실 사이의 고리에 연결하여 이어 나가는
재봉 방식이다.

ⓒ 윗면과 아랫면의 스티치 모습이 같다.

② 단환봉(chain stitch)

ⓐ 단사의 체인 스티치가 한쪽 면에서만 천을 통과하
여 뒷면에서 연쇄적으로 연결고리를 만들면서 이
어지는 재봉 방식이다.

ⓑ 시침질, 단추 달기, 자루나 포대 입구, 상표 달기
등에 사용된다.

③ 이중환봉(double chain stitch)

ⓐ 밑실걸개(looper)에 밑실과 윗실이 서로 얽혀지는
재봉 방식으로, 주변감침봉과 함께 복합 방식으로
사용된다.

ⓑ 티셔츠, 블라우스, 원피스 등 거의 모든 천의 연결
에 사용할 수 있다.

④ 주변감침봉(overedge stitch 또는 overlock stitch)

ⓐ 한 봉사 이상으로 형성되며 천의 시접 처리나 편성
물의 연결 시 사용된다.

ⓑ 천의 가장자리를 연결고리 형태로 통과하며 천의
안쪽이나 가장자리에 봉사와 봉사가 연결고리를
맺게 하는 재봉 방식이다.

⑤ 복합봉(mixture stitch)

ⓐ 두 종류의 스티치가 함께 봉제되는 방식으로, 시접
정리와 동시에 봉제선의 봉제가 되는 방식이다.

ⓑ 편성물을 포함한 블라우스, 티셔츠, 와이셔츠, 작
업복, 팬츠 등에 사용된다.

⑥ 편평봉(flat seam stitch)

　㉠ 3봉사 이상으로 형성된다.

　㉡ 천의 앞면과 뒷면에 각각 형성된 연결고리에 제3
　　의 봉사가 앞면과 뒷면의 천을 통과하고 고리를
　　연결시키면서 얽혀지는 재봉 방식이다.

　㉢ 속옷, 신생아복 등에 사용된다.

⑦ 특수봉(special stitch)

　㉠ 핸드 스티치를 기계로 변형시켜 장식 등 특수한
　　다른 목적에 사용하는 재봉 방식이다.

　㉡ 재킷 라펠 가장자리를 비롯해 주머니, 요크 등 특
　　정 부분에 사용된다.

⑧ 용착봉(welding)

　㉠ 봉사로 연결되지 않고 고주파로 발생되는 열로 천
　　자체나 다른 제3의 물질을 사용하여 연결하는 방
　　식이다.

　㉡ 우비, 소방복, 특수복 등 화학섬유에 효과적으로
　　사용된다.

2. 재봉 형태에 따른 스티치의 종류

① 직선봉(single line)

　㉠ 하나의 바늘이 연속하여 일정한 방향으로 직진하
　　는 방식이다(되돌아박기 재봉 포함).

　㉡ 신축성이 있는 천을 제외한 대부분의 천에 사용
　　된다.

② 복렬봉(two line)

　㉠ 2개 이상의 직선 재봉 방식으로 분리되어 똑같은
　　스티치가 나란히 형성된다.

　㉡ 팬츠, 스커트 옆선, 작업복 등에 사용된다.

③ 지그재그봉(zig-zag)

　㉠ 연속하여 지그재그 형태로 박히는 재봉 방식이다.

　㉡ 장식용이나 시접 처리 등에 사용된다.

④ 자수봉(embroidery)

　㉠ 자수를 놓는 재봉 방식으로 바늘의 진폭을 마음대
　　로 조작할 수 있고 보내기 기구가 없다.

　㉡ 한복, 원피스, 투피스, 책상 덮개 등에 사용된다.

⑤ 버튼봉(button, 단추달이봉)

　㉠ 바늘이 전후좌우 주기적으로 움직이면서 일정 침
　　수의 회전이 완료되면 자동 정지되어 단추가 고정
　　되는 재봉 방식이다.

　㉡ 코트, 재킷, 와이셔츠, 블라우스 등 단추가 달리는
　　옷에 쓰인다.

⑥ 버튼구멍봉(button hole, 단춧구멍봉)

　㉠ 바늘이 지그재그 운동과 천을 보내는 전후 왕복
　　운동을 한다.

　㉡ 단춧구멍을 뚫는 칼이 붙어 있어서 일정 침수의
　　회전이 완료되면 자동 정지되면서 단춧구멍을 완
　　성하는 재봉 방식이다.

　㉢ 단추 여밈이 있는 옷에 사용된다.

⑦ 갖맺음봉(bar tack)

　㉠ 특정 부분이나 짧은 길이를 고정시키는 방식이다.

　㉡ 주머니 입구, 벨트고리 등의 고정 상침에 사용된다.

⑧ 장식봉(decoration)

　㉠ 장식을 목적으로 하는 재봉 방식이다.

　㉡ 문양, 마크, 이름표 등의 장식에 사용된다.

⑨ 장님봉(blind)

　㉠ 천과 천의 중간에서 이루어지며, 겉면에는 봉제선
　　이 보이지 않는 재봉 방식이다.

　㉡ 스커트, 팬츠, 코트 단 등에 쓰이는 마무리 스티치
　　이다.

⑩ 주변봉(finishing 또는 over lock)

　㉠ 오버로크라고 하며 천의 가장자리 부분의 올이 풀
　　리는 것을 막기 위한 재봉 방식이다.

　㉡ 모든 천의 시접 정리에 사용된다.

⑪ 안전봉(interlock)

　㉠ 인터로크라고 하며, 두 가지의 각각 다른 스티치
　　형태가 동시에 이루어지는 복합봉으로 천의 가장
　　자리 정리 및 박음이 이루어지는 재봉 방식이다.

　㉡ 편성물, 내복, 블라우스, 티셔츠, 와이셔츠 등에
　　사용된다.

⑫ 팔방봉(jumping)

　　㉠ 재봉기의 베드가 평면이 아니고 팔과 같이 돌출되어 자유로이 박는 재봉 방식이다.

　　㉡ 소매나 팬츠 단 등을 돌려가며 박는다.

⑬ 포대구봉(packaging) : 포대나 자루 등을 봉합할 때 사용하며 간단히 풀 수 있도록 봉제하는 방식이다.

3. 개별 부속 제작

① 재킷 주머니의 플랩

　　㉠ 패턴 포머 사용 시 플랩의 안감 재단물과 겉감 재단물의 순서로 올린 후 위쪽 형판을 덮고 밀리지 않게 봉제한다. 시접을 정리한 후 뒤집어 다린다.

　　㉡ 본봉 재봉기 사용 시 겉감과 안감의 겉끼리 마주하도록 완성선을 박고 여유분을 주어 봉제한다. 시접을 정리한 후 뒤집어서 다림질한다.

② 셔츠용 덧주머니 : 입구에서 1cm 아래에 심지 부착 후 시접을 다려 형태를 고정한다.

③ 탭(tab) : 겉과 겉을 맞대어 본봉 재봉기로 박음질한다. 시접을 짧게 자르고 뒤집어서 다림질한다.

④ 주머니

입술주머니	• 입술감과 주머니감으로 만들며, 플랩이 있는 디자인은 플랩을 준비한다. • 주로 본봉 재봉기로 작업하며, 웰팅기를 사용하면 편리하고 균일한 작업이 가능하다.
덧주머니	• 몸판 위에 덧붙이는 주머니로 겉감으로 주머니를 만든다. • 본봉 재봉기로 작업하며, 주머니를 짜는 특수 재봉기를 사용하면 균일하게 스티치를 넣을 수 있다.
옆주머니	• 스커트나 팬츠의 허리벨트 아래 양옆에 위치하는 주머니로 속주머니감과 주머니용 안단으로 만든다. • 본봉 재봉기로 작업한다.

⑤ 칼라

　　㉠ 심지와 테이핑 처리된 안 칼라와 겉 칼라의 외곽선을 연결하며, 본봉 재봉기로 작업한다.

　　㉡ 원단이 두꺼울 경우 시접을 계단식으로 잘라내고 다림질한다.

⑥ 덧단

　　㉠ 주로 본봉 재봉기로 작업한다.

　　㉡ 앞덧단 안쪽에 심지를 붙여 앞판 여밈 위치에 연결하고, 소매 덧단의 경우 삼각 형태를 균일하게 잡아 봉제해야 한다.

⑦ 커프스

　　㉠ 심지가 부착된 겉 커프스와 안 커프스의 외곽선을 박는다.

　　㉡ 본봉 재봉기로 작업하며, 패턴 포머를 사용하면 편리하고 균일한 작업을 할 수 있다.

　　㉢ 시접은 3~5mm만 남기고 잘라낸 후 뒤집어서 다림질한다.

핵심예제

패턴 포머를 활용한 플랩 제작 순서로 옳은 것은?

① 봉제 → 다림질 → 패턴 포머에 장착
② 플랩 뒤집기 → 완성선 봉제 → 시접 정리
③ 겉감과 안감을 포머에 고정 → 봉제 → 시접 정리 후 다림질
④ 다림질 → 안감 부착 → 포머 봉제

정답 ③

---

1. 봉제공정도

① 정의 및 목적

ㄱ 의류 생산 시 봉제 작업을 최소한의 단위로 분업화하여 제품이 제작되는 공정 단위의 진행과 작업 내용, 작업 도구, 작업에 걸리는 시간을 일련의 순서와 가공 공정 기호로 도식화한 문서이다.

ㄴ 작업 환경과 생산 규모에 따라 의복 제작 과정을 최소한으로 분류하고, 가장 합리적이고 능률적인 작업 조건과 순서로 계획·작성함으로써 작업의 표준화와 제품의 균일화를 이루고자 한다.

ㄷ 개별 공정의 범위를 단계별로 사용하는 기기와 보조 장비, 실, 단계별 최고 재료 등의 범위로 한정하여 분업의 내용을 정확하게 함으로써 작업자의 생산 능률을 향상시킬 수 있다.

ㄹ 표준화된 분석표로 정리함으로써 공정의 수정과 보완 개선 작업에 대한 검토가 가능하여 다음 생산의 효율화를 위한 중요한 자료가 된다.

ㅁ 단계별로 필요한 작업 시간을 분석하고 표시함으로써 목표 납기일을 예측하고 제품의 가공임 산출이 가능하다.

ㅂ 수입과 지출의 균형을 계획할 수 있으므로 생산비 절감 및 경영 합리화가 촉진될 수 있다.

② 봉제공정도 도식 방법

ㄱ 봉제공정은 크게 가공, 정체, 검사 공정으로 나눌 수 있다.

ㄴ 재료 부품명, 공정 시작을 의미하는 부품 대기 공정 기호, 가공 공정 기호, 공정 번호, 공정 명칭, 기계 명칭, 가공 시간을 표시한다.

ㄷ 재료 부품의 조합을 표시할 때에는 큰 부품과 작은 부품을 구분하여 표시한다.

[봉제공정도 기호]

공정 분류	기호	내용
가공 공정	○	본봉 재봉기를 사용하는 공정
	⦀	특수 재봉기를 사용하는 공정
	◎	다리미, 손작업 공정
	◉	프레스 공정
	◇	자동 재봉기를 사용하는 공정
정체 공정	▽	공정 시작(재단물, 재료 등 부품 대기)
	△	공정 끝(부품 완성 상태)
	▲	완성품 정체 공정
검사 공정	□	양 검사 공정(완성 수량 및 봉제 개수 등 수량 검사)
	◇	질 검사 공정(봉제 상태, 사이즈, 불량 등 품질 검사)

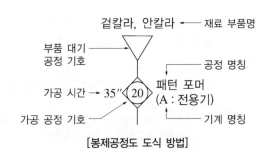

[봉제공정도 도식 방법]

2. 봉제공정도에 따른 부속 봉제의 완성

① 봉제공정도 상단에는 품명, 작성자 이름, 공정도 작성 날짜를 기입한다.

② 봉제에 들어가기 전에 앞판, 뒤판, 주머니, 소매, 칼라 등의 재단물과 재료 등은 대기 중이므로 봉제공정도는 ▽ 표시로 시작한다.

③ 앞판은 봉제공정도의 중앙에 배치하고 뒤판은 오른쪽, 부속은 왼쪽에 배치한다.

④ 단계별 가공 공정 순서는 기호 안에 일련번호로 표시한다.

⑤ 부속 봉제를 먼저 진행하여 몸판에 연결한 후, 합복봉제를 진행하는 순서로 한다.

⑥ 공정 단계마다 공정 명칭, 가공 시간이 적혀 있다. 가공 시간은 여유 시간이 포함되지 않은 순수 가공 시간을 말하며, 여유 시간이란 실 끼우기, 바늘 갈아 끼우기, 재료를 묶고 풀기, 잡담하기, 화장실 가기 등의 시간을 말한다.

⑦ 단계별 필요한 기계는 본봉 재봉기, 특수 재봉기, 다리미 등으로 구별하여 기호로 표시한다.

핵심예제

봉제공정도 기호와 내용이 바르게 연결된 것은?

① ⑪ – 본봉 재봉기를 사용하는 공정
② ◉ – 공정 시작
③ △ – 공정 끝
④ ◇ – 완성 수량 등 수량 검사 공정

해설

봉제공정도의 기호
• ○ : 본봉 재봉기를 사용하는 공정
• ⑪ : 특수 재봉기를 사용하는 공정
• ◉ : 프레스 공정
• □ : 완성 수량 등 수량 검사 공정
• ◇ : 봉제 상태 등 품질 검사 공정

정답 ③

핵심이론 20 합복 봉제의 앞뒤판 합복

1. 합복 봉제

① 합복 봉제란 공정 순서에 따라 주요 부속 및 부위를 조립 봉제하는 것을 말한다.

② 의류 소재에 따른 봉제 조건을 이해하고 작업함으로써 생산성을 향상하고 품질 균일화를 달성한다.

2. 앞뒤판 연결 봉제

① 재단물 확인

㉠ 번들링(bundling) : 봉제 후에 이색이 발생하고 봉제의 효율성이 떨어지는 것을 방지하기 위해 재단물을 로트(lot)별, 호칭별, 부위별로 분류하는 작업을 말한다.

㉡ 넘버링(numbering) : 한 번들(bundle) 속에 있는 재단물에 일련의 번호를 부여한 후 동일한 번호의 재단물끼리 봉제하여 이색을 방지하려는 목적이다.

㉢ 재단물의 넘버링 중복 오류, 순서 불일치, 원단의 표리 뒤집힘, 리스팅(listing) 이색으로 인한 눈에 띄는 부위별 이색 등의 문제로 색상의 불일치 현상이 발생할 수 있다.

㉣ 특히 더블재단(맞재단)의 경우에는 넘버링 작업 시 오류가 생기기 쉽다.

② 복종별 생산의뢰서 확인

㉠ 봉제 작업 시에는 복종별 각 부위의 스티치와 솔기 종류를 확인한다.

㉡ 봉제기기, 봉제 방법 등이 제시된 생산의뢰서에 따라 작업한다.

③ 스티치와 솔기 종류에 적합한 봉제기기와 봉제 방법

적용 범위	스티치 유형	솔기 유형	재봉기
• 가름솔 • 일반적인 우븐 직물의 솔기(옆솔기, 어깨솔기, 뒤중심솔기, 소매솔기 등)	본봉 스티치 301	플레인 솔기	본봉 재봉기
• 통솔 • 얇고, 가볍고, 잘 풀리고 비치는 소재의 솔기		프렌치 솔기	
• 뉨솔 • 안단, 허리선, 허리밴드, 칼라, 커프스 등의 솔기		인클로즈드 솔기	
• 쌈솔 • 데님 의류의 솔기, 옆솔기, 밑위둘레 솔기 등	체인 스티치 401×2	플랫 펠드 솔기	환봉 재봉기
솔기의 시접 처리	오버로크 스티치 504	플레인 솔기	
우븐 직물 또는 니트 직물의 솔기 및 시접 처리	인터로크 스티치 516(401+504)		

㉠ 본봉 재봉기의 특징
  • 제직의류 생산에 가장 많이 사용되는 봉제기기이다.
  • 하나의 스티치를 만드는 데 두 개의 실(윗실과 밑실)이 사용되며, 앞면과 뒷면의 형태가 동일하고 직선과 곡선을 자유롭게 봉제할 수 있다.
  • 작업 중에 밑실을 자주 교체해 주어야 하므로 생산 속도가 느리고, 신축성이 없는 소재에 사용하면 실이 쉽게 끊어진다.
  • 스티치가 타이트하고 안정감이 있어 우븐 직물에 적합하다.

㉡ 환봉 재봉기의 특징
  • 루퍼사라는 밑실을 사용하여 스티치를 형성하는 재봉기이다.
  • 밑실을 교체해야 하는 번거로움이 없어 본봉 재봉기보다 속도가 빠르므로 시간과 비용을 절감할 수 있다.
  • 신축성이 있어 데님 소재의 의류, 신축성 있는 의류 또는 신축성이 필요한 부위의 부분 봉제에 적합하다.

④ 앞뒤판 연결 봉제를 위한 복종별 봉제 공정
  ㉠ 생산의뢰서에 제시된 앞뒤판 연결 공정에 사용되
    는 스티치, 솔기 종류, 봉제기기, 봉제 방법 등 봉
    제 사양을 확인한다.
  ㉡ 복종별로 앞뒤판 원단 결 방향 및 맞춤 표시가 제대
    로 되어 있는지 확인하고 연결 봉제한다.

3. 부속물 부착 전 봉제 상태 점검 사항

① 검사 항목 체크리스트(점검표)를 공장 자체적으로 작
  성한다.
② 점검표에는 검사 시 발견될 수 있는 불량 요인을 기재
  하고, 수정 부위, 불량 수량, 수정 수량을 체크한다.
③ 생산의뢰서 내용 숙지 확인, 재봉 땀수 불량, 봉비·봉
  탈 현상, 시접량 불량, 봉제 굴곡, 당김·처짐 현상,
  봉사 장력 상태, 퍼커링, 무늬맞춤, 스티치 불량, 다림
  질 불량, 오버로크 불량 등을 점검한다.

--- 핵심예제 ---

환봉 재봉기의 특징이 아닌 것은?
① 의류 생산에 가장 많이 사용되는 재봉기이다.
② 신축성이 필요한 부위의 부분 봉제에 적합하다.
③ 루퍼사를 사용하여 스티치를 형성하는 재봉기이다.
④ 밑실을 교체하지 않아도 되어 본봉 재봉기보다 속도가 빠
  르다.

【해설】
의류 생산에 가장 많이 사용되는 재봉기는 본봉 재봉기이다.

정답 ①

핵심이론 21 합복 봉제의 부속 부착

1. 봉제공정도와 공정편성표의 이해

① 봉제공정도의 의미
  ㉠ 봉제 공정은 넘버링 및 심지가 부착된 재봉물이
    봉제 라인에 투입되는 과정을 나타낸 것이다.
  ㉡ 봉제공정도는 봉제 작업 시 의복이 만들어지는 순
    서대로 수작업 공정 및 기계 작업공정에 대해 일련
    의 기호를 이용하여 그린 그림이다.
  ㉢ 봉제공정도에 따라 부위별 봉제가 이루어지고 특
    수 봉제 및 마무리 작업으로 연결된다.
  ㉣ 봉제공정도에 따른 작업을 통해 가공 시간을 단축
    시키고 균일한 제품을 생산할 수 있다.
② 공정편성표의 의미
  ㉠ 공정 편성은 생산 공정의 효율을 결정하는 요인
    이다.
  ㉡ 공장에 따라 생산 수량, 작업자 인원, 공정 번호,
    공정 명칭, 작업 시간 등이 다르므로 개별 상황이
    고려되어 편성된다.

2. 부속 부착 위치의 표시

① 주머니, 비조, 덧단, 지퍼 등의 부속이 몸판 또는 소매
  에 부착되는 위치를 표시하는 것을 말한다.
② 방법
  ㉠ 굵은 시침 봉사, 기화성 초크, 지워지는 펜 등을
    사용하여 표시한다.
  ㉡ 생산보조용 패턴을 합복된 몸판과 소매 위에 올려
    놓고 표시한다.
  ㉢ 송곳으로 표시할 경우 완성선 안쪽으로 0.5cm 정
    도의 위치에 표시한다.

③ 위치 표시 기기

　㉠ 옷감의 올이 상하는 것을 방지하기 위해 시침 봉사 표시기를 사용한다.

　㉡ 재단물 중간에 있는 주머니 위치 또는 단추·단춧 구멍 위치 등을 색상으로 표시하거나 밀도가 높은 소재는 구멍을 뚫어 표시하는 소재 중간 위치 표시 기기가 있다.

④ 부속 부착 방법

주머니	입술 주머니	• 심지가 붙여진 주머니 위치에 입술감을 박음질하고 절개한다. • 만들어진 플랩과 속주머니감을 입술감에 연결한다. 입술 양 끝을 고정하고 속주머니감의 외곽선을 박는다. • 본봉 재봉기로 주로 작업하며, 패턴 포머와 입술주머니를 짜는 특수 재봉기인 웰팅기를 사용하면 편리하고 균일하게 작업할 수 있다. 단, 웰팅기 사용 시 좌우 입술주머니의 경사 차이에 유의한다.
	덧주머니	• 몸판에 표시된 주머니 위치에 맞추어 만들어 놓은 덧주머니를 부착한다. • 일정한 간격으로 톱 스티치 한 후, 주머니 입구 양쪽에 삼각형이나 ㄷ자 등의 강화 스티치를 한다. • 본봉 재봉기로 작업하며, 주머니를 짜는 특수 재봉기를 사용하면 균일하게 스티치를 넣을 수 있어 편리하다.
	옆주머니	• 맞춤 표시된 주머니 위치 입구에 맞춰 주머니감의 시접이 일정하도록 박는다. • 주머니 입구가 늘어나지 않도록 주의하면서 본봉으로 박고, 주머니 입구 위아래에 강화 스티치를 한다.
탭(비조)		• 허리에 부착하는 탭은 옆판 또는 뒤판에 표시된 위치에 정확하게 박는다. • 어깨에 부착하는 탭은 몸판 진동에 표시된 위치에 정확하게 맞춘 후 본봉으로 박는다.
덧단	앞덧단	• 앞판과 심지를 붙인 앞덧단을 앞판에 맞대어 맞춤 표시를 정확히 맞추어 박는다. • 소매 덧단의 경우 삼각 형태를 균일하게 잡아 봉제해야 한다. • 생산의뢰서에 기재된 스티치 간격대로 본봉 재봉기로 작업하여 덧단의 폭이 균일하도록 덧단의 시접을 일정하게 박는다.
	소매 덧단	• 소매의 안쪽에 표시된 트임 위치에 맞추어 다림질하여 만들어 놓은 덧단을 맞대고 봉제한다. • 생산의뢰서에 기재된 스티치 간격대로 본봉 재봉기로 작업한다.

지퍼	• 팬츠와 스커트의 앞중심 또는 뒤중심의 밑에 지퍼를 놓고 봉제한 후, 위의 겉면에서 ㄴ 또는 ㅓ 스티치 모양으로 톱 스티치하여 고정한다. • ㄴ 또는 ㅓ 스티치는 생산보조용 패턴을 몸판에 대고 봉제한다.

부속이 몸판이나 소매에 부착되는 위치를 표시하는 방법 중 옳지 않은 것은?

① 기화성 초크를 사용한다.
② 굵은 시침 봉사를 사용하여 표시한다.
③ 원단과 선명한 대비를 이루는 색의 잘 지워지지 않는 펜을 사용한다.
④ 완성선 안쪽으로 0.5cm 정도의 위치에 송곳으로 표시한다.

|해설|

부속 부착 위치를 표시할 때에는 굵은 시침 봉사, 기화성 초크, 지워지는 펜 등을 사용하고, 송곳으로 표시할 경우 완성선 안쪽으로 0.5cm 정도의 위치에 표시한다.

정답 ③

1. 마무리 합복

① 시접 정리

ㄱ 옷감 종류, 봉제 방법, 봉제 부위 등에 따라 시접 폭을 다르게 적용한다.

ㄴ 시접 폭이 크면 완성 상태의 외관을 떨어뜨리므로 최대한 좁게 하는 것이 실루엣을 표현하기에 좋으나, 너무 좁으면 원단 조직이 풀어지므로 시접 기준을 유지한다.

[일반적인 시접 폭 예시]

구분	항목	표준 시접 간격
솔기 시접	일반적인 솔기(어깨, 옆솔기 등)	1.2~1.5cm
	허리, 암홀, 앞밑위둘레 등	1.0~1.2cm
	칼라 외곽, 앞여밈단 등	0.6~0.8cm
밑단 시접	일반적인 밑단	3.8~5.0cm
	플레어드 밑단	2.5~3.5cm

② 중간 다림질

ㄱ 각 부위별 봉제 작업을 한 후에 시접 가름 다림질 또는 시접 정리 후 봉제선을 정리하는 다림질 작업을 말한다.

ㄴ 다림질이나 프레싱 작업은 적당한 습기, 열, 압력을 이용하며 선을 접는 작업, 박은 솔기를 가르는 작업, 주름을 펴는 작업, 완성된 의류의 외관을 아름답게 잡아주는 작업 등에 사용되며 이 과정을 통해 의류 제품의 형태를 갖추게 된다.

ㄷ 봉제 세부 공정 중이나 칼라·주머니·커프스 등 작은 부위의 심지 접착에는 다리미를 사용하고, 넓은 부위에는 프레스기를 사용한다.

ㄹ 장점 및 주의사항

• 특정 부위의 모양을 깨끗하게 만들어 주고 제품의 완성도를 높인다.

• 완성 다림질 작업 시간을 단축시켜 주고 제품의 품질을 향상시킨다.

• 다림질이 잘못되면 눌림, 용해, 자국, 광택 등이 의복에 그대로 나타나므로 주의해야 한다.

ㅁ 봉제 공정에 따른 다리미의 분류

• 중간 공정용 다리미 : 봉제 공정상 중간 가공 단계에서 심지 작업, 주머니, 시접 가르기 등에 사용하며, 순간 스팀이 강하나 스팀 양은 완성용에 비해 적다.

• 완성 공정용 다리미 : 봉제 공정상 완성 단계에서 마무리 다림질에 사용하며, 많은 스팀 양을 필요로 하는 작업에 적합하다.

2. 프레스기 사용

① 프레스기 사용의 장점

ㄱ 프레스기는 섬유의 가소성을 이용하여 형태를 안정시키거나 주름을 펴 주는 기계로 다리미와 동일한 구실을 하며, 일반 다리미보다 다림질 시간을 절약할 수 있다.

ㄴ 열의 분포, 압력, 습도를 균일하게 조절할 수 있다.

ㄷ 프레스 공정에서 천연섬유 의복은 습도와 건조가 중요하고, 합성섬유 의복은 온도와 냉각이 중요하다.

② 봉제 공정에 따른 프레스기의 분류

ㄱ 기초 프레스 : 봉제 공정에 들어가기 전 재단된 겉감 안쪽에 접착심지를 접착하는 작업이다.

ㄴ 부분(중간) 프레스 : 봉제 공정 작업 시 중간 다림질로 솔기를 갈라서 봉제선을 매끄럽게 해 주거나 칼라 어깨, 암홀 등의 작은 부위의 형태를 잡아주는 공정이다.

ㄷ 완성 프레스 : 완성된 의류의 외관을 아름답게 하여 상품의 가치를 높이기 위한 마무리 작업으로, 프레스를 이용하여 볼륨감과 실루엣을 살린다.

③ 원단 소재별 프레스기 작업조건

원단 소재	스팀(열)	스팀 시간	압력	압력 시간	냉각 건조 시간
모직	150~160℃	4~5초	5~6kg	5~6초	5~6초
혼방	140~160℃	3~4초	4~5kg	4~5초	4~5초
방모	160℃	4~5초	3~4kg	4~5초	5~6초
T/C	140℃	4초	5kg	5~6초	4~5초
T/R	130~140℃	4~5초	4~5kg	4~5초	4~5초
나일론, 폴리에스터	120~130℃	3~4초	2~3kg	3초	2~3초

④ 프레스기 종류 : 소매 프레스, 소매 둘레 프레스, 라펠 완성 프레스, 앞판 프레스, 등판 프레스, 암홀 프레스, 어깨 프레스, 칼라 마스터 프레스 등

3. 태킹(tacking)

① 정의 : 안감과 겉감을 합복한 후 형태 안정감을 살리기 위해 겉감과 안감 사이를 시침하거나 실기둥(실루프) 또는 원단, 테이프 등을 사용하여 연결해 주는 작업을 말한다.

② 방법

　㉠ 원단을 사용할 경우 2.5×5cm로 하고 바이어스 재단해서 사용한다.

　㉡ 태킹 작업은 어깨, 진동, 소매, 칼라, 안단 등의 솔기 안쪽에 고정한다.

4. 복종별 마무리 합복과 합복 공정 마무리

① 마무리 합복

　㉠ 자켓

　　• 연결된 몸판과 소매의 암홀 시접을 정리하고 소매 쪽으로 시접을 보내 스팀다리미로 다린다.

　　• 안단의 안감에 연결된 시접은 모두 안감 쪽으로 보내고 다림질하여 정리한다.

　　• 몸판의 목둘레에 연결한 칼라의 시접은 가름솔로 처리하고, 시접을 시침질로 고정한다.

　　• 어깨 패드를 단다. 안감 또는 실기둥, 테이프로 안감과 겉감의 암홀, 겨드랑, 옆선의 시접에 태킹 처리를 한다. 겉감과 안단을 고정한다.

　㉡ 블라우스

　　• 연결된 칼라와 몸판 목둘레의 시접은 칼라 쪽으로 보내거나 몸판 쪽으로 보내고 장식 테이프를 덧대거나 누름상침 스티치로 마무리한다.

　　• 몸판과 소매의 암홀 시접도 생산의뢰서에 따라 오버로크, 통솔, 쌈솔 등으로 처리하고 중간 다림질을 한다.

　㉢ 팬츠

　　• 연결된 겉허릿단과 몸판 허리선의 시접을 모두 허릿단 쪽으로 보내고 바이어스 처리가 된 안허리단의 시접을 펼친 후, 겉허릿단의 아래쪽에서 숨은 상침 스티치로 봉제하고 다림질을 한다.

　　• 지퍼의 양쪽 겉감과 안감 사이를 생산의뢰서에 기재된 대로 실고리 등으로 태킹한다.

　㉣ 스커트

　　• 연결된 허릿단과 몸판 허리선의 시접은 모두 허릿단 쪽으로 보내거나 몸판 쪽으로 보내고 중간 다림질을 한다.

　　• 생산의뢰서에 기재된 실고리 연결 방법으로 스커트 밑단 옆선과 지퍼 부위 끝에 안감과 겉감을 연결하는 태킹 작업을 한다.

② 복종별 합복 공정 마무리

　㉠ 재킷

　　• 밑단과 소맷단을 박은 후에 뒤집고 다림질한다.

　　• 전체적으로 스티치가 있는 경우에는 이 단계에서 톱 스티치 작업을 하고 창구멍을 막는다.

　㉡ 블라우스 : 밑단 시접을 두 번 접어 본봉으로 박음질하거나 블라인드 스티치로 작업한다.

ⓒ 팬츠와 스커트
- 겉감 밑단은 접어 다려서 오버로크 스티치로 시접 처리를 한 후에 단 끝을 블라인드 스티치(자동 밑단 감침) 작업으로 마무리한다.
- 주머니 입구 양 끝과 팬츠의 앞 지퍼 부분의 J 스티치 끝에 바택 작업을 한다.

③ 공정별 마무리
ⓐ 뒤집기
- 겉감과 안감을 합복한 후에 창구멍을 통해 뒤집는 과정이다.
- 겉감과 안감의 밑단과 소맷단을 연결 봉제한 후 밑단의 창구멍으로 뒤집는다. 창구멍은 좌우 앞판의 밑단에 10~15cm 정도로 두고, 뒤트임이 있는 재킷의 경우 창구멍을 트임 부분에 두고 뒤집는다.

ⓑ 다림질
- 합복 공정 마무리 단계에서의 다림질이란 제품의 형태 완성도를 향상시키는 작업을 말한다.
- 앞 덧단, 어깨, 앞판, 옆솔기, 등판, 소매, 암홀, 라펠 밑 칼라 순으로 다림질하고, 다시 암홀, 소매, 다트, 뒤판, 안감 순으로 다림질한다.
- 다림질로 인한 수축과 번들거림에 주의하고, 소재에 따라 온도와 압력을 조정한다.
- 프레스기를 사용하면 좀 더 빠르고 간단하게 작업할 수 있다.

ⓒ 톱 스티치
- 겉감 장식에 사용되는 톱 스티치는 밀리거나 주름이 없어야 한다.
- 위치, 장력, 땀수를 정확히 하여 찝힘, 끊김, 굴곡, 봉탈, 봉비 등을 방지한다.
- 시작과 끝은 되돌아박음질로 깨끗하게 마무리한다.

ⓓ 블라인드 스티치
- 재킷·블라우스·팬츠·스커트의 밑단, 소맷단 부분의 단 처리 등의 감치기를 기계로 작업한 것이다.
- 겉감의 올이 풀리지 않는지 확인하고 작업하며, 올이 많이 풀리는 원단일 경우에는 오버로크 재봉을 한 후에 작업한다.

ⓔ 바택
- 주머니 입구의 양 끝부분 또는 지퍼 끝부분 등 힘을 많이 받는 부위가 뜯어지는 것을 방지하기 위해 바택기로 보강 스티치 작업을 한다.
- 벨트고리 양쪽 끝부분 또는 단춧구멍 마무리 작업에도 사용된다.

핵심예제

마무리 합복 시 표준 시접 분량으로 옳은 것은?

① 밑단 – 1.0cm
② 암홀 솔기 – 0.6cm
③ 어깨와 옆솔기 – 1.2cm
④ 플레어드 밑단 – 4.8cm

│해설│

일반적인 시접 폭 예시

구분	항목	표준 시접 간격
솔기 시접	일반적인 솔기(어깨, 옆솔기 등)	1.2~1.5cm
	허리, 암홀, 앞밑위둘레 등	1.0~1.2cm
	칼라 외곽, 앞여밈단 등	0.6~0.8cm
밑단 시접	일반적인 밑단	3.8~5.0cm
	플레어드 밑단	2.5~3.5cm

정답 ③

교육은 우리 자신의 무지를 점차 발견해 가는 과정이다.

- 윌 듀란트 -

PART 02

공개
기출문제

2012~2016년   기출문제

[알림]
2025년부터 양장기능사 자격명이 여성복기능사로 변경되었습니다.
NCS를 기반으로 실무 중심으로 개편되었으나, 봉제 기술, 패턴 구성, 재단 방식 등의 출제기준 내용은
기존과 크게 다르지 않으므로 양장기능사 기출문제도 여성복기능사 시험 대비에 효과적으로 참고하실
수 있습니다. 기출문제를 통해 기본기와 유형 이해를 탄탄히 다지시기 바랍니다.

01 래글런(raglan) 소매의 설명으로 옳은 것은?

① 길(몸판)과 소매가 연결된 것으로 활동적인 의복에 사용된다.

② 소맷부리를 넓게 하여 주름을 잡아 오그리고 커프스로 처리한 소매이다.

③ 어깨를 감싸는 짧은 소매로 겨드랑이에는 소매가 없는 디자인이다.

④ 소매산이나 소맷부리에 개더 및 플리츠를 넣은 소매로 주름의 위치와 분량에 따라 모양이 달라진다.

해설
래글런 슬리브(raglan sleeve)
• 길과 소매가 절개선 없이 연결하여 구성되는 소매이다.
• 목둘레선에서 겨드랑이에 사선으로 절개선이 들어간 소매로 활동적인 의복에 사용된다.

02 길이에 따른 슬랙스의 종류 중 원형의 무릎선에서 5~10cm 정도 길게 한 것은?

① 숏 쇼츠(short shorts)

② 버뮤다(bermuda)

③ 니커즈(knickers)

④ 앵클 팬츠(ankle pants)

해설
③ 니커즈 : 무릎선에서 5~10cm 정도 내려온 길이의 바지이다.
① 숏 쇼츠 : 원형의 밑위길이선에서 3~5cm 정도의 바짓가랑이 길이의 바지이다.
② 버뮤다 : 무릎 위까지 오는 길이의 바지를 말한다.
④ 앵클 팬츠 : 발목 정도까지 오는 길이의 바지이다.

03 옷감과 패턴의 배치에 관한 설명 중 틀린 것은?

① 줄무늬는 옷감 정리에서 줄을 바르게 정리한 다음 배치한다.

② 패턴은 큰 것부터 배치하고 작은 것은 큰 것 사이에 배치한다.

③ 짧은 털이 있는 옷감은 털의 결 방향을 위로 배치한다.

④ 옷감의 표면이 밖으로 되게 반을 접어 패턴을 배치한다.

해설
옷감의 표면이 안으로 들어가게 반을 접어 패턴을 배치한다.

04 의복 원형에 관한 설명 중 틀린 것은?

① 인간의 동적 기능을 방해하지 않는 범위 내에서 신체에 밀착되는 기본 옷을 말한다.

② 원형의 각 부위에는 동작에 대한 기본적인 여유분이 포함되어 있다.

③ 서툰 초보자에게 적당한 원형의 제도법은 단촌식 제도법이다.

④ 원형은 어떤 방법이든 누구에게나 잘 맞고 이해되는 제도 방법이 바람직한 것이다.

해설
인체 각 부위를 세밀하게 계측하는 단촌식 제도법보다 주로 가슴둘레의 치수를 기준으로 산출하는 장촌식 제도법이 계측하는 것에 서툰 초보자에게 적당한 제도법이다.

05 다음 중 재봉사로 가장 많이 사용하는 실은?

① 2합 연합사

② 3합 연합사

③ 4합 연합사

④ 5합 연합사

해설

실

• 재봉사로 가장 많이 사용하는 것은 3합 연합사이다.

• 봉제 시 실을 선택할 때는 옷감과 같은 재질을 선택하는 것이 좋다.

• 실이 옷감에 비해 약할 경우에는 봉제한 부분이 견고하지 못하여 여기저기 터지는 현상이 발생한다.

06 재봉기 사용 시 실이 잘 끊어지는 원인과 가장 거리가 먼 것은?

① 실채기 용수철의 결함

② 바늘과 북의 위치 불량

③ 바늘과 톱니 타이밍 불량

④ 전원 커넥터 접속 불량

해설

재봉기의 고장 원인

• 윗실이 끊어지는 경우의 원인

– 바늘과 북의 타이밍에 결함이 있다.

– 실 상태에 결함이 있다.

– 바늘에 결함이 있다.

– 실 안내에 결함이 있다.

– 실채기 용수철이 너무 강하다.

– 바늘의 부착 방향이 좋지 않다.

– 윗실의 장력이 너무 강하다.

• 밑실이 끊어지는 경우의 원인

– 북에 결함이 있다.

– 실 상태에 결함이 있다.

– 바늘판에 결함이 있다.

– 밑실의 장력이 너무 강하다.

07 재단할 때 주의사항으로 틀린 것은?

① 바이어스 테이프를 장식으로 달 때에는 시접을 넣지 않는다.

② 안단의 시접은 칼라형에 따라 다르게 잡는다.

③ 한 겹 옷일 경우에는 안단을 붙여서 재단한다.

④ 칼라의 라펠을 넓게 할 경우에는 안단을 붙여서 재단한다.

해설

칼라의 라펠(lapel) 부분이 넓은 스포츠 칼라일 경우에는 안단을 따로 재단한다.

08 너비 150cm의 옷감으로 긴소매 원피스를 만들 때 옷감의 필요량 계산법으로 옳은 것은?

① (옷길이×2) + 소매길이 + 시접

② (옷길이×2) + 시접

③ (옷길이 + 시접)×2

④ 옷길이 + 소매길이 + 시접

해설

옷감량 계산법(원피스 드레스)　　　　　　　(단위 : cm)

종류	폭	필요 치수	계산법
반소매	150	110~170	원피스 드레스 길이 + 소매길이 + 시접(10~15)
	110	180~230	(원피스 드레스 길이×1.2) + 소매길이 + 시접(10~15)
	90	210~230	(원피스 드레스 길이×2) + 시접(12~16)
긴소매	150	110~170	원피스 드레스 길이 + 소매길이 + 시접(10~15)
	110	180~230	(원피스 드레스 길이×1.2) + 소매길이 + 시접(10~15)
	90	210~230	(원피스 드레스 길이×2) + 시접(12~16)

09 가슴 다트 위의 진동둘레 부위와 뒷어깨 밑에 군주름이 생길 경우 보정 방법에 관한 설명으로 가장 옳은 것은?

① 어깨를 올려 주고 진동둘레 밑부분은 같은 치수로 내려 수정한다.

② 어깨 솔기를 터서 군주름 분량만큼 시침 보정하여 어깨를 내려 주고 어깨 처짐만큼 진동둘레 밑부분도 내려 수정한다.

③ 뒷길의 어깨를 올려 주고 진동둘레 밑부분을 서로 다른 치수로 내려 준다.

④ 앞길의 어깨를 올려 주고 진동둘레 밑부분을 서로 다른 치수로 내려 준다.

해설

처진 어깨 보정
• 처진 어깨의 체형은 가슴 다트 위의 진동둘레 부위와 뒷어깨 밑에 군주름이 생긴다.
• 어깨 솔기를 터서 군주름 분량만큼 시침 보정하여 어깨를 내려 주고, 어깨 처짐만큼 진동둘레 밑부분도 내려 수정한다.
• 네크 포인트에서부터 사선으로 군주름이 생길 때는 없어지는 군주름 분량만큼 어깨에서 잡아 핀을 꽂아 보정하여 그 분량만큼 어깨선을 내린다.

10 다음 그림의 슬랙스 원형 보정에 해당하는 체형은?

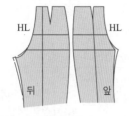

① 엉덩이가 처지고 복부가 나온 체형
② 엉덩이가 나오고 복부가 들어간 체형
③ 복부가 나온 체형
④ 밑위의 앞뒤 두께가 큰 체형

해설

슬랙스의 밑위 부분의 앞뒤 부분을 늘려 주는 보정으로 밑위의 앞뒤 두께가 큰 체형의 보정 방법이다.

11 인체계측 방법 중 자동체형촬영장치를 사용하여 피계측자의 정면과 측면을 촬영하고, 여기서 얻은 두 장의 사진으로 인체치수와 인체형태 및 자세를 파악할 수 있는 것은?

① 실루에터법
② 모아레 · 등고선법
③ 신장계법
④ 간상계법

해설

② 모아레 · 등고선법 : 등고선처럼 나타나는 모아레 무늬를 이용하여 간접적으로 계측하는 방법이다.
③ 신장계법 : 높이 측정 기구로 직접 계측하는 방법이다.
④ 간상계법 : 신장계의 최상부의 지주와 2개의 금속 가로 자로 구성되어 있으며 두께, 너비와 같이 두 점 간의 직선거리 계측에 이용한다.

12 높은 어깨에 가장 적합한 소매는?

① 소매너비가 좁은 소매
② 소매산을 높인 소매
③ 소매너비가 넓은 소매
④ 소매산을 낮춘 소매

해설

소매산 제도
• 소매산은 의복 소매에서 제일 높은 점과 제일 낮은 점(겨드랑이) 사이의 길이를 말한다.
• 높은 어깨는 어깨가 높아진 만큼 소매산을 높인 소매가 가장 적합하다.
• 처진 어깨는 어깨 처짐만큼 소매산을 낮춘다.

13 다트 머니퓰레이션(dart manipulation)의 정의로 옳은 것은?

① 다트의 위치를 이동시켜 새로운 원형을 만드는 과정

② 소매산 부근을 많이 부풀려 디자인을 변화시키는 과정

③ 이상체형의 변화를 원형에서 수정하는 작업

④ 활동에 불편이 없도록 원형을 변화시키는 작업

해설

다트 머니퓰레이션(dart manipulation)
• 다트를 활용하는 기본 방법이다.
• 기본 다트를 디자인에 따라 다른 위치로 이동하거나 다른 형태로 만들어 주는 것이다.
• 다트는 평면의 재료를 인체에 맞춰 입체화시키는 기능적인 역할을 하며, 장식적인 효과도 겸할 수 있다.

15 소매가 너무 좁은 경우의 보정 방법에 관한 설명으로 가장 옳은 것은?

① 접어서 여유분을 없앤다.

② 가위집을 넣은 후 새로운 진동선을 그리고 길(몸판) 원형의 진동 밑부분을 올린다.

③ 식서 방향을 따라 절개한 후 적당하게 벌려 패턴을 수정하고, 길의 진동둘레도 파 준다.

④ 바이어스 헝겊으로 덧대어 가봉한 후 진동둘레선을 수정한다.

해설

소매가 너무 좁으면 소매산 옆에 군주름이 생긴다. 이때에는 식서 방향을 따라 절개한 후 적당하게 벌려 패턴을 수정하고, 길의 진동둘레도 파 주어 소매산을 내려 주고 소매통을 넓혀 준다.

14 큐롯 스커트(culotte skirt)와 같은 명칭의 스커트는?

① 개더 스커트(gather skirt)

② 티어드 스커트(tiered skirt)

③ 디바이디드 스커트(divided skirt)

④ 슬림 스커트(slim skirt)

해설

디바이디드(큐롯) 스커트
• 나누어진 스커트라는 의미로 바지처럼 가랑이가 있는 치마를 말한다.
• 스커트 원형을 다트가 1개인 세미 타이트로 만들고, 슬랙스를 제도하는 방법으로 밑부분을 그려 넣는 스커트이다.
• 흔히 '치마바지'라고 알려져 있고 큐롯(퀼로트) 스커트라고도 한다.

16 옷감의 완성선 표시 방법 중 옷감의 색에 따라 잘 나타는 색을 선택하여, 패턴을 옷감 위에 놓고 완성선 및 시접선을 긋는 데 주로 사용하는 것은?

① 실표뜨기

② 룰렛으로 표시하기

③ 송곳 사용하기

④ 초크로 표시하기

해설

초크
• 옷감의 색에 따라 잘 나타나는 색을 선택하고, 쉽게 지워지는 것을 이용해서 선을 선명하고 가늘게 그린다.
• 완성선 및 시접선을 긋는 데 주로 사용한다.

17 겉감의 경우 일반적인 각 부위의 기본 시접 분량으로 가장 옳은 것은?

① 목둘레 – 2cm

② 칼라 – 2cm

③ 어깨와 옆선(옆솔기) – 2cm

④ 소맷단 – 2cm

해설
기본 시접 분량

1cm	목둘레, 칼라, 요크선, 앞단, 스커트·슬랙스 허리선, 앞중심선
1.5cm	진동둘레, 가름솔
2cm	어깨, 옆선
3~4cm	소맷단, 블라우스단, 파스너단
4~5cm	스커트·재킷의 단

18 인체계측 방법 중 직접법의 특징이 아닌 것은?

① 굴곡 있는 체표의 실측길이를 얻을 수 있다.

② 표준화된 계측 기구가 필요하다.

③ 계측을 위해 넓은 장소와 환경의 정리는 필요 없다.

④ 계측 시 피계측자의 협력이 요구된다.

해설
직접계측법
• 굴곡 있는 체표면의 실측길이를 얻을 수 있다.
• 표준화된 계측 기구가 필요하다.
• 계측이 장시간 걸리기 때문에 피계측자의 자세가 흐트러져 자세에 의한 오차가 생기기 쉽다.
• 피계측자에 직접계측기를 대어 계측하기 때문에 피계측자의 협력과 계측자의 숙련이 요구된다.
• 계측을 위하여 넓은 장소와 환경의 정리가 필요하다.
• 동일 조건으로 다시 계측했을 때 같은 치수가 나오기 어렵다.
• 직접계측법으로는 1차원적 측정법인 마틴식 계측법과 2차원적 측정법인 각도측정법, 슬라이딩 게이지법, 3차원적 측정법인 석고테이프법, 석고포대법, 퓨즈법 등이 있다.

19 제도용으로 2B 연필이 가장 많이 사용되는 경우는?

① 기초선을 제도할 때

② 완성선을 제도할 때

③ 선의 교차를 제도할 때

④ 안내선을 제도할 때

해설
2B 연필은 완성선을 제도할 때 많이 사용한다.

20 계측점에 관한 설명 중 틀린 것은?

① 목뒤점 – 목을 앞으로 구부렸을 때 제일 큰 뼈의 중심점

② 팔꿈치점 – 팔꿈치 안에서 가장 뒤쪽으로 두드러진 점

③ 무릎점 – 무릎뼈의 가운데 위치한 점

④ 등너비점 – 목둘레선과 어깨끝점선이 만나는 점

해설
등너비점(뒤품점)은 자를 겨드랑이에 끼워 겨드랑이 뒤쪽 밑에 표시한 점과 어깨끝점과의 중간점이다(겨드랑뒤벽점).

21 가슴둘레의 계측 방법으로 가장 옳은 것은?

① 가슴의 유두점 바로 밑부분을 수평으로 잰다. 이
때 편안한 상태에서 당기지 말고 그대로 잰다.

② 가슴의 유두점을 지나는 수평 부위를 돌려서 잰다.

③ 가슴의 유두점 바로 윗부분을 수평으로 재며 줄
자는 당겨 꼭 맞게 잰다.

④ 가슴의 유두점을 지나는 수평둘레를 재며 줄자는
당겨 꼭 맞게 잰다.

해설
가슴둘레는 선 자세에서 피측정자가 자연스럽게 숨을 들이 마신
후 숨을 멈추었을 때, 좌우 유두점을 지나도록 하는 수평 둘레를
측정한다.

22 장촌식 제도법의 길(몸판) 원형 제도 시 필요한 치
수로만 나열된 것은?

① 등길이, 가슴둘레, 소매길이

② 가슴둘레, 등너비, 앞길이

③ 어깨너비, 가슴둘레, 허리둘레

④ 가슴둘레, 어깨너비, 등길이

해설
장촌식 제도법(흉도식, 문화식)
• 기준이 되는 큰 치수 중 몇 항목만을 사용하여 그 치수를 등분하
거나 고정 치수를 사용한다.
• 인체 부위 중 가장 대표적인 부위(가슴둘레, 등길이, 어깨너비)만
측정한다.
• 주로 가슴둘레의 치수를 기준으로 그 밖의 치수를 산출하여 제도
하는 방법이다.

23 1cm당 스티치의 수가 4개에서 5개로 늘어날 경우
봉사의 소요량 증감으로 옳은 것은?

① 약 10% 감소한다.

② 약 10% 증가한다.

③ 약 35% 감소한다.

④ 약 25% 증가한다.

해설
1cm마다 스티치의 수가 4개에서 5개로 늘어날 경우 봉사의 소요량
은 약 10% 증가하게 된다.

24 본봉 재봉기의 4대 주요 운동이 잘못 연결된 것은?

① 실채기 – 상하운동

② 바늘대 – 상하운동

③ 톱니 – 상하·수평운동

④ 가마 – 왕복운동

해설
④ 가마는 회전운동을 한다.
본봉 재봉기의 가마
• 가마에는 반회전식 가마의 가정용과 전회전식의 공업용이
있다.
• 반회전식 가마는 중간에 반달이 바늘에 한 번 상하 작동하는
동안 약 210°를 돈다.
• 재봉기 회전 시 전회전식 가마는 반회전식보다 소리가 작다.
• 전회전식 가마의 회전속도는 4,000~7,000rpm 정도이다.

25 제도에 필요한 약자 중 무릎선에 해당하는 것은?

① K.L ② N.L
③ E.L ④ M.H.L

해설

제도 약자
• N.L : 목밑둘레선, Neck Base Line
• E.L : 팔꿈치선, Elbow Line
• M.H.L : 골반선, Middle Hip Line
• H.L : 엉덩이둘레선, Hip Line
• W.L : 허리선, Waist Line
• A.H : 진동둘레, Arm Hole
• C.L : 중심선, Center Line
• B.L : 가슴둘레선, Bust Line
• K.L : 무릎선, Knee Line

26 인체의 많은 부위를 계측하여 제도하기 때문에 체형 특징에 잘 맞는 원형을 얻을 수 있는 제도 방법은?

① 단촌식 제도법
② 중촌식 제도법
③ 장촌식 제도법
④ 혼합식 제도법

해설

단촌식 제도법
• 인체 각 부위를 세밀하게 계측하여 제도하는 방법이다.
• 각 개인의 체형에 잘 맞는 원형을 제도할 수 있지만 계측시간이 많이 필요하다.
• 뒷목둘레 혹은 가슴둘레를 나누어서 산출한다.
• 계측기술이 부족한 경우에는 계측 오차로 인해서 정확하지 못한 패턴을 제도할 수 있기 때문에 주의해야 한다.

27 입체화된 의복의 반듯함과 실루엣을 아름답게 나타나게 하고, 의복의 형태가 변형되지 않도록 보강해 주는 것은?

① 심감 ② 겉감
③ 안감 ④ 벨트

해설

심지(심감)
• 원단 안쪽 면에 접착시킴으로써 겉감 소재의 형태감을 보강하고 봉제 작업 시 작업성을 높인다.
• 의복의 변형을 막고 일정한 모양의 실루엣을 유지시키는 목적으로 겉감의 보조적 역할을 한다.

28 소매원형의 그림 X 부위의 명칭은?

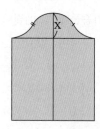

① A.H.L ② S.A.P
③ S.C.H ④ S.B.L

해설

그림의 X 부위는 소매산 부분으로, 약자는 S.C.H(Sleeve Cap Height)이다.

29 제도에 사용되는 약자 중 C.F.L의 의미는?

① 앞중심선   ② 뒤중심선
③ 가슴둘레선   ④ 허리둘레선

해설

제도 약자
• C.L : 중심선, Center Line
• C.F.L : 앞중심선, Center Front Line
• C.B.L : 뒤중심선, Center Back Line
• B.L : 가슴둘레선, Bust Line
• W.L : 허리선, Waist Line

30 옷감과 재봉바늘과의 관계가 옳은 것은?

① 포플린 – 11호
② 조젯 – 14호
③ 트위드 – 9호
④ 머슬린 – 14호

해설

옷감에 적합한 바늘과 실의 선정

옷감		바늘		실	
		재봉틀	손	재봉틀	시침
면·마	얇은 것 (오건디)	9호	8호	• 면 80'S/3, 70'S/3 • T/C 80'S/3	2합사
	중간 것 (포플린, 옥양목)	11호	4호, 5호	• 면 60'S/3, 50'S/3 • T/C 60'S/3	3합사
	두꺼운 것 (코듀로이)	14호, 16호	2호, 3호	• 면 40'S/3, 30'S/3 • T/C 40'S/3	3합사 4합사
견	얇은 것 (조젯, 오건디, 시폰)	9호	8호	견 21D/4×3	면 30'S/3
	중간 것(새틴)	11호	4호, 5호	견 21D/4×3	2합사 면 30'S/3
모	얇은 것 (머슬린)	11호	8호	견 21D/4×3	2합사
	중간 것 (개버딘, 프란넬, 저지)	11호	4호, 5호	견 21D/4×3	3합사
	두꺼운 것 (트위드)	14호, 16호	2호, 3호	견 35D/4×3	3합사 4합사

31 섬유의 성질 중 대전성과 관계가 있는 것은?

① 흡습성   ② 신도
③ 강도   ④ 열가소성

해설

섬유의 마찰에 의한 대전량의 변화는 주로 섬유의 흡습성에 따라 좌우된다. 흡습성이 높을수록 투습성, 염색성이 좋고 섬유 표면에 정전기가 일어나지 않는다.

32 실의 종류 중 코드(cord)에 해당되지 않는 것은?

① 합연사   ② 재봉사
③ 끈   ④ 로프

해설

코드사 : 합연사를 두 가닥 이상 꼬아 만든 실을 말하며 재봉사, 끈, 로프 등이 있다.

33 다음 중 산(acid)에 가장 약한 섬유는?

① 식물성 섬유   ② 동물성 섬유
③ 재생섬유   ④ 합성섬유

해설

내약품성
• 제조공정과 세탁 시 다양한 약품과 접촉하기 때문에 약품들에 대한 내성을 가져야 한다.
• 셀룰로스 섬유는 대부분 산에 약하고 알칼리에 강하며, 단백질 섬유는 알칼리에 약하고 산에 강하다.
• 합성섬유는 대부분 산, 알칼리에 모두 강하지만 나일론, 비닐론은 강한 산에 용해된다.

34 나일론 필라멘트사의 길이가 9km이고 무게가 5g 인 실의 굵기(denier)는?

① 1 denier   ② 5 denier

③ 7 denier   ④ 45 denier

해설

항장식(데니어)

• 1데니어는 실 9,000m의 무게를 1g으로, 1데니어(1D)로 표시한 다. 데니어의 숫자가 커질수록 실은 굵다.

• 데니어 $= \dfrac{\text{무게(g)} \times 9{,}000\text{(m)}}{\text{실의 길이(m)}}$

   따라서, $\dfrac{5\text{(g)} \times 9{,}000\text{(m)}}{9{,}000\text{(m)}} = 5\text{D}$가 된다.

36 양모 제품의 특징 중 사용 중에 수축되는 결정의 원인이 되는 것은?

① 흡습성   ② 축융성

③ 필링성   ④ 내약품성

해설

양모의 축융성

• 모직물을 비누 용액, 산성 용액 및 뜨거운 물에서 비벼주면 섬유 가 서로 엉켜서 굳어지는 현상이다.

• 양모 섬유는 마찰에 의해 섬유가 서로 엉겨 조밀한 옷감이 되는 데, 이것은 표면에 겉비늘(스케일)과 크림프가 있기 때문이다.

37 다음 중 무기 섬유가 아닌 것은?

① 유리 섬유   ② 금속 섬유

③ 탄소 섬유   ④ 헤어 섬유

해설

헤어 섬유는 동물의 털에서 얻는 섬유로 천연섬유이다.

35 동물성 섬유로서 스케일(scale)이 가장 잘 발달된 섬유는?

① 양모   ② 면

③ 마   ④ 나일론

해설

양모 섬유의 스케일과 크림프

• 양모는 동물성 섬유로서 크림프(crimp)와 스케일(scale)이 잘 발달된 섬유이다.

• 스케일은 비늘 모양을 하고 있기 때문에 섬유와 섬유의 엉키는 성질이 있어 양털 섬유의 축융성이 생기는 원인이 된다.

• 크림프는 곱슬거리는 성질을 뜻하는데, 스케일과 함께 양모의 방적성과 탄성을 주는 역할을 하고 있다.

38 섬유의 거래에 있어서 표준이 되는 일정한 수분율 을 국가에서 정하고 이에 따라 거래하도록 하는 것 은?

① 표준수분율   ② 공정수분율

③ 실제수분율   ④ 약정수분율

해설

섬유는 무게를 따져 거래되는 상품이므로 섬유가 가지고 있는 수분의 정도와 차이가 가격에 큰 영향을 미친다. 따라서 국가에서 표준이 되는 일정한 수분율을 정하여 거래하도록 하는데, 이를 공정수분율이라고 한다.

39 섬유의 형태에서 측면 구조는 천연 꼬임을 가지고, 단면은 중공을 가지는 섬유는?

① 마   ② 양모

③ 견   ④ 면

해설

면 섬유의 단면과 특징
- 면 섬유는 측면에 리본 모양의 꼬임이 있는데, 이 꼬임을 천연 꼬임이라고 한다. 천연 꼬임은 성숙한 섬유일수록 많으며 섬유와 섬유가 잘 엉키게 하는 성질이 있어 방적성이 좋다.
- 단면 가운데 중공(lumen)이 있는데, 중공은 보온성을 유지하고 전기절연성을 부여한다. 또한 염착성을 증가시켜 주며 중공에 있는 공기가 팽창하면서 섬유를 부풀게 한다.

40 수분을 흡수하면 강도가 증가하는 섬유는?

① 면   ② 견

③ 나일론   ④ 아크릴

해설

면 섬유는 습윤하면 강도가 가장 많이 증가한다. 산에는 약하나 알칼리에 강해서 합성세제에 비교적 안전하다.

41 색의 3속성에서 눈에 가장 민감하게 작용하는 것은?

① 색상   ② 명도

③ 채도   ④ 순도

해설

명도
- 명도는 색의 밝고 어두운 정도를 말하며, 색의 3요소 중 눈에 가장 민감하게 작용한다.
- 고명도(흰색), 중명도(회색), 저명도(검은색)로 구분한다.

42 다음 중 검정 종이 위에 놓았을 때 진출성이 가장 큰 색은?

① 파랑   ② 노랑

③ 녹색   ④ 연두

해설

노란색은 배경색인 검은색과 명도차가 가장 큰 색이다. 노란색은 난색계의 색으로 진출하는 효과가 있다.

색의 진출
- 진출색은 두 가지 색이 같은 위치에 있어도 더 가깝게 보이는 것이다.
- 난색계, 고명도, 고채도의 색일 때 진출되어 보인다.
- 배경색과의 채도차가 높을수록, 배경색과의 명도차가 큰 밝은 색일수록 진출되어 보인다.

43 다음 중 동시 대비가 아닌 것은?

① 계시 대비   ② 색상 대비

③ 명도 대비   ④ 보색 대비

해설

동시 대비는 가까이 있는 두 색을 동시에 볼 때 생기는 대비 현상으로, 명도 대비, 채도 대비, 색상 대비, 보색 대비 등이 있다. 계시 대비는 어떤 색을 보다가 다른 색을 보았을 때에 앞의 색의 잔상의 영향으로 본래의 색과 다르게 보이는 현상이다.

44 색의 연상에 관한 설명 중 틀린 것은?

① 연상의 개념은 사람의 경험과 지식에 영향을 받는다.
② 빨간색을 보고 불이라고 느끼는 것은 구체적인 대상을 연상하는 것이다.
③ 민족성에는 영향을 받으나 나이, 성별에는 영향을 받지 않는다.
④ 생활환경, 교양, 직업 등에 영향을 받는다.

해설
색채의 연상
• 색에 대한 특정한 인상을 떠올리거나 어떤 사물을 색과 연결시켜 생각하는 것을 말한다.
• 개개인의 주관적 감정, 문화, 환경, 정서, 사상, 경험 등에 따라 영향을 받는다.
• 구체적 연상 : 빨간색을 보고 불이라는 구체적인 대상을 연상할 수 있는 것
• 추상적 연상 : 빨간색을 보고 애정, 정열 등 추상적인 관념을 연상하는 것

45 무늬의 종류 중 일정한 폭을 가지고 일정한 단위를 좌우 또는 상하로 순환 연결해 나가는 무늬는?

① 기하무늬
② 단독무늬
③ 이방연속무늬
④ 사방연속무늬

해설
무늬
• 사방연속무늬 : 상하좌우 방향으로 무늬가 연속하여 배열되는 것을 말한다.
• 이방연속무늬 : 일정한 폭을 가지고 일정한 단위를 좌우 또는 상하로 순환 연결해 나가는 무늬이다.

46 다음 중 가장 온화한 분위기를 표현할 수 있는 배색은?

① 밝은 녹색과 연한 자주
② 밝은 남색과 연한 연두
③ 밝은 파랑과 연한 보라
④ 밝은 노랑과 연한 주황

해설
밝은 노랑과 연한 주황색은 색상환에서 볼 때 인접해 있는 유사 색상끼리의 배색으로 온화한 감정을 준다.
인접색상 배색
• 색상환에서 약 30° 떨어져 있는 유사한 색상끼리의 배색을 말한다.
• 색상을 기준으로 한 배색 중 색상차가 가장 낮은 배색 방법이다.
• 인접색의 배색은 차분하고 안정된 효과를 준다.
• 유사한 색상의 배색은 온화한 감정을 준다.

47 점에 관한 설명으로 틀린 것은?

① 위치만을 가진다.
② 원이 가장 일반적인 형태이다.
③ 선보다 훨씬 강력한 심리적 효과를 지니고 있다.
④ 점의 크기를 변화시키면 운동감이 향상된다.

해설
점
• 형태를 지각하는 최소 단위이다.
• 빈 공간 속의 부유물 같은 것으로서 무차원이라는 추상의 세계에 존재하는 것이다.
• 공간에서 위치를 나타내는 점의 최소 개수는 1개이다.
• 원이 가장 일반적인 형태이다.
• 점의 크기를 변화시키면 운동감이 향상된다.

48 의상을 디자인할 때 뚱뚱하고 키가 큰 체형에게 가장 적합한 색은?

① 진출색, 수축색
② 진출색, 팽창색
③ 후퇴색, 수축색
④ 후퇴색, 팽창색

해설

키가 크고 뚱뚱한 체형은 후퇴색(한색)과 수축색(어두운 색)으로 디자인하는 것이 적합하다. 파란 바탕에 남색이 배색된 옷이 뚱뚱한 사람이 입었을 때 가장 효과적이다.

49 다음 중 팽창의 느낌을 주는 색이 아닌 것은?

① 고명도의 색   ② 고채도의 색
③ 한색계의 색   ④ 난색계의 색

해설

물체의 형태나 크기가 같아도 물체의 색에 따라 더 커 보일 수 있는데, 이를 팽창색이라고 한다. 난색계, 고명도, 고채도의 색이 팽창되어 보이는 색이다.

50 다음 중 난색계의 색에 해당되지 않는 것은?

① 빨강   ② 연두
③ 주황   ④ 노랑

해설

중성색
• 함께 사용되는 색에 따라 온도감이 다른 색상이다.
• 난색도 한색도 아닌 연두, 초록, 자주, 보라 등의 색을 말한다.

51 다음 중 방축 가공을 행하는 직물은?

① 폴리에스터 직물
② 아크릴 직물
③ 나일론 직물
④ 양모 직물

해설

방축 가공은 크게 물리적 방축 가공과 화학적 방축 가공으로 구분할 수 있다. 물리적 방법은 주로 면직물에, 화학적 방축 가공은 양모에 많이 행한다.

52 다음 중 위파일 직물에 해당하는 것은?

① 벨베틴(velveteen)
② 플러시(plush)
③ 벨벳(velvet)
④ 아스트라칸(astrakhan)

해설

첨모직물(파일직물)
• 직물 표면에 입모(立毛)나 루프(고리)가 있는 직물로 위사가 파일로 되어 있는 위파일 조직과 경사가 파일로 되어 있는 경파일 조직이 있다.
• 경파일 직물은 벨벳, 벨루어, 플러시, 아스트라칸 등이 있고 위파일 직물은 우단(벨베틴), 코듀로이 등이 있다.
• 경파일 직물과 위파일 직물 외에도 터프트 파일직물(파일을 심은 직물)과 플로크 파일직물(파일을 수직으로 붙인 직물)이 있다.

53 직물의 구김을 방지하기 위한 가공은?

① 방오 가공　　　　② 방추 가공

③ 방수 가공　　　　④ 방염 가공

해설

① 방오 가공 : 섬유가 쉽게 오염되지 않도록 하는 가공이다.

③ 방수 가공 : 직물에 물이 침투할 수 없도록 직물 표면에 코팅하는 가공이다.

④ 방염 가공 : 직물에 불에 잘 타지 않는 약제를 부착시켜 불에 대한 내성을 부여하는 가공이다.

54 다음 중 나일론 섬유의 산화표백제로 가장 적합한 것은?

① 과산화수소　　　　② 아염소산나트륨

③ 하이드로설파이트　④ 아황산가스

해설

표백

방법	표백제		섬유
산화표백	산소계 (과산화물)	• 과산화수소 • 과탄산나트륨 • 과산화나트륨 • 과붕산나트륨	• 양모 • 견 • 셀룰로스계 섬유
	염소계	• 표백분 • 아염소산나트륨 • 차아염소산나트륨	• 셀룰로스계 섬유 • 나일론 • 폴리에스터 • 아크릴계 섬유
환원표백		• 아황산수소나트륨 • 아황산 • 하이드로설파이트	양모

55 섬유와 염료와의 결합 중 물리적인 결합에 해당하는 것은?

① 이온결합　　　　② 공유결합

③ 배위결합　　　　④ 수소결합

해설

섬유와 염료의 결합

• 물리적 결합 : 분자 간 결합으로 수소결합 등이 있다.

• 화학적 결합 : 분자 내 결합으로 이온결합, 공유결합, 배위결합 등이 있다. 이 중 배위결합은 공유결합과 비슷하게 전자를 공유하여 결합하지만 공유결합과 다르게 전자쌍을 어떤 한쪽에서 일방적으로 제공하여 결합이 일어난다.

56 경사와 위사에 관한 설명 중 옳은 것은?

① 경사는 위사에 비해 꼬임이 적고 가늘다.

② 수축현상은 위사 방향에서 현저하게 나타난다.

③ 경사 방향에 비해 위사 방향이 신축성이 크다.

④ 경사에 비해 위사는 강직하다.

해설

①, ④ 경사 방향의 실은 위사보다 꼬임이 많고 강도가 강하다.

② 경사는 세탁 시 수축이 많이 되는 방향이다.

57 직물의 건조 공정에 관한 설명 중 틀린 것은?

① 건조기는 직물의 종류, 형태 및 가공 방법에 따라 분류된다.

② 자연 건조는 상온도, 상습도에서 미풍을 이용하여 건조하는 것이다.

③ 기계식 건조는 실린더 건조, 열풍 건조, 적외선 건조 등으로 분류된다.

④ 표면 증발속도가 가장 빠른 건조 방법은 적외선 건조이다.

[해설]
④ 적외선 건조가 가장 빠른 것은 아니다.
실린더 건조
• 실린더는 부식되지 않는 강철 재질로, 실린더 건조는 가열된 실린더의 표면에 직물을 접촉시켜 건조하는 방법이다.
• 직물을 빠르게 건조할 수 있지만 과건조되기 쉽고, 천의 표면이 뭉그러지며 직물의 촉감이 딱딱해질 수 있다.

58 다음 중 입술연지(립스틱)로 인한 얼룩을 제거하는 방법으로 가장 옳은 것은?

① 수산으로 닦아내고 오래된 것은 암모니아수, 세제액, 물을 사용하여 씻는다.

② 세제액을 칫솔에 묻혀 가볍게 문지른다.

③ 지우개로 문질러 내거나 벤젠으로 처리하고 세제액으로 씻는다.

④ 아세톤으로 녹여 낸다.

[해설]
립스틱은 지우개로 지우거나 벤젠, 알코올, 유기용제 등으로 두드려 제거한다.

59 다음 중 보온성이 가장 큰 섬유는?

① 아마   ② 면

③ 양모   ④ 폴리에스터

[해설]
섬유의 보온성
• 섬유의 보온성과 관련이 있는 것은 열전도, 직물의 조직, 함기율 등이다.
• 함기율은 섬유가 가지고 있는 공기의 양을 의미하는데, 섬유 안에 있는 공기가 외부 공기와의 온도 전달을 차단하는 역할을 하기 때문에 보온성과 가장 관계가 깊다.
• 섬유가 구불구불한 모양일수록 함기량이 높기 때문에 양모 섬유가 겨울 의복으로 많이 쓰인다.
• 섬유의 보온성은 직물조직이 치밀하고 두께가 두꺼울수록, 열전도성이 작을수록, 공기 함유량이 많을수록, 흡습성이 클수록 좋다.
• 스테이플 섬유로 만든 직물이 필라멘트 섬유로 만든 직물보다 보온성이 좋다.

60 다음 중 대표적인 리사이클 소재에 해당하는 것은?

① 재활용 데님 소재

② 바이오 가공 소재

③ 뉴레이온 소재

④ 신합성 소재

[해설]
재활용 데님은 사용하지 않는 데님 소재의 직물을 이용해 새로운 의복을 만들거나 제품을 만드는 데 사용하는 대표적인 리사이클(recycle) 소재이다.

01 의복제도 부호 중 외주름에 해당하는 것은?

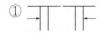 ①　　②

③ 　　④

해설

의복 제도 기호

턱 (Tuck)		맞춤	
외주름		맞주름	

02 정상적인 체형보다 어깨가 처진 경우 보정 방법으로 옳은 것은?

① 어깨를 내려 주고 어깨 처침만큼 진동둘레 밑부분은 올려 준다.

② 어깨를 내려 주고 어깨 처짐만큼 진동둘레 밑부분도 내려 준다.

③ 어깨선을 올려 보정하고 그 분량만큼 진동둘레 밑부분은 내려 준다.

④ 어깨선은 올려 보정하고 그 분량만큼 진동둘레 밑부분도 올려 준다.

해설

처진 어깨 보정

• 처진 어깨의 체형은 가슴 다트 위의 진동둘레 부위와 뒷어깨 밑에 군주름이 생긴다.

• 어깨 솔기를 터서 군주름 분량만큼 시침 보정하여 어깨를 내려 주고 어깨 처짐만큼 진동둘레 밑부분도 내려 수정한다.

03 인체계측 항목 중 등길이에 대한 계측 방법의 설명으로 옳은 것은?

① 허리선을 지나 바닥까지의 길이를 잰다.

② 좌우 어깨끝점 사이의 길이를 잰다.

③ 뒷목점부터 허리둘레선까지의 길이를 잰다.

④ 좌우 가슴너비점 사이의 길이를 잰다.

해설

인체계측 방법

• 등길이 : 뒷목점에서 뒤중심선을 따라 허리선의 허리뒤점까지의 길이를 잰다.

• 밑위길이 : 의자에 앉은 자세에서 허리둘레선의 옆 중심에서부터 실루엣을 따라 의자 바닥까지의 수직거리를 잰다.

• 어깨너비 : 피계측자의 뒤에서 좌우 어깨끝점의 길이를 잰다.

• 가슴너비 : 좌우 앞품점 사이의 길이를 잰다.

04 너비 110cm의 옷감으로 플레어형 코트를 제작할 때 필요한 옷감량은?

① 200~220cm　　② 250~270cm

③ 300~350cm　　④ 380~430cm

해설

옷감량 계산법(코트)　　　　　　　　(단위 : cm)

종류	폭	필요 치수	계산법
박스형	150	200~250	코트길이 + 소매길이 + 시접(15~30)
	110	240~280	(코트길이 × 2) + 소매길이 + 시접(20~30)
	90	300~350	(코트길이 × 2) + 소매길이 + 시접(20~30)
플레어형	150	220~250	(코트길이 × 2) + 시접(20~30)
	110	300~350	(코트길이 × 2) + 소매길이 + 시접(20~40)
	90	390~450	(코트길이 × 3) + 소매길이 + 시접(20~40)

05 기본 원형 제도의 구성 원리로 옳은 것은?

① 원형을 만들 때에 인체를 계측한 치수에다 동작이 필요한 적당한 여유분을 포함시켜야 한다.
② 한 번 제작된 원형은 그 크기를 조정할 수 없다.
③ 단촌식 제도법에만 여유분을 포함시킨다.
④ 장촌식 제도법에만 여유분을 포함시킨다.

해설
① 원형을 만들 때는 인체를 계측한 치수에 동작이 필요한 적당한 여유분을 포함시켜야 한다.

06 어깨솔기와 옆솔기 등에 가장 많이 사용하는 바느질은?

① 쌈솔
② 통솔
③ 뉜솔
④ 가름솔

해설
가름솔
• 옷감을 이은 솔기를 처리하는 바느질 방법으로, 두 장을 겹쳐 박음질한 후 펼쳤을 때 생기는 두 개의 솔기를 양쪽으로 갈라놓는 것을 말한다.
• 어깨솔기와 옆솔기 등에 가장 많이 사용하는 바느질이다.

07 앞어깨끝점(S.P)에서 부족분만큼 추가해서 올려 주고 진동둘레 밑에서도 같은 치수로 올려 주어 진동둘레선의 치수가 변하지 않도록 보정하는 체형은?

① 솟은 어깨(상견)
② 처진 어깨(하견)
③ 상반신 굴신체
④ 상반신 반신체

해설
솟은 어깨 보정
• 뒷네크라인 아랫부분에 수평 주름이 생기는 원인은 원형보다 어깨가 높기 때문이다.
• 어깨의 경사로 인해 암홀의 길이가 변화한다.
• 앞뒤 어깨끝점을 위로 올려 주고, 같은 양으로 진동둘레 밑에서도 같은 치수로 올려 준다.

08 다음 중 장식봉이 아닌 것은?

① 셔링
② 파이핑
③ 커프스
④ 스모킹

해설
커프스는 와이셔츠, 블라우스와 같은 옷의 소맷부리에 다는 같은 감이나 다른 감의 천을 일컫는다.

09 의복 구성에 필요한 체형을 계측하는 방법 중 직접법의 특징이 아닌 것은?

① 단시간 내에 사진촬영을 하므로 피계측자의 자세 변화에 의한 오차가 비교적 적다.

② 굴곡 있는 체표의 실측길이를 얻을 수 있다.

③ 표준화된 계측 기구가 필요하다.

④ 계측을 위하여 넓은 장소와 환경의 정리가 필요하다.

> **해설**
> 직접계측법은 계측이 장시간 걸리기 때문에 피계측자의 자세가 흐트러져 자세에 의한 오차가 생기기 쉽다.

10 옷감의 겉과 안에 대한 구별 중 겉이 아닌 것은?

① 나염 옷감인 경우 프린트 문양이 선명한 쪽

② 옷감의 식서 부분에 표식이 찍혀 있는 쪽

③ 양끝의 식서 부분이 밑으로 굽어 있는 쪽

④ 첨모직물인 경우 털이 분명히 있는 쪽

> **해설**
> **옷감의 안과 겉 구별**
> • 직물의 양쪽 끝에 있는 식서에 구멍이 있는 경우, 구멍이 움푹 들어간 쪽이 겉이다.
> • 더블(double) 폭의 모직물은 안으로 들어가도록 접어 말아져 있는 것이 겉이다.
> • 옷감의 식서 부분이나 단 쪽에 문자(상품명)나 표식(섬유혼용률)이 찍혀 있는 쪽이 겉이다.
> • 능직물은 능선이 선명하게 나타나는 부분이 겉이다.
> • 나염한 옷감은 프린트 문양이 선명한 쪽이 겉이다.
> • 직물의 조직과 무늬가 뚜렷하게 나타난 쪽이 겉면이다.
> • 면직물이나 모직물의 경우 광택이 많은 쪽이 겉면이다.
> • 첨모직물인 경우 털이 분명히 있는 쪽이 겉이다.

11 마틴(Martin)이 고안한 인체계측 기구 중 둘레 치수와 굴곡이 있는 체표면의 길이나 너비를 계측하는 데 가장 적합한 것은?

① 신장계   ② 줄자
③ 간상계   ④ 촉각계

> **해설**
> **간상계**
> • 신장계의 최상부의 지주와 2개의 금속 가로 자로 구성되어 있으며 두께, 너비와 같이 두 점 간의 직선거리 계측에 이용한다.
> • 마틴(Martin)이 고안한 인체계측 기구 중 둘레 치수와 굴곡이 있는 체표면의 길이나 너비를 계측하는 기구이다.

12 기모노 슬리브의 일종이며, 일반적으로 길이가 짧은 것으로 가련하고 경쾌한 느낌을 주는 소매는?

① 요크 슬리브

② 프렌치 슬리브

③ 돌먼 슬리브

④ 래글런 슬리브

> **해설**
> **프렌치(french) 슬리브**
> • 소매길이가 어깨점에서 5~10cm 정도 연장된 슬리브로 기모노 슬리브(kimono sleeve)라고도 하며 소매 밑단 둘레가 비교적 넓어서 편안하게 착용할 수 있다.
> • 일반적으로 길이가 짧은 것으로 가련하고 경쾌한 느낌을 주며 소매 밑에 무를 달아서 입기에 편하고 어깨에 해방감을 주는 슬리브이다.

13 등이 편평하고 가슴이 풍만하기 때문에 가슴에 당기는 주름이 생기고 뒤로 젖혀진 체형은?

① 처진 어깨(상견)

② 솟은 어깨(하견)

③ 상반신 반신체

④ 상반신 굴신체

반신체 특징

• 10대 소녀들에게 많은 체형으로 항상 바른 자세를 유지하는 이들에게서 볼 수 있으며, 나이가 많은 사람도 이런 체형일 경우에는 보다 젊어진다.

• 상체가 곧고 가슴이 높게 솟아 있으며 엉덩이는 풍만하고 배가 평편한 자세의 체형이다.

• 표준보다 몸의 중심이 뒤로 기울어서 뒤가 많이 남는 반면 앞의 길이가 부족하기 쉬운 체형이다.

14 다음 그림과 같은 스커트의 이름은?

① 큐롯 스커트

② 개더 스커트

③ 랩 스커트

④ 티어드 스커트

형태에 따른 스커트 명칭

디바이디드(큐롯) 스커트	
• 나누어진 스커트라는 의미로 바지처럼 가랑이가 있는 치마를 말한다. • 스커트 원형을 다트가 1개인 세미 타이트로 만들고, 슬랙스를 제도하는 방법으로 밑부분을 그려 넣는 스커트이다. • 흔히 '치마바지'라고 알려져 있고 큐롯(퀼로트) 스커트라고도 한다.	
개더 스커트	
옷감을 오그려서 허리 부분에 주름을 많이 잡아 만든 스커트이다.	
랩어라운드 스커트	
한 폭으로 된 옷감을 몸에 휘감아 입는 스커트이다.	
티어드 스커트	
층마다 주름이나 개더를 넣어 층층으로 이어진 스커트이다.	

15 다음 중 길(몸판)과 소매가 절개선 없이 연결하여 구성되는 소매는?

① 퍼프(puff) 소매

② 캡(cap) 소매

③ 요크(yoke) 소매

④ 플리츠(pleats) 소매

① 퍼프(puff) 슬리브 : 진동둘레(소매산)와 소맷부리에 개더나 소프트 플리츠를 넣은 소매로서, 소매를 짧게 하면서 부풀린 소매로 주름 잡는 위치에 따라 종류가 달라진다. 주름 잡는 모양에 따라 슬리브 모양과 어깨 모양이 달라지는 슬리브이다.

② 캡(cap) 슬리브 : 어깨가 겨우 가려질 만큼 짧은 소매이다. 어깨 끝에 캡을 씌운 듯한 모양으로, 소매산으로만 구성되는 것으로 귀여운 형태의 소매이다.

④ 플리츠(pleats) 슬리브 : 아코디언 주름상자 모양의 주름과 같은 플리츠를 넣은 소매를 말한다.

16 제품 생산 요인의 3가지 요소가 아닌 것은?

① 재료비   ② 인건비

③ 제조경비   ④ 일반관리비

`해설`

제조원가 3요소는 인건비, 재료비, 제조경비이다.

17 우수한 신축성과 적당한 유연성, 드레이프성이 있으며 탄력성이 풍부하고 형태보존성이 뛰어난 심지는?

① 면심지   ② 면 합성 혼방심지

③ 모심지   ④ 마심지

`해설`

모심지

- 적당한 드레이프(drape)성이 있다.
- 방추성, 형태 안정성이 우수하고 형태보존성이 뛰어나다.
- 표면이 거칠고 단단하나 신축성과 유연성이 좋아 형태를 구성하는 데 가장 적합하다.

18 등, 가슴 부분에 여유가 있어 주름이 생긴 경우 원형의 모든 치수를 줄여야 하는 체형은?

① 비만 체형   ② 마른 체형

③ 상반신 반신체   ④ 상반신 굴신체

`해설`

마른 체형 보정

- 어깨 다트 분량을 줄이고 뒷길의 목둘레선을 작게 한다.
- 길의 진동둘레에 맞추어 소매산선을 조절한다.
- 등, 가슴 부분에 여유가 있어 주름이 생기는 경우로, 원형의 모든 치수를 줄인다.

19 너비 150cm의 옷감으로 반소매 블라우스를 만들 때 필요한 옷감량의 계산법으로 옳은 것은?

① 블라우스 길이 + 시접(7~10cm)

② (블라우스 길이×2) + 시접(7~10cm)

③ (블라우스 길이×2) + 소매길이

④ 블라우스 길이 + 소매길이 + 시접(7~10cm)

`해설`

옷감량 계산법(블라우스)   (단위 : cm)

종류	폭	필요 치수	계산법
반소매	150	80~100	블라우스 길이 + 소매길이 + 시접 (7~10)
	110	110~140	(블라우스 길이×2) + 시접(7~10)
	90	140~160	(블라우스 길이×2) + 시접(10~15)
긴소매	150	120~130	블라우스 길이 + 소매길이 + 시접 (10~15)
	110	125~140	(블라우스 길이×2) + 시접(10~15)
	90	170~200	(블라우스 길이×2) + 소매길이 + 시접(10~20)

20 장촌식 제도법의 특징이 아닌 것은?

① 기준이 되는 큰 치수 중 몇 항목만을 사용하여 그 치수를 등분하거나 고정 치수를 사용한다.

② 가슴둘레 기준 치수를 등분한 치수로 구성되므로 가슴둘레와 조화를 이루는 원형 구성법이다.

③ 체형별 특징에 맞추기 위해서는 보정과정이 필요하다.

④ 인체계측 시 숙련된 기술이 필요하다.

`해설`

④ 장촌식 제도법은 계측이 서툰 초보자에게도 적당한 방법이다.

21 체인 스티치로서 한 가닥 이상의 밑실을 가지고 있으며, 북실의 교환이 필요 없는 재봉기는?

① 단환봉 재봉기
② 오버로크 재봉기
③ 이중환봉 재봉기
④ 복합봉 재봉기

해설

주변감침봉
• 오버로크 재봉기라고도 한다.
• 피봉제물의 끝면부를 상하좌우로 이동하는 루퍼의 작용으로, 윗실과 상하면에서 각각 짜임 결합을 구성하는 재봉 방식을 말한다.
• 체인 스티치로서 한 가닥 이상의 밑실을 가지고 있으며, 북실의 교환이 필요 없는 재봉기이다.

22 의복을 구성할 때 네크라인, 암홀 등 곡선에 대한 테이프 처리 방법으로 가장 옳은 것은?

① 정바이어스 테이프에 개더를 잡아서 사용한다.
② 정바이어스 테이프를 오그려서 사용한다.
③ 정바이어스 테이프를 그대로 사용한다.
④ 정바이어스 테이프를 늘이면서 사용한다.

해설

심지 부착 부위
• 칼라에 심지를 붙인다.
• 테일러드 재킷에서 뒤트임, 밑단, 라펠은 심지를 붙이고 옆선에는 심지를 부착하지 않는다.
• 블라우스 재단 시 칼라, 안단, 커프스에는 심지를 붙이고 요크에는 심지를 붙이지 않아도 된다.
• 네크라인, 암홀 등 곡선은 정바이어스 테이프를 그대로 사용한다.

23 슬랙스의 허벅지 부위가 너무 타이트할 경우에 가장 적합한 보정 방법은?

① 옆선을 넓혀 준다.
② 옆선을 좁혀 준다.
③ 다트를 넓혀 준다.
④ 허리선을 올려 준다.

해설

슬랙스 보정
• 바지의 허벅지가 타이트할 경우에는 바지 옆선에서 부족한 만큼 내 준다.
• 뒤 밑아래에 군주름이 생긴 경우에는 허리선을 내리고 밑아래를 넓혀서 보정한다.
• 슬랙스의 앞중심 밑위선 부위에서 방사선 모양으로 주름이 생길 경우 앞 밑위 부분과 밑아래 부분의 길이를 늘려 준다.

24 슬랙스를 만들 때 다리미로 많이 늘여야 할 부분은?

① 밑단
② 허리 부분
③ 밑위, 밑아래
④ 옆선 부분

해설

다림질로 형태를 입체적으로 만드는 방법
• 다림질로 오그리는 부분 : 소매산, 팔꿈치, 어깨, 허리, 엉덩이 부분이다.
• 다림질할 때 부위를 특히 늘여서 입체화시켜 정리하는 곳
 – 슬랙스 밑위, 슬랙스 밑아래, 소매 앞 팔꿈치 부분, 앞다리가 시작되는 바로 밑, 바지 뒤, 소매 안쪽 등이 있다.
 – 재킷의 소매 밑의 앞부분은 다리미로 늘여서 정리한다.
 – 웨이스트 라인의 곡선을 나타내는 부분은 시접만 늘여서 옷감을 정리한다.
 – 라펠, 칼라, 다트 등과 같이 옷감을 곡면으로 정형할 때 사용하는 다림질 보조 용구는 둥근 다림질대를 이용한다.

25 제조원가의 계산방법으로 옳은 것은?

① 재료비 + 판매간접비 + 이익

② 총원가 + 인건비 + 일반관리비

③ 재료비 + 인건비 + 제조경비

④ 총원가 + 판매간접비 + 제조경비

해설

원가 계산법

직접원가	직접재료비 + 직접노무비 + 직접경비
제조원가	직접원가 + 제조간접비
	재료비 + 인건비 + 제조경비
총원가	제조원가 + 판매간접비 + 일반관리비
이익	판매가 − 총원가

26 칼라 부위의 시접 분량으로 가장 적합한 것은?

① 1cm   ② 2cm

③ 3cm   ④ 5~6cm

해설

기본 시접 분량

1cm	목둘레, 칼라, 요크선, 앞단, 스커트 · 슬랙스 허리선, 앞중심선
1.5cm	진동둘레, 가름솔
2cm	어깨, 옆선
3~4cm	소맷단, 블라우스단, 파스너단
4~5cm	스커트 · 재킷의 단

27 옷감의 표시 방법 중 옷감을 상하지 않게 하는 가장 완전한 표시 방법은?

① 실표뜨기

② 뼈인두 표시

③ 룰렛 표시

④ 트레이싱 페이퍼 표시

해설

옷감 표시 도구

룰렛	완성선에서 0.1cm 정도 시접 쪽으로 떨어져 표시한다.
트레이싱 페이퍼	• 패턴을 다른 곳에 옮겨 그릴 때 사용하는 얇고 투명한 기름종이이다. • 완성선에서 0.1cm 바깥쪽에 선을 선명하고 가늘게 그린다.
재단주걱 (뼈인두)	보통 시접을 넣기 위해 옷감을 접어 눌러주면서 그어서 자국을 내어 사용한다.
실표뜨기	• 두 겹으로 겹쳐 재단한 옷감의 완성선을 표시하는 방법이다. • 직선일 때는 간격을 넓게 뜨고, 곡선일 때는 간격을 좁게 뜬다. • 옷감을 상하지 않게 하는 가장 완전한 표시 방법이다. • 백색의 굵은 무명실을 사용한다.

28 스커트 안감은 겉감과 같은 시접 분량을 넣지만, 길이의 시접 분량으로 가장 옳은 것은?

① 겉감보다 3cm 짧게 한다.

② 겉감보다 3cm 길게 한다.

③ 시접은 3cm로 한다.

④ 겉감과 같은 시접 분량을 넣는다.

해설

안감의 시접 분량

• 안감의 시접 분량은 단의 시접의 경우 겉감 시접 분량의 1/2 정도로 하고, 그 외의 시접 분량은 겉감의 시접 분량과 동일하게 한다.

• 스커트 안감은 겉감과 같은 시접 분량을 넣지만 길이는 겉감의 시접보다 3cm 정도 짧게 한다.

29 하체 중 최대 치수 부위로, 스커트 원형 제도 시 가장 중요한 항목은?

① 허리둘레
② 엉덩이둘레
③ 스커트 길이
④ 엉덩이길이

해설

스커트 원형 제도
- 스커트 원형을 제도할 때 필요한 항목은 스커트 길이, 허리둘레, 엉덩이길이, 엉덩이둘레이다.
- 스커트 원형을 제도할 때 스커트 길이로 세로선을 그리고, $\frac{엉덩이둘레}{2}+2\sim3cm(여유분)$의 값으로 가로선(기초선)을 그려 준다.
- 엉덩이둘레를 이용하여 스커트 원형의 가로 기초선의 길이를 나타낼 수 있기 때문에 스커트 원형에서 엉덩이둘레는 가장 중요한 항목이다.

30 심감의 기본 시접 분량으로 틀린 것은?

① 목둘레 – 1cm
② 앞중심선 – 1cm
③ 어깨 – 1.5cm
④ 소맷단 – 3cm

해설

기본 시접 분량

1cm	목둘레, 칼라, 요크선, 앞단, 스커트 · 슬랙스 허리선, 앞중심선
1.5cm	진동둘레, 가름솔
2cm	어깨, 옆선
3~4cm	소맷단, 블라우스단, 파스너단
4~5cm	스커트 · 재킷의 단

31 섬유의 형태 중 섬유의 성질에 영향을 미치지 않는 것은?

① 섬유의 중량
② 섬유의 길이
③ 섬유의 단면
④ 섬유의 권축

해설

섬유의 성질
- 섬유의 길이는 섬유에서 실을 뽑아낼 수 있는 방적성에 영향을 준다.
- 섬유의 권축은 섬유의 길이 방향으로 나 있는 굴곡과 주름을 말하는데, 이 권축은 섬유의 방적성에 영향을 준다.
- 섬유의 단면에 따라 광택, 피복성, 촉감 등이 달라지고, 측면의 형태에 따라 방적성에 영향을 미친다.

32 섬유의 보온성과 가장 관계가 있는 것은?

① 강도
② 함기율
③ 탄성
④ 신도

해설

함기율은 섬유가 가지고 있는 공기의 양을 의미하는데, 섬유 안에 있는 공기가 외부 공기와의 온도 전달을 차단하는 역할을 하기 때문에 보온성과 가장 관계가 깊다.

33 실의 굵기에 대한 설명으로 틀린 것은?

① 일정한 무게의 실의 길이로 표현하는 항중식이 있다.

② 일정한 길이의 실의 무게로 표시하는 항장식이 있다.

③ 항중식 번수는 1km의 실 무게를 g으로 나타낸 데니어로 표시한다.

④ 데니어는 견, 레이온, 합성섬유 등의 실 굵기를 표시한다.

해설

항중식
• 방적사(면사, 마사, 모사 등)의 굵기를 나타내는 방법이다.
• 일정한 무게의 실의 길이로 표시하며 번수 방식을 사용하고, 숫자가 클수록 실의 굵기는 가늘다.
• 번수 $= \dfrac{\text{길이(yd)}}{840 \times \text{무게(lb)}}$

34 안감으로 사용하기에 가장 적합한 섬유는?

① 면
② 마
③ 비스코스 레이온
④ 나일론

해설

레이온은 흡수성이 우수하며 촉감이 시원하고 산뜻하여 양복의 안감에 알맞은 섬유이다.

안감의 조건
• 조형적인 면에서 실루엣을 살릴 수 있도록 적당한 강성을 가져야 한다.
• 가벼우며 겉감과 잘 어울리고, 심미적인 면에서 아름다운 색으로 염색되어야 한다.
• 마찰성이 좋고, 염색 견뢰도가 높아야 한다.
• 착용감이 좋고 통기성과 흡수성이 커야 한다.
• 내구성이 좋고 젖었을 때 수축성이 작아야 한다.

35 다음 중 비중이 가장 작은 섬유는?

① 나일론
② 폴리에스터
③ 폴리프로필렌
④ 폴리우레탄

해설

섬유의 비중은 석면·유리 > 사란 > 면 > 비스코스 레이온 > 아마 > 폴리에스터 > 아세테이트·양모 > 명주·모드아크릴 > 비닐론 > 아크릴 > 나일론 > 폴리프로필렌 순이다.

36 섬유를 불꽃 가까이 가져갈 때 녹으면서 오그라들지 않는 섬유는?

① 폴리에스터
② 비스코스 레이온
③ 나일론
④ 아크릴

해설

섬유의 연소

섬유	연소	냄새	특징
비스코스 레이온	심한 불꽃을 내며 활활 탄다.	종이 타는 냄새	소량의 그을음이 남고 재는 거의 남지 않는다.
아세테이트	오그라들면서 녹아 끊어져 버린다.	식초(초산) 냄새	검은색 재가 굳어 있다.
폴리에스터	급격한 속도로 타면서 녹아내린다.	설탕 타는 냄새	검게 굳은 덩어리가 남는다.
나일론	빨리 타들어가며 끈적거리는 느낌으로 녹는다.	독특한 악취	검게 굳은 덩어리가 만들어진다.
아크릴	녹으면서 활활 탄다.	독특한 냄새	파삭거리는 느낌의 검은 재가 만지면 쉽게 부서진다.

37 다음 중 항장식 번수에 해당하는 것은?

① 영국식 면번수
② 영국식 마번수
③ 미터 번수
④ 텍스

해설
텍스법
• 모든 실의 단위를 통일하기 위해 국제표준화기구에서 정한 단위이다.
• 실 1,000m의 길이를 무게로 표시하는 것으로, 1g일 때 1텍스(tex)로 표시한다.
• 데니어식과 같이 숫자가 커질수록 실이 굵어진다.
• 항장식 번수의 하나이다.

38 축합중합체 합성섬유가 아닌 것은?

① 나일론
② 아크릴
③ 스판덱스
④ 폴리에스터

해설
② 아크릴은 부가중합체 섬유이다.
축합중합체 섬유는 나일론, 폴리에스터, 스판덱스 등이 있다.

39 다음 중 면의 품종이 가장 우수한 것은?

① 미국면
② 해도면
③ 중국면
④ 인디아면

해설
목화 산지별 분류
• 해도 목화는 비단과 같은 광택이 있고, 매우 가는 실을 뽑을 수 있는 가장 좋은 목화이다.
• 미국 목화는 일반적으로 색이 희고, 섬유의 길이가 고르며 불순물이 적고 20~60번수까지 뽑는 데 적당하다.
• 이집트 목화는 엷은 갈색이 많고 섬유의 길이가 길고 고르며 광택이 풍부하다. 해도면 다음으로 우수하다.
• 인도 목화는 가장 오래 전부터 재배하였지만 품질은 좋지 않다.
• 남아메리카에서 생산되는 면은 주로 브라질과 페루에서 나는데 섬유가 뻣뻣하고 불순물이 많이 섞여 있다.
• 중국 목화는 중국 남부 및 중부의 양쯔강, 황허강 유역에서 많이 재배되고 있으며 남경면이라고도 한다. 섬유의 길이가 짧고 불순물이 많다.

40 다음 중 장식사와 관계가 없는 것은?

① 재봉사
② 심사
③ 접결사
④ 식사

해설
① 재봉사는 재봉틀에 끼워 쓰는 실을 말한다.
장식사의 구성
장식사는 심사, 식사, 접결사를 서로 꼬이고 얽히게 하여 만든 실이다.

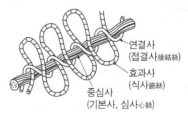

연결사
(접결사接結絲)
효과사
(식사飾絲)
중심사
(기본사, 심사心絲)

41 주위색의 영향으로 오히려 인접색에 가깝게 느껴지는 경우는?

① 잔상　　　　　② 동화 현상
③ 계시 대비　　　④ 주목성

해설

② 동화 현상 : 색이 인접하고 있는 색의 영향으로 인접 색에 가까운 색으로 보이는 현상을 말한다.
① 잔상 : 감각의 원인인 자극을 제거한 후에도 그 흥분이 남아 있는 현상을 말한다.
③ 계시 대비 : 어떤 색을 보다가 다른 색을 보았을 때 앞의 색의 잔상의 영향으로 본래의 색과 다르게 보이는 현상을 말한다.
④ 주목성 : 색이 사람의 주의를 끄는 정도를 말한다.

42 전체에 대한 부분의 크기를 의미하는 것은?

① 비율(proportion)
② 리듬(rhythm)
③ 규모(scale)
④ 분할(section)

해설

비율
• 비율은 전체에 대한 부분의 크기를 말한다.
• 가장 이상적인 길이의 비율은 1 : 1.618로 황금 비율이라고 한다.

43 빛이 눈에 자극을 주는 양의 많고 적음에 따른 느낌의 정도에 해당하는 것은?

① 색상　　　　　② 명도
③ 채도　　　　　④ 휘도

해설

색의 3속성
• 색상 : 빨강, 노랑, 파랑, 초록 등 서로 구별되는 색의 차이를 말한다.
• 명도 : 색의 밝고 어두운 정도를 말한다.
• 채도 : 색의 선명함의 정도를 나타내며, 지각적인 면에서 볼 때 색의 강약이라고 할 수 있다.

44 원색의 배색에 사용되지 않는 색상은?

① 빨강　　　　　② 노랑
③ 파랑　　　　　④ 흰색

해설

흰색은 무채색으로, 색광이나 색료의 원색에 해당되지 않는다.

45 색입체에 대한 설명 중 틀린 것은?

① 색상은 원으로, 명도는 직선으로, 채도는 방사선으로 나타낸다.
② 무채색 축을 중심 수직으로 자르면 보색관계의 두 가지 색상면이 나타난다.
③ 색상의 명도는 위로 올라갈수록 고명도, 아래로 내려갈수록 저명도가 된다.
④ 채도는 중심축으로 들어가면 고채도, 바깥 둘레로 나오면 저채도이다.

해설

색입체
• 색상은 원둘레의 척도이며, 스펙트럼의 배열 순으로 나타낸다.
• 명도는 세로의 중심축으로 나타내며, 위로 올라갈수록 고명도다.
• 채도는 중심의 무채색 축을 0으로 하여, 축으로부터 멀어질수록 고채도다.
• 순색은 중심의 무채색 축에서 가장 먼 색이다.
• 색입체는 비대칭형으로 색입체를 활용한 컬러 코디는 부적합하다.

46 다음 중 후퇴색에 해당하는 것은?

① 파랑　　　　② 빨강

③ 노랑　　　　④ 주황

해설

색의 진출과 후퇴

색의 진출	• 진출색은 두 가지 색이 같은 위치에 있어도 더 가깝 게 보이는 것이다. • 난색계, 고명도, 고채도의 색일 때 진출되어 보인다. • 배경색과의 채도차가 높을수록, 배경색과의 명도차 가 큰 밝은 색일수록 진출되어 보인다.
색의 후퇴	• 후퇴색은 두 가지 색이 같은 위치에 있어도 더 멀리 보이는 것이다. • 한색계, 저명도, 저채도의 색일 때 후퇴되어 보인다. • 배경이 밝을수록 주목하는 색이 작게 보인다.

47 디자인 요소 중 물체의 표면이 가지고 있는 특징을 시각과 촉각을 통하여 느낄 수 있는 것은?

① 재질감　　　　② 색채

③ 선　　　　④ 대비

해설

디자인 요소

• 형태 : 기본 요소에는 점, 선, 면, 입체가 있다.

• 색채 : 색이란 인간이 지각할 수 있는 가시광선의 파장에 의해 식별할 수 있는 시감각을 말하며 빛이 반사, 분해, 투과, 굴절, 흡수될 때 우리 눈에 감각되는 것이다.

• 질감 : 물체가 가지는 표면적 성격이나 특징을 말하며 시각과 촉각을 통해 느낄 수 있다.

48 다음 중 리듬의 요소에 해당되지 않는 것은?

① 점증　　　　② 반복

③ 대칭　　　　④ 강조

해설

율동(리듬)

• 일정한 규칙성을 가지고 반복, 교차를 시키거나 점증될 때 나타난다.

• 색이나 형의 반복을 통해 무늬에서 율동감을 얻을 수 있다.

49 색채관리의 효과에 대한 설명 중 틀린 것은?

① 색채관리는 상품 색채의 통합적인 관리를 말하는 것이다.

② 사실을 정확하게 파악할 수 있는 조사나 자료의 정보가 있어야 제대로 된 색채관리의 효과를 얻을 수 있다.

③ 색채조절은 색이 가지고 있는 독특한 기능이 발휘되도록 조절하는 것이다.

④ 색채조절은 단순히 개인적인 선호에 의해서 색을 건물, 설비 등에 사용하는 것이다.

해설

색채관리

• 색채관리는 상품 색채의 통합적인 관리를 말하는 것이다.

• 색채조절은 색이 가지고 있는 독특한 기능이 발휘되도록 조절하는 것이다.

• 사실을 정확하게 파악할 수 있는 조사나 자료의 정보가 있어야 제대로 된 색채관리의 효과를 얻을 수 있다.

• 색채관리의 목적은 상품에 적합한 색을 도입하여 기능과 미를 충족시켜 판매를 증대하는 데 있다.

50 색의 대비에 대한 설명으로 옳은 것은?

① 어떤 색이 주변의 영향을 받아서 실제와 다르게 보이는 것이다.

② 강하고 짧은 자극 후에도 원자극이 잠시 선명하게 보이는 것이다.

③ 사라진 원자극의 정반대 상이 잠시 지속되는 것이다.

④ 색이 우리의 시선을 끄는 힘이다.

해설

색의 대비
- 색의 대비 현상은 인접한 색이나 배경색의 영향으로 원래의 색을 실제와 다르게 느끼게 되는 현상이다.
- 우리 눈의 망막에서 일어나는 생리적인 현상과 뇌에 전달되는 신경과정에서 기인한다.
- 색의 대비는 크게 동시 대비와 계시 대비로 나누어진다.

51 평직의 특징이 아닌 것은?

① 구김이 생기지 않는다.

② 제직이 간단하다.

③ 앞뒤의 구별이 없다.

④ 조직점이 많고 얇으면서 강직하다.

해설

① 구김이 잘 생기지 않는 것은 능직의 특징이다.

평직의 특징
- 삼원조직 중에서 가장 간단한 조직이다.
- 가장 보편적이고 제직이 간단하며 앞뒤의 구별이 없다.
- 날실과 씨실이 한 올씩 교대로 교차된 조직이다.
- 안과 밖의 구별이 없고 비교적 바닥이 얇지만 튼튼하고 마찰에 강해 실용적이다.
- 광택이 적고 조직점이 많기 때문에 실이 자유롭게 움직이지 못해서 구김이 잘 생긴다.
- 밀도를 크게 할 수 없다.

52 직물의 경사를 2조로 나누어 장력 차이를 두고 경사 방향에 요철 줄무늬를 갖는 직물은?

① 트로피컬(tropical)

② 스트라이프(stripe)

③ 배러시어(barathea)

④ 시어서커(seersucker)

해설

④ 시어서커 : 경사 방향에 장력이나 굵기, 꼬임이 다른 두 종류의 실을 배열하여 제직하면 수축되는 정도의 차이에 의해 경사 방향에 요철 줄무늬가 나타난다.

① 트로피컬 : 소모사로 방적한 가볍고 까끌한 느낌의 얇은 천이다.

② 스트라이프 : 직물 표면에 줄무늬가 나타나는 직물이다.

③ 배러시어 : 명주나 모 등을 표면에 이랑 모양이 나타나도록 만든 직물이다.

53 샌퍼라이징(sanforizing) 가공에 대한 설명으로 옳은 것은?

① 직물에 수지를 처리하는 것으로 듀어러블 프레스라고도 불린다.

② 의복이 완성된 후 세척 등으로 외관에 변화를 주는 가공이다.

③ 직물에 수분, 열과 압력을 가하여 물리적으로 수축시켜 더 이상 수축되지 않도록 하는 가공이다.

④ 면 섬유에 수산화나트륨을 처리하는 가공이다.

해설

샌퍼라이징(sanforizing) 가공
- 세탁 시 직물의 수축을 방지하기 위해 미리 수축시키거나 수축되지 않도록 하는 방축 가공에 해당한다.
- 면, 마, 레이온 등의 셀룰로스 직물을 미리 강제 수축시켜 수축을 방지하는 가공이다.

54 다음 중 능직물이 아닌 것은?

① 서지(serge)

② 개버딘(gabardine)

③ 데님(denim)

④ 도스킨(doeskin)

④ 도스킨은 수자직물에 해당한다.
능직물의 종류에는 트윌, 서지, 개버딘, 진, 데님, 치노, 헤링본 등이 있다.

55 섬유의 마찰에 의한 대전량을 크게 변화시키는 요인은?

① 통기성

② 방추성

③ 내열성

④ 흡습성

섬유의 마찰에 의한 대전량의 변화는 주로 섬유의 흡습성에 따라 좌우된다. 흡습성이 높을수록 투습성, 염색성이 좋고 섬유 표면에 정전기가 일어나지 않는다.

56 다음 중 기모 가공을 많이 하는 소재가 아닌 것은?

① 방모

② 면

③ 합성섬유

④ 마

마 섬유는 열전도성이 좋아 시원한 감을 주어 여름철 옷감으로 쓰인다.
기모 가공 : 표면을 긁어 직물 표면에 잔털이나 파일을 발생시키는 가공 기법이다. 기모 가공을 한 섬유는 겨울 의복으로 많이 쓰인다.

57 다음 중 작업복에서 가장 고려해야 할 사항은?

① 흡습성

② 흡수성

③ 내구성

④ 통기성

내구성은 외부로부터 가해지는 힘이나 환경의 변화에 대하여 견디는 능력을 말한다. 특히 작업복을 만들 때 고려하여야 한다.

58 양모 직물의 용도로 가장 적합하지 않은 것은?

① 스웨터
② 펠트
③ 드레스 셔츠
④ 카펫

해설

털을 이용한 따뜻한 느낌의 스웨터, 펠트, 카펫은 양모 직물로 만들기에 적합하지만 드레스 셔츠는 적합하지 않다.
양모 섬유 용도
• 초기 탄성률이 낮아서 섬유 자체는 부드럽고 유연하지만 축융하면 힘 있는 옷감이 된다.
• 직물은 겨울 외투부터 여름옷까지 가능하다.
• 담요, 목도리, 스웨터, 카펫, 커튼, 부직포, 펠트 등 광범위하게 쓰인다.

59 직물 가공 방법 중 퍼머넌트 프레스(permanent press) 가공의 효과로 옳은 것은?

① 직물의 통기성, 흡습성, 내세탁성이 좋아진다.
② 직물의 강도와 염색성이 향상된다.
③ 옷의 모양, 치수, 주름이 일시적으로 유지된다.
④ 마찰성과 인열강도가 높아진다.

해설

PP 가공(Permanent Press Finish)
• 완성된 의류에 가공을 하여 형태를 고정시키는 방법이다.
• 면직물 또는 면과 화학섬유의 혼방직물이나 그 제품에 가열 처리하여 항구성 있는 보형성, 방추성, 주름유지성 등을 부여하는 가공이다.
• 봉합 부분에 퍼커링(주름)이 생기지 않는 장점이 있다.

60 날염풀에 미리 염료 용액이 피염물에 침투하거나 고착되는 것을 방지하는 약제를 혼합하여 날인한 다음 건조시키고 나서, 최후에 바탕색을 염색하여 무늬를 나타내는 방법은?

① 발염날염
② 직접날염
③ 방염날염
④ 블록날염

해설

날염(printing)
• 직접날염 : 염료를 섞은 풀을 천에 찍어 직접 무늬를 만드는 방법이다.
• 발염날염 : 색을 제거하며 모양을 내는 방식으로 직물에 염색을 한 후 색을 제거하는 발염제를 직물에 프린트한다.
• 방염날염 : 날염풀에 미리 염료 용액이 피염물에 침투하거나 고착되는 것을 방지하는 약제를 혼합하여 날인한 다음 건조시키고 나서, 최후에 바탕색을 염색하여 무늬를 나타내는 방법이다.
• 블록날염 : 나무와 같은 단단한 물질에 양각하여 판화를 찍어내는 것과 같이 염료를 묻혀 천에 찍어내는 방법이다.

01 다음 그림의 슬랙스 원형에서 ⌒ 부호가 의미하는 것은?

① 늘림
② 맞춤
③ 줄임
④ 선의 교차

해설

제도 기호

줄임	⌒
늘림	⌒
선의 교차	✕
맞춤	옷본을 서로 붙여서 재단
맞춤 (노치, notch)	2장 이상의 원단을 서로 표시에 맞추어 맞물리도록 위치를 표시해 주는 것

02 스커트 원형 제도에 필요한 약자가 아닌 것은?

① W.L
② H.L
③ C.B.L
④ E.L

해설

E.L(Elbow Line)은 팔꿈치선으로 소매 원형을 제도할 때 쓰는 약자이다.

스커트 제도 약자
• C.B.L : 뒤중심선(Center Back Line)
• C.F.L : 앞중심선(Center Front Line)
• H.L : 엉덩이둘레선(Hip Line)
• W.L : 허리선(Waist Line)

03 다음 그림의 보정 방법에 해당하는 체형은?

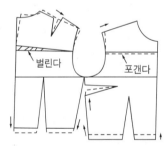

벌린다   포갠다

① 마른 체형
② 비만 체형
③ 등이 굽은 체형
④ 가슴이 큰 체형

해설

상반신 굴신체 보정
• 뒷길이의 부족분을 절개하여 벌려 준다.
• 등길이의 부족량을 절개하여 늘려 준다.
• 앞중심의 길이가 남아 군주름이 생기므로 접어 줄여 준다.
• 등의 돌출로 인해 어깨 다트를 늘려 준다.

04 상반신 굴신체의 보정으로 옳은 것은?

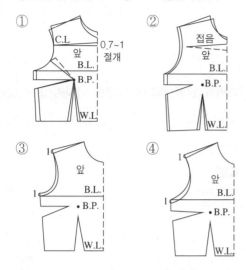

① C.L 앞 B.L. B.P. W.L 0.7~1 절개

② 접음 앞 B.L. B.P. W.L

③ 1 앞 B.L. B.P. W.L 1

④ 1 앞 B.L. B.P. W.L 1

상반신 굴신체는 등이 굽은 체형으로 앞부분이 남고, 뒤가 모자라는 체형이다. 즉, 앞부분이 뜨고 주름이 생기므로 앞길이를 줄이거나 뒷길이를 늘려 보정해 준다.

05 다음 중 박스형 재킷이나 드레스 또는 베스트에 많이 활용하는 다트는?

① 암홀 다트　　② 어깨 다트
③ 목 다트　　④ 허리 다트

암홀 다트
• 암홀 다트는 진동둘레에서 B.P까지 연결되는 다트이다.
• 암홀 다트를 연결하면 허리가 가늘어 보이는 효과가 있다.
• 암홀 다트는 박스형 재킷, 드레스, 조끼(베스트)에 많이 활용한다.
• 대표적으로 암홀에서부터 B.P를 지나 웨이스트 다트를 연결하는 프린세스 라인이 있다.

06 다음 그림과 같은 길 원형 활용방법은?

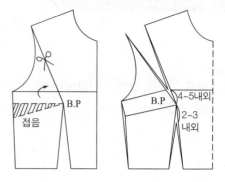

B.P 접음　　　B.P 4~5내외 2~3 내외

① 웨이스트 다트(waist dart)
② 로 언더암 다트(low underarm dart)
③ 숄더 포인트 다트(shoulder point dart)
④ 센터 프런트 웨이스트 다트(center front waist dart)

어깨끝점에서부터 B.P까지 이어지는 선은 숄더 포인트 다트이다.
여러 가지 다트

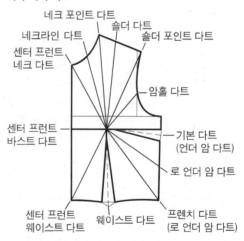

네크 포인트 다트
네크라인 다트　　솔더 다트
센터 프런트　　　솔더 포인트 다트
네크 다트
암홀 다트
센터 프런트
바스트 다트　　　기본 다트
　　　　　　　　(언더 암 다트)
　　　　　　　　로 언더 암 다트
센터 프런트　웨이스트 다트　프렌치 다트
웨이스트 다트　　　　　　(로 언더 암 다트)

※ 절개 방향에 따라 다트의 명칭이 달라지므로 절개선이 들어가는 위치와 다트의 명칭을 숙지해야 한다.

07 칼라 끝이나 옷솔기에 끼워 장식하는 것으로 옷감과 같은 색 또는 다른 색으로 만들어 장식효과를 내는 것은?

① 셔링　　　　　② 스모킹
③ 개더　　　　　④ 파이핑

해설

파이핑(piping)
• 솔기 가장자리를 장식하는 것으로 바이어스보다 선을 가늘게 나타낸 것을 말한다.
• 천의 한쪽에 바이어스 테이프를 대고 천 모서리를 감싸서 꿰매어 풀리지 않도록 하는 것이다.
• 스커트, 코트, 포켓 등의 단이나 장식용이나 솔기를 마무리 할 때 주로 사용한다.
• 칼라의 가장자리나 옷감과 옷감 사이의 솔기선에 배색이 좋은 가죽이나 다른 천을 가늘게 끼워 넣어서 장식하는 것도 파이핑이라고 한다.

08 옷감의 신축성 차이로 인한 퍼커링(puckering)의 발생 원인으로 가장 옳은 것은?

① 딱딱하거나 신축성이 큰 탄성 옷감을 딱딱하거나 신축성이 큰 천에 봉합할 때 많이 발생한다.
② 딱딱하거나 신축성이 작은 탄성 옷감을 딱딱하거나 신축성이 작은 천에 봉합할 때 많이 발생한다.
③ 부드럽거나 신축성이 작은 탄성 옷감을 딱딱하거나 신축성이 작은 천에 봉합할 때 많이 발생한다.
④ 부드럽거나 신축성이 큰 탄성 옷감을 딱딱하거나 신축성이 작은 천에 봉합할 때 많이 발생한다.

해설

옷감의 특성에 의한 퍼커링
• 소재의 방향에 따라서 경사 방향은 퍼커링 현상이 가장 많이 나타나고 그 다음이 위사 방향이며, 바이어스 방향은 거의 나타나지 않는다.
• 부드럽거나 신축성이 큰 탄성 옷감을 딱딱하거나 신축성이 작은 천에 봉합할 때 많이 발생한다.

09 다음 중 밑위길이의 계측 방법으로 옳은 것은?

① 옆 허리선부터 무릎점까지 길이를 잰다(오른쪽 뒤에서).
② 오른쪽 옆 허리선에서부터 엉덩이둘레선까지의 길이를 잰다(오른쪽 뒤에서).
③ 의자에 앉아 옆 허리선부터 실루엣을 따라 의자 바닥까지의 길이를 잰다(뒤에서).
④ 뒷목점부터 허리둘레선까지의 길이를 잰다(왼쪽 뒤에서).

해설

① 옆 허리선부터 무릎점까지 길이를 재는 것은 치마길이를 재는 방법이다.
② 옆 허리둘레선에서 엉덩이둘레선까지의 길이를 재는 것은 엉덩이길이를 재는 방법이다.
④ 뒷목점부터 허리둘레선까지의 길이를 재는 것은 등길이를 재는 방법이다.

10 스커트 원형의 필요 치수가 아닌 것은?

① 스커트 길이
② 엉덩이둘레
③ 허리둘레
④ 밑위길이

해설

④ 밑위길이는 슬랙스 제도 시 필요한 치수이다.
스커트 원형을 제도할 때 필요한 항목은 스커트 길이, 허리둘레, 엉덩이길이, 엉덩이둘레이다.

11 다음 그림의 제도 부호가 갖는 의미는?

① 다트　　② 완성
③ 직각　　④ 맞춤

제도 기호

직각	(직각 기호)	다트	(다트 기호)
완성선			
맞춤 (노치, notch)		2장 이상의 원단을 서로 표시에 맞추어 맞물리도록 위치를 표시해 주는 것	
맞춤		옷본을 서로 붙여서 재단	

12 각 부위의 기본 시접 중 칼라의 시접 분량으로 가장 적합한 것은?

① 1cm
② 2cm
③ 3cm
④ 5cm

기본 시접 분량

1cm	목둘레, 칼라, 요크선, 앞단, 스커트 · 슬랙스 허리선, 앞중심선
1.5cm	진동둘레, 가름솔
2cm	어깨, 옆선
3~4cm	소맷단, 블라우스단, 파스너단
4~5cm	스커트 · 재킷의 단

13 다음 그림의 옷본 변형에 해당하는 스커트는?

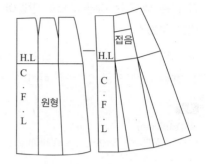

① A라인 스커트
② 플리츠 스커트
③ 고어 스커트
④ 개더 스커트

A라인 스커트는 플레어 스커트라고도 한다. 나팔 모양이라는 뜻을 가진 플레어(flare) 스커트는 허리 부분은 꼭 맞고 아랫단 쪽으로 내려오면서 자연스럽게 넓어지는 스커트이다. 스커트 원형을 제도한 후 절개선을 넣고, 절개 후 다트를 접어주면 플레어 스커트가 된다.

14 다음 중 세트 인 슬리브 형태에 해당하는 것은?

① 기모노 슬리브(kimono sleeve)
② 래글런 슬리브(raglan sleeve)
③ 랜턴 슬리브(lantern sleeve)
④ 돌먼 슬리브(dolman sleeve)

소매의 분류는 길과 소매가 절개선 없이 연결되어 구성되는 소매와 길 원형에 소매를 다는 형태의 일반적인 소매 형식으로 나뉘는데, 랜턴 슬리브는 길 원형에 소매를 다는 형태인 세트 인 슬리브 형식이고 나머지 보기의 소매들은 길과 소매가 절개선 없이 연결하여 구성되는 소매이다.

15 길과 소매가 한 장으로 연결된 소매는?

① 기모노 슬리브(kimono sleeve)

② 타이트 슬리브(tight sleeve)

③ 퍼프 슬리브(puff sleeve)

④ 케이프 슬리브(cape sleeve)

> **해설**
> ②, ③, ④는 세트 인 슬리브 형태의 소매이다.
> 기모노 슬리브는 소매길이가 어깨점에서 5~10cm 정도 연장된 슬리브로 프렌치 슬리브라고도 한다. 길과 몸판이 연결된 소매로, 소매 밑단 둘레가 비교적 넓어서 편안하게 착용할 수 있다. 일반적으로 길이가 짧은 것으로 가련하고 경쾌한 느낌을 주며 소매 밑에 무를 달아서 입기에 편하고 어깨에 해방감을 주는 슬리브이다.

16 다림질할 때 덧헝겊을 대지 않아도 되는 것은?

① 모직물

② 면직물

③ 아세테이트직물

④ 아크릴직물

> **해설**
> **섬유별 다림질 방법**
> • 면, 마 섬유는 높은 온도에서 다림질이 가능하다.
> • 면직물을 다림질할 때는 덧헝겊을 대지 않아도 된다.
> • 견 섬유를 다림질할 때는 수분을 가하면 얼룩이 지기 쉽고 옷감의 외관이 상할 수 있다.
> • 화학섬유는 전기 다림질 시 필히 온도에 유의하여야 한다.

17 체형에 대한 설명으로 틀린 것은?

① 인체의 외형을 뜻한다.

② 생리적인 현상에 따라 많이 변한다.

③ 영양상태에 따라 변할 수 있다.

④ 체형과 체격은 직접적인 관계가 있다.

> **해설**
> **체격과 체형**
> • 체격은 골격의 크기와 굵기에 따라 이루어진 골조의 형상과 크기를 나타내는 것이다.
> • 체형은 골격, 근육, 피하지방에 의하여 외관상 드러나는 인체의 모양을 뜻한다.
> • 체형이 뚱뚱한 형태라고 해서 반드시 골격이 큰 것은 아니고 마른 체형이라고 해서 반드시 골격이 작은 것도 아니다.

18 다음 중 활동 시 가장 불편한 소매의 소매산 치수는?

① $\dfrac{A.H}{4}$　　② $\dfrac{A.H}{6}$

③ $\dfrac{A.H}{8}$　　④ $\dfrac{A.H}{10}$

> **해설**
> 진동둘레를 나누는 숫자가 클수록 폭이 넓어지고 소매산이 낮아지기 때문에 활동하기 편리해진다. 소매산이 높으면 소매 폭이 좁아지고 활동하기 매우 불편하지만 외관상 아름다워 보이는 효과가 있다.
> **소매산 높이**
> • 잠옷 : $\dfrac{A.H}{8}$
> • 작업복, 셔츠 : $\dfrac{A.H}{6}$
> • 블라우스, 원피스 : $\dfrac{A.H}{4}+0\sim2cm$
> • 정장, 외출복 : $\dfrac{A.H}{4}+3\sim4cm$

19 재단하기 전 옷감의 겉과 안을 구별하는 방법 중 틀린 것은?

① 직물의 양쪽 끝에 있는 식서에 구멍이 있는 경우, 구멍이 움푹 들어간 쪽이 겉이다.

② 능직으로 제직된 모직물의 경우 능선이 왼쪽 위에서 오른쪽 아래로 되어 있는 쪽이 겉이다.

③ 더블(double) 폭의 모직물은 안으로 들어가도록 접어 말아져 있는 것이 겉이다.

④ 옷감의 식서 부분이나 단 쪽에 문자나 표식이 찍혀 있는 쪽이 겉이다.

해설
능직으로 짠 모직물은 능선이 선명하고 왼쪽 아래에서 오른쪽 위로 있는 쪽(///)이 겉이다.

20 스커트 원형을 다트가 1개인 세미 타이트(semi tight)로 만들고, 슬랙스를 제도하는 방법으로 밑부분을 그려 넣는 스커트는?

① 타이트 스커트(tight skirt)

② 티어드 스커트(tiered skirt)

③ 큐롯 스커트(culottes skirt)

④ 요크 스커트(yoke skirt)

해설
디바이디드(큐롯) 스커트
• 나누어진 스커트라는 의미로 바지처럼 가랑이가 있는 치마를 말한다.
• 스커트 원형을 다트가 1개인 세미 타이트로 만들고, 슬랙스를 제도하는 방법으로 밑부분을 그려 넣는 스커트이다.
• 흔히 '치마바지'라고 알려져 있고 큐롯 스커트(culotte skirt)라고도 한다.

21 테일러드 재킷의 가봉에 대한 설명으로 옳은 것은?

① 솔기 바느질은 어슷상침을 사용한다.

② 포켓과 단추의 모양과 위치를 보기 위하여 심지나 광목을 잘라 붙인다.

③ 패드나 칼라는 달지 않아도 무방하다.

④ 정확한 실루엣을 보기 위하여 가위집을 많이 주어야 한다.

해설
테일러드 재킷 가봉
• 솔기 바느질은 상침시침으로 한다.
• 패드가 필요할 경우 패드를 달고 칼라를 단다.
• 포켓과 단추의 모양과 위치를 보기 위하여, 심지나 광목으로 잘라 붙인다.

22 다음 중 길이가 가장 짧은 스커트는?

① 미니 스커트

② 마이크로 스커트

③ 미디 스커트

④ 맥시 스커트

해설
스커트 길이에 따른 분류

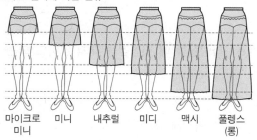

| 마이크로 미니 | 미니 | 내추럴 | 미디 | 맥시 | 풀렝스 (롱) |

• 마이크로미니 : 초미니스커트라고도 불리며 가장 짧은 길이의 스커트이다.
• 미니 : 무릎 위까지 오는 길이의 스커트이다.
• 내추럴 : 길이가 무릎 정도 되는 기본형 스커트에 해당한다.
• 미디 : 미디렝스(midi length)의 약어로 스커트 길이가 무릎선에서 밑으로 13~17cm 정도 내려와, 스커트 자락이 무릎에서 발목 사이의 중간 정도 오는 길이의 스커트이다.
• 맥시 : 길이가 발목까지 내려오는 긴 스커트이다.
• 풀렝스(롱) : 발목을 가릴 정도로 길게 내려오는 스커트이다.

23 다음 중 니트의 솔기 처리 방법으로 가장 적합한 것은?

① 성긴 직선박기
② 촘촘한 직선박기
③ 인터로크 박기
④ 지그재그 박기

해설

솔기(심)는 옷을 만들 때, 두 장의 천을 실로 꿰매어 이은 부분을 말한다. 니트의 솔기 처리 방법으로는 지그재그 박기가 가장 적합하다.

24 소매산의 높이에 대한 설명으로 옳은 것은?

① 소매산의 높이는 활동에 아무런 영향을 주지 않는다.
② 소매산이 높으면 활동이 매우 불편하다.
③ 소매산의 높이는 활동에 영향을 미치나 옷의 종류와 유행에는 관련 없다.
④ 소매산의 높이는 소매길이에 의해 산출된다.

해설

소매산
• 소매산은 의복 소매에서 제일 높은 점과 제일 낮은 점(겨드랑이) 사이의 길이를 말한다.
• 소매산이 높으면 소매 폭이 좁아지고 활동하기 매우 불편하지만 외관상 아름다워 보이는 효과가 있다.
• 재킷, 코트와 같은 외출복은 소매산이 높다.
• 소매산이 낮으면 소매 폭이 넓어지고 겨드랑이 주위에 주름이 생기지만 활동하기 편해진다.
• 잠옷, 셔츠, 작업복 등은 소매산이 낮다.

25 공업용 재봉기의 분류 중 대분류에 해당되지 않는 것은?

① 본봉   ② 직선봉
③ 복합봉   ④ 특수봉

해설

② 직선봉은 산업용 재봉기의 중분류(13종)에 해당한다.
대분류는 재봉기의 재봉 방식에 따라 분류된다. 본봉(L), 단환봉(C), 이중환봉(D), 편평봉(F), 주변감침봉(E), 복합봉(M), 특수봉(S), 용착봉(W)이 있다.
※ 표준명의 명확화를 위한 한국산업표준(KS B 7007) 개정으로 공업용 재봉기에서 산업용 재봉기로 명칭이 변경되었다.

26 다음 중 제도에 필요한 부호와 의미의 연결이 틀린 것은?

① 〖〗 – 외주름

② ✕ – 식서

③ 〰 – 오그림

④ 〰 – 늘림

해설

제도 기호

바이어스 방향	✕	오그림	〰
줄임	⌒	외주름	〖〗
늘림	〰	맞주름	〗〖

27 여성 의복원형의 3가지 기본 요소는?

① 길, 소매, 스커트
② 길, 칼라, 슬랙스
③ 재킷, 바지, 스커트
④ 뒤판, 스커트, 슬랙스

해설
여성 의복원형의 세 가지 기본 요소는 길, 소매, 스커트이다.

28 첨모직물의 패턴 배치에서 털이 짧은 직물이 아닌 것은?

① 벨벳   ② 모헤어
③ 벨베틴   ④ 코듀로이

해설
② 모헤어는 앙고라 산양에서 얻어진 섬유로 평활한 표면과 좋은 레질리언스를 가지고 있다.

첨모직물(파일직물)
• 양면 또는 한쪽 면에 루프를 형성한 직물이다.
• 위사가 파일로 되어 있는 위파일 조직과 경사가 파일로 되어 있는 경파일 조직이 있다.
 - 경파일 직물 : 벨벳(velvet), 벨루어(velours), 플러시(plush), 아스트라칸(astrakhan) 등
 - 위파일 직물 : 우단(벨베틴, velveteen), 코듀로이 등
 - 터프트 파일직물(파일을 심은 직물), 플로크 파일직물(파일을 수직으로 붙인 직물) 등

29 가봉에 사용하는 실의 소재로 가장 적합한 것은?

① 폴리에스터
② 나일론
③ 면
④ 견

해설
가봉 시 유의사항
• 가봉할 옷을 착용하여 전체적인 실루엣을 먼저 관찰하고 부분적인 곳을 관찰하면서 보정해 나간다.
• 바느질 방법은 보통 손바느질의 상침시침으로 한다.
• 바이어스감과 직선으로 재단된 옷감을 붙일 때는 바이어스감을 위에 겹쳐 놓고 바느질한다.
• 실은 면사로 하되, 얇은 옷감은 한 올로 하고 두꺼운 옷감은 두 올로 한다.
• 일반적으로 왼손으로 누르고 오른쪽에서 왼쪽으로 시침한다.
• 바늘은 옷감에 직각으로 꽂아 옷감이 울지 않게 한다.

30 등길이를 계측하여 허리선을 지나 바닥까지의 길이에 해당하는 것은?

① 총길이
② 바지길이
③ 엉덩이길이
④ 치마길이

해설
인체계측 방법
• 총길이 : 등길이를 계측하여 허리선을 지나 바닥까지의 길이를 잰다(뒷목점에서 바닥까지의 길이).
• 바지길이 : 오른쪽 옆 허리선에서 무릎 수준을 지나 발목점까지의 길이를 측정한다.
• 엉덩이길이 : 옆 허리둘레선에서 엉덩이둘레선까지의 길이를 잰다.
• 치마길이 : 옆 허리선부터 무릎점까지의 길이를 잰다.

31 양모 섬유의 일반적인 단면 모양은?

① 톱니 모양　　　　② 원형 모양
③ 다각형 모양　　　④ 강낭콩 모양

해설

양모는 섬유 겉측면에 겉비늘이 있고 단면이 원형이다.

32 다음 중 내일광성이 가장 좋은 섬유는?

① 견　　　　　　　② 나일론
③ 아크릴　　　　　④ 면

해설

내일광성
• 섬유가 오랜 시간 일광(햇빛), 바람, 눈, 비 등 자연환경에 노출될 경우 강도가 점점 떨어지게 되는데, 이것을 섬유의 노화라고 한다. 그중 일광(햇빛)에 노출하였을 때 견디는 섬유의 강도를 내일광성이라고 한다.
• 일광에 가장 약한 섬유는 견, 나일론이고 가장 강한 섬유는 아크릴이다.

33 나일론 섬유의 특성 중 틀린 것은?

① 비중이 면 섬유보다 가볍다.
② 탄성이 우수하다.
③ 흡습성이 천연섬유에 비해 크다.
④ 일광에 의해 쉽게 손상된다.

해설

나일론은 흡습성이 좋지 않아 정전기가 잘 발생하고 투습성(땀과 같은 습기를 밖으로 방출시키는 성질)이 좋지 않아서 여름철 옷감으로는 부적당하다.

34 수분을 흡수하면 강도와 초기 탄성률이 크게 줄어드는 섬유는?

① 면　　　　　　　② 아마
③ 나일론　　　　　④ 비스코스 레이온

해설

비스코스 레이온의 특징
• 장시간 고온에 방치하면 황변된다.
• 단면이 불규칙하게 주름이 잡혀 있다.
• 강알칼리에서는 팽윤되어 강도가 떨어진다.
• 수분을 흡수하면 강도와 초기 탄성률이 크게 떨어진다.
• 물세탁에 약한 직물이다.
• 흡수성이 우수하기 때문에 촉감이 시원하고 산뜻하여 양복의 안감에 알맞다.

35 실의 굵기에 대한 설명 중 틀린 것은?

① 항중식은 일정한 무게의 실의 길이로 표시하는 방식이다.
② 항장식은 일정한 길이의 실의 무게로 표시하는 방식이다.
③ 항중식은 번수 방식을 사용하며 숫자가 클수록 굵다.
④ 항장식은 합성섬유 등 필라멘트사의 굵기를 표시하는 데 사용한다.

해설

실의 굵기 표시

항중식	• 일정한 무게의 실의 길이로 표시하며 번수 방식을 사용한다. 숫자가 클수록 실의 굵기는 가늘다. • 1파운드, 840yd의 길이일 때 1번수는 1's라고 표기한다. • 뒤에 붙는 '/숫자'는 실을 꼬아 만든 가닥을 의미한다. • 면, 마, 모와 같은 단섬유(방적사)로 구성된 실은 항중식으로 표기한다.
항장식	• 일정한 길이의 실의 무게를 표시하는 방법이다. • 숫자가 클수록 실이 굵어짐을 의미한다. • 표시는 D(데니어)로 한다. • 견, 나일론, 폴리에스터 등의 장섬유(필라멘트사)로 구성된 실은 항장식으로 표기한다.

36 섬유의 단면에 대한 설명으로 틀린 것은?

① 단면은 현미경으로 관찰하면 확인이 가능하다.

② 단면이 삼각형이면 광택이 좋다.

③ 단면이 편평해질수록 필링이 잘 생긴다.

④ 단면이 원형에 가까우면 촉감이 부드럽다.

해설

단면의 모양과 섬유의 성질

• 섬유의 단면은 현미경으로 관찰할 수 있다.
• 섬유의 단면이 원형에 가까울수록 촉감은 부드럽지만 피복성은 나빠진다.
• 편평한 단면을 가진 섬유는 빛의 반사율이 높아서 밝지만 촉감이 거칠다.
• 삼각형 단면을 가진 섬유는 견(명주, silk) 섬유로 광택이 우수하다.
• 섬유의 단면에 따라 광택, 피복성, 촉감 등이 달라지고, 측면의 형태에 따라 방적성에 영향을 미친다.
• 섬유의 단면이 둥근 모양일수록 보풀(필링)이 많이 생긴다.

37 실의 종류, 굵기, 색 등의 변화 있는 배합으로 특수한 외관을 가지는 실은?

① 편사 ② 직사

③ 장식사 ④ 자수사

해설

장식사는 심사, 식사, 접결사를 서로 꼬이고 얽히게 하여 만든 실이다.

장식사의 구성

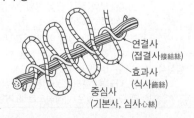

연결사
(접결사接結絲)

효과사
(식사飾絲)

중심사
(기본사, 심사心絲)

38 다음 중 섬유시험을 위한 표준상태로 가장 적합한 조건은?

① 온도 : 10±2℃, 습도 : 65±2% RH

② 온도 : 20±2℃, 습도 : 65±4% RH

③ 온도 : 10±2℃, 습도 : 55±2% RH

④ 온도 : 20±2℃, 습도 : 55±2% RH

해설

섬유시험을 위한 표준상태는 온도 20±2℃, 습도 65±4% RH이고 모든 시험은 표준상태에서 진행한다.

39 폴리에스터 섬유의 염색에 주로 사용하는 염료는?

① 황화염료

② 직접염료

③ 산성염료

④ 분산염료

해설

분산염료의 특징

• 폴리에스터나 아세테이트 섬유의 염색에 가장 많이 사용되는 염료이다.
• 승화성이 있는 전사날염에 가장 적합한 염료이다.

40 다음 중 목재펄프를 원료로 하는 섬유는?

① 비스코스 레이온

② 알파카

③ 카세인

④ 아크릴

해설
비스코스 레이온
- 강도는 면보다 나쁘나 흡습성은 우수하다.
- 일광에 의해 면보다 쉽게 손상된다.
- 정전기가 잘 일어나지 않아 각종 양복 안감, 속치마, 블라우스 등에 이용된다.
- 현미경 관찰 시 단면은 불규칙하게 주름이 잡혀 있으며 톱날 모양이다.
- 목재펄프 섬유소를 재생한 섬유로 셀룰로스가 주성분이다.

41 수축색에 대한 설명으로 틀린 것은?

① 저명도, 저채도의 색이 해당된다.

② 후퇴색과 비슷한 성향을 가지고 있다.

③ 외부로 확산되려는 성향을 가지고 있다.

④ 색채에 따라 같은 형태, 같은 면적이라도 그 크기가 다르게 보이는 경우가 있다.

해설
③ 외부로 확산하려고 하는 성향을 가진 것은 팽창색이다.
색의 수축
- 저명도, 저채도의 색이 해당되며 후퇴색과 비슷한 성향을 가지고 있다.
- 일반적으로 옷차림에 있어서 몸이 작은 사람이 어두운 색을 입으면 더 작아 보인다.
- 배경색이 밝을수록 무늬색은 수축되어 보인다.

42 다음 중 동시 대비가 아닌 것은?

① 색상 대비   ② 명도 대비

③ 계시 대비   ④ 보색 대비

해설
색의 대비
- 색의 대비 현상은 인접한 색이나 배경색의 영향으로 원래의 색을 실제와 다르게 느끼게 되는 현상이다.
- 색의 대비는 크게 동시 대비와 계시 대비로 나누어진다.
  - 동시 대비 : 서로 가까이 놓인 두 색 이상을 동시에 볼 때 생기는 색채 대비이다.
  - 계시 대비 : 잔상 현상과 밀접한 관련이 있으며 어떤 색을 오랜 시간 보고 난 뒤 다른 색을 볼 때 먼저 본 색의 영향으로 나중에 본 색이 달라 보이는 현상이다.

43 다음 중 색의 강약이며 선명도에 해당하는 것은?

① 채도   ② 명도

③ 색상   ④ 색입체

해설
채도
- 채도는 색의 선명함의 정도를 나타낸다. 즉, 지각적인 면에서 볼 때 색의 강약이라고 할 수 있다.
- 우리말에 진한 색, 연한 색과 흐린 색, 맑은 색 등은 모두 채도의 고저를 가리키는 말이다.
- 유채색에만 있다.
- 순색일수록 채도가 높고 색이 섞여 있을수록 채도가 낮다.

44 색의 혼합에 대한 설명으로 틀린 것은?

① 색광의 3원색을 혼합하면 모든 색광을 만들 수 있다.

② 색광의 3원색이 모두 합쳐지면 흰색이 된다.

③ 색료 혼합은 혼합할수록 명도와 채도가 낮아진다.

④ 색료 혼합을 가산 혼합이라고도 한다.

해설

④ 색료 혼합은 감산 혼합이다.

색광 혼합
- 색광(빛)을 혼합하여 새로운 색채를 만드는 것을 말한다.
- 색광 혼합의 3원색은 빨강(red), 초록(green), 파랑(blue)이다.
- 색광의 3원색을 혼합하면 명도가 높아져 점점 밝아지므로 가산 혼합(가법 혼색)이라 한다.
- 색광의 3원색을 혼합하여 모든 색광을 만들 수 있다.
- 색광의 3원색을 모두 혼합하면 백색이 된다.

45 밝고 생동감 있는 봄 시즌을 위해 디자인을 할 때의 의복 색상으로 가장 적합한 것은?

① 노랑, 연두

② 파랑, 검정

③ 검정, 갈색

④ 남색, 갈색

해설

봄의 색
- 경쾌하고 밝은 색을 이용한다.
- 자연현상의 연두, 녹색 계통이 좋다.
- 연상 감정으로 장미색, 핑크색 등이 좋다.
- 늦은 봄은 코발트 블루색이 좋다.

46 중성색으로 예술감이나 신앙심을 유발시키는 데 가장 적합한 색은?

① 보라

② 파랑

③ 빨강

④ 노랑

해설

일반적인 색채 상징

색상	긍정적 상징	부정적 상징
빨강	열정, 생명, 활력, 행운, 길복, 사랑	전쟁, 혁명, 비속, 죄악, 위험, 금지
노랑	빛, 존귀, 권력, 신성, 즐거움, 풍요, 지성	배반, 이단, 질투, 불안정
파랑	무한, 진리, 지혜, 편안함, 행운, 평화	슬픔, 우울, 부도덕, 금지, 고독
보라	고귀, 신성함, 낭만, 향기로움, 신비, 관능	죽음, 타락, 나약함, 우울, 미신

47 실루엣 안의 선 중 포켓, 칼라, 커프스 등과 같이 의복의 봉제과정에서 만들어지는 부분의 선에 해당하는 것은?

① 접힘선

② 핀턱선

③ 구성선

④ 디테일선

해설

① 접힘선 : 개더나 플레어의 여유분의 폭이 접히면서 나타나는 부드러운 음영의 선을 말한다.

② 핀턱선(주름선) : 스커트나 슬랙스 주름, 핀턱의 선 등 옷의 접힘에 의해 나타나는 것으로 주름의 길이나 폭, 깊이, 위치 등에 따라 다른 효과를 준다.

③ 구성선 : 솔기, 다트, 트임, 끝단 등 옷을 구성하는 과정에서 생긴 선을 말한다.

48 의복에 있어 통일감을 주기 위한 방법 중 틀린 것은?

① 색상조화에 있어 채도를 통일시킨다.
② 의복의 문양은 체크 문양보다 꽃 문양을 이용하여 경쾌한 인상을 준다.
③ 주색상을 뚜렷한 것으로 하여 대비 색상의 이미지를 통일시킨다.
④ 서로 온도감이 유사한 색상끼리 이용하여 전체적인 분위기를 통일시킨다.

해설
② 체크 무늬가 꽃무늬보다 완성된 단일성, 일관성 등을 잘 나타낸다.

통일
• 부분과 부분이 분리될 수 없다.
• 단일성의 느낌이 조화의 미로 나타난다.
• 일체감의 완성적 성격을 가지고 있다.
• 의복에서 통일감을 주려면 색상조화에 있어 채도를 통일시킨다.
• 주색상을 뚜렷한 것으로 하여 대비 색상의 이미지를 통일시킨다.
• 서로 온도감이 유사한 색상을 이용하여 전체적인 분위기를 통일시킨다.

49 의상의 기본 요소 중 복사열의 반사 또는 흡수 등의 기능과 밀접한 관계가 있는 것은?

① 색채미   ② 형태미
③ 재료미   ④ 기능미

해설
의상의 기본 요소
• 기능미 : 신체를 외부로부터 보호하는 기능으로, 보온 기능 등을 말하며 환경의 영향을 많이 받는다.
• 형태미 : 전체적인 실루엣에 의해 형성된 아름다움을 말하며 기능미를 고려하지 않은 형태미는 좋지 않다.
• 재료미 : 재료의 성질과 기능적인 목적에 잘 부합되도록 소재의 개성을 살려 형태에 잘 연결시키는 것을 말한다.
• 색채미 : 재료의 색과 부속품 등에서 조화되어 만들어지는 배색이다. 복사열의 반사 또는 흡수 등의 기능과 밀접한 관련이 있다.

50 다음 중 진출, 팽창되어 보이는 색이 아닌 것은?

① 한색계의 색
② 난색계의 색
③ 고명도의 색
④ 고채도의 색

해설
색의 진출과 후퇴

색의 진출	• 진출색은 두 가지 색이 같은 위치에 있어도 더 가깝게 보이는 것이다. • 난색계, 고명도, 고채도의 색일 때 진출되어 보인다. • 배경색과의 채도차가 높을수록, 배경색과의 명도차가 큰 밝은 색일수록 진출되어 보인다.
색의 후퇴	• 후퇴색은 두 가지 색이 같은 위치에 있어도 더 멀리 보이는 것이다. • 한색계, 저명도, 저채도의 색일 때 후퇴되어 보인다. • 배경이 밝을수록 주목하는 색이 작게 보인다.

51 다음 중 위편성물의 기본 조직이 아닌 것은?

① 평편
② 터크편
③ 고무편
④ 펄편

해설
편성물의 분류
• 위편성물 : 기본 조직은 평편, 고무편, 펄편, 양면편 등이고 양말, 스웨터, 원피스, 스커트, 코트 등이 있다.
• 경편성물 : 트리코, 라셀, 밀라니즈 등이 있다.

52 다음 중 방추 가공과 관계가 없는 섬유는?

① 면   ② 마

③ 비스코스 레이온   ④ 양모

해설

방추 가공은 주름이 생기기 쉬운 면, 마, 레이온과 같은 셀룰로스 섬유에 수지 처리하여 구김이 생기지 않도록 가공하는 것을 말한다.

53 부직포의 특징으로 틀린 것은?

① 방향성이 없다.

② 함기량이 많다.

③ 절단 부분이 풀리지 않는다.

④ 탄성과 레질리언스가 나쁘다.

해설

부직포의 특징

• 함기량이 많아 가볍고 따뜻하여 보온성이 좋다.
• 재단, 봉제가 용이하다.
• 방향성이 없으므로 잘라도 절단 부분의 올이 풀리지 않는다.
• 방향에 따른 성질의 차가 거의 없다.
• 광택이 적고 촉감이 거칠다.
• 탄성과 레질리언스가 강한 편이다.
• 드레이프성이 부족하다.

54 샌퍼라이징 가공의 주된 목적으로 옳은 것은?

① 방축   ② 방추

③ 방오   ④ 방수

해설

샌퍼라이징(sanforizing) 가공은 면, 마, 레이온 등의 셀룰로스 직물을 미리 강제 수축시켜 수축을 방지하는 방축 가공이다.

55 얇은 직물의 표면을 고무 또는 합성수지 필름으로 피막을 입혀 전혀 누수가 되지 않고 통기성도 없게 만드는 가공은?

① 방추 가공   ② 방염 가공

③ 방오 가공   ④ 방수 가공

해설

방수 가공

• 직물에 물이 침투할 수 없도록 폴리우레탄 수지 등을 직물의 표면에 코팅한 가공으로, 실 사이의 기공이 막혀 통기성이 없는 가공이다.
• 주로 레인코트감, 스키복감, 우산감 등에 쓰이는 가공법이다.

56 경사 또는 위사가 한 올, 두 올 또는 그 이상의 올이 교대로 계속하여 업 또는 다운되어 조직점이 대각선 방향으로 연결된 선이 나타나는 조직은?

① 경편조직   ② 위편조직

③ 능직   ④ 수자직

해설

능직

• 사문직이라고도 하며 날실과 씨실이 3올 이상 교차하여 만들고, 표면에 능선이 나타난다.
• 능선의 각 경사가 심할수록 내구성이 좋다.
• 경사 또는 위사가 한 올, 두 올 또는 그 이상의 올이 교대로 계속하여 업 또는 다운되어 조직점이 대각선 방향으로 연결된 선이 나타난다.
• 평직보다 조직점이 적어서 유연하며, 밀도를 크게 할 수 있어 두꺼우면서 부드러운 직물을 얻을 수 있다.

57 혼방직물이나 교직물을 염색할 때 섬유의 종류에 따른 염색성의 차이를 이용하여 각각 다른 색으로 염색할 수 있는 염색 방법은?

① 사염색
② 이색염색
③ 원료염색
④ 톱염색

해설

① 사염색 : 실의 상태에서 염색한 것을 말한다. 선염과 같다.
③ 원료염색 : 실로 만들기 전에 솜이나 털 상태에서 염색하는 것을 말한다.
④ 톱염색 : 양모 섬유를 평행으로 배열하고 로프 상태로 만든 톱 상태에서 염색하는 것을 말한다.

58 다음 중 방충을 목적으로 직물의 후처리나 염색과 정에서 가공을 하는 섬유는?

① 면   ② 견
③ 마   ④ 양모

해설

방충 가공은 해충의 피해를 막기 위해 방충제를 처리하는 가공이다. 충해는 단백질계 섬유 중에서도 양모(모)가 압도적으로 많으며, 양모 제품이 좀의 피해를 입는 것을 방지하기 위해서 섬유 염색 시 염료와 섞어서 방충 가공을 한다.

59 드라이클리닝의 장점이 아닌 것은?

① 재오염이 되지 않는다.
② 기름얼룩 제거가 쉽다.
③ 형태 변화가 작다.
④ 세정, 탈수, 건조가 단시간에 이루어진다.

해설

① 모든 오물에 대한 재오염이 되지 않는 것은 아니다.
건식 세탁(드라이클리닝)
• 물세탁으로 인하여 손상(수축, 형태 변화) 받기 쉬운 모 섬유, 견 섬유, 아세테이트나 탈색, 변색되기 쉬운 염색제품 등에 이용된다.
• 빠진 얼룩이 재오염되기 쉽다.
• 유용성 오점(기름얼룩)을 제거하기가 용이하다.
• 습식 세탁보다 세척률이 좋지 않다.
• 의류의 색, 형태가 보존되며, 세탁 후 손질이 간편하다.
• 세정, 탈수, 건조가 단시간에 이루어진다.

60 다음 중 곰팡이의 침해를 가장 쉽게 받는 섬유는?

① 면
② 모
③ 폴리에스터
④ 아크릴

해설

의복과 곰팡이
• 의복에 곰팡이가 생길 경우 옷이 오염되고 광택이 떨어지며 퀴퀴한 냄새가 난다.
• 면과 레이온은 곰팡이가 발생할 수 있어 깨끗하고 건조하게 보관해야 한다.
• 옷에 풀기가 남아 있는 경우 변색과 곰팡이 번식의 원인이 될 수 있으므로 여름옷은 풀을 먹이지 않고 넣어 둔다.
• 곰팡이는 습도가 높을 때 잘 생기기 때문에 방습제(실리카겔, 염화칼슘)를 넣어 보관한다.

01 제도에 필요한 부호 중 다음 부호가 의미하는 것은?

----

① 골선　　　　② 완성선
③ 안단선　　　④ 꺾임선

해설

제도 기호

완성선	─────────────
안내선	───────────
안단선	─·─·─·─·─·─·─
골선	─────────────

02 다음 중 스커트 원형에서 웨이스트 밴드를 대는 형의 스커트 길이로 가장 옳은 것은?

① $\left(\text{스커트 길이} - \dfrac{\text{밴드 너비}}{2}\right)$

② $\left(\text{스커트 길이} - \dfrac{\text{밴드 너비}}{4}\right)$

③ {스커트 길이 − (밴드 너비 + 2cm)}

④ {스커트 길이 − (밴드 너비 + 4cm)}

해설

스커트 원형 제도
• 스커트 원형을 제도할 때 스커트 길이로 세로선을 그리고, $\dfrac{\text{엉덩이둘레}}{2} + 2\sim3cm$(여유분)의 값으로 가로선(기초선)을 그려 준다.
• 웨이스트 밴드를 대는 형태의 스커트 길이는 $\left(\text{스커트 길이} - \dfrac{\text{밴드 너비}}{2}\right)$로 정한다.

03 인체의 계측이나 치수를 잴 때 사용하는 용구로서 가장 적합한 것은?

① 직각자　　　　② 곡자
③ 축도자　　　　④ 줄자

해설

줄자는 띠 형태에 눈금이 있는 자로, 굴곡이 있는 인체의 치수를 잴 때 적합한 용구이다.
패턴 제도에 쓰이는 용구(자)
• 직각자 : 두 변이 직각으로 만나는 자이다. 한 면은 cm 단위의 눈금이 표시되어 있고 다른 한 면은 축도된 치수 눈금이 표시되어 있다. 옷본을 제도할 때 사용하며 눈금이 앞뒤로 표시되어 있어 치수를 정확하고 빠르게 파악할 수 있다.
• 곡자 : 곡선을 제도할 때 사용하며 제도 용구 중 허리선, 옆솔기선, 소매선, 다트 등의 선을 긋는 데 사용하기에 가장 좋다.
• 축도자 : 실제 치수를 1/4, 1/5 등의 치수로 축소하여 제도할 때 사용하는 도구이다.

04 세미 타이트 스커트의 안감 박기에 대한 설명 중 가장 적합하지 않은 것은?

① 안감은 완성선보다 0.2cm 정도 시접 쪽으로 나가서 박는다.
② 다트를 박아 시접을 겉감과 같은 쪽으로 접는다.
③ 왼쪽 옆 솔기를 박아 시접을 앞 쪽으로 꺾는다.
④ 올이 풀리기 쉬운 옷감은 시접 끝을 한 번 접어 박는다.

해설

② 다트를 박아 시접을 겉감과 반대쪽으로 접는다.

05 뒷허리 밑에 수평의 주름이 생겨 뒷허리선을 내려 주고, 뒷다트 길이를 길게 하는 체형은?

① 하복부가 나온 체형
② 엉덩이가 처진 체형
③ 엉덩이가 나온 체형
④ 엉덩이가 나오고 복부가 들어간 체형

해설

스커트 보정
• 뒷허리와 엉덩이가 처진 체형에서 뒷허리 밑에 옆으로 주름(수평의 주름)이 생길 때는 뒷허리둘레의 중앙 부분을 더 파 주고 뒷허리선을 내려주며 뒷판 다트를 길게 한다.
• 스커트 앞단이 올라가면서 뜰 때는 허리선을 올려서 앞중심부의 길이를 길게 한다.
• 스커트 앞허리 밑에 옆으로 군주름이 생길 때는 옆을 내 주고 다트의 위치를 고쳐 준다.
• 엉덩이가 나온 체형은 뒤에서 당기고 주름이 생기는데, H.L을 절개하여 뒤는 늘리고, 앞은 접어 줄여서 보정한다.

07 오건디와 같은 얇은 옷감에 가장 적합한 재봉기 바늘은?

① 7호
② 9호
③ 11호
④ 16호

해설

옷감에 적합한 바늘과 실의 선정

옷감		바늘		실	
		재봉틀	손	재봉틀	시침
면·마	얇은 것 (오건디)	9호	8호	• 면 80'S/3, 70'S/3 • T/C 80'S/3	2합사
	중간 것 (포플린, 옥양목)	11호	4호, 5호	• 면 60'S/3, 50'S/3 • T/C 60'S/3	3합사
	두꺼운 것 (코듀로이)	14호, 16호	2호, 3호	• 면 40'S/3, 30'S/3 • T/C 40'S/3	3합사 4합사

06 스판 니트의 원형 제도 시 고려해야 할 내용 중 틀린 것은?

① 직물 원형 제도 방법과 같게 한다.
② 옷감의 신축성을 고려한다.
③ 다트는 생략하거나 다트 분량을 가능한 한 적게 한다.
④ 패턴은 디자인과 옷감의 늘어나는 방향에 따라 다르게 제도한다.

해설

①, ③ 원형 제도 시에는 보통 직물을 제도할 때보다 옷감의 신축성을 고려하며 다트를 적게 넣거나 생략해야 한다.
② 보통 '스판'이라고 부르는 소재는 폴리우레탄계 합성섬유로, 섬유 중에서도 신축성과 탄력성이 가장 우수한 섬유이다.
④ 패턴 제도 시에는 옷의 디자인과 옷감이 늘어나는 방향에 따라 다르게 제도해야 한다.

08 다음 중 단춧구멍의 크기로 옳은 것은?

① 단추 지름 + 1cm
② 단추 지름 × 2
③ 단추 지름 + 단추 두께
④ (단추 지름 × 2) + 단추 두께

해설

단추와 단춧구멍
• 단춧구멍의 크기는 일반적으로 '단추 지름 + 단추 두께(0.3cm)'로 뚫어야 가장 좋다.
• 단춧구멍의 위치가 가로형인 경우, 앞중심선에서 앞단 쪽으로 0.2cm 정도 나온 위치에서 크기를 맞추어 정한다.
• 입술 단춧구멍은 구멍의 둘레를 옷감으로 바이어스를 대는 것으로 여성복, 여아복에 사용한다.

09 옷감과 패턴의 배치 방법으로 옳은 것은?

① 패턴의 종선 방향을 옷감의 횡선에 맞추어 배치한다.

② 옷감의 표면이 밖으로 되게 반을 접어 패턴을 배치한다.

③ 패턴은 작은 것부터 배치하고, 큰 것은 사이에 배치한다.

④ 줄무늬는 옷감의 줄을 바르게 정리한 다음 배치한다.

[해설]

① 패턴에 결 방향을 표시해 놓고 패턴의 종선 방향을 옷감의 종선에 맞추어 배치한다.

② 옷감의 표면이 안으로 들어가게 반을 접어 패턴을 배치한다.

③ 패턴은 큰 것, 기본 패턴부터 배치하고 작은 것은 큰 것 사이에 배치한다.

11 심지를 붙여야 할 곳으로 가장 알맞은 것은?

① 소매산   ② 칼라

③ 소매통   ④ 안감

[해설]

심지 부착 위치

• 칼라에 심지를 붙인다.

• 테일러드 재킷에서 뒤트임, 밑단, 라펠은 심지를 붙이고 옆선에는 심지를 부착하지 않는다.

• 블라우스 재단 시 칼라, 안단, 커프스에는 심지를 붙이고 요크에는 심지를 붙이지 않아도 된다.

• 네크라인, 암홀 등 곡선은 정바이어스 테이프를 그대로 사용한다.

10 가장 기본이 되는 스커트로서 타이트 스커트(tight skirt)라고도 하는 것은?

① 고어 스커트(gored skirt)

② 플리츠 스커트(pleats skirt)

③ 플레어 스커트(flared skirt)

④ 스트레이트 스커트(straight skirt)

[해설]

타이트 스커트

• 스트레이트 스커트라고도 하며, 힙 라인에서 치마 밑단까지 직선으로 내려와 몸에 꼭 맞게 좁은 폭의 스커트를 말한다.

킥 플리츠 (kick pleats)

• 스커트 원형을 그대로 이용하면서 스커트 뒤중심에 킥 플리츠(kick pleats)를 넣어 기능성을 준 스커트이다.

12 다음 중 길과 연결하여 구성된 소매는?

① 타이트 소매(tight sleeve)

② 퍼프 소매(puff sleeve)

③ 케이프 소매(cape sleeve)

④ 기모노 소매(kimono sleeve)

[해설]

기모노 슬리브

• 소매길이가 어깨점에서 5~10cm 정도 연장된 슬리브로 프렌치 슬리브라고도 한다.

• 길과 연결되어 있는 소매로, 소매 밑단 둘레가 비교적 넓어서 편안하게 착용할 수 있다.

• 일반적으로 길이가 짧은 것으로 가련하고 경쾌한 느낌을 주며 소매 밑에 무를 달아서 입기에 편하고 어깨에 해방감을 주는 슬리브이다.

13 다음 중 실표나 시침실을 뽑을 때 사용하는 공구로서 가장 적합한 것은?

① 끌　　　　　　② 뼈인두
③ 송곳　　　　　④ 족집게

해설
봉제 용구
- 끌 : 목공 용구로 나무를 깎거나 다듬을 때 또는 구멍을 낼 때 사용하는 도구이다.
- 뼈인두(재단주걱) : 동물의 뼈 또는 수지제품 등으로 만든 것으로 옷감을 손상시키지 않게 적당히 둥근 것을 사용한다. 보통 시접을 넣기 위해 옷감을 접어 눌러주면서 그어서 자국을 내어 사용한다.
- 송곳 : 끝이 날카로운 가시 모양으로 되어 있어서 보통 구멍을 뚫을 때 사용한다. 봉제 용구로는 옷감을 재단할 때 겹쳐진 옷감의 다트, 포켓의 위치를 표시하거나 안감 재단 시 완성선을 표시할 때 사용한다. 또 다른 용도는 암홀과 같은 부분을 봉제할 때 오그림 부분을 균일하게 넣어 주기 위해서 천을 조금씩 밀어 주는 용도로도 활용한다.
- 족집게 : 실표나 시침실 등을 제거할 때 사용하는 도구이다.

14 인체를 몸통과 사지로 구분할 때 몸통에 해당되지 않는 것은?

① 머리　　　　　② 가슴
③ 목　　　　　　④ 팔

해설
인체의 구분
- 체부의 구분은 체간부(몸통)와 체지부(사지)로 나눌 수 있다.
- 체간은 다시 두부(頭部 : 머리), 복부(腹部 : 횡격막 아랫부분), 흉부(胸部 : 횡격막 윗부분), 경부(頸部 : 목), 미부(尾部 : 꼬리) 등으로 나뉜다.
- 팔과 다리는 사지에 해당한다.

15 칼라 끝이나 옷 솔기에 끼워 장식하는 것으로 옷감과 같은 색 또는 다른 색으로 만들어 장식하여 효과를 내는 것은?

① 터킹(tucking)
② 파이핑(piping)
③ 스모킹(smocking)
④ 패거팅(fagoting)

해설
파이핑(piping)
- 천의 한쪽에 바이어스 테이프를 대고 천 모서리를 감싸서 꿰매어 풀리지 않도록 하는 것이다.
- 스커트, 코트, 포켓 등의 단이나 장식용이나 솔기를 마무리 할 때 주로 사용한다.
- 칼라의 가장자리나 옷감과 옷감 사이의 솔기선에 배색이 좋은 가죽이나 다른 천을 가늘게 끼워 넣어서 장식하는 것도 파이핑이라고 한다.

16 계측 방법 중 뒤에서 좌우 어깨끝점 사이의 길이를 재는 항목은?

① 등너비　　　　② 어깨너비
③ 등길이　　　　④ 가슴둘레

해설
인체계측 방법
- 가슴둘레 : 선 자세에서 피계측자가 자연스럽게 숨을 들이 마신 후 숨을 멈추었을 때, 좌우 유두점을 지나도록 하는 수평 둘레를 측정한다.
- 어깨너비 : 피계측자의 뒤에서 좌우 어깨끝점의 길이를 잰다.
- 등길이 : 뒷목점에서 뒤중심선을 따라 허리선의 허리뒤점까지의 길이를 잰다.
- 등너비 : 좌우 등너비점 사이의 길이를 잰다.

17 원형의 제도법에 대한 설명 중 옳은 것은?

① 단촌식 제도법은 초보자에게 적당한 방법이다.

② 단촌식 제도법은 각자의 치수를 정확하게 계측하여야만 몸에 잘 맞는 원형이 구성된다.

③ 장촌식 제도법은 계측 항목이 많다.

④ 장촌식 제도법은 신체 각 부위의 치수를 섬세하게 계측한다.

> **해설**
> ① 단촌식 제도법은 인체 각 부위를 세밀하게 계측하여 제도하는 방법으로, 계측기술이 부족한 경우에는 계측 오차로 인해서 정확하지 못한 패턴을 제도할 수 있기 때문에 주의해야 한다.
> ③ · ④ 장촌식 제도법은 기준이 되는 큰 치수 중 몇 항목만을 사용하여 그 치수를 등분하거나 고정 치수를 사용한다.

18 일반적인 스커트 원형에서 가로선의 기초선 길이로 가장 적합한 것은?

① $\dfrac{엉덩이둘레}{2} + 0.5\sim1cm$

② $\dfrac{엉덩이둘레}{2} + 2\sim3cm$

③ $\dfrac{엉덩이둘레}{2} + 4\sim5cm$

④ $\dfrac{엉덩이둘레}{2} + 6cm$

> **해설**
> 스커트 원형을 제도할 때 스커트 길이로 세로선을 그리고,
> $\dfrac{엉덩이둘레}{2} + 2\sim3cm$(여유분)의 값으로 가로선(기초선)을 그려 준다.

19 공업용 재봉기의 표시기호 중 대분류에서 본봉에 해당하는 것은?

① L ② C
③ D ④ F

> **해설**
> 대분류는 재봉기의 재봉 방식에 따라 분류된다. 본봉(L), 단환봉(C), 이중환봉(D), 편평봉(F), 주변감침봉(E), 복합봉(M), 특수봉(S), 용착봉(W)이 있다.

20 스커트 원형 제도에서 필요하지 않은 항목은?

① 엉덩이둘레 ② 허리둘레
③ 스커트 길이 ④ 밑위길이

> **해설**
> ④ 밑위길이는 슬랙스 제도 시 필요한 치수이다.
> 스커트 원형을 제도할 때 필요한 항목은 스커트 길이, 허리둘레, 엉덩이길이, 엉덩이둘레이다.

21 소매 뒤에 소매산을 향해 주름이 생길 때의 보정 방법으로 가장 옳은 것은?

① 소매 중심점을 뒤로 옮긴다.
② 소매 중심점을 앞으로 옮긴다.
③ 소매산을 높여 준다.
④ 소매산을 내려 준다.

> **해설**
> 소매산 뒤쪽이 남으면 소매 뒤에 소매산을 향해 주름이 생긴다. 이때 소매산 중심을 뒷소매 쪽으로 옮기고, 뒤쪽의 남는 부분을 앞으로 보내면서 소매산 둘레의 곡선을 수정한다.

22 다음 중 시착 시 유의해야 할 관찰 방법 중 틀린 것은?

① 옆선, 어깨선이 중앙에 놓였는가

② 허리선, 밑단선이 수평으로 놓였는가

③ 옷감의 올이 사선으로 놓였는가

④ 칼라의 형, 크기가 적당한가

해설

시착 시 유의사항

• 가슴둘레의 여유분이 적당한가를 관찰한다.

• 전체적인 실루엣이 알맞은지 관찰한 후 부분적인 곳을 관찰한다.

• 옷감의 올이 바로 놓였는가를 관찰한다.

• B.P의 위치가 맞고 다트의 위치, 길이, 분량 등이 알맞은가를 관찰한다.

• 옷 전체의 길이 및 여유분이 적당한가를 관찰한다.

• 절개선 위치, 칼라의 형태, 크기가 적당한가를 관찰한다.

• 옆선, 어깨선이 중앙에 놓였는가를 관찰한다.

• 허리선, 밑단선이 수평으로 놓였는가를 관찰한다.

23 시접을 완전히 감싸는 방법으로, 세탁을 자주 해야 하는 아동복을 만들 때 이용하는 바느질 방법은?

① 평솔

② 뉘솔

③ 통솔

④ 접음솔

해설

통솔

• 오건디, 시폰 등과 같이 얇고 비치며 풀리기 쉬운 옷감이나 세탁을 자주 해야 하는 옷을 만들 때 주로 이용되는 솔기이다.

• 시접을 완전히 감싸는 방법으로, 시접을 겉으로 0.3~5cm로 박은 다음 접어서 안으로 0.5~0.7cm로 한 번 더 박는다.

24 다음 그림과 같이 배가 나와서 배 부분이 너무 낄 경우의 보정으로 옳은 것은?

해설

배가 나와서 배 부분이 낄 경우에는 허리 다트로부터 H.L 3cm 전까지 절개선을 넣어 벌려 주고 다트는 길게 수정한다.

25 외출복의 소매산 높이로 가장 적합한 것은?

① $\dfrac{A.H}{3} + 3cm$ ② $\dfrac{A.H}{4} + 3cm$

③ $\dfrac{A.H}{5} + 3cm$ ④ $\dfrac{A.H}{6} + 3cm$

해설

소매산 높이

• 잠옷 : $\dfrac{A.H}{8}$

• 작업복, 셔츠 : $\dfrac{A.H}{6}$

• 블라우스, 원피스 : $\dfrac{A.H}{4} + 0 \sim 2cm$

• 정장, 외출복 : $\dfrac{A.H}{4} + 3 \sim 4cm$

26 의복 원형 종류에 따른 용도가 틀린 것은?

① 길 원형 – 상반신용
② 스커트 원형 – 하반신용
③ 슬랙스 원형 – 하반신용
④ 소매 원형 – 하반신용

④ 소매 원형은 상반신용이다.

28 바지길이의 계측 방법으로 옳은 것은?

① 옆 허리선에서 무릎점까지의 길이를 잰다(오른쪽 뒤에서).
② 옆 허리선에서 발목점까지의 길이를 잰다(오른쪽 뒤에서).
③ 등길이를 계측하여 허리선을 지나 바닥까지의 길이를 잰다(왼쪽 뒤에서).
④ 뒷목점부터 허리둘레선까지의 길이를 잰다(왼쪽 뒤에서).

① 옆 허리선에서 무릎점까지의 길이를 재는 것을 치마길이를 재는 방법이다.
③ 등길이를 계측하여 허리선을 지나 바닥까지의 길이를 재는 것은 총길이를 재는 방법이다.
④ 뒷목점부터 허리둘레선까지의 길이를 재는 것은 등길이를 재는 방법이다.

27 다음 중 겉감의 기본 시접 분량으로 가장 옳은 것은?

① 어깨와 옆선 – 5cm
② 목둘레선 – 1cm
③ 허리선 – 3cm
④ 스커트단 – 2cm

기본 시접 분량

1cm	목둘레, 칼라, 요크선, 앞단, 스커트·슬랙스 허리선, 앞중심선
1.5cm	진동둘레, 가름솔
2cm	어깨, 옆선
3~4cm	소맷단, 블라우스단, 파스너단
4~5cm	스커트·재킷의 단

29 다음 중 길 원형의 필요 치수에 해당되지 않는 것은?

① 가슴둘레   ② 등길이
③ 어깨너비   ④ 소매길이

원형 제도 시 필요 치수 항목

길(bodice)	가슴둘레, 등길이, 유두길이, 어깨너비, 등너비, 가슴너비, 유두간격, 목둘레
소매(sleeve)	길 원형의 앞뒤 진동둘레 치수, 소매길이, 팔꿈치길이, 소매산길이, 손목둘레
스커트(skirt)	허리둘레, 엉덩이둘레, 스커트 길이, 엉덩이길이
슬랙스(slacks)	허리둘레, 엉덩이둘레, 엉덩이길이, 밑위길이, 바지길이

30 옷감의 표시방법으로 틀린 것은?

① 실표뜨기는 직선일 때는 간격을 넓게 뜬다.

② 실표뜨기는 곡선일 때는 간격을 좁게 뜬다.

③ 초크를 사용할 때는 선명하고 가늘게 표시한다.

④ 트레이싱 페이퍼를 사용할 때는 선명하고 굵게 표시한다.

해설

트레이싱 페이퍼
• 패턴을 다른 곳에 옮겨 그릴 때 사용하는 얇고 투명한 기름종이이다.
• 완성선에서 0.1cm 바깥쪽에 선을 선명하고 가늘게 그린다.

31 천연섬유 중 섬유의 길이가 가장 긴 것은?

① 견　　　　　② 마

③ 면　　　　　④ 양모

해설

견(명주) 섬유는 천연섬유 중 가장 길이가 길고 강도가 우수한 편이며 신도는 양털보다 약하다.

32 다음 중 축합중합체 섬유가 아닌 것은?

① 폴리아마이드　　② 폴리우레탄

③ 폴리염화비닐　　④ 폴리에스터

해설

중합
• 축합중합 : 폴리아마이드(나일론)계, 폴리에스터계, 폴리우레탄계 등이 있다.
• 부가중합 : 폴리비닐알코올계, 폴리염화비닐계, 폴리염화비닐리덴계, 폴리프로필렌계, 폴리에틸렌계 등이 있다.

33 다음 중 해충이나 미생물의 침해를 받지 않는 섬유는?

① 면　　　　　② 견

③ 양모　　　　④ 아세테이트

해설

해충이나 미생물은 면, 견, 양모 섬유와 같은 천연섬유에 기생하며 섬유에 해를 가장 많이 끼친다. 아세테이트나 합성섬유는 해충이나 미생물의 피해를 받지 않는다.

34 실에 꼬임수가 많아짐에 따라 나타나는 현상은?

① 광택이 강하다.

② 부드럽고 유연하다.

③ 부푼 실을 얻을 수 있다.

④ 딱딱하고 까슬까슬해진다.

해설

실의 꼬임
• 실의 꼬임 방향에 따라 좌연사(Z꼬임)와 우연사(S꼬임)로 나누고 꼬임의 정도에 따라 강연사, 약연사로 구분한다.
• 실에 적당한 꼬임을 주면 섬유 간의 마찰이 커져서 실의 강도가 향상되지만 어느 한계 이상 꼬임이 많아지면 실의 강도는 오히려 감소한다.
• 꼬임수가 증가하면 실의 광택이 줄어들며 딱딱하고 까슬까슬해진다.
• 꼬임이 적으면 부드럽고 부푼 실이 된다.
• 꼬임수가 적은 것은 위사로, 꼬임수가 많은 것은 경사로 사용한다.

35 섬유의 대전성을 낮게 하는 방법으로 옳은 것은?

① 습도를 감소시킨다.

② 흡습성을 증가시킨다.

③ 열가소성을 좋게 한다.

④ 강도와 신도를 증가시킨다.

해설

대전성
- 섬유의 마찰에 의해 건조 상태에서 정전기가 발생하는 것을 말한다.
- 대전성이 크면 주변의 먼지를 흡착하여 옷이 더러워지고 몸에도 섬유가 달라붙어 옷 모양이 변형되고 착용감이 불편해진다.
- 섬유의 흡습성을 높여 대전성을 낮출 수 있다.
- 천연섬유(견, 모 등)의 마찰 시에는 문제가 되지 않지만 합성섬유의 경우에는 마찰 시 정전기가 발생되어 섬유 표면에 축적되므로 쇠붙이에 접촉할 경우 감전 등의 문제가 발생한다.

36 삼각형 모양의 단면을 가지고 있는 섬유는?

① 양모   ② 면

③ 아마   ④ 견

해설

삼각형 단면을 가진 섬유는 견(명주, silk) 섬유로 광택이 우수하다.

37 다음 중 방적사에 비해 필라멘트사의 특성에 해당하는 것은?

① 흡습성이 좋다.

② 열가소성이 풍부하다.

③ 인장강도와 신도가 약하다.

④ 함기량이 많아 보온성이 좋다.

해설

장섬유사(filament yarn, 필라멘트사)
- 한 가닥, 한 올의 실은 모노필라멘트라 하는데, 보통 직물(패브릭) 니트제품을 만들 때는 몇 가닥의 긴 필라멘트를 합해 한 올의 실을 형성한다.
- 길이가 무한히 긴 섬유(수천 미터 이상)로 만들어진 실을 말한다.
- 광택이 우수하고 촉감이 차다.
- 천연섬유인 견 섬유(실크)와 합성섬유(나일론, 폴리에스터, 아크릴)가 있다.
- 열가소성이 좋다.

38 견 섬유의 성질에 대한 설명 중 틀린 것은?

① 습윤상태에서는 강도가 줄어든다.

② 다른 섬유에 비해서 내일광성이 좋다.

③ 연소시험에서 불꽃 속에 넣었을 때는 머리카락 타는 냄새를 내면서 탄다.

④ 염색성이 좋아서 염기성, 산성, 직접염료에 의해 잘 염색된다.

해설

② 견 섬유는 다른 천연섬유에 비하여 일광에 가장 약하다.

39 섬유의 내약품성에서 알칼리는 약하나 산에 강한 섬유는?

① 마
② 양모
③ 나일론
④ 비스코스 레이온

40 다음 중 비중이 가장 큰 섬유는?

① 면
② 나일론
③ 유리 섬유
④ 폴리에스터

41 다음 중 시선을 한 점에 동시에 고정시키려는 색채 지각 현상에 해당되지 않는 것은?

① 보색 대비
② 한난 대비
③ 색상 대비
④ 채도 대비

42 색의 대비에 대한 설명으로 틀린 것은?

① 어떤 색이 주변 색의 영향을 받아서 실제로 다르게 보이는 현상이다.
② 동시 대비는 서로 가까이 놓인 두 색 이상을 동시에 볼 때 생기는 색채 대비이다.
③ 색상 차가 커 보인다는 것은 색상환에서 서로 거리가 먼 쪽에 위치한다는 것이다.
④ 보색 대비는 잔상 현상과 관계가 있다.

43 의복의 넓은 벨트에서 나타나는 형태적인 지각으로 가장 적합한 것은?

① 선   ② 면
③ 점   ④ 입체

해설

형태의 기본 요소

점	• 1차원적 요소로 형태를 지각하는 최소 단위이다. • 크기나 방향은 존재하지 않으며, 위치만 표시한다. • 점의 크기를 변화시키면 운동감이 향상된다.
선	• 선은 점이 이동하면서 남긴 자취이다. • 길이와 방향을 나타낸다.
면	• 2차원적 요소로 공간을 구성하는 기본 단위이다. • 점의 확대나 선이 이동한 자취를 말한다. • 질감이나 원근감, 색 등을 표현할 수 있다.
입체	3차원적 요소로 공간에서 여러 개의 평면이나 곡선으로 둘러싸인 부분을 말한다.

44 색광의 3원색을 모두 합치면 나타나는 색상은?

① 노랑   ② 자주
③ 흰색   ④ 검은색

해설

색광 혼합
• 색광(빛)을 혼합하여 새로운 색채를 만드는 것을 말한다.
• 색광 혼합의 3원색은 빨강(red), 초록(green), 파랑(blue)이다.
• 색의 3원색을 혼합하면 명도가 높아져 점점 밝아지므로 가산 혼합(가법 혼색)이라 한다.
• 빛의 3원색을 모두 혼합하면 백색이 된다.

45 색명의 표시 기호 중 주황에 해당하는 것은?

① 5Y 8/12   ② 5R 4/12
③ 5YR 6/12   ④ 2.5RP 3.5/11

해설

① 5Y 8/12 : 노랑
② 5R 4/12 : 빨강
③ 5YR 6/12 : 주황
④ 2.5RP 3.5/11 : 자주

먼셀 색체계
• 먼셀(Munsell)은 색상, 명도, 채도의 단계를 정립하였으며, 색의 정량적 표현의 근간인 먼셀 색체계를 완성하였다.
• 물체색의 색 감각을 색상(hue), 명도(value), 채도(chroma)의 3가지 속성으로 표기하고, 3가지 속성이 시각적으로 고른 단계가 되도록 색을 선정하였다.
• 먼셀 기호 표시는 '색상 명도/채도'의 순서를 나타내는 'H V/C'로 한다.

46 4계절 중 봄 분위기와 어울리는 의복 색이 아닌 것은?

① salmon pink   ② ivory
③ mustard   ④ pale lilac

해설

③ mustard는 노란색과 비슷한 색(갈색이 도는 황색)으로 가을의 분위기와 어울리는 색이다.
①, ④ salmon pink는 연어의 살과 같은 주황색이 도는 분홍색이고, pale lilac은 엷은 라일락색으로 연분홍색과 비슷하다.
② ivory는 밝으면서 엷은 노란빛이 도는 색이다.

47 색의 밝고 어두운 정도를 나타내는 것은?

① 명암   ② 채도

③ 명도   ④ 색상

해설

명도는 색의 밝고 어두운 정도를 말하며, 색의 3요소 중 우리의 눈에 가장 민감하게 작용한다.

48 색의 대비 중 인접한 두 색상 대비, 명도 대비, 채도 대비 현상이 더욱 강하게 일어나는 것은?

① 연변 대비   ② 한난 대비

③ 보색 대비   ④ 계시 대비

해설

연변 대비

• 색과 색이 근접하는 경계에서 색상, 명도, 채도의 변화가 강하게 일어나는 대비를 말한다.
• 흰색의 줄로 나뉘어 약간 떨어진 검은 사각형이 나열되어 있는 그림을 보면 사각형 모서리의 흰 공간에 점이 있는 것처럼 보이는데, 이를 "하먼 그리드 효과"라고 한다.

49 다음 중 중성색이 아닌 것은?

① 연두   ② 자주

③ 보라   ④ 파랑

해설

한색은 난색과 대조되는 느낌의 차갑고 서늘한 느낌을 주는 청록색, 청색, 청자색 등 청색 계통의 색이다.

50 색의 조화 중 서로 공통성을 지니고 있어 안정적이고 통일된 분위기를 주는 것은?

① 부조화   ② 삼각 조화

③ 대비 조화   ④ 유사 조화

해설

① 부조화 : 색의 3속성에 의한 차이가 애매하며 불쾌한 느낌을 주는 것이다.
② 삼각 조화 : 색상환에서 각각 120°씩 떨어져서 정삼각형의 모양을 만드는 색상끼리 배색한 것을 말한다. 각각의 색 사이에 공통점이 없어서 색을 배색하면 강렬한 느낌을 준다.
③ 대비 조화 : 색상, 명도, 채도의 차이를 크게 하는 색을 배색시키는 것을 말한다.

51 섬유의 안전 다림질 온도가 가장 옳은 것은?

① 견 – 120℃

② 아마 – 230℃

③ 양모 – 180℃

④ 트라이아세테이트 – 220℃

해설

마 섬유는 열에 강해 다림질을 230℃에서도 할 수 있으며, 열전도성이 좋아 피부에 닿으면 시원한 느낌을 주기 때문에 여름용 소재로 적당하다. 물기를 흡수하는 흡습성과 배출하는 방습성이 우수하여 건조가 빠르고 내구성이 강하다. 탄력성이 적기 때문에 심하게 비틀어 짜면 안된다.

※ 편저자 주 : 시험 당시 확정답안은 ②번이었으나, 마 섬유의 적정 다림질 온도는 160~200℃로, 정답은 없는 것으로 보인다.

52 의류의 세탁 방법에 대한 설명 중 틀린 것은?

① 아세테이트 섬유는 80℃ 정도의 세탁에서는 변형이 없다.

② 비스코스 레이온 섬유는 강알칼리성 세제에 의해 손상이 된다.

③ 셀룰로스 섬유는 내알칼리성이 좋다.

④ 경수 또는 철분이 함유된 세탁용수는 피한다.

> **해설**
> 아세테이트는 40℃ 이상으로 세탁해서는 안 되며, 물세탁에 의해 손상되기 쉽고 본래의 광택을 잃기 쉬우므로 드라이클리닝을 한다.

53 다음 중 드레이프성이 가장 좋지 않은 직물은?

① 견　　　　　　② 서지

③ 모시　　　　　④ 나일론

> **해설**
> 드레이프성
> • 드레이프성은 옷감을 인체 등 입체적인 곳에 올렸을 때 대상의 굴곡대로 자연스럽게 늘어뜨려지면서 드리워지는 성질을 말한다.
> • 견이나 아세테이트 섬유가 드레이프성이 좋다.
> • 모시(저마 섬유)는 뻣뻣하고 까칠까칠한 촉감을 가지고 있기 때문에 드레이프성이 가장 좋지 않다.

54 다음 중 해충의 해를 가장 많이 받는 양모 제품은?

① 가늘고 강직한 섬유로 실의 꼬임이 많은 직물

② 가늘고 부드러운 섬유로 실의 꼬임이 적은 직물

③ 두꺼운 섬유로 실의 꼬임이 많은 편물

④ 두꺼운 섬유로 실의 꼬임이 적은 편물

> **해설**
> 섬유가 가늘거나 꼬임이 적을수록 해충의 해를 받기 쉽다.

55 물에 잘 녹으며 중성 또는 약산성에서 단백질 섬유에 잘 염착되고 아크릴 섬유에도 염착되는 염료는?

① 분산염료　　　　② 직접염료

③ 산성염료　　　　④ 염기성염료

> **해설**
> **염료의 종류와 특징**
>
> | 염료 | 특징 |
> |---|---|
> | 직접 | • 약알칼리성의 중성염 수용액에서 셀룰로스 섬유에 직접 염색되며, 산성하에서 단백질 섬유와 나일론에도 염착되는 염료이다.
• 면, 마 섬유 등의 염색에 주로 사용된다. |
> | 염기성 | • 물에 잘 녹으며 중성 또는 약산성에서 단백질 섬유에 잘 염착되고, 아크릴 섬유에도 염착된다.
• 알칼리 세탁과 일광에 대한 견뢰도가 좋지 못하여 천연섬유의 염색에는 적합하지 않은 염료이다. |
> | 산성 | 단백질 섬유와 나일론에 염착되기 때문에 양모, 견, 나일론 섬유에 가장 많이 쓰이는 염료이다. |
> | 분산 | • 폴리에스터나 아세테이트 섬유의 염색에 가장 많이 사용되는 염료이다.
• 승화성이 있는 전사날염에 가장 적합한 염료이다. |

56 5매 수자직에서 사용 가능한 뜀수는?

① 2, 3　　　　　② 3, 5

③ 2, 5　　　　　④ 1, 2, 3

> **해설**
> 5매 주자직의 조는 1 + 4, 2 + 3이고 그중 1이 존재하는 1 + 4조를 제외시킨다. 따라서 2와 3이 5매 주자직의 가능한 뜀 수가 된다.
> **주자직의 뜀수 계산**
> • 두 개의 정수로 일 완전조직이 되도록 조를 짜 만든다.
> • 조 중에서 1과 공약수가 존재하는 조는 제외시킨다.
> • 제외시키고 남은 조의 숫자가 해당 조직의 뜀수이다.
>
> | 주자직 매수 | 가능 뜀수 | 불가능 뜀수 |
> |---|---|---|
> | 5 | 2, 3 | 1, 4 |
> | 6 | × | 1, 2, 3, 4, 5 |
> | 7 | 2, 3, 4, 5 | 1, 6 |
> | 8 | 3, 5 | 1, 2, 4, 6, 7 |
> | 9 | 2, 4, 5, 7 | 1, 3, 6, 8 |

57 다음 중 환원표백제에 해당하는 것은?

① 아염소산나트륨

② 과탄산나트륨

③ 과붕산나트륨

④ 아황산수소나트륨

표백

방법	표백제		섬유
산화표백	산소계 (과산화물)	• 과산화수소 • 과탄산나트륨 • 과산화나트륨 • 과붕산나트륨	• 양모 • 견 • 셀룰로스계 섬유
	염소계	• 표백분 • 아염소산나트륨 • 차아염소산나트륨	• 셀룰로스계 섬유 • 나일론 • 폴리에스터 • 아크릴계 섬유
환원표백		• 아황산수소나트륨 • 아황산 • 하이드로설파이트	양모

58 의복의 종류별 요구 성능에서 예복에서 가장 요구하는 것은?

① 외관　　　　② 내구성

③ 관리성　　　　④ 안정성

예복은 특별한 의식이나 예를 갖추어야 할 경우에 갖춰 입는 옷을 말한다. 성직자복, 상복, 결혼 예복 등의 예복은 활동성이나 내구성, 관리성, 안정성, 위생적인 측면 등을 고려하기보다는 의식의 분위기에 맞추어 입는 표현적인 성격이 강하다.

59 한 올 또는 여러 올의 실을 바늘로 고리를 형성하여 얽어 만든 피륙은?

① 직물

② 편성물

③ 부직포

④ 브레이드

① 직물 : 직기를 이용하여 실을 가로세로로 엮어 만든 옷감으로 길이와 폭을 가진 원단의 형태로 만들어진 것을 말한다.

③ 부직포 : 실로 제작하지 않고 섬유를 기계적, 화학적 또는 열적 방법으로 직접 결합시키거나 접착하여 만든 직물이다.

④ 브레이드 : 셋 이상의 가닥을 엮은 실이나 천으로 땋은 직물이다.

60 다음 중 방추 가공과 관계가 없는 직물은?

① 면

② 양모

③ 마

④ 비스코스 레이온

방추 가공은 주름이 생기기 쉬운 면, 마, 레이온과 같은 셀룰로스 섬유에 수지 처리하여 구김이 생기지 않도록 가공하는 것을 말한다.

01 다음 중 봉제사로 가장 많이 사용하는 것은?

① 단사
② 2합 연합사
③ 3합 연합사
④ 6합 연합사

해설

봉제사
• 봉제사로 가장 많이 사용하는 것은 3합 연합사이다.
• 봉제 시 실을 선택할 때는 옷감과 같은 재질을 선택하는 것이 좋다.
• 샌퍼라이징 가공된 옷감에 사용되는 실을 선택할 때는 방축 가공된 실을 사용한다.
• 의복 바느질 강도에 있어서 우선 생각해야 하는 것은 기능적 측면이다.
• 실이 옷감에 비해 약할 경우 봉제한 부분이 견고하지 못하여 여기저기 터지는 현상이 발생한다.

02 다음 중 길과 연결하여 구성된 소매는?

① 요크 슬리브
② 카울 슬리브
③ 비숍 슬리브
④ 랜턴 슬리브

해설

요크(yoke) 슬리브
어깨 부분을 다른 옷감으로 바꿔서 대는 소매로 몸 부분과 어깨 부분의 나누어지는 절개선 없이 길과 하나로 된 소매이다.

03 다음 제도 용구를 주로 사용하는 때는?

① 축도할 때
② 진동둘레선을 그릴 때
③ 원형의 목둘레선을 그릴 때
④ 봉합해야 할 다트의 끝이나 시접을 옷본에 표시할 때

해설

③ 네크라인 커브자는 원형의 목둘레선을 그릴 때 편리하게 사용할 수 있다.
① 원형을 축도하여 실제 사이즈에 비해 줄여 그릴 때 사용하는 것은 축도자이다.
② 에스모드자는 진동둘레선이나 목둘레선 등의 곡선을 처리할 때 사용한다.

04 구멍의 둘레를 옷감으로 바이어스를 대는 것으로 여성복, 여아복에 사용하는 단춧구멍은?

① 벙어리 단춧구멍
② 입술 단춧구멍
③ 한쪽 징금 단춧구멍
④ 양쪽 징금 단춧구멍

해설

단추와 단춧구멍
• 단춧구멍의 크기는 일반적으로 '단추 지름 + 단추 두께(0.3cm)'로 뚫어야 가장 좋다.
• 단춧구멍의 위치가 가로형인 경우, 앞중심선에서 앞단 쪽으로 0.2cm 정도 나온 위치에서 크기를 맞추어 정한다.
• 입술 단춧구멍은 구멍의 둘레를 옷감으로 바이어스를 대는 것으로 여성복, 여아복에 사용한다.

05 부직포 심지의 특징에 대한 설명 중 틀린 것은?

① 가볍고 값이 싸다.

② 탄력성과 구김 회복성이 우수하다.

③ 절단된 가장자리가 잘 풀리지 않는다.

④ 세탁 시 수축률이 크고 형태 안정성이 작다.

해설

부직포 심지
- 여러 종류의 섬유를 얇게 펴서 접착제를 사용하여 섬유와 섬유를 얽히게 하여 고정시킨 심지이다.
- 올이 풀리지 않으며 올의 방향이 없어 사용하기에 간편한 심지이다.
- 가볍고 값이 저렴하다.
- 탄력성과 구김 회복성이 우수하다.
- 절단된 가장자리가 잘 풀리지 않는다.
- 내세탁성이 좋아 수축되거나 모양이 뒤틀리지 않는다.

06 상반신이 굴신체인 경우의 일반적인 보정법에 대한 설명 중 틀린 것은?

① 등길이의 부족량을 절개하여 늘려 준다.

② 등의 돌출로 인해 어깨 다트를 늘려 준다.

③ 전체적으로 앞몸판의 사이즈를 키워 준다.

④ 앞중심의 길이가 남아 군주름이 생기므로 접어 줄여 준다.

해설

상반신 굴신체 보정
- 뒷길이의 부족분을 절개하여 벌려 준다.
- 등길이의 부족량을 절개하여 늘려 준다.
- 앞중심의 길이가 남아 군주름이 생기므로 접어 줄여 준다.
- 등의 돌출로 인해 어깨 다트를 늘려 준다.

07 장식봉의 종류 중 작은 주름을 일정 간격으로 박아서 장식하는 것은?

① 터킹　　　　② 스모킹

③ 셔링　　　　④ 패거팅

해설

② 스모킹(smocking) : 원단을 잡아당겨 생기는 잔주름을 잡고 그 위에 보다 굵은 실로 일정한 모양의 장식 스티치를 하여 무늬를 넣는 것을 말한다.

③ 셔링(shirring) : 개더를 여러 줄로 만들어서 장식하는 것으로 다림질이 필요 없는 얇은 직물에 적당한 장식봉이다.

④ 패거팅(fagoting) : 바이어스 테이프를 만들어 도안에 따라 얽어매면서 배치한 후 무늬를 나타내는 장식봉이다.

08 슬랙스 원형 제도 시 필요 치수 항목만을 나열한 것은?

① 허리둘레, 밑위길이, 엉덩이길이, 바지길이, 다트길이

② 허리둘레, 엉덩이둘레, 밑위길이, 바지길이, 가슴둘레

③ 허리둘레, 엉덩이둘레, 엉덩이길이, 밑위길이, 바지길이

④ 허리둘레, 엉덩이둘레, 다트길이, 밑위길이, 가슴둘레

해설

원형 제도 시 필요 치수 항목
- 슬랙스(slacks) : 허리둘레, 엉덩이둘레, 엉덩이길이, 밑위길이, 바지길이
- 소매(sleeve) : 길 원형의 앞뒤 진동둘레 치수, 소매길이, 팔꿈치길이, 소매산길이, 손목둘레
- 스커트(skirt) : 허리둘레, 엉덩이둘레, 스커트 길이, 엉덩이길이
- 길(bodice) : 가슴둘레, 등길이, 유두길이, 어깨너비, 등너비, 가슴너비, 유두간격, 목둘레

09 스커트의 종류 중 위에서 아래까지 주름을 잡는 형으로 주름 모양에 따라 종류가 달라지는 것은?

① 고어드 스커트   ② 티어드 스커트

③ 플레어 스커트   ④ 플리츠 스커트

해설

스커트의 종류
- 플리츠 스커트 : 한쪽 방향으로 연속 주름을 스커트 너비 전체에 넣은 스커트이다. 위에서 아래까지 전체적으로 주름을 잡는 형으로 주름 모양에 따라 종류가 다르다.
- 티어드 스커트 : 층마다 주름이나 개더를 넣어 층층으로 이어진 스커트이다.
- 플레어 스커트 : 나팔 모양이라는 뜻을 가진 플레어(flare) 스커트는 허리 부분은 꼭 맞고 아랫단 쪽으로 내려오면서 자연스럽게 넓어지는 스커트이다.
- 고어드 스커트 : 여러 장의 삼각형 폭을 등분한 후, 다트를 잘라내고 다시 이어서 만든 스커트이다.

10 보정 방법에 대한 설명 중 가장 적합하지 않은 것은?

① 배가 나와서 배 부분이 낄 경우에는 허리 다트로부터 H.L 3cm 전까지 절개선을 넣어 벌려 주고 다트는 길게 수정한다.

② 앞뒤 어깨선에 타이트한 주름이 생길 경우(어깨가 솟은 경우)에는 어깨선을 올려 보정하고 그 분량만큼 진동 밑부분을 올려 준다.

③ 스커트의 뒤가 헐렁할 경우에는 뒤중심에 가까운 다트로부터 H.L 3cm 전까지 절개선을 넣어 벌려 주고 옆선에서도 절개하여 벌린다.

④ 진동둘레가 너무 좁은 경우에는 가위집을 넣은 후 새로운 진동선을 그린다.

해설

스커트가 헐렁할 경우는 여유가 많을 때이므로 다트를 접어 줄여 준다.

11 다음 중 플랫 칼라에 해당되지 않는 것은?

① 롤 칼라(rolled collar)

② 세일러 칼라(sailor collar)

③ 수티앵 칼라(soutien collar)

④ 피터 팬 칼라(peter pan collar)

해설

롤(rolled) 칼라는 목을 감싸면서 목을 따라 둥글게 말려 있는 칼라로 스탠드 칼라의 종류 중 하나이다.

플랫(flat) 칼라
- 스탠드(stand)분이 거의 없어서 어깨선 위에 납작하게 뉘어지는 것으로 옷을 착용했을 때 어깨선을 따라 평평하게 눕는 칼라 모양을 말한다.
- 소재의 두께와 유연성, 네크라인의 파임 정도를 다양하게 디자인할 수 있다.
- 목이 짧은 체형에 가장 잘 어울리는 칼라이다.
- 케이프 칼라, 피터 팬 칼라, 세일러 칼라 등이 있다.

12 보통 무릎 밑부분을 부풀려 벨트로 여미도록 된 반바지는?

① 슬림 팬츠

② 배기 팬츠

③ 워킹 쇼츠

④ 니커보커스

해설

④ 니커보커스 : 바지의 길이는 무릎 아래로 내려오고 보통 무릎 아랫부분을 부풀려 벨트나 밴드로 여미도록 된 바지이다.
① 슬림 팬츠 : 여유폭이 거의 없이 다리에 꼭 맞는 폭이 좁은 바지를 말한다.
② 배기 팬츠 : 전체적으로 폭이 넓고 넉넉한 바지이다.
③ 워킹 쇼츠 : 버뮤다 쇼츠와 비슷하게 무릎 정도까지 오는 길이의 바지로 폭이 넓어 걷거나 활동하기 편한 바지이다.

13 윗실 한 올만으로 만들어지는 땀으로써, 바깥면의 땀 모양은 본봉 땀의 모양과 같게 보이나, 뒷면은 윗실 루프가 서로 연속적으로 연결되어 있는 땀은?

① 주변감침봉 땀
② 편평봉 땀
③ 2중환봉 땀
④ 단환봉 땀

해설

단환봉 재봉기(chain stitch)
• 피봉제물의 한 면만에서 짜임실을 공급하여, 연쇄상의 짜임 결합을 구성하는 재봉 방식을 말한다.
• 재봉기의 발달사에서 최초로 나타난 재봉기이다.
• 회전속도가 빠르며 가는 재봉사를 사용할 수 있다.
• 봉사의 장력을 조절하기 쉽다.

14 마른 체형의 보정 방법 중 틀린 것은?

① 어깨 다트 분량을 줄인다.
② 뒷길의 목둘레선을 작게 한다.
③ 길의 진동둘레에 맞추어 소매산선을 조절한다.
④ 길의 웨이스트 다트에서 줄인 양만큼 스커트의 다트 분량을 늘린다.

해설

마른 체형 보정
• 어깨 다트 분량을 줄이고 뒷길의 목둘레선을 작게 한다.
• 길의 진동둘레에 맞추어 소매산선을 조절한다.
• 등, 가슴 부분에 여유가 있어 주름이 생기는 경우로, 원형의 모든 치수를 줄인다.

15 다음 그림을 활용한 디자인의 칼라는?

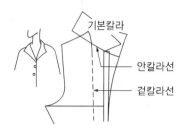

① 셔츠 칼라
② 케이프 칼라
③ 만다린 칼라
④ 컨버터블 칼라

해설

컨버터블 칼라
• 가장 위쪽에 있는 단추를 풀거나 채워서 입을 수 있는 칼라이다.
• 단추를 채웠을 경우에는 일반적인 셔츠 칼라처럼 보이고, 단추를 풀었을 경우에는 테일러드 칼라처럼 보인다.

16 기모노 소매가 매우 짧아진 형태로 길과 소매가 한 장으로 구성된 소매는?

① 돌먼 소매
② 프렌치 소매
③ 래글런 소매
④ 드롭 숄더 소매

해설

프렌치(french) 슬리브
• 소매길이가 어깨점에서 5~10cm 정도 연장된 슬리브로 기모노 슬리브(kimono sleeve)라고도 하며 소매 밑단 둘레가 비교적 넓어서 편안하게 착용할 수 있다.
• 길과 소매가 한 장으로 구성된 소매이며, 기모노 소매가 매우 짧아진 형태부터 팔꿈치까지 내려오는 길이 등 여러 가지의 형태가 있다.
• 일반적으로 길이가 짧은 것으로 가련하고 경쾌한 느낌을 주며 소매 밑에 무를 달아서 입기에 편하고 어깨에 해방감을 주는 슬리브이다.

17 스커트 원형 제도 시 가장 중요한 항목은?

① 허리둘레
② 밑위길이
③ 엉덩이길이
④ 엉덩이둘레

스커트 원형 제도

• 스커트 원형을 제도할 때 필요한 항목은 스커트 길이, 허리둘레, 엉덩이길이, 엉덩이둘레이다.
• 스커트 원형을 제도할 때 스커트 길이로 세로선을 그리고, $\dfrac{\text{엉덩이둘레}}{2}$ +2~3cm(여유분)의 값으로 가로선(기초선)을 그려준다.
• 엉덩이둘레를 이용하여 스커트 원형의 가로 기초선의 길이를 나타낼 수 있기 때문에 스커트 원형에서 엉덩이둘레 항목은 가장 중요한 항목이다.

18 의복 제도 부호 중 다음 부호의 의미는?

_____

① 완성선   ② 안단선
③ 안내선   ④ 꺾임선

제도 기호

완성선	————————————
안내선	——————————
안단선	— — — — — — —
골선	— — — — — — — — — —

19 의복 구성에 필요한 체형을 계측하는 방법 중 직접법의 특징이 아닌 것은?

① 계측자의 숙련이 요구된다.
② 표준화된 계측기가 필요 없다.
③ 계측을 위하여 넓은 장소와 환경 정리가 필요하다.
④ 장시간 계측으로 인해 흐트러진 자세에 의한 오차가 생기기 쉽다.

직접계측법

• 굴곡 있는 체표면의 실측길이를 얻을 수 있다.
• 표준화된 계측 기구가 필요하다.
• 계측이 장시간 걸리기 때문에 피계측자의 자세가 흐트러져 자세에 의한 오차가 생기기 쉽다.
• 피계측자에 직접계측기를 대어 계측하기 때문에 피계측자의 협력과 계측자의 숙련을 요구된다.
• 계측을 위하여 넓은 장소와 환경의 정리가 필요하다.
• 동일 조건으로 다시 계측했을 때 같은 치수가 나오기 어렵다.
• 직접계측법으로는 1차원적 측정법인 마틴식 계측법과 2차원적 측정법인 각도측정법, 슬라이딩 게이지법, 3차원적 측정법인 석고테이프법, 석고포대법, 퓨즈법 등이 있다.

20 재봉 방식에 따른 본봉 재봉기의 표시 기호에 해당하는 것은?

① C   ② F
③ E   ④ L

대분류는 재봉기의 재봉 방식에 따라 분류된다. 본봉(L), 단환봉(C), 이중환봉(D), 편평봉(F), 주변감침봉(E), 복합봉(M), 특수봉(S), 용착봉(W)이 있다.

21 스커트 구성 시 안감의 길이는 겉감보다 얼마나 짧아야 적당한가?

① 0.1~1cm

② 2~3cm

③ 5~6cm

④ 7cm

스커트 안감은 겉감과 같은 시접 분량을 넣지만 길이는 겉감의 시접보다 3cm 정도 짧게 하여 스커트 외부로 안감이 나와 보이지 않도록 한다.

22 소매 뒤에 주름이 생길 때의 보정 방법으로 가장 옳은 것은?

① 소매산을 높여 준다.

② 소매산을 내려 준다.

③ 소매산 중심을 앞소매 쪽으로 옮기고, 소매산 둘레의 곡선을 수정한다.

④ 소매산 중심을 뒷소매 쪽으로 옮기고, 소매산 둘레의 곡선을 수정한다.

소매 뒤에 소매산을 향해 주름이 생길 때 소매산 중심을 뒷소매 쪽으로 옮기고, 뒤쪽의 남는 부분을 앞으로 보내면서 소매산 둘레의 곡선을 수정한다.

23 상반신 반신체의 보정 방법 중 틀린 것은?

① 뒷다트 분량을 줄인다.

② 뒷판의 여유분을 접어서 주름을 없앤다.

③ 다트 분량을 줄인 만큼 뒷옆선에서 늘려 준다.

④ 앞길 옆선을 늘리고 그 분량만큼 앞허리 다트를 늘린다.

상반신 반신체 보정
• 앞중심에서 사선으로 절개선을 넣어 앞길이의 부족량을 늘려 준다.
• 뒷판의 여유분을 접어서 주름을 없앤다.
• 뒷다트 분량을 줄인다.
• 앞길 옆선을 늘리고 그 분량만큼 앞허리 다트를 늘린다.

24 너비, 두께 등의 측정에 사용하는 것으로, 신장계를 분리했을 때 최상부로서 지주와 두 개의 가로자로 구성되어 있는 인체측정 용구는?

① 줄자   ② 간상계

③ 인체각도계   ④ 피하지방계

① 줄자 : 띠 형태에 눈금이 있는 자로, 굴곡이 있는 인체의 치수를 잴 때 적합한 용구이다.
③ 인체각도계 : 인체의 경사각도를 측정하는 기구이다.
④ 피하지방계 : 피하지방을 포함한 피부 두께를 측정하는 기구이다.

25 원가 계산에서 제조원가에 해당되지 않는 것은?

① 인건비   ② 재료비

③ 제조경비   ④ 일반관리비

제조원가의 3가지 요소는 인건비, 재료비, 제조경비이다.

26 다음 중 제도에 필요한 약자의 설명이 틀린 것은?

① B.P(Bust Point)

② N.P(Neck Point)

③ S.L(Shoulder Line)

④ C.B.L(Center Back Line)

제도 약자
• S.L : 옆선(Side Line)
• B.P : 젖꼭짓점(Bust Point)
• N.P : 목옆점(Neck Point)
• C.B.L : 뒤중심선(Center Back Line)

27 각 부위의 기본 시접 중 칼라 시접 분량으로 가장 적합한 것은?

① 1cm

② 2cm

③ 3cm

④ 4cm

기본 시접 분량

1cm	목둘레, 칼라, 요크선, 앞단, 스커트·슬랙스 허리선, 앞중심선
1.5cm	진동둘레, 가름솔
2cm	어깨, 옆선
3~4cm	소맷단, 블라우스단, 파스너단
4~5cm	스커트·재킷의 단

28 심 퍼커링(seam puckering)이 발생하는 원인이 아닌 것은?

① 재봉실이 굵은 경우

② 재봉바늘이 가는 경우

③ 재봉기의 회전수가 높은 경우

④ 재봉실의 장력을 크게 할 경우

심 퍼커링(seam puckering)
• 심 퍼커링은 박음질을 할 때 봉제선이 매끄럽지 않고 원하지 않는 작은 주름이 생기는 것을 말한다.
• 재봉실이 굵은 경우, 재봉실의 장력이 너무 강할 경우, 재봉바늘이 너무 굵은 경우, 재봉기의 회전수가 높은 경우, 땀수가 많은 경우, 톱니와 노루발의 압력 차이 등으로 발생한다.

29 길 원형의 필요 치수 중 원형 제도 시 가장 기본이 되는 항목은?

① 등길이

② 목둘레

③ 어깨너비

④ 가슴둘레

길 원형 제도 시 기초선으로 필요한 치수는 등길이, 가슴둘레이다. 특히, 가슴둘레는 상반신에서 둘레의 최대치를 나타내는 위치이며 길 원형 제도 시 가장 중요한 기본 항목이다.

30 다음 중 스커트의 원형 제도에 필요한 치수가 아닌 것은?

① 허리둘레

② 밑위길이

③ 엉덩이길이

④ 엉덩이둘레

② 밑위길이는 슬랙스 제도 시 필요한 치수이다.
스커트 원형을 제도할 때 필요한 항목은 스커트 길이, 허리둘레, 엉덩이길이, 엉덩이둘레이다.

31 비닐론 섬유의 특성으로 틀린 것은?

① 형태 안정성이 나쁘다.

② 마모강도와 굴곡강도가 크다.

③ 염색성이 좋아 선명한 색상을 얻기 쉽다.

④ 탄성과 레질리언스가 나빠서 구김이 잘 생긴다.

비닐론 섬유의 특징

• 비닐론 섬유는 폴리비닐알코올계 섬유이다.

• 친수성이 크고 열 고정성이 낮아 형태 안정성이 좋지 않으므로 이지케어 섬유에 부적당하다.

• 합성섬유 중에서도 흡습성이 크고 보온성이 좋다.

• 습기가 있는 상태에서 고온으로 다림질하면 굳어지는 성질이 있으므로 주의한다.

• 마모강도와 굴곡강도가 크다.

• 탄성과 레질리언스가 나빠서 구김이 잘 생긴다.

• 염색성이 좋지 않다.

32 나일론 섬유의 특성이 아닌 것은?

① 레질리언스가 우수하다.

② 내마모성과 내굴곡성이 좋다.

③ 습윤상태에서는 신도가 증가한다.

④ 공정수분율이 0.4%로서 흡습성이 천연섬유에 비해 작다.

나일론은 폴리아마이드계 섬유로 공정수분율은 4.5%이다.

※ 공정수분율이 0.4%인 섬유는 폴리에스테르계 섬유이다.

33 케라틴이라는 단백질로 되어 있는 천연섬유는?

① 양모　　　　　② 견

③ 면　　　　　　④ 마

양모 섬유의 성질

• 섬유의 단면은 원형이고 겉비늘이 있다.

• 측면에는 비늘 모양의 스케일이 있어 방적성과 축융성이 좋다.

• 양털 섬유를 형성하는 단백질의 주성분은 케라틴이다.

• 섬유 중에서 초기 탄성률이 작으며 섬유 자체는 유연하고 부드럽다.

34 양모 대용으로 스웨터 등의 편성물 또는 모포에 많이 사용하는 섬유는?

① 아크릴　　　　② 나일론

③ 폴리에스터　　④ 아세테이트

아크릴 섬유의 특징

• 체적(부피)감이 있고 보온성이 우수하다.

• 워시 앤드 웨어(wash and wear)성이 좋고 따뜻하며 촉감이 부드럽다.

• 양모 대용으로 스웨터, 겨울 내의 등의 편성물 또는 모포에 많이 사용한다.

• 모든 섬유 중에서 내일광성이 가장 좋다.

• 내열, 내균, 내약품성이 좋지만 흡습성이 좋지 않아서 정전기가 발생한다.

• 산과 알칼리 약품에 강하고 표백제나 세탁제에도 안정하다.

• 산성염료, 분산염료로 염색이 가능하지만 카티온 염료로 염색하면 합성섬유 중 가장 선명한 색으로 염색할 수 있다.

35 실의 꼬임에 대한 설명 중 틀린 것은?

① 꼬임이 많아지면 실의 광택은 증가한다.

② 꼬임이 적으면 실은 부드럽고 부푼 실이 된다.

③ 꼬임수가 많아짐에 따라 실은 딱딱하고 까슬까슬해진다.

④ 어느 한계 이상 꼬임이 많아지면 실의 강도는 감소한다.

해설

실의 꼬임
- 실의 꼬임 방향에 따라 좌연사(Z꼬임)와 우연사(S꼬임)로 나누고 꼬임의 정도에 따라 강연사, 약연사로 구분한다.
- 실에 적당한 꼬임을 주면 섬유 간의 마찰이 커져서 실의 강도가 향상되지만 어느 한계 이상 꼬임이 많아지면 실의 강도는 오히려 감소한다.
- 꼬임수가 증가하면 실의 광택이 줄어들며 딱딱하고 까슬까슬해진다.
- 꼬임이 적으면 부드럽고 부푼 실이 된다.
- 꼬임수가 적은 것은 위사로, 꼬임수가 많은 것은 경사로 사용한다.

36 견 섬유 관리 시 주의해야 할 사항으로 틀린 것은?

① 낮은 온도에서 다림질한다.

② 세탁에는 연수를 사용한다.

③ 건조 시 직사광선을 피한다.

④ 표백할 때에는 염소계 표백제를 사용한다.

해설

견 섬유를 표백할 때는 산소계 표백제를 사용한다.

37 다음 중 정전기가 가장 많이 발생하는 섬유는?

① 아크릴

② 양모

③ 견

④ 면

해설

합성섬유는 정전기 발생이 쉽고, 흡습성이 작아서 내의로 적합하지 않다.

38 다음 중 내일광성이 가장 좋은 섬유는?

① 나일론

② 아세테이트

③ 아크릴

④ 폴리에스터

해설

내일광성
- 섬유가 오랜 시간 일광(햇빛), 바람, 눈, 비 등 자연환경에 노출될 경우 강도가 점점 떨어지게 되는데, 이것을 섬유의 노화라고 한다. 그중 일광(햇빛)에 노출하였을 때 견디는 섬유의 강도를 내일광성이라고 한다.
- 일광에 가장 약한 섬유는 견, 나일론이고 가장 강한 섬유는 아크릴이다.

39 현미경으로 관찰하면 측면 방향으로 곳곳에 마디가 잘 발달된 섬유는?

① 양모
② 면
③ 아마
④ 나일론

아마 섬유는 측면에 길이 방향의 줄무늬가 있고, 줄무늬를 가로지르는 대나무 모양의 마디가 곳곳에 잘 발달되어 있다. 단면은 다각형 모양이고 면과 같은 중공이 있지만 면보다는 작다.

40 구리암모늄 레이온 제조에 사용하는 방사원액은?

① 질산
② 알코올
③ 물, 질산의 혼합용액
④ 황산구리, 암모니아, 수산화나트륨의 혼합용액

구리암모늄 레이온
• 단사 섬도가 대단히 가늘다.
• 습윤 시의 강력, 굴곡강력, 마찰강력이 비스코스 레이온보다 크다.
• 온화한 광택을 가지고 있으며, 비중은 1.50이다.
• 구리암모늄 레이온 제조 시 방사원액은 황산구리, 암모니아, 수산화나트륨의 혼합용액을 사용한다.

41 색채의 감정으로 코발트 블루(cobalt blue)에 대한 설명으로 옳은 것은?

① 하늘과 바다처럼 고요하고 조용한 색이다.
② 청색 중에서도 가장 젊고 화려한 색이다.
③ 침착하고 냉정하며 고독한 느낌을 주는 색이다.
④ 우울하고 쓸쓸한 느낌을 주는 색이다.

블루 계열 색채와 감정
• 세룰리안 블루(cerulean blue)는 청색 중에서 젊고 매우 화려하면서도 침착한 느낌을 주는 색이다.
• 코발트 블루는 세룰리안 블루보다 더 침착하고 냉정하며 고독한 느낌을 준다.
• 울트라 마린(군청색)은 우울하고 쓸쓸한 느낌을 준다.
• 네이비 블루는 의복에서 가장 많이 이용되는 색으로 교복, 유니폼 등에 자주 쓰이며 나이와 성별에 관계없이 잘 어울리는 색이다.
• 라이트 블루는 밝고 가벼우며 시원한 느낌을 주기 때문에 여름철에 많이 사용하며, 흰 피부의 사람에게 잘 어울린다.

42 물리적 자극의 변화가 있어도 지각되는 색이 비교적 동일하게 유지되는 요인으로 옳은 것은?

① 항상성
② 유목성
③ 중량감
④ 온도감

색의 항상성
• 배경색과 조명의 자극이 변해도 어떤 물체의 색이 변해 보이지 않고 그대로 인지되는 것을 말한다.
• 백열등과 태양광선 아래서 측정한 사과 빛의 스펙트럼 특성이 달라져도 사과의 빨간색은 달리 지각되지 않는 현상이다.

43 색의 속성에 대한 설명 중 틀린 것은?

① 어떠한 색상의 순색에 무채색의 포함량이 많을수록 채도가 높아진다.
② 색의 3속성을 3차원의 공간 속에 계통적으로 배열한 것을 색입체라고 한다.
③ 무채색은 시감 반사율이 높고 낮음에 따라 명도가 달라진다.
④ 보색인 두 색을 혼합하면 무채색이 된다.

해설
순색일수록 채도가 높고 색이 섞여 있을수록 채도가 낮다.

44 약동, 활력, 만족감의 상징인 색은?

① 회색　　　　　② 주황
③ 녹색　　　　　④ 빨강

해설
일반적인 색채 상징

색상	긍정적 상징	부정적 상징
빨강	열정, 생명, 활력, 행운, 길복, 사랑	전쟁, 혁명, 비속, 죄악, 위험, 금지
주황	즐거움, 풍요, 만족감, 활력, 보호, 편안함	쇠퇴, 쓸쓸, 황혼, 고립
초록	자연, 휴식, 안전, 보호, 젊음	독, 무료함, 단조로움, 의심
회색	은은한, 평온, 금욕적, 모던한, 하이테크	노년, 불안, 적막

45 리듬의 종류 중 한 점을 중심으로 각 방향으로 뻗어 나가는 것으로서 생동감이나 운동감을 주기 때문에 강한 시선을 집중시키는 효과가 있는 것은?

① 반복 리듬　　　　② 점진적 리듬
③ 방사상 리듬　　　④ 교체 리듬

해설
리듬의 종류
• 단순 반복 리듬 : 규칙적으로 반복되는 단순한 리듬으로 차분하고 안정감을 준다.
• 교차 반복 리듬 : 굵기가 다른 선의 교차, 반복 등으로 부드러운 리듬을 준다.
• 점진적인 리듬 : 반복되는 단위가 점점 커지거나 작아지는 경우이다.
• 연속 리듬 : 반복되는 단위가 한쪽 방향으로만 되풀이되는 것을 말한다.
• 방사상 리듬 : 한 점을 중심으로 각 방향으로 뻗어 나가는 것으로, 생동감이나 운동감으로 강한 시선을 집중시키는 효과가 있다.

46 청록을 빨강 바탕 위에 놓았을 때 두 색은 서로 영향을 받아 본래의 색보다 채도가 높아지고 선명해지며 서로의 색을 강하게 드러내 보이는 현상과 관련한 대비는?

① 보색 대비　　　　② 계시 대비
③ 채도 대비　　　　④ 명도 대비

해설
보색 대비 : 보색 관계인 두 색을 옆에 놓으면 각각의 채도가 더 높게 보이고, 어떤 무채색 옆에 유채색을 놓으면 무채색은 그 유채색의 보색인 유채색 기미가 보인다.

47 다음 중 색채의 중량감을 좌우하는 것은?

① 색입체　　　　② 색상

③ 채도　　　　　④ 명도

해설
색의 중량감
- 색에 따라 무겁거나 가볍게 느껴지는 감정이다.
- 색의 중량감은 명도의 영향을 많이 받는다.
- 높은 명도의 색은 가볍게, 낮은 명도의 색은 무겁게 느껴진다.

48 고상함, 외로움, 슬픔, 예술감, 신앙심을 자아내며 우아한 색으로 흰 피부에 잘 어울리는 색은?

① 빨강　　　　　② 보라

③ 회색　　　　　④ 청색

해설
보라색은 신비, 고독, 조용, 고상함, 외로움, 슬픔 등을 연상하게 하는 색상이다. 중성색으로 예술감, 신앙심을 자아내며 우아한 색으로 흰 피부에 잘 어울린다.

49 다음 중 중간 혼합과 관계가 없는 것은?

① 평균 혼합　　　② 병치 혼합

③ 감산 혼합　　　④ 회전 혼합

해설
중간 혼합(중간 혼색, 평균 혼합)
- 두 색 또는 그 이상의 색이 섞여 중간의 밝기(명도)를 나타내는 원리이다.
- 색을 혼합하기보다 여러 가지 색을 인접하여 배치할 때 조합 색의 평균값으로 보인다.
- 병치 혼색과 회전 혼색이 있다.

50 색상환에서 약 30° 떨어져 있는 색상끼리의 배색은?

① 인접색상 배색

② 동일색상 배색

③ 보색 배색

④ 삼각 배색

해설
인접색상 배색
- 색상환에서 약 30° 떨어져 있는 유사한 색상끼리의 배색을 말한다.
- 색상을 기준으로 한 배색 중 색상차가 가장 낮은 배색 방법이다.
- 인접색의 배색은 차분하고 안정된 효과를 준다.
- 유사한 색상의 배색은 온화한 감정을 준다.

51 의복의 위생적인 성능에만 해당하는 것은?

① 내마모성, 함기성

② 흡습성, 통기성

③ 보온성, 내열성

④ 흡수성, 드레이프성

해설
의복의 성능
- 위생적 성능 : 투습성, 흡수성, 통기성, 열전도성, 보온성, 함기성, 대전성 등
- 감각적 성능 : 촉감, 축융, 기모, 광택, 필링성 등
- 실용적 성능 : 강도, 신도, 내열성 등
- 관리적 성능 : 형태 안정성, 방충성, 방추성 등

52 경사와 위사에 대한 설명 중 틀린 것은?

① 직물은 경사와 위사가 직각으로 교차된 피륙이다.

② 경사가 위사보다 꼬임이 많아 경사 방향이 위사 방향보다 강직하다.

③ 위사가 경사에 비해 약하지만 신축성은 크다.

④ 위사가 경사에 비해 꼬임이 많아 약하다.

해설

위사 방향

• 원단이 감긴 롤러를 세웠을 때 수직 높이 방향으로 위사 방향의 길이는 롤러의 높이 부분이다.

• 위사가 경사에 비해 약하지만 신축성은 더 크다.

• 장식이나 특별한 기능사는 보통 위사에 있다.

53 자카드 직기를 이용하여 제직된 직물이 아닌 것은?

① 브로케이드　　② 다마스크

③ 태피스트리　　④ 진

해설

④ 진은 능직으로 짜여진 직물이다.

문직물

• 직물에 무늬를 넣을 때 기본 조직의 교차법에 변화를 주어 무늬가 생기도록 하는 직물로 도비 직물과 자카드 직물이 있다.

• 도비 직물은 도비 직기를 이용하여 무늬를 놓은 직물을 말하고 자카드 직물은 자카드 직기를 고안한 프랑스 발명가 조셉 마리 자카드의 이름에서 유래한 것이다.

• 도비 직물의 종류에는 버즈아이, 베드퍼드코드, 도티드스위스, 피케, 허니콤 등이 있고, 자카드 직물에는 브로케이드, 다마스크, 태피스트리 등이 있다.

54 여름철 의복으로 입기에 가장 적합한 조직과 직물은?

① 변화평직 - 서지

② 평직 - 모시

③ 능직 - 개버딘

④ 주자직 - 데님

해설

저마 섬유는 마 섬유 중 단섬유의 길이가 가장 길고 순수한 셀룰로스로 되어 있다. 일명 모시라고도 하며, 오래전부터 한복감으로 많이 사용했다.

55 다음 중 주자직에 해당하는 직물은?

① 목공단　　② 광목

③ 개버딘　　④ 데님

해설

직물의 종류

• 평직물 : 광목, 옥양목, 포플린, 명주, 모시, 머슬린 등

• 능직물 : 트윌, 서지, 개버딘, 진, 데님, 치노, 헤링본 등

• 수자직(주자직)으로 만든 직물 : 목공단, 새틴, 도스킨, 베니션 등

56 다음 중 면 섬유의 염색에 적합하지 않은 염료는?

① 직접염료　　② 분산염료

③ 반응성염료　　④ 배트염료

해설

직접, 배트, 반응성, 황화염료는 셀룰로스 섬유에 염착이 잘된다. 분산염료는 합성섬유에 많이 사용하는 염료이다.

57 셀룰로스 직물의 수축을 방지하는 가공은?

① 런던슈렁크 가공

② 샌퍼라이징 가공

③ 방추 가공

④ 캘린더 가공

해설

샌퍼라이징(sanforizing) 가공
- 세탁 시 직물의 수축을 방지하기 위해 미리 수축시키거나 수축되지 않도록 하는 방축 가공에 해당한다.
- 면, 마, 레이온 등의 셀룰로스 직물을 미리 강제 수축시켜 수축을 방지하는 가공이다.

58 다음 중 방충제가 아닌 것은?

① 나프탈렌

② 장뇌

③ 실리카겔

④ 파라다이클로로벤젠

해설

③ 실리카겔은 대표적인 방습제이다.
방충제로 파라다이클로로벤젠, 나프탈렌, 장뇌 등이 있다.

59 면직물을 머서화 가공을 했을 때 증가하는 성질이 아닌 것은?

① 흡습성

② 염색성

③ 신도

④ 강도

해설

머서화 가공(실켓 가공) : 면직물을 진한 수산화나트륨 용액으로 처리하는 가공으로 광택, 염색성, 흡습성, 강도 등이 증가된다.

60 다음 중 환원표백제가 아닌 것은?

① 아염소산나트륨

② 하이드로설파이트

③ 아황산

④ 아황산수소나트륨

해설

표백

방법	표백제		섬유
산화표백	산소계 (과산화물)	• 과산화수소 • 과탄산나트륨 • 과산화나트륨 • 과붕산나트륨	• 양모 • 견 • 셀룰로스계 섬유
	염소계	• 표백분 • 아염소산나트륨 • 차아염소산나트륨	• 셀룰로스계 섬유 • 나일론 • 폴리에스터 • 아크릴계 섬유
환원표백	• 아황산수소나트륨 • 아황산 • 하이드로설파이트		양모

01 다음 그림에 나타난 패턴 네크라인 종류는?

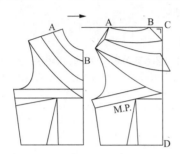

① 하이 네크라인(high neckline)
② 라운드 네크라인(round neckline)
③ 카울 네크라인(cowl neckline)
④ 스퀘어 네크라인(square neckline)

해설

카울 네크라인 : 카울은 중세 수도승들이 착용하던 모자가 달린 망토인데, 이 망토가 늘어지며 생기는 자연스러운 주름을 '드레이프가 생긴다'고 표현한다. 이러한 형태에서 유래해, 유사한 주름이나 실루엣을 가진 소매를 말한다.

02 다음 중 길 원형의 프린세스 라인 구성이 아닌 것은?

① 숄더 다트와 웨이스트 다트
② 암홀 다트와 웨이스트 다트
③ 숄더 포인트 다트와 웨이스트 다트
④ 언더 암 다트와 웨이스트 다트

해설

프린세스 라인(princess line)
• 어깨에서 B.P를 통과하는 선이다.
• 암홀 다트를 연결하는 선이다.
• 스퀘어 라인으로 이루어진 선이다.
• 어깨의 숄더 다트와 웨이스트 다트를 연결하는 선으로 이루어지는 것을 말한다.

프린세스 라인은 암홀에서부터 B.P를 지나 웨이스트 다트까지 연결될 수 있다.	프린세스 라인은 어깨에서부터 B.P를 지나 웨이스트 다트까지 연결될 수 있다.

03 재단할 때의 주의사항으로 옳은 것은?

① 한 겹 옷일 경우에는 안단을 따로 재단한다.
② 안단의 시접은 칼라의 형태에 관계없이 모두 같게 잡는다.
③ 바이어스 테이프를 장식으로 댈 때에는 시접을 반드시 넣는다.
④ 무늬 있는 옷감은 위의 한 장을 자른 후에 아래의 무늬를 확인하면서 자른다.

해설

① 한 겹 옷일 경우에는 안단을 붙여서 재단한다.
② 안단의 시접은 칼라형에 따라 다르게 잡는다.
③ 바이어스 테이프를 장식으로 댈 때는 시접을 넣지 않는다.

04 원형 제도 방법 중 장촌식 제도법에 해당되는 것은?

① 인체의 각 부위를 세밀하게 계측한다.
② 체형 특징에 잘 맞는 원형을 얻을 수 있다.
③ 인체 부위 중 가장 대표적인 부위만 측정한다.
④ 계측이 서툰 초보자에게는 바람직하지 못하다.

해설
장촌식 제도법(흉도식, 문화식)
• 기준이 되는 큰 치수 중 몇 항목만을 사용하여 그 치수를 등분하거나 고정 치수를 사용한다.
• 인체 부위 중 가장 대표적인 부위(가슴둘레, 등길이, 어깨너비)만 측정한다.
• 주로 가슴둘레의 치수를 기준으로 그 밖의 치수를 산출하여 제도하는 방법이다.

05 심지의 종류 중 여러 종류의 섬유를 얇게 펴서 접착제를 사용하여 접착시킨 심지로, 가볍고 올이 풀리지 않으며 올의 방향이 없어 사용하기에 간편한 심지는?

① 마심지
② 면심지
③ 모심지
④ 부직포

해설
부직포 심지
• 여러 종류의 섬유를 얇게 펴서 접착제를 사용하여 섬유와 섬유를 얽히게 하여 고정시킨 심지이다.
• 올이 풀리지 않으며 올의 방향이 없어 사용하기에 간편한 심지이다.
• 가볍고 값이 저렴하다.
• 탄력성과 구김 회복성이 우수하다.
• 절단된 가장자리가 잘 풀리지 않는다.

06 체형과 관련된 설명 중 틀린 것은?

① 앞으로 굽은 체형 – 등이 굽어진 체형으로 앞품이 부족하기 쉽다.
② 어깨가 솟은 체형 – 어깨의 경사로 인해 암홀의 길이가 변화한다.
③ 배가 나온 체형 – 스커트의 경우 밑단을 충분히 주어야 들리지 않는다.
④ 목이 굽은 체형 – 앞뒤의 목둘레가 변화한다.

해설
앞으로 굽은 체형은 등이 굽어진 체형으로 앞이 남고 뒤고 부족하기 쉽기 때문에 앞길이를 줄이고 뒤길이를 부족분만큼 절개하여 벌려 준다.

07 다음 각 용어의 설명 중 옳은 것은?

① 의상 – 속옷과 겉옷의 총칭
② 복장 – 의복을 입어서 나타나는 전체적인 모습
③ 의복 – 모자와 신발을 포함하여 인체의 각 부를 덮는 것
④ 피복 – 모자와 신발을 제외한 인체의 각 부를 덮는 것

해설
① 의상은 일반적으로 입고 활동하는 옷이 아닌 특별한 목적을 가지고 만들어 입는 옷으로 무대의상, 신부의 웨딩드레스 등이 있다.
③ 의복은 모자와 신발, 양말 등을 제외하고 몸 위에 걸치는 천이나 가죽으로 만든 옷을 의미한다.
④ 피복은 모자와 신발을 포함하여 인체의 각 부를 덮고 있는 모든 것을 말한다.

08 본봉 재봉기 다음으로 많이 이용되며, 바늘실과 루퍼실의 두 가닥의 재봉실이 천 밑에서 고리를 형성하는 재봉기는?

① 인터로크 재봉기
② 이중환봉 재봉기
③ 오버로크 재봉기
④ 단환봉 재봉기

해설

안전봉(interlock)
• 인터로크라고 하며, 두 가지의 각각 다른 스티치 형태가 동시에 이루어지는 복합봉으로 천의 가장자리 정리 및 박음이 이루어지는 재봉 방식이다.
• 편성물, 내복, 블라우스, 티셔츠, 와이셔츠 등에 사용된다.

09 공업용 재봉기의 대분류에서 표시기호가 틀린 것은?

① 본봉 - L
② 복합봉 - S
③ 단환봉 - C
④ 이중환봉 - D

해설

대분류는 재봉기의 재봉 방식에 따라 분류된다. 본봉(L), 단환봉(C), 이중환봉(D), 편평봉(F), 주변감침봉(E), 복합봉(M), 특수봉(S), 용착봉(W)이 있다.

10 주름 잡는 위치에 따라 종류가 달라지며, 주름 잡는 모양에 따라 슬리브 모양과 어깨 모양이 달라지는 슬리브는?

① 퍼프 슬리브(puff sleeve)
② 비숍 슬리브(bishop sleeve)
③ 케이프 슬리브(cape sleeve)
④ 타이트 슬리브(tight sleeve)

해설

② 비숍(bishop) 슬리브 : 소맷부리에 개더를 잡아 부풀린 형태의 소매 모양의 슬리브이다.
③ 케이프(cape) 슬리브 : 케이프는 소매가 없는 형태로 된 방한의류를 말한다. 케이프 슬리브는 넉넉한 옷감을 늘어뜨려서 케이프를 덮은 듯한 느낌을 주는 헐렁한 소매이다.
④ 타이트(tight) 슬리브 : 소매에 여유분이 거의 없이 팔에 꼭 맞으며 품이 작고 홀쭉한 형태의 소매이다. 피티드 슬리브(fitted sleeve)라고도 한다.

11 옷감과 패턴의 배치에 대한 설명으로 옳은 것은?

① 무늬가 있는 옷감은 왼쪽과 오른쪽을 다른 무늬로 배치한다.
② 짧은 털이 있는 옷감은 털의 결 방향을 아래로 배치한다.
③ 옷감의 표면이 밖으로 되게 반을 접어 패턴을 배치한다.
④ 패턴은 큰 것부터 배치하고 작은 것은 큰 것 사이에 배치한다.

해설

① 패턴에 결 방향을 표시해 놓고 패턴의 종선 방향을 옷감의 종선에 맞추어 배치한다.
② 짧은 털이 있는 옷감은 털의 결 방향을 위로 배치한다.
③ 옷감의 표면이 안으로 들어가게 반을 접어 패턴을 배치한다.

12 다음 중 패턴에 표시하지 않아도 되는 것은?

① 중심선 ② 안단선

③ 단추의 모양 ④ 포켓 다는 위치

옷본 표시 항목 : 완성선, 중심선, 안단선, 다트 위치, 단춧구멍 위치, 가위집(노치), 식서 방향, 주머니 위치 등

13 다트 머니퓰레이션(dart manipulation)의 정의로 옳은 것은?

① 다트의 위치를 이동시켜 새로운 원형을 만드는 과정

② 활동에 불편이 없도록 원형을 변화시키는 작업

③ 이상체형의 변화를 원형에서 수정하는 작업

④ 길 원형의 다트를 생략하는 과정

길 원형 활용(다트 머니퓰레이션, dart manipulation)
• 다트를 활용하는 기본 방법이다.
• 기본 다트를 디자인에 따라 다른 위치로 이동하거나 다른 형태로 만들어 주는 것이다.
• 다트 위치를 이동시켜 새로운 원형(패턴)을 만드는 과정이다.
• 다트는 평면의 재료를 인체에 맞춰 입체화시키는 기능적인 역할을 하며, 장식적인 효과도 겸할 수 있다.

14 각 부위의 기본 시접 분량 중 가장 적합하지 않은 것은?

① 목둘레 - 1cm ② 옆선 - 2cm

③ 어깨선 - 2cm ④ 소맷단 - 5cm

④ 소맷단 : 3~4cm

15 다음 중 다림질 온도가 가장 높은 섬유는?

① 면 ② 양모

③ 아마 ④ 폴리에스터

다림질 온도 : 아마 > 무명 > 모 > 견 > 나일론

16 겨드랑이 부분이 끼며 품이 좁을 때의 보정 방법으로 가장 적합한 것은?

① 앞뒷길의 옆선에서 품을 넓혀 준다.

② 앞뒷길의 어깨끝점 부분을 올려 준다.

③ 앞뒷길의 어깨끝점 부분을 내려 준다.

④ 진동둘레가 넓어지지 않도록 겨드랑이 부분을 올려 준다.

진동둘레가 작은 경우
• 진동둘레의 밑부분을 내려 주고, 옆선 쪽으로도 내주어 진동둘레를 넓혀 준다.
• 진동 밑부분을 파 주고 소매도 같은 분량만큼 진동둘레를 낮추어 수정한다.

17 솔기 가장자리를 장식하는 것으로 바이어스보다 선을 가늘게 나타낸 것은?

① 셔링　　　　② 스모킹
③ 파이핑　　　　④ 개더링

해설

파이핑(piping)
- 솔기 가장자리를 장식하는 것으로 바이어스보다 선을 가늘게 나타낸 것을 말한다.
- 천의 한쪽에 바이어스 테이프를 대고 천 모서리를 감싸서 꿰매어 풀리지 않도록 하는 것이다.
- 스커트, 코트, 포켓 등의 단이나 장식용이나 솔기를 마무리 할 때 주로 사용한다.
- 칼라의 가장자리나 옷감과 옷감 사이의 솔기선에 배색이 좋은 가죽이나 다른 천을 가늘게 끼워 넣어서 장식하는 것도 파이핑이라고 한다.

18 옷감의 손질 방법으로 옳은 것은?

① 옷감을 침수시킬 때는 되도록 많이 접어서 담근다.
② 확실한 내용의 표시가 없는 것은 섬유의 감별법에 의한다.
③ 다림질 온도를 섬유의 종류에 맞추어 가로 방향으로만 다린다.
④ 수지 가공에서 방축, 방추, 방수 가공이 되어 있는 옷감은 다림질로 다려 구김살을 펴지 않아도 된다.

해설

옷감의 손질
- 다림질은 섬유의 종류에 알맞은 온도로 하여 올의 방향으로 다림질하여 정리한다.
- 옷감을 물에 담글 때는 병풍을 접는 것과 같이 접어 담근다.
- 확실한 내용의 표시가 없는 것은 섬유의 감별법에 의한다.

19 다음 그림과 같이 진동둘레에 사선의 군주름이 생길 경우 보정 방법으로 옳은 것은?

① 목둘레선을 높여 앞뒤판을 맞춘다.
② 어깨선을 군주름 분량만큼 시침 보정하여 내려 주고 어깨 처짐 만큼 진동둘레 밑부분도 내려 준다.
③ 어깨선을 올려서 보정하고 진동둘레 밑부분도 올려 준다.
④ 목둘레가 좁은 경우이므로 목둘레선을 파 준다.

해설

처진 어깨의 체형은 가슴 다트 위의 진동둘레 부위와 뒷어깨 밑에 군주름이 생긴다. 어깨솔기를 터서 군주름 분량만큼 시침 보정하여 어깨를 내려 주고 어깨 처짐만큼 진동둘레 밑부분도 내려 수정한다.

20 의복 제작 시 본봉으로 들어가기 전 가봉할 때의 주의사항 중 틀린 것은?

① 바느질 방법은 손바느질의 상침시침으로 한다.
② 실은 면사로 하되 얇은 감은 한 올로, 두꺼운 감은 두 올로 한다.
③ 바늘은 옷감에 직각으로 꽂아 옷감이 울지 않게 하고 실이 늘어지지 않게 한다.
④ 바이어스 감과 직선으로 재단된 옷감을 붙일 때는 바이어스 감을 아래로 위치한 후 바느질한다.

해설

④ 바이어스감과 직선으로 재단된 옷감을 붙일 때는 바이어스감을 위에 겹쳐 놓고 바느질한다.

21 제도에 사용하는 약자 중 C.B.L의 의미는?

① 앞중심선

② 뒤중심선

③ 가슴둘레선

④ 허리둘레선

제도 약자
• 앞중심선 : C.F.L(Center Front Line)
• 뒤중심선 : C.B.L(Center Back Line)
• 가슴둘레선 : B.L(Bust Line)
• 허리선 : W.L(Waist Line)

23 제도에 필요한 부호 중 '오그림'에 해당하는 것은?

① ⌒ ② ⌒

③ ～～ ④ ～～～

제도 기호

줄임	⌒	등분	⌒⌒
늘림	⌒	오그림	～～

22 봉제할 때 옷감에 적합한 재봉실을 선택하는 방법으로 옳은 것은?

① 실의 굵기 표시방법은 번수만 사용한다.

② 재봉사는 옷감과 같은 재질을 선택한다.

③ 혼방직물일 때 혼용률이 낮은 재료를 선택한다.

④ 수지 가공의 옷감에는 방축 가공된 재봉사는 피한다.

옷감과 바늘, 실의 관계
• 실이 옷감에 비해 약할 경우 봉제한 부분이 견고하지 못하여 여기저기 터지는 현상이 발생한다.
• 본봉 재봉틀로 두껍고 딱딱한 천을 박아줄 때는 노루발 압력을 강하게 한다.
• 재봉 시 재봉바늘에 발생하는 열은 재봉기의 회전속도, 재봉바늘의 굵기, 천의 두께와 관련이 있다.
• 의복 봉제 시 평면적인 옷감을 입체화시키기 위해서 다트로 박아 처리한다.
• 샌퍼라이징 가공된 옷감에 사용되는 실을 선택할 때는 방축 가공된 실을 사용한다.
• 봉제 시 실을 선택할 때는 옷감과 같은 재질을 선택하는 것이 좋다.

24 스커트 길이의 명칭 중 원형의 무릎선 정도의 위치는?

① 마이크로(micro)

② 미디(midi)

③ 내추럴(natural) 라인

④ 맥시(maxi)

스커트 길이에 따른 분류
• 마이크로미니 : 초미니스커트라고도 불리며 가장 짧은 길이의 스커트이다.
• 미니 : 무릎 위까지 오는 길이의 스커트이다.
• 내추럴 : 길이가 무릎 정도 되는 기본형 스커트에 해당한다.
• 미디 : 미디렝스(midi length)의 약어로 스커트 길이가 무릎선에서 밑으로 13~17cm 정도 내려와, 스커트 자락이 무릎에서 발목 사이의 중간 정도 오는 길이의 스커트이다.
• 맥시 : 길이가 발목까지 내려오는 긴 스커트이다.
• 풀렝스(롱) : 발목을 가릴 정도로 길게 내려오는 스커트이다.

25 의복 종류에 따른 제도 시 길 원형에 사용하는 약자가 아닌 것은?

① W.L
② B.L
③ H.L
④ C.L

해설
길 원형 제도는 몸판 제도를 말하는데, H.L(Hip Line)은 엉덩이둘레선을 의미하는 약자로 슬랙스나 스커트 제도에 사용된다.

26 다음 의복제도 부호의 의미는?

- - - - - - - - - - - - - - - - - - - -

① 꺾임선
② 완성선
③ 안단선
④ 골선

해설
제도 기호

완성선	———————————
안내선	———————————
안단선	— — — — — —
골선	— - — - — - — - — - — -

27 플레어 스커트 중 45° 각도를 이루는 두 개의 선을 먼저 긋고, 그 선에 맞추어 스커트의 절개선을 벌려 주는 것은?

① 벨 플레어 스커트
② 서큘러 플레어 스커트
③ 요크를 댄 플레어 스커트
④ 세미 서큘러 플레어 스커트

해설
세미 서큘러 플레어 스커트
• 세미 서큘러 플레어 스커트는 360°로 펼쳐지는 플레어 스커트의 일종으로, 플레어의 분량이 조금 적은 스커트를 말한다. 예를 들어 180°, 270°는 세미 서큘러(semi circular)인데, 이와 비슷하게 치마폭이 플레어보다는 조금 적게 펼쳐지는 스커트를 말한다.
• 먼저 플레어의 각도를 정하고 절개선을 끝까지 나누어 기본 다트를 자르고 각도에 맞게 허리둘레선을 정하고 밑단을 정리한다.
※ 180° 플레어 스커트는 45° 각도를 이루는 두 개의 선을 먼저 긋고, 그 선에 맞추어 스커트의 절개선을 벌려 주는 스커트 형태이다.

28 연단 방법 중 옷감이 감긴 롤러를 돌려가면서 연단해야 하기 때문에 인력 소모가 가장 큰 것은?

① 표면대향 연단
② 무방향 연단
③ 양방향 연단
④ 한 방향 연단

해설
표면대향 연단
• 소재의 결이나 문양을 같은 방향으로 재단해야 할 때 사용한다.
• 소재가 감긴 롤러를 돌려가며 연단해야 하므로 인력 소모가 가장 크다.
• 마커의 효율성은 일방향 연단보다 크지만 양방향 연단보다 작다.
• 겉면끼리 서로 마주 보면 재단 시 밀림 현상이 발생하지 않아 기모 원단에 사용한다.

29 원가 계산방법 중 총원가에 해당하는 것은?

① 제조원가 + 판매간접비 + 일반관리비

② 재료비 + 인건비 + 제조경비

③ 판매가 – 총원가

④ 총원가 + 이익

해설

원가 계산법

직접원가	직접재료비 + 직접노무비 + 직접경비
제조원가	직접원가 + 제조간접비
	재료비 + 인건비 + 제조경비
총원가	제조원가 + 판매간접비 + 일반관리비
이익	판매가 – 총원가

30 상반신에서 둘레의 최대치를 나타내는 위치는?

① 목둘레선

② 진동둘레선

③ 가슴둘레선

④ 허리둘레선

해설

가슴둘레는 상반신에서 둘레의 최대치를 나타내는 위치이며 길원형 제도 시 가장 중요한 기본 항목이다.

31 실의 굵기에 대한 설명으로 틀린 것은?

① 항중식 번수는 일정한 무게의 실의 길이로 표시하는 것이다.

② 데니어는 견, 레이온, 합성섬유 등의 실의 굵기를 표시하는 데 사용된다.

③ 데니어는 실 1km의 무게를 g수로 표시한 것이다.

④ 소모번수는 1파운드의 소모사의 길이를 560야드 길이 단위로 나타내는 것으로 항중식 번수이다.

해설

1데니어(denier)는 실 9,000m의 무게를 1g으로, 1데니어(1D)로 표시한다. 무게가 2g이면 2 denier이다.

32 폴리에스터 섬유의 연소시험 결과 나타나는 현상이 아닌 것은?

① 검은 재가 남는다.

② 달콤한 냄새가 난다.

③ 불꽃에 접근시키면 녹는다.

④ 천천히 타며 저절로 꺼진다.

해설

폴리에스터 섬유의 연소
- 급격한 속도로 타면서 녹아내린다.
- 설탕 타는 냄새가 난다.
- 재로 검게 굳은 덩어리가 남는다.

33 다음 중 습윤상태에서 강도가 증가하는 섬유는?

① 견   ② 면
③ 나일론   ④ 폴리에스터

해설

면 섬유는 습윤하면 강도가 가장 많이 증가한다. 산에는 약하나 알칼리에 강해서 합성세제에 비교적 안전하다.

34 섬유가 외부 힘의 작용으로 변형 받았다가 그 힘이 사라졌을 때 원상으로 되돌아가는 능력에 해당하는 것은?

① 탄성   ② 강도
③ 방적성   ④ 레질리언스

해설

① 탄성 : 섬유가 외력에 의해서 늘어났다가 외력이 사라졌을 때 본래의 길이로 돌아가려는 성질을 말한다. 탄성은 주로 섬유의 '길이'에 중점을 둔다.
② 강도 : 섬유의 강도는 보통 인장강도(섬유에 힘을 주어 잡아당겼을 때 끊어지지 않고 견디는 것)를 말한다.
③ 방적성 : 섬유에서 실을 뽑아낼 수 있는 성질을 말하며 가방성이라고도 한다.

35 다음 중 섬유 내에서 결정 부분이 발달되어 있으면 향상되는 성질은?

① 신도   ② 강도
③ 염색성   ④ 흡습성

해설

섬유의 결정과 비결정
• 결정 : 섬유 안의 분자들이 치밀하고 규칙성 있게 배열되어 있는 부분으로 결정 부분이 많으면 섬유의 강도, 탄성, 내열성은 커지지만 신도는 줄어든다.
• 비결정 : 분자들이 서로 떨어져 불규칙하게 얽혀 있는 부분으로 비결정 부분이 많으면 염색성, 흡수성이 좋아진다.

36 천연섬유로서 단면이 원형에 가까운 섬유는?

① 양모   ② 나일론
③ 아마   ④ 면

해설

① 천연섬유이면서 단면이 원형인 섬유는 양모 섬유이다.
섬유의 단면과 특징
• 면 섬유의 단면 가운데 있는 중공은 보온성을 유지하고 전기절연성을 부여한다. 또한 염착성을 증가시키고 중공에 있는 공기가 팽창하면서 섬유를 부풀게 한다.
• 아마 섬유는 측면에 길이 방향의 줄무늬가 있고, 줄무늬를 가로지르는 대나무 모양의 마디가 곳곳에 잘 발달되어 있다. 단면은 다각형 모양이고 면과 같은 중공이 있지만 면보다는 작다.
• 양모는 섬유 겉 측면에 겉비늘이 있고 단면이 원형이다.

37 다음 중 방적의 원리가 아닌 것은?

① 섬유에 꼬임을 준다.
② 섬유를 뽑아 늘려 준다.
③ 섬유를 움직이지 않게 고정시킨다.
④ 섬유를 곧게 평행으로 배열시킨다.

해설

섬유의 방적성
• 섬유에서 실을 뽑아낼 수 있는 성질을 방적성 또는 가방성이라고 한다.
• 섬유의 길이와 굵기, 표면마찰계수, 권축(섬유의 길이 방향으로 나 있는 굴곡, 주름) 등에 의해 결정된다.
• 섬유의 강도는 1.5gf/d, 길이는 5mm 이상이어야 하며 섬유와 섬유가 서로 달라붙어 얽히는 포합성의 성질을 가져야 한다.
• 단섬유를 평행하고 길게 만들어 꼬임을 주어 만든 실을 방적사라고 한다.
• 예로 면 섬유의 방적 공정을 보면, 섬유의 굵기가 일정하도록 고르게 해 주고, 실을 뽑을 수 있도록 더욱 가늘게 늘려 주며 실을 적당한 가늘기로 늘여 주고 꼬임을 주어 만든다.

38 5% 수산화나트륨 용액에 가장 쉽게 용해되는 섬유는?

① 양모　　　　　② 면
③ 아크릴　　　　④ 저마

수산화나트륨 용액은 단백질을 녹이는 성질이 있다. 양모 섬유는 단백질로 구성된 섬유이기 때문에 수산화나트륨 용액에 닿으면 쉽게 용해된다.

39 섬유의 단면에 대한 설명으로 틀린 것은?

① 섬유의 단면이 원형에 가까우면 촉감이 부드럽다.
② 섬유의 단면은 옷감의 필링과도 관련이 있다.
③ 면 섬유의 단면은 날카롭다.
④ 아세테이트는 단면이 주름 잡혀 있다.

면 섬유의 단면 가운데 있는 중공은 보온성을 유지하고 전기절연성을 부여한다. 또한 염착성을 증가시키고 중공에 있는 공기가 팽창하면서 섬유를 부풀게 한다.

40 현미경 구조에서 측면에 마디(node)가 보이는 섬유는?

① 아마　　　　　② 양모
③ 면　　　　　　④ 견

아마 섬유(린넨)
• 아마과에 속하는 식물로 여러 개의 단섬유가 모여 섬유 다발을 만들고 있다.
• 측면의 마디는 면 섬유의 꼬임과 같이 섬유와 섬유를 서로 잘 엉키게 하여 방적성을 좋게 해 준다.
• 측면에 길이 방향의 줄무늬가 있고, 줄무늬를 가로지르는 대나무 모양의 마디가 곳곳에 잘 발달되어 있다.
• 아마 섬유 자체를 결합시키는 고무질이 셀룰로스 사이에서 접착제 역할을 하기 때문에 정련작업을 통해 고무질을 제거하는 과정을 거쳐 섬유를 얻는다.

41 색광의 3원색으로 옳은 것은?

① 빨강, 노랑, 파랑
② 빨강, 주황, 노랑
③ 빨강, 파랑, 흰색
④ 빨강, 초록, 파랑

원색
• 색광의 3원색 : 빨강(red), 초록(green), 파랑(blue)
• 색료의 3원색 : 자주(magenta), 노랑(yellow), 시안(cyan)

42 다음 중 따뜻하게 느껴지는 색상이 아닌 것은?

① 빨강　　　　　② 연두
③ 주황　　　　　④ 노랑

연두는 중성색에 해당한다.

43 다음 중 진출, 팽창되어 보이는 색이 아닌 것은?

① 고명도   ② 고채도
③ 한색계   ④ 난색계

해설
한색계(청색, 파랑)의 색은 난색계의 색보다 후퇴, 수축되어 보인다.

44 색의 감정 중 색상에 의한 효과가 가장 큰 것은?

① 중량감   ② 강약감
③ 경연감   ④ 온도감

해설
색의 온도감
• 색에 따라 따뜻하거나 차갑게 느껴지는 감정이다.
• 온도감은 색상에 의해 좌우되는 색의 감정과 가장 관계가 깊다.
• 난색(빨강, 주황, 노랑 등)은 밝고 선명한 색상으로 따뜻한 느낌을 준다.
• 한색(파랑, 남색, 청록색 등)은 차갑고 시원한 느낌을 주는 색상이다.
• 중성색(초록색, 보라색 등)은 따뜻하지도, 차갑지도 않은 느낌을 주는 색이다.

45 의복의 배색조화에 대한 설명 중 틀린 것은?

① 저채도인 색의 면적을 넓게 하고 고채도의 색을 좁게 하면 균형이 맞고 수수한 느낌이 든다.
② 고채도인 색의 면적을 넓게 하고 저채도의 색을 좁게 하면 매우 화려한 배색이 된다.
③ 고명도의 색을 좁게 하고 저명도의 색을 넓게 하면 명시도가 낮아 보인다.
④ 한색계의 색을 넓게 하고 난색계의 색을 좁게 하면 약간 침울하고 가라앉은 듯한 느낌이 든다.

해설
③ 고명도의 색을 좁게 하고 저명도의 색을 넓게 하면 명시도가 높아 보인다.

46 명도가 비슷한 유사색을 동시에 배색했을 때 얻어지는 조화는?

① 명도에 따른 조화
② 색상에 따른 조화
③ 주조색에 따른 조화
④ 보색 대비에 따른 조화

해설
① 명도에 따른 조화는 한 가지의 색이 단계적으로 동시에 배색되는 것을 말한다.
③ 주조색에 따른 조화는 자연에서 볼 수 있는 여러 가지의 색 중에서 한 가지의 색이 주를 이루는 것을 말하는데, 대표적인 것이 일몰이나 일출 때의 경관이다.
④ 보색 대비의 조화는 색상환에서 마주보는 색이 이루는 조화로, 매우 강렬한 느낌을 주면서 서로 다른 색이 선명해 보이는 효과가 있다.

47 기본 형태 중 현실적 형태에 해당하는 것은?

① 점   ② 선
③ 면   ④ 입체

해설
입체
• 3차원적 요소로 공간에서 여러 개의 평면이나 곡선으로 둘러싸인 부분을 말한다.
• 시각적인 요소로서 현실적인 형(real shape)이다.

48 다음 중 디자인의 원리에 해당되지 않는 것은?

① 조화   ② 균형

③ 질감   ④ 율동

해설

③ 질감은 디자인의 요소 중 하나이다.
디자인의 원리에는 균형, 비례, 비율, 조화, 율동(리듬), 통일, 강조 등이 있다.

49 다음 중 황금 분할의 비율에 해당하는 것은?

① 1 : 1.218   ② 1 : 1.418

③ 1 : 1.618   ④ 1 : 1.718

해설

비율
• 비율은 전체에 대한 부분의 크기를 의미를 나타낸다.
• 가장 이상적인 길이의 비율은 1 : 1.618로 황금 비율이라고 한다.

50 색의 시지각적 효과 중 주위색의 영향으로 오히려 인접색에 가깝게 느껴지는 경우에 해당하는 것은?

① 공감각 현상   ② 동화 현상

③ 항상성   ④ 진출성

해설

색의 동화 현상
• 주위색의 영향으로 오히려 인접색에 가깝게 느껴지는 경우이다. 혼색 효과라고도 한다.
• 같은 회색 줄무늬라도 청색 줄무늬에 섞인 것은 청색을 띠어 보이고, 황색 줄무늬에 섞인 것은 황색을 띠어 보인다.

51 섬유의 염색성에 영향을 미치는 요인과 관계가 없는 것은?

① 섬유의 강도

② 섬유의 화학적 조성

③ 섬유의 흡습성

④ 섬유의 결정화도

해설

섬유의 염색성에 영향을 미치는 요인
• 섬유의 화학적 조성에 따라 염색성이 달라진다.
• 섬유 내 비결정 부분이 많은 섬유가 염색성이 좋다.
• 흡습성이 좋은 섬유가 일반적으로 염색성이 좋다.
• 염료와 친화성이 큰 원자단을 갖고 있는 섬유가 염색성이 좋다.

52 편성물의 가장자리가 휘감기는 성질에 해당하는 것은?

① 방추성   ② 수축성

③ 컬업   ④ 신축성

해설

편성물의 특징
• 조직점이 적어서 유연하다.
• 직물에 비해 신축성과 함기성이 크다.
• 직물보다 경제적이고 실용적이다.
• 구김이 잘 생기지 않으며 보온성, 투습성, 통기성이 우수하다.
• 편성물의 가장자리가 휘말리는 컬업(curl up)성이 있어 재단과 봉제가 어렵다.
• 세탁 시 모양이 변하기 쉽다.
• 필링이 생기기 쉬우며 마찰에 의해 표면의 형태가 변화되기 쉽다.

53 워시 앤드 웨어(wash and wear) 가공의 효과에 해당하는 것은?

① 축융방지
② 방추성 향상
③ 대전방지
④ 보온성 향상

[해설]

워시 앤드 웨어 가공은 방추 가공의 하나로 세탁 후 건조과정 없이 바로 입을 수 있다는 의미이다. 세탁을 해도 건조가 빠르고 구김이 잘 가지 않아 다림질을 할 필요가 없는 가공을 말한다.

54 수자직의 설명으로 옳은 것은?

① 변화평직이다.
② 조직이 간단하다.
③ 마찰에 약하다.
④ 직물의 앞뒤의 구별이 없다.

[해설]

수자직(주자직)
• 날실과 씨실이 5올 이상 길게 떠 교차되는 직물이다.
• 경사, 위사의 조직점이 적어 유연하다.
• 경사가 표면에 많이 보이는 것을 경수자직, 위사가 표면에 많이 보이도록 한 것을 위수자직이라고 한다.
• 수자직은 평직과 능직보다 부드럽고 표면이 매끄러우며 광택이 좋지만 내구성이 약해 실용적이지 않다.
• 마찰강도가 약하다.
• 가장 주름이 잘 잡히지 않는 직물이다.
• 수자직으로 만든 직물의 종류에는 목공단, 새틴, 도스킨, 베니션 등이 있다.

55 평직의 특성에 해당하는 것은?

① 표면이 평활하다.
② 광택이 우수하다.
③ 제직이 간단하다.
④ 조직점이 적어서 유연하다.

[해설]

평직
• 삼원조직 중에서 가장 간단한 조직이다.
• 가장 보편적이고 제직이 간단하며 앞뒤의 구별이 없다.
• 날실과 씨실이 한 올씩 교대로 교차된 조직이다.
• 교차점이 가장 많은 조직으로 여러 가지 방법으로 장식을 하거나 조직에 변화를 줌으로써 성질이 다른 직물을 얻을 수 있다.
• 안과 밖의 구별이 없고 비교적 바닥이 얇지만 튼튼하고 마찰에 강해 실용적이다.
• 광택이 적고 조직점이 많기 때문에 실이 자유롭게 움직이지 못해서 구김이 잘 생긴다.
• 밀도를 크게 할 수 없다.
• 평직물의 종류로는 광목, 옥양목, 포플린, 명주, 모시, 머슬린 등이 있다.

56 다음 중 양모 직물의 가공방법이 아닌 것은?

① 축융 가공
② 전모 가공
③ 방축 가공
④ 알칼리 감량 가공

[해설]

알칼리 감량 가공 : 폴리에스터를 수산화나트륨으로 처리하여 중량이 감소되어 섬유가 가늘어지는 가공이다.

57 정련만으로 제거되지 않는 색소를 화학약품을 사용해서 분해·제거하는 공정은?

① 발호　　　　② 표백
③ 호발　　　　④ 탈색

> **해설**
> ①·③ 직조 시 경사에 인장강도를 높이기 위해 풀(호료)을 먹여 제직하는데, 염색을 할 때는 풀을 완전히 제거해야 한다. 이때 풀을 제거하는 공정이 발호(호발)이며 가호 공정과 반대되는 개념이다.
> ④ 염료 또는 안료가 착색된 염색물의 색상이 옅어지는 것을 탈색 혹은 변색이라고 한다.

58 혼방직물이나 교직물을 염색할 때 섬유의 종류에 따른 염색성의 차이를 이용하여 각각 다른 색으로 염색할 수 있는 염색방법은?

① 포염색　　　　② 크로스(cross) 염색
③ 원료염색　　　　④ 톱(top)염색

> **해설**
> **침염의 종류**
> • 포염색 : 직물로 제직 후 염색하는 것을 말한다. 후염과 같은 말이다.
> • 크로스 염색 : 혼방직물이나 교직물을 염색할 때 섬유의 종류에 따른 염색성의 차이를 이용하여 각각 다른 색으로 염색할 수 있는 염색방법이다.
> • 원료염색 : 실로 만들기 전에 솜이나 털 상태에서 염색하는 것을 말한다.
> • 톱염색 : 양모 섬유를 평행으로 배열하고 로프 상태로 만든 톱 상태에서 염색하는 것을 말한다.

59 면직물에 묻은 쇠 녹을 제거할 때 가장 적합한 약제는?

① 벤젠
② 옥살산
③ 사염화탄소
④ 트라이클로로에틸렌

> **해설**
> **오염물에 따른 세탁 방법**
> • 술이 묻었을 때는 미지근한 비눗물로 1차 세탁하고 색소를 알코올로 2차 처리한다.
> • 쇠 녹의 얼룩은 옥살산(수산)으로 제거하고, 암모니아수로 헹구어 중화하는 것이 바람직하다.
> • 땀으로 인한 얼룩은 암모니아수로 제거한다.
> • 먹물은 세제액에 담가 비벼 빤다.

60 다음 중 의복의 위생적 성능에 해당되지 않는 것은?

① 보온성
② 통기성
③ 흡수성
④ 내약품성

> **해설**
> **의복의 성능**
> • 위생적 성능 : 투습성, 흡수성, 통기성, 열전도성, 보온성, 함기성, 대전성 등
> • 감각적 성능 : 촉감, 축융, 기모, 광택, 필링성 등
> • 실용적 성능 : 강도, 신도, 내열성 등
> • 관리적 성능 : 형태 안정성, 방충성, 방추성 등

01 옷감의 너비가 150cm일 경우 긴소매 블라우스를 만들기 위해 필요한 옷감 계산법으로 옳은 것은?

① 블라우스 길이 + 소매길이 + 시접

② (블라우스 길이 × 2) + 소매길이 + 시접

③ (블라우스 길이 × 2) + 시접

④ (블라우스 길이 + 소매길이) × 2 + 시접

해설

옷감량 계산법(블라우스)   (단위 : cm)

종류	폭	필요 치수	계산법
반소매	150	80~100	블라우스 길이 + 소매길이 + 시접 (7~10)
	110	110~140	(블라우스 길이 × 2) + 시접(7~10)
	90	140~160	(블라우스 길이 × 2) + 시접(10~15)
긴소매	150	120~130	블라우스 길이 + 소매길이 + 시접 (10~15)
	110	125~140	(블라우스 길이 × 2) + 시접(10~15)
	90	170~200	(블라우스 길이 × 2) + 소매길이 + 시접(10~20)

02 다음 중 가장 편하게 활동할 수 있는 소매산 높이로 적합한 것은?

① $\dfrac{A.H}{2}$

② $\dfrac{A.H}{3}$

③ $\dfrac{A.H}{4}$

④ $\dfrac{A.H}{6}$

해설

소매산이 낮으면 폭이 넓어지기 때문에 활동하기 편리해진다. 보기 중 분모의 값이 가장 큰 것은 $\dfrac{A.H}{6}$이므로 가장 활동하기 편한 소매산이 된다.

03 다음 중 패턴에 표시하지 않아도 되는 것은?

① 식서

② 다트

③ 가슴둘레선

④ 주머니 위치

해설

옷본 표시 항목 : 완성선, 중심선, 안단선, 다트 위치, 단춧구멍 위치, 가위집(노치), 식서 방향, 주머니 위치 등

04 기본 다트를 디자인에 따라 다른 위치로 이동하거나 다른 형태로 만들어 주는 것은?

① 턱

② 요크

③ 다트 풀니스

④ 다트 머니퓰레이션

해설

길 원형 활용(다트 머니퓰레이션, dart manipulation)
• 다트를 활용하는 기본 방법이다.
• 기본 다트를 디자인에 따라 다른 위치로 이동하거나 다른 형태로 만들어 주는 것이다.
• 다트는 평면의 재료를 인체에 맞춰 입체화시키는 기능적인 역할을 하며, 장식적인 효과도 겸할 수 있다.

05 제도에 필요한 약자 중 어깨끝점에 해당하는 것은?

① S.P

② S.L

③ B.P

④ C.B.L

해설

제도약자
• 어깨끝점 : S.P(Shoulder Point)
• 옆선 : S.L(Side Line)
• 젖꼭짓점 : B.P(Bust Point)
• 뒤중심선 : C.B.L(Center Back Line)

06 옷감의 패턴 배치방법에 대한 설명으로 옳은 것은?

① 줄무늬는 옷감 정리에서 줄을 사선으로 정리한 후 패턴을 배치한다.

② 패턴이 작은 것부터 배치하고 큰 것은 작은 것 사이에 배치한다.

③ 옷감의 표면이 겉으로 나오게 반을 접어 패턴을 배치한다.

④ 짧은 털이 있는 옷감은 털의 결 방향이 위쪽으로 향하도록 배치한다.

해설
① 줄무늬는 옷감 정리에서 줄을 바르게 정리한 다음 배치한다.
② 패턴은 큰 것, 기본 패턴부터 배치하고 작은 것은 큰 것 사이에 배치한다.
③ 옷감의 표면이 안으로 들어가게 반을 접어 패턴을 배치한다.

07 심지 사용에 대한 설명 중 틀린 것은?

① 신축성이 없는 겉감에는 신축성이 있는 심지를 사용한다.

② 버팀이 없는 겉감에는 적당한 버팀을 갖는 심지를 사용한다.

③ 수축성이 있는 겉감에는 수축성이 있는 심지를 사용한다.

④ 거친 겉감에는 부드러운 심지를 사용한다.

해설
심지의 조건
• 빳빳하면서도 탄력성이 크며 형태 안정성이 큰 것이 좋다.
• 부착이 간편한 것이 좋다.
• 두께, 강도, 색채, 관리 방법이 겉감과 조화가 되는 것이 좋다.
• 신축성이 없는 겉감에는 신축성이 있는 심지를 사용한다.
• 버팀이 없는 겉감에는 적당한 버팀을 갖는 심지를 사용한다.
• 수축성이 있는 겉감에는 수축성이 있는 심지를 사용한다.
• 주름 방지성이 있고, 탄성회복성이 좋은 심지를 사용한다.
• 표면이 균일하고, 평평한 것을 사용한다.

08 원가 책정에서 제품 생산 요인의 3요소에 해당되지 않는 것은?

① 재료비
② 인건비
③ 제조경비
④ 재고비

해설
제품 생산 요인의 3가지 요소는 인건비, 재료비, 제조경비이다.

09 다음 그림에 해당하는 네크라인은?

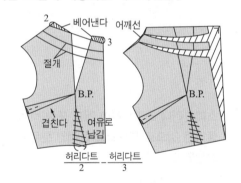

① 하이 네크라인
② 카울 네크라인
③ 스퀘어 네크라인
④ 보트 네크라인

해설
네크라인
• 카울 네크라인 : 앞주름이 자연스럽게 늘어지는 형태로 가톨릭 수도사들이 입던 수도복에 달린 모자의 주름 같은 모양이다.
• 하이 네크라인 : 몸판에서 연장된 네크라인으로 목 부분을 높게 만든 것이다.
• 스퀘어 네크라인 : 사각형 모양의 네크라인으로 여러 가지 형태의 사각형 모양이 있다.
• 보트 네크라인 : 보트의 바닥처럼 옆으로 넓게 목 부분의 모양을 만든 것이다.

10 인체계측 항목 중 둘레나 길이 항목 측정에 가장 적합한 계측기는?

① 줄자   ② 신장계

③ 간상계   ④ 활동계

해설

인체계측 기구

- 줄자 : 띠 형태에 눈금이 있는 자로, 굴곡이 있는 인체의 치수를 잴 때 적합한 용구이다.
- 신장계 : 높이 측정 기구로 직접 계측하는 것이다.
- 간상계 : 신장계의 최상부의 지주와 2개의 금속 가로 자로 구성되어 있으며 두께, 너비와 같이 두 점 간의 직선거리 계측에 이용한다.
- 활동계 : 간상계보다 작은 부분의 길이와 투영길이를 측정하는 기구로 간상계와 같은 성질의 기구이다.

11 소매산이나 소맷부리에 개더 또는 턱을 넣어서 부풀려준 것으로 부드럽고 동적인 분위기가 나는 소매는?

① 퍼프 슬리브(puff sleeve)

② 타이트 슬리브(tight sleeve)

③ 루즈 슬리브(loose sleeve)

④ 플레어 슬리브(flare sleeve)

해설

② 타이트(tight) 슬리브 : 소매에 여유분이 거의 없이 팔에 꼭 맞으며 품이 작고 홀쭉한 형태의 소매이다. 피티드 슬리브(fitted sleeve)라고도 한다.

③ 루즈(loose) 슬리브 : 헐렁하여 여유 있는 소매를 통틀어 일컫는다.

④ 플레어(flare) 슬리브 : 소맷부리쪽이 넓게 퍼지는 소매 모양을 말한다.

12 스커트 원형의 필요 치수가 아닌 것은?

① 엉덩이둘레

② 밑위길이

③ 엉덩이길이

④ 스커트 길이

해설

② 밑위길이는 슬랙스 제도 시 필요한 치수이다.

스커트 원형을 제도할 때 필요한 항목은 스커트 길이, 허리둘레, 엉덩이길이, 엉덩이둘레이다.

13 가봉 시 가장 적합한 손바느질은?

① 홈질

② 시침질

③ 상침시침

④ 박음질

해설

상침시침

- 눌러박기라고도 한다.
- 일반적으로 가봉 시 이용하는 바느질 방법이다.
- 장식을 하기 위해 겉으로 박거나 박은 안 솔기가 겉으로 비어져 나오지 않게 하는 바느질 방법이다.
- 칼라 포켓의 가장자리나 단 등에 이용하거나 장식을 하기 위하여 겉으로 박는 바느질 방법이다.
- 시침바느질을 할 때 실은 꼬임이 적고 굵은 면사를 사용한다.

14 다음 중 심감이 갖추어야 할 성질이 아닌 것은?

① 부착이 간편해야 한다.
② 두께, 강도, 색채, 관리 방법 등에서 겉감과 조화가 되어야 한다.
③ 실크 블라우스 등은 두껍고 빳빳한 것이 좋다.
④ 마 심감은 넥타이 등에 사용한다.

> **해설**
> 실크 블라우스는 부드럽고 얇은 느낌의 의복이므로 두껍고 빳빳한 심지는 어울리지 않는다.

15 프레스 재단기에 대한 설명 중 옳은 것은?

① 금형을 원단 위에 놓고 전기나 유압으로 압축시켜 자르는 재단기로 다이 커팅기 또는 클리커라고도 한다.
② 재단할 수 있는 높이는 한정적이나 속도가 빠르고 재단된 면이 곱다.
③ 적은 매수에서부터 높이 30cm까지 쌓은 원단도 쉽게 재단할 수 있다.
④ 정확한 재단을 할 수 있으므로 칼라, 커프스, 주머니 뚜껑 등 정확성이 필요한 재단에 적합하다.

> **해설**
> **철형판 재단기(프레스 재단기)**
> • 다이 커팅이라고도 하며, 패턴의 형태를 철판으로 제작하여 소재의 밑이나 위에서 압력으로 절단하는 방법이다.
> • 소요 기간이 짧고 정밀도가 높다.
> • 디자인이 자주 바뀌지 않는 와이셔츠 작업, 반복적으로 사용되는 부속 재단 등에 사용한다.

16 생산경비에 영향을 미치는 요인 중 원가에 가장 큰 영향을 미치는 것은?

① 생산공정
② 생산계획의 결정
③ 재료 구입 및 준비
④ 디자인의 개발과 결정

> **해설**
> 어떤 디자인의 옷을 만들 것인가에 대한 결정에 따라 주재료, 부품 등의 제품 생산을 위해 소비되는 재료에 대한 비용(재료비)이 달라진다. 재료 비용이 많이 드는 디자인일 경우 제조원가는 높아지고 그렇지 않을 경우, 제조원가는 내려가게 된다.

17 재봉기의 구조 중 봉제 시 천을 용수철의 압력으로 눌러 윗실의 고리 형성을 도와주는 것은?

① 톱니
② 바늘대
③ 노루발
④ 천평크랭크

> **해설**
> **노루발의 기능**
> • 봉제 시 용수철의 압력으로 천을 눌러 윗실의 고리 형성을 도와주는 역할을 한다.
> • 소재를 앞으로 또는 뒤로 보낼 때 방향을 잘 잡도록 적당한 압력으로 소재를 톱니에 밀착시키는 기구이다.
> • 바퀴 노루발(roller presser foot)은 노루발에 롤러가 달려 있어 잘 밀리지 않고 두꺼운 가죽과 같은 직물에 사용하면 효과적이다.

18 인체계측 시 하부 부위 중 최대 치수에 해당하는 것은?

① 허리둘레
② 엉덩이둘레
③ 엉덩이길이
④ 밑위길이

해설

인체계측 방법
• 엉덩이둘레 : 엉덩이의 가장 두드러진 부위를 수평으로 돌려서 잰다. 하반신 중 가장 두터운 부분으로 치수를 재었을 때 가장 큰 치수가 나타난다.
• 허리둘레 : 앞쪽에서 보아 허리 부분에서 가장 안쪽으로 들어간 위치에서의 수평 둘레를 측정한다(허리의 가장 가는 부위를 수평으로 돌려서 잰다).
• 엉덩이길이 : 옆 허리둘레선에서 엉덩이둘레선까지의 길이를 잰다.
• 밑위길이 : 의자에 앉은 자세에서 허리둘레선의 옆 중심에서부터 실루엣을 따라 의자 바닥까지의 수직거리를 잰다.

19 의복 구성상 인체를 구분하는 경계선으로만 나열한 것은?

① 가슴둘레선, 진동둘레선, 허리둘레선
② 가슴둘레선, 엉덩이둘레선, 허리둘레선
③ 목밑둘레선, 진동둘레선, 허리둘레선
④ 가슴둘레선, 목밑둘레선, 진동둘레선

해설

의복 구성을 위해 인체를 머리와 몸통, 팔, 다리 등으로 구분한다. 머리와 몸통을 구분하는 선은 목밑둘레선, 몸통과 팔을 구분하는 선은 진동둘레선, 몸통과 하반신을 구분하는 선은 허리둘레선이다.

20 다음 중 기본 시접 분량이 가장 적은 것은?

① 목둘레선
② 어깨선
③ 옆선
④ 블라우스단

해설

기본 시접 분량

1cm	목둘레, 칼라, 요크선, 앞단, 스커트 · 슬랙스 허리선, 앞중심선
1.5cm	진동둘레, 가름솔
2cm	어깨, 옆선
3~4cm	소맷단, 블라우스단, 파스너단
4~5cm	스커트 · 재킷의 단

21 수분을 가하면 얼룩이 지기 쉽고 옷감의 외관이 상하므로 다림질하여 올의 방향을 정돈해야 하는 섬유는?

① 면
② 마
③ 견
④ 양모

해설

섬유별 다림질 방법
• 면, 마 섬유는 높은 온도에서 다림질이 가능하다.
• 면직물을 다림질할 때는 덧헝겊을 대지 않아도 된다.
• 견 섬유를 다림질할 때는 수분을 가하면 얼룩이 지기 쉽고 옷감의 외관이 상할 수 있다.
• 모직물은 방축 가공이 된 경우가 많으므로 물을 가볍게 뿌려 헝겊을 덮고 다려야 한다.
• 화학섬유는 전기 다림질 시 필히 온도에 유의하여야 한다.

22 단촌식 제도법의 특징이 아닌 것은?

① 인체의 많은 부위를 계측하여 제도한다.

② 체형 특징에 잘 맞는 원형을 얻을 수 있다.

③ 인체의 각 부위를 세밀하게 계측하여 제도한다.

④ 초보자에게 바람직한 제도법이다.

해설

④ 초보자에게 적합한 제도법은 장촌식 제도법이다.

단촌식 제도법

• 인체 각 부위를 세밀하게 계측하여 제도하는 방법이다.

• 각 개인의 체형에 잘 맞는 원형을 제도할 수 있지만 계측시간이 많이 필요하다.

• 뒷목둘레 혹은 가슴둘레를 나누어서 산출한다.

• 계측기술이 부족한 경우에는 계측 오차로 인해서 정확하지 못한 패턴을 제도할 수 있기 때문에 주의해야 한다.

24 타이트 스커트를 만들 때 뒷주름 바느질의 강도가 가장 큰 것은?

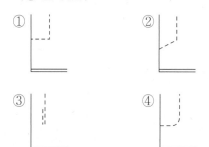

해설

바느질 방법에 따른 강도

• 바느질은 방법의 종류에 따라 그 강도가 달라진다.

• 바느질 방법에 따른 절단 강도는 통솔보다는 쌈솔이 크다(쌈솔 > 통솔 > 가름솔).

• 바느질에서는 여러 번 박을수록 옷의 실루엣이 곱게 표현되기가 어렵다.

• 파단중량은 실험 대상에 무게를 가하여 실험 대상이 파단될 때까지의 최대 중량을 말한다. 파단강도라고도 한다.

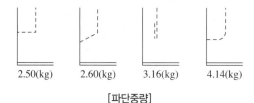

2.50(kg)   2.60(kg)   3.16(kg)   4.14(kg)

[파단중량]

23 블라우스 재단 시 심지를 붙이지 않아도 되는 곳은?

① 칼라   ② 안단

③ 커프스   ④ 요크

해설

심지 부착 위치

• 칼라에 심지를 붙인다.

• 테일러드 재킷에서 뒷트임, 밑단, 라펠은 심지를 붙이고 옆선에는 심지를 부착하지 않는다.

• 블라우스 재단 시 칼라, 안단, 커프스에는 심지를 붙이고 요크에는 심지를 붙이지 않아도 된다.

• 네크라인, 암홀 등 곡선은 정바이어스 테이프를 그대로 사용한다.

25 다음 중 표면이 거칠고 단단하나 신축성과 유연성이 좋아 형태를 구성하는 데 가장 적합한 심지는?

① 부직포 심지   ② 모 심지

③ 면 심지   ④ 마 심지

해설

모 심지

• 적당한 드레이프(drape)성이 있다.

• 방추성, 형태 안정성이 우수하고 형태보존성이 뛰어나다.

• 표면이 거칠고 단단하나 신축성과 유연성이 좋아 형태를 구성하는 데 가장 적합한 심지이다.

26 스커트 다트에 대한 설명 중 틀린 것은?

① 다트 수는 디자인에 따라 다트의 너비를 등분하여 조절한다.

② 허리둘레와 엉덩이둘레의 차이로 생기는 앞뒤의 공간을 다트로 처리한다.

③ 일반적으로 스커트 다트는 엉덩이둘레선의 위치와 형태 때문에 앞보다 뒤가 길다.

④ 다트의 수는 허리둘레와 엉덩이둘레의 차이가 클수록 적어진다.

해설

④ 허리둘레와 엉덩이둘레의 차이가 클수록 남는 부분이 많아지기 때문에 다트 수가 늘어난다.

다트

• 평면인 옷감을 인체에 맞도록 입체적으로 만들어 주기 위해서 의복의 일정한 부분을 잡아서 줄이는 것을 말한다.

• 옷의 모양을 만들거나 몸에 잘 맞도록 한다.

• 다트 길이는 B.P에서 3cm 정도 떨어져 처리하는 것이 이상적이다.

27 단환봉 재봉기의 장점이 아닌 것은?

① 회전속도가 빠르다.

② 가는 재봉사를 사용할 수 있다.

③ 봉사의 장력을 조절하기 쉽다.

④ 실땀의 형성은 천의 윗면과 밑면이 일정하다.

해설

단환봉 재봉기(chain stitch)

• 피봉제물의 한 면만에서 짜임실을 공급하여, 연쇄상의 짜임 결합을 구성하는 재봉 방식을 말한다.

• 재봉기의 발달사에서 최초로 나타난 재봉기이다.

• 회전속도가 빠르며 가는 재봉사를 사용할 수 있다.

• 봉사의 장력을 조절하기 쉽다.

28 의복 구성에 필요한 체형을 계측하는 방법 중 직접법의 특징이 아닌 것은?

① 단시간 내에 사진촬영을 하므로 피계측자의 자세 변화에 의한 오차가 비교적 작다.

② 굴곡 있는 체표의 실측길이를 얻을 수 있다.

③ 표준화된 계측 기구가 필요하다.

④ 계측을 위하여 넓은 장소와 환경의 정리가 필요하다.

해설

직접계측법

• 굴곡 있는 체표면의 실측길이를 얻을 수 있다.

• 표준화된 계측 기구가 필요하다.

• 계측이 장시간 걸리기 때문에 피계측자의 자세가 흐트러져 자세에 의한 오차가 생기기 쉽다.

• 피계측자에 직접계측기를 대어 계측하기 때문에 피계측자의 협력과 계측자의 숙련이 요구된다.

• 계측을 위하여 넓은 장소와 환경의 정리가 필요하다.

• 동일 조건으로 다시 계측했을 때 같은 치수가 나오기 어렵다.

• 직접계측법으로는 1차원적 측정법인 마틴식 계측법과 2차원적 측정법인 각도측정법, 슬라이딩 게이지법, 3차원적 측정법인 석고테이프법, 석고포대법, 퓨즈법 등이 있다.

29 원형 보정 시 뒤 허리선을 내려 주고, 뒷다트길이를 길게 해야 하는 체형은?

① 엉덩이가 나온 체형

② 엉덩이가 처진 체형

③ 하복부가 나온 체형

④ 복부가 들어간 체형

해설

뒷허리와 엉덩이가 처진 체형에서 뒷허리 밑에 옆으로 주름(수평의 주름)이 생길 때는 뒷허리둘레의 중앙 부분을 더 파 주고, 뒤 허리선을 내려 주며 뒷판 다트를 길게 한다.

30 다음 중 가봉 방법의 설명으로 틀린 것은?

① 가봉 방법은 의복의 종류에 따라 다르다.

② 실은 견사로 하되 얇은 감은 한 올로 하고, 두꺼운 감은 두 올로 한다.

③ 칼라, 주머니, 커프스는 광목이나 다른 옷감을 사용하는 것이 좋다.

④ 단추는 같은 크기로 종이나 옷감을 잘라서 일정한 위치에 붙인다.

해설

가봉 시 유의사항

• 가봉할 옷을 착용하여 전체적인 실루엣을 먼저 관찰하고 부분적인 곳을 관찰하면서 보정해 나간다.

• 바느질 방법은 보통 손바느질의 상침시침으로 한다.

• 바이어스감과 직선으로 재단된 옷감을 붙일 때는 바이어스감을 위에 겹쳐 놓고 바느질한다.

• 실은 면사로 하되, 얇은 옷감은 한 올로 하고 두꺼운 옷감은 두 올로 한다.

• 일반적으로 왼손으로 누르고 오른쪽에서 왼쪽으로 시침한다.

• 바늘은 옷감에 직각으로 꽂아 옷감이 울지 않게 한다.

31 섬유의 방직이 가능한 섬유의 강도와 길이로서 가장 적합한 것은?

① 강도 : 1.5gf/d 이상, 길이 : 5mm 이상

② 강도 : 1.5gf/d 이상, 길이 : 3mm 이상

③ 강도 : 2gf/d 이상, 길이 : 5mm 이상

④ 강도 : 2gf/d 이상, 길이 : 3mm 이상

해설

섬유의 방적성

• 섬유에서 실을 뽑아낼 수 있는 성질을 방적성 또는 가방성이라고 한다.

• 섬유의 길이와 굵기, 표면마찰계수, 권축(섬유의 길이 방향으로 나 있는 굴곡, 주름) 등에 의해 결정된다.

• 섬유의 강도는 1.5gf/d, 길이는 5mm 이상이어야 하며 섬유와 섬유가 서로 달라붙어 얽히는 포합성의 성질을 가져야 한다.

32 섬유의 보온성과 가장 관계가 없는 것은?

① 열전도도

② 함기율

③ 직물의 조직

④ 신도

해설

섬유의 보온성

• 섬유의 보온성과 관련이 있는 것은 열전도, 직물의 조직, 함기율 등이다.

• 함기율은 섬유가 가지고 있는 공기의 양을 의미하는데, 섬유 안에 있는 공기가 외부 공기와의 온도 전달을 차단하는 역할을 하기 때문에 보온성과 가장 관계가 깊다.

• 섬유가 구불구불한 모양일수록 함기량이 높기 때문에 양모 섬유가 겨울 의복으로 많이 쓰인다.

• 섬유의 보온성은 직물조직이 치밀하고 두께가 두꺼울수록, 열전도성이 작을수록, 공기 함유량이 많을수록, 흡습성이 클수록 좋다.

• 스테이플 섬유로 만든 직물이 필라멘트 섬유로 만든 직물보다 보온성이 좋다.

33 섬유의 단면에 대한 설명 중 틀린 것은?

① 단면이 삼각형이면 광택이 좋다.

② 단면이 편평해질수록 필링이 잘 생긴다.

③ 단면은 현미경으로 관찰하면 확인이 가능하다.

④ 단면 구조는 보온성, 광택, 촉감 등에 영향을 준다.

해설

단면의 모양과 섬유의 성질

• 섬유의 단면은 현미경으로 관찰할 수 있다.

• 섬유의 단면이 원형에 가까울수록 촉감은 부드럽지만 피복성은 나빠진다.

• 편평한 단면을 가진 섬유는 빛의 반사율이 높아서 밝지만 촉감이 거칠다.

• 삼각형 단면을 가진 섬유는 견(명주, silk) 섬유로 광택이 우수하다.

• 섬유의 단면에 따라 광택, 피복성, 촉감 등이 달라지고, 측면의 형태에 따라 방적성에 영향을 미친다.

• 섬유의 단면이 둥근 모양일수록 보풀(필링)이 많이 생긴다.

34 섬유의 비중에 대한 설명 중 틀린 것은?

① 비중이 작으면 드레이프성이 좋지 않다.

② 면 섬유의 비중은 1.54이다.

③ 섬유 중 비중이 가장 작은 것은 폴리프로필렌이다.

④ 비중이 작은 섬유는 어망(漁網)으로 적당하다.

해설

비중이 작으면 물에 쉽게 가라앉지 않기 때문에 어망으로 사용하기에 부적합하다.

35 실의 꼬임에 대한 설명 중 틀린 것은?

① 적당한 꼬임을 주면 실의 형태를 유지한다.

② 적당한 꼬임을 주면 섬유 간의 마찰을 크게 한다.

③ 꼬임수가 증가하면 실의 광택이 줄어든다.

④ 꼬임수가 증가하면 실은 부드러워진다.

해설

실의 꼬임

• 실의 꼬임 방향에 따라 좌연사(Z꼬임)와 우연사(S꼬임)로 나누고 꼬임의 정도에 따라 강연사, 약연사로 구분한다.

• 실에 적당한 꼬임을 주면 섬유 간의 마찰이 커져서 실의 강도가 향상되지만 어느 한계 이상 꼬임이 많아지면 실의 강도는 오히려 감소한다.

• 꼬임수가 증가하면 실의 광택이 줄어들며 딱딱하고 까슬까슬해진다.

• 꼬임이 적으면 부드럽고 부푼 실이 된다.

• 꼬임수가 적은 것은 위사로, 꼬임수가 많은 것은 경사로 사용한다.

36 폴리에스터 섬유의 특징에 대한 설명 중 틀린 것은?

① 열가소성 섬유이다.

② 공정수분율은 4.5%이다.

③ 분산염료에 염색된다.

④ 내약품성이 좋은 섬유이다.

해설

폴리에스터 섬유는 공정수분율이 0.4%로 흡수성이 거의 없어서 세탁을 해도 줄어들지 않고 빨리 마르며 다림질이 필요 없는 워시 앤드 웨어(wash and wear) 섬유이다.

37 비스코스 레이온의 특성에 대한 설명 중 틀린 것은?

① 흡습 시 강도가 증가한다.

② 장시간 고온에 방치하면 황변된다.

③ 단면이 불규칙하게 주름이 잡혀 있다.

④ 강알칼리에서는 팽윤되어 강도가 떨어진다.

해설

비스코스 레이온의 특징

• 장시간 고온에 방치하면 황변된다.

• 단면이 불규칙하게 주름이 잡혀 있다.

• 강알칼리에서는 팽윤되어 강도가 떨어진다.

• 수분을 흡수하면 강도와 초기 탄성률이 크게 떨어진다.

• 물세탁에 약한 직물이다.

• 흡수성이 우수하기 때문에 촉감이 시원하고 산뜻하여 양복의 안감에 알맞다.

• 습식방사로 제조된다.

38 실의 굵기를 나타내는 미터 번수에 대한 설명으로 옳은 것은?

① 1파운드의 실 길이가 300야드이면 1번수이다.

② 무게의 기준으로 파운드를 사용하고, 길이의 기준으로 500야드를 사용한다.

③ 무게의 단위로 g을 사용하고, 길이의 단위로 km을 사용하는 영국식 번수이다.

④ 무게의 단위로 kg을 사용하고, 길이의 단위로 km를 사용하며, 모든 섬유에 공통으로 사용되는 번수이다.

해설

항중식(번수)

• 방적사(면사, 마사, 모사 등)의 굵기를 나타내는 방법이다.

• 일정한 무게의 실의 길이로 표시하며 번수 방식을 사용한다.

• 1파운드 무게의 실을 타래 수로 표시하고, 숫자가 클수록 실의 굵기는 가늘다.

• 'S 또는 S로 표시하며 실의 길이에 비례하고 무게에 반비례한다.

• 번수('S)가 크면 실은 가늘어지고 번수가 작으면 실은 굵어진다.

• 미터식은 모든 섬유에 공통으로 사용하는 번수이며 무게가 1kg인 실의 길이를 km 단위로 표시한다.

39 다음 장식사 중 고리 모양을 하고 있는 것은?

① 김프사   ② 라티네사

③ 루프사   ④ 슬럽사

해설

장식사의 종류

• 루프(loop)사 : 실 표면에 고리 모양이 나타나도록 한 장식실이다. 루프사의 종류에는 부클레(boucle), 라티네(ratine), 김프, 스날 등이 있다.

• 놉사 : 적당한 간격을 두고 중심사 주위에 실을 엉키게 만들어 올록볼록한 모양이 나타나게 한다.

• 슬럽사 : 실의 굵기가 일정하지 않고 꼬임수가 적어 드문드문 굵게 되어 있는 부분을 슬럽(slub)이라고 하고 그와 같은 실을 슬럽사라고 한다.

40 견 섬유의 성질에 대한 설명으로 옳은 것은?

① 알칼리에 강하다.

② 내일광성이 좋다.

③ 단면의 형태가 삼각형이다.

④ 단섬유이다.

해설

① 알칼리는 견 섬유를 가장 쉽게 손상시키는 약품이다.

② 빛에 노출시키면 강도가 급격히 떨어지므로 햇볕이나 불빛이 들어오지 않는 곳에 보관하는 것이 좋다.

④ 견 섬유는 길이가 긴 필라멘트 섬유(장섬유)에 속한다.

41 배색 방법 중 색상환에 연속되는 세 가지 색상과 명도를 조절하여 사용하는 배색은?

① 보색 배색

② 동색 배색

③ 인접색 배색

④ 무채색 배색

해설

인접색상 배색

• 색상환에서 약 30° 떨어져 있는 유사한 색상끼리의 배색을 말한다.

• 색상을 기준으로 한 배색 중 색상차가 가장 낮은 배색 방법이다.

• 인접색의 배색은 차분하고 안정된 효과를 준다.

• 유사한 색상의 배색은 온화한 감정을 준다.

42 잔상 현상과 밀접한 관계가 있으며, 색을 보는 시간이 아주 짧은 경우에는 동시 대비와 같은 효과를 갖는 색의 대비는?

① 계시 대비   ② 명도 대비

③ 채도 대비   ④ 한난 대비

해설

계시 대비
- 어떤 색을 보다가 다른 색을 보았을 때에 앞의 색의 잔상의 영향으로 본래의 색과 다르게 보이는 현상이다.
- 예를 들어 빨간색을 오랜 시간 응시한 후 노란색을 보면 빨간색의 보색 잔상의 영향으로 청록색이 노랑에 겹쳐져서 노란색이 녹색을 띤 연두색으로 보이게 되는 현상이다.

43 균형의 설명 중 틀린 것은?

① 부분과 부분 또는 부분과 전체 사이에 시각상 힘의 안정을 주면 보는 사람에게 안정감을 준다.

② 대칭과 비대칭, 비례, 주도와 종속이 있다.

③ 저울에 올려 양쪽의 중량 관계가 역학적으로 균형을 유지하고 있음을 말한다.

④ 각 부분 사이에 시각적인 강한 힘과 약한 힘이 규칙적으로 연속될 때 생긴다.

해설

④는 율동(리듬)에 대한 설명이다.

균형
- 시각적 무게감을 말하며 전체적으로 안정감과 통일감을 줄 수 있는 원리이다.
- 대칭은 균형의 가장 일반적인 형태로 안정적이지만 다소 딱딱하고 보수적이며 지루한 느낌을 줄 수 있다.
- 비대칭은 형태상으로는 불균형이지만 시각적으로 균형감과 개성을 느끼게 해준다.

44 색을 혼합하기보다 각기 다른 색을 서로 인접하게 배치하여 놓고 보는 혼합은?

① 색광 혼합   ② 색료 혼합

③ 병치 혼합   ④ 가산 혼합

해설

중간 혼합(중간 혼색, 평균 혼합)
- 두 색 또는 그 이상의 색이 섞여 중간의 밝기(명도)를 나타내는 원리이다.
- 색을 혼합하기보다 여러 가지 색을 인접하여 배치할 때 조합색의 평균값으로 보인다.
- 병치 혼색과 회전 혼색이 있다.

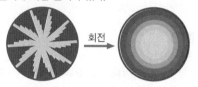

[회전 혼색]

45 색채계획에 필요한 사항이 아닌 것은?

① 다른 회사의 제품보다 특색이 있는 독특한 색채 감각

② 자사 제품의 기능성이 우수하다고 연상되는 색채 효과

③ 기분 좋은 생활 환경이 조성될 수 있는 제품의 색채 고려

④ 개인만이 선호하고 호감을 느낄 수 있는 색채

해설

색채계획의 필요 조건
- 다른 회사의 제품보다 특색이 있는 독특한 색채 감각을 나타낸다.
- 자사 제품의 기능성이 우수하다고 연상되는 색채 효과를 사용한다.
- 기분 좋은 생활 환경이 조성될 수 있는 제품의 색채를 고려한다.
- 많은 사람이 선호하고 호감을 느낄 수 있는 색채를 사용한다.

46 오스트발트 색체계의 색상환에서 나타내는 색상의 수로 옳은 것은?

① 20　　　　　② 24
③ 36　　　　　④ 100

해설

오스트발트 색체계
- 이상적인 백색, 이상적인 흑색, 이상적인 순색의 3가지 색을 혼합 비율에 따라 회전원판에 의한 혼색으로 색을 체계화하였다.
- 색상은 헤링의 4원색 이론을 기본으로 한다. 대응색인 빨강–초록, 노랑–파랑을 중심으로 주황, 연두, 청록, 보라를 더한 8가지 기본색을 다시 각기 3등분하여 24색상환으로 구성한다.

47 다음 중 식욕 촉진을 자극하는 데 가장 적합한 색상은?

① 주황, 밝은 노랑
② 빨강, 라일락색
③ 파랑, 녹색
④ 붉은 포도주색, 황금색

해설

색채는 미각의 감정을 수반하며, 파버 비렌은 "식욕을 돋우는 대표적인 색은 주황색이다."라고 하였다. 미각과 관련된 색은 난색 계열이 주를 이룬다.

미각과 색채
- 단맛 : 빨강, 분홍, 주황
- 신맛 : 노랑, 연두
- 쓴맛 : 올리브 그린, 갈색
- 짠맛 : 연녹색, 연파랑, 회색

48 다음 그림과 같은 "하먼 그리드 효과"가 해당하는 색의 대비는?

① 채도 대비
② 연변 대비
③ 색상 대비
④ 면적 대비

해설

연변 대비
- 색과 색이 근접하는 경계에서 색상, 명도, 채도의 변화가 강하게 일어나는 대비를 말한다.
- 같은 크기의 정사각형 빨강과 초록색을 나란히 놓았을 때 경계 부근에서 빨강은 더욱 선명하고 깨끗하게 보이며 경계면에서 먼 쪽은 탁해 보이는 현상이다.
- 흰색의 줄로 나뉘어 약간 떨어진 검은 사각형이 나열되어 있는 그림을 보면 사각형 모서리의 흰 공간에 점이 있는 것처럼 보이는데, 이를 "하먼 그리드 효과"라고 한다.

49 심장기관에 도움을 주며, 신체적 균형을 유지시켜 주고, 혈액순환을 돕고, 교감신경 계통에 영향을 주는 색은?

① 녹색　　　　　② 파랑
③ 노랑　　　　　④ 빨강

해설

녹색 : 자연, 안식, 안정, 평화, 영원, 청춘, 안전, 생명 등을 나타내는 색이다. 사무실의 벽면을 녹색으로 하면 피로나 긴장에서 해방시켜 주는 효과를 준다.

50 다음 중 후퇴색에 해당하는 것은?

① 고명도의 색

② 고채도의 색

③ 난색

④ 한색

색의 진출과 후퇴

색의 진출	• 진출색은 두 가지 색이 같은 위치에 있어도 더 가깝게 보이는 것이다. • 난색계, 고명도, 고채도의 색일 때 진출되어 보인다. • 배경색과의 채도차가 높을수록, 배경색과의 명도차가 큰 밝은 색일수록 진출되어 보인다.
색의 후퇴	• 후퇴색은 두 가지 색이 같은 위치에 있어도 더 멀리 보이는 것이다. • 한색계, 저명도, 저채도의 색일 때 후퇴되어 보인다. • 배경이 밝을수록 주목하는 색이 작게 보인다.

51 다음 중 곰팡이가 발생할 수 있어 깨끗하고 건조하게 보관해야 하는 섬유는?

① 면

② 나일론

③ 폴레에스터

④ 아세테이트

면과 레이온은 곰팡이가 발생할 수 있어 깨끗하고 건조하게 보관해야 한다.

52 발수 가공에서 섬유와 화학결합을 하고 있어 효과가 반영구적이어서 세탁과 드라이클리닝에도 양호한 가공제는?

① 왁스유제

② 금속비누

③ 계면활성제

④ 실리콘

발수 가공

• 직물에 물이 닿으면 스며들지 않고 튕겨 나가거나 맺히게 하는 가공이다.

• 실리콘은 섬유와 화학결합을 하고 있어 효과가 반영구적이고 세탁과 드라이클리닝에도 양호한 발수 가공제이다.

• 직물을 이루고 있는 각 섬유의 표면을 소수성 수지로 피복하는 가공이다.

53 양모 직물을 적당한 수분, 온도하에서 압력을 주면서 비벼주면 직물의 길이와 폭이 수축되면서 두꺼워져 조직이 치밀해지고 외관과 촉감이 향상되는 가공은?

① 머서화 가공

② 캘린더 가공

③ 축융 가공

④ 엠보스 가공

직물의 가공

• 축융 가공 : 모 섬유의 스케일이 적당한 수분, 온도, 마찰에 의해 잘 엉키는 성질을 이용하여 치밀하고 단단한 모직물을 만드는 가공이다.

• 캘린더 가공 : 딱딱하고 무거운 롤러 사이로 직물을 통과시켜서 처리하는데 조직을 치밀하게 하며 표면을 매끄럽게 하고 광택을 높이는 효과를 준다.

• 머서화 가공(실켓 가공) : 면사나 면직물에 실크와 같은 광택이 나도록 품질을 높이는 가공이다.

• 엠보스 가공 : 롤러에 무늬나 문자를 조각해 놓고 직물을 눌러서 새기는 가공법이다.

54 아세테이트 섬유에 염색이 가장 잘 되는 염료는?

① 분산염료　　　② 직접염료

③ 매염염료　　　④ 반응성염료

염료의 종류와 특징

염료	특징
직접	• 약알칼리성의 중성염 수용액에서 셀룰로스 섬유에 직접 염색되며, 산성하에서 단백질 섬유와 나일론에도 염착되는 염료이다. • 면, 마 섬유 등의 염색에 주로 사용된다.
반응성	• 견뢰도와 색상이 좋아 면 섬유에 가장 많이 사용되는 염료이다. • 염료분자와 섬유가 공유결합을 형성하는 염료이다.
매염	섬유에 금속염을 흡수시킨 다음 염색하면 금속이 염료와 배위결합을 하여 불용성 착화합물을 만드는 염료이다.
분산	• 폴리에스터나 아세테이트 섬유의 염색에 가장 많이 사용되는 염료이다. • 승화성이 있는 전사날염에 가장 적합한 염료이다.

55 다음 중 평직에 해당하는 직물은?

① 포플린　　　② 서지

③ 개버딘　　　④ 데님

직물의 종류
• 평직물 : 광목, 옥양목, 포플린, 명주, 모시, 머슬린 등
• 능직물 : 트윌, 서지, 개버딘, 진, 데님, 치노, 헤링본 등
• 수자직으로 만든 직물 : 목공단, 새틴, 도스킨, 베니션 등

56 다음 중 산성염료로 염색하였을 경우 염색성이 가장 우수한 섬유는?

① 면　　　② 마

③ 양모　　　④ 아크릴

③ 산성염료는 양모, 견과 같은 단백질 섬유와 나일론 섬유에 가장 많이 쓰이는 염료이다.
①・② 면, 마 섬유에 쓰이는 염료는 직접염료이다.
④ 아크릴은 염기성염료를 사용한다.

57 부직포의 특성 중 틀린 것은?

① 방향성이 없다.

② 표면결이 곱다.

③ 함기량이 많다.

④ 절단 부분이 풀리지 않는다.

부직포의 특징
• 함기량이 많아 가볍고 따뜻하여 보온성이 좋다.
• 재단, 봉제가 용이하다.
• 방향성이 없으므로 잘라도 절단 부분의 올이 풀리지 않는다.
• 방향에 따른 성질의 차가 거의 없다.
• 광택이 적고 촉감이 거칠다.
• 탄성과 레질리언스가 강한 편이다.
• 드레이프성이 부족하다.

58 8매 주자직의 뜀수에 해당하는 것은?

① 1과 7　　　　② 2와 6

③ 3과 5　　　　④ 4

8매 주자직의 조는 1+7, 2+6, 3+5, 4+4이고 그중 1이 존재하는 1+7조와 공약수가 존재하는 2+6, 4+4를 제외시킨다. 따라서 3과 5가 8매 주자직의 가능한 뜀 수가 된다.

주자직의 뜀수 계산

• 두 개의 정수로 일 완전조직이 되도록 조를 짜 만든다.

• 조 중에서 1과 공약수가 존재하는 조는 제외시킨다.

• 제외시키고 남은 조의 숫자가 해당 조직의 뜀수이다.

주자직 매수	가능 뜀수	불가능 뜀수
5	2, 3	1, 4
6	×	1, 2, 3, 4, 5
7	2, 3, 4, 5	1, 6
8	3, 5	1, 2, 4, 6, 7
9	2, 4, 5, 7	1, 3, 6, 8

59 알칼리 세탁과 일광에 대한 견뢰도가 좋지 못하여 천연섬유의 염색에는 적합하지 않은 염료는?

① 직접염료　　　　② 반응성염료

③ 염기성염료　　　　④ 산성염료

염기성염료

• 물에 잘 녹으며 중성 또는 약산성에서 단백질 섬유에 잘 염착되고 아크릴 섬유에도 염착되는 염료이다.

• 알칼리 세탁과 일광에 대한 견뢰도가 좋지 못하여 천연섬유의 염색에는 적합하지 않은 염료이다.

60 변화 조직 중 직물의 표면에 경사 또는 위사 방향의 이랑의 줄무늬를 가진 조직은?

① 두둑직

② 바스켓직

③ 파능직

④ 능형능직

이랑직(두둑직)

• 변화평직 중 직물의 표면에 경사 또는 위사 방향으로 이랑의 줄무늬가 나타나는 조직이다.

• 경이랑직은 한올의 경사를 여러 올의 위사와 엮은 것으로 이랑이 위사 방향으로 향해 있으며 세로 줄무늬가 나타난다.

• 위이랑직은 한 올의 위사를 여러 올의 경사와 엮은 것으로 이랑이 경사 방향으로 향하며 가로 줄무늬가 나타난다.

01 다음 중 오버 블라우스에 해당하는 것은?

① Y셔츠와 같은 형태의 블라우스
② 스커트나 슬랙스 겉으로 내어놓고 착용하는 블라우스
③ 자수나 스모킹을 부분적으로 장식한 블라우스
④ 스커트나 슬랙스에 넣어서 착용하는 블라우스

해설

블라우스 종류
• 셔츠 웨이스트 블라우스 : 남성의 와이셔츠와 같은 모양으로 셔츠 블라우스라고도 한다.
• 오버 블라우스 : 스커트나 슬랙스 위로 내어놓고 입는 블라우스 이다.
• 언더 블라우스 : 스커트나 슬랙스 안에 넣어 입는 블라우스이다.
• 페전트 블라우스 : 서양의 농민들이 입었던 블라우스로 넉넉한 품에 자수나 스모킹을 사용해 부분적으로 장식한 블라우스이다.

02 기모노 슬리브가 매우 짧아진 형태의 슬리브는?

① 래글런 슬리브
② 캡 슬리브
③ 셔츠 슬리브
④ 프렌치 슬리브

해설

프렌치(french) 슬리브 : 소매길이가 어깨점에서 5~10cm 정도 연장된 슬리브로 기모노 슬리브(kimono sleeve)라고도 하며 소매 밑단 둘레가 비교적 넓어서 편안하게 착용할 수 있다. 기모노 슬리브는 소매가 매우 짧아진 형태부터 팔꿈치까지 내려오는 길이 등 여러 가지의 형태가 있다. 일반적으로 길이가 짧은 것으로 가련하고 경쾌한 느낌을 주며 소매 밑에 무를 달아서 입기에 편하고 어깨에 해방감을 주는 슬리브이다.

03 다음 의복 제도 부호의 명칭은?

① 늘림
② 줄임
③ 심지
④ 오그림

해설

제도 기호

심지		늘림	
줄임		오그림	

04 생산목표량의 산출 근거에 해당하는 요소가 아닌 것은?

① 생산제품 1매 생산을 위해서 투입된 작업원수
② 제품의 공정별 가공기술 기준 및 방법 기준
③ 투입 작업원 개별 기능도
④ 1일 작업시간

해설

제품의 공정별 가공기술 및 방법은 제품의 품질에 영향을 준다.

05 너비 110cm의 옷감으로 180° 플레어 스커트를 제작할 때 옷감의 필요량 계산법으로 옳은 것은?

① (스커트 길이×1.5) + 시접
② (스커트 길이×2.5) + 시접
③ (스커트 길이×2) + 벨트 너비
④ (스커트 길이×4) + 벨트 너비

해설

옷감량 계산법(스커트)   (단위 : cm)

종류	폭	필요 치수	계산법
타이트	150	60~70	스커트 길이 + 시접(6~8)
	110	130~150	(스커트 길이×2) + 시접(12~16)
	90	130~150	(스커트 길이×2) + 시접(12~16)
플레어 (다트만 접음)	150	100~120	(스커트 길이×1.5) + 시접(10~15)
	110	140~160	(스커트 길이×2) + 시접(10~15)
	90	150~170	(스커트 길이×2.5) + 시접(10~15)
플레어 (180°)	150	90~100	(스커트 길이×1.5) + 시접(6~15)
	110	130~150	(스커트 길이×2.5) + 시접(5~10)
	90	140~160	(스커트 길이×2.5) + 시접(10~15)
플리츠	150	130~150	(스커트 길이×2) + 시접(12~16)
	110	130~150	(스커트 길이×2) + 시접(12~16)
	90	130~150	(스커트 길이×2) + 시접(12~16)

06 다음 중 단추 달 때의 실기둥 치수로 가장 옳은 것은?

① 단추의 두께
② 단추의 반지름
③ 옷감의 두께
④ 앞단 두께

해설

단추를 달 때 실기둥의 높이는 앞단의 두께로 정한다.

07 그레이딩(grading)에 대한 설명으로 옳은 것은?

① 디자인 종류를 부분별로 구별하는 작업이다.
② 재단 작업에서 봉제 작업으로 이동하는 작업이다.
③ 상품화, 불량품을 분리하는 작업이다.
④ 각 사이즈별 패턴을 제작하는 작업이다.

해설

그레이딩은 기본 패턴에 의거하여 각 부위별 치수를 축소 또는 확대하여 각 주문 치수의 패턴을 조작해 주는 작업을 말한다.

08 다음 그림의 소매(sleeve) 명칭은?

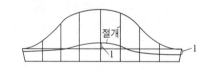
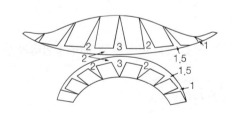

① 랜턴 슬리브(lantern sleeve)
② 퍼프 슬리브(puff sleeve)
③ 비숍 슬리브(bishop sleeve)
④ 벨 슬리브(bell sleeve)

해설

랜턴(lantern) 슬리브

소매가 주판알 혹은 랜턴(호롱불)처럼 부풀어 있는 모양이며 소매나 어깨를 강조할 때 이용하는 슬리브이다.

09 공업용 재봉기의 소분류 중 버선, 장갑 등의 손가락 끝부분의 가장자리 박기 작업에 가장 적합한 형태의 재봉기는?

① 장방형

② 원통형

③ 기둥형

④ 보내기암형

> **해설**
> **기둥형**
> 적립 돌기된 베드면을 갖는 것으로서, 가방 등의 주변봉, 버선, 장갑 등의 손가락 끝의 재봉 작업에 적합한 모양의 것을 말하며, 술병 모양 또는 포스트형(우체통 모양)이라고도 한다.

10 원형의 보정 방법에 대한 설명 중 틀린 것은?

① 마른 체형 – 원형의 모든 치수를 줄인다.

② 등이 굽은 체형 – 뒷길의 남은 부분을 절개하여 줄여 준다.

③ 복부가 나온 체형 – 뒤에 남은 부분은 접어서 줄이고 밑파임 곡선을 조금 더 파 준다.

④ 소매 앞쪽에서 소매산을 향하여 주름이 생길 때 – 소매산 중심점을 앞소매 쪽으로 옮기고 소매산 둘레의 곡선을 수정한다.

> **해설**
> ② 등이 굽은 체형은 굴신체를 말한다.
> **굴신체형의 보정 방법**
> • 옷본 조절 시 정상체인 사람보다 앞중심의 길이가 남아 군주름이 생기므로 앞길이를 접어 줄여 준다.
> • 등길이의 부족량을 절개하여 늘려 준다.
> • 등의 돌출로 인해 어깨 다트를 늘려 준다.

11 계측 항목 중 가슴너비의 설명으로 옳은 것은?

① 좌우 뒤품점 사이의 길이

② 좌우 앞품점 사이의 길이

③ 좌우 유두 사이의 직선거리

④ 옆목점에서 유두점까지의 길이

> **해설**
> ② 가슴너비를 잴 때는 피계측자의 좌우 앞품점 사이의 길이를 잰다.
> ③ 좌우 유두 사이의 직선거리는 유폭을 재는 방법이다.
> ④ 옆목점에서 유두점까지의 길이는 유두길이(유장)이다.

12 체형의 분류 중 Kretschmer의 체형 분류에 해당되지 않는 것은?

① 세장형   ② 투사형

③ 근육형   ④ 비만형

> **해설**
> 크레치머(Kretschmer)는 체형을 비만형, 투사형, 세장형으로 나누었다.

13 계측 방법의 설명 중 틀린 것은?

① 유두길이 – 목옆점을 지나 유두까지를 잰다.

② 허리둘레 – 허리의 가장 가는 부위를 돌려서 잰다.

③ 엉덩이둘레 – 엉덩이의 가장 두드러진 부위를 수평으로 돌려서 잰다.

④ 등길이 – 목뒤점부터 엉덩이선보다 약간 위쪽까지 잰다.

> **해설**
> 등길이는 목뒤점부터 뒤중심선을 따라 허리선의 허리뒤점까지의 길이를 잰다.

14 소매산의 높이를 $\dfrac{\text{A.H}}{4}$ 에서 $\dfrac{\text{A.H}}{6}$ 으로 바꾸어 소매제도를 했을 때 소매진동둘레의 변화로 옳은 것은?

① 소매진동둘레의 변화가 없다.
② 소매진동둘레가 좁아진다.
③ 소매진동둘레가 넓어진다.
④ 소매진동둘레가 좁아졌다가 넓어진다.

해설
진동둘레를 나누는 숫자가 클수록 폭이 넓어지고 소매산이 낮아지기 때문에 활동하기 편리해진다.
소매산 높이
• 잠옷 : $\dfrac{\text{A.H}}{8}$
• 작업복, 셔츠 : $\dfrac{\text{A.H}}{6}$
• 블라우스, 원피스 : $\dfrac{\text{A.H}}{4} + 0 \sim 2\text{cm}$
• 정장, 외출복 : $\dfrac{\text{A.H}}{4} + 3 \sim 4\text{cm}$

15 길 원형의 필요 치수에서 상체의 최대 주경이므로 가장 중요한 항목은?

① 가슴너비   ② 가슴둘레
③ 허리너비   ④ 허리둘레

해설
길 원형 제도 시 기초선으로 필요한 치수는 등길이, 가슴둘레이다. 특히, 가슴둘레는 상반신에서 둘레의 최대치를 나타내는 위치이며 길 원형 제도 시 가장 중요한 기본 항목이다.

16 심감이 갖추어야 할 성질이 아닌 것은?

① 부착이 간편해야 한다.
② 형태 안정성이 커야 한다.
③ 빳빳하면서 탄력성이 커야 한다.
④ 두께는 겉감과 부조화되어야 한다.

해설
심지의 조건
• 빳빳하면서도 탄력성이 크며 형태 안정성이 큰 것이 좋다.
• 부착이 간편한 것이 좋다.
• 두께, 강도, 색채, 관리 방법이 겉감과 조화가 되는 것이 좋다.
• 신축성이 없는 겉감에는 신축성이 있는 심지를 사용한다.
• 버팀이 없는 겉감에는 적당한 버팀을 갖는 심지를 사용한다.
• 수축성이 있는 겉감에는 수축성이 있는 심지를 사용한다.
• 주름 방지성이 있고, 탄성회복성이 좋은 심지를 사용한다.
• 표면이 균일하고 평평한 것을 사용한다.

17 바이어스 테이프를 만들어 도안에 따라 얽어매면서 배치한 후 무늬를 나타내는 장식봉은?

① 스모킹(smocking)
② 패거팅(fagoting)
③ 루싱(ruching)
④ 러플링(ruffling)

해설
장식봉
• 패거팅 : 바이어스 테이프를 만들어 도안에 따라 얽어매면서 배치한 후 무늬를 나타내는 장식봉이다.
• 스모킹 : 원단을 잡아당겨 생기는 잔주름을 잡고 그 위에 보다 굵은 실로 일정한 모양의 장식 스티치를 하여 무늬를 넣는 것을 말한다.
• 루싱 : 루슈(ruche) 장식을 말하는데 '벌통에서 사는 꿀벌 떼'라는 의미로 장식이 벌집처럼 보이는 효과 때문에 붙여진 이름이다. 일반적으로 가느다란 레이스 같은 것을 의미한다.
• 러플 : 프릴보다 너비가 넓은 것을 러플이라고 하며, 주름을 잡아 단 처리를 하거나 장식으로 이용한다.

18 각 부위의 기본 시접 중 어깨와 옆선의 시접 분량으로 가장 적합한 것은?

① 0.5cm   ② 2cm

③ 4cm   ④ 6cm

> **해설**
>
> 기본 시접 분량
>
> | 1cm | 목둘레, 칼라, 요크선, 앞단, 스커트 · 슬랙스 허리선, 앞중심선 |
> |---|---|
> | 1.5cm | 진동둘레, 가름솔 |
> | 2cm | 어깨, 옆선 |
> | 3~4cm | 소맷단, 블라우스단, 파스너단 |
> | 4~5cm | 스커트 · 재킷의 단 |

19 소매의 진동선 없이 길과 소매가 한 장으로 제도된 소매는?

① 돌먼 슬리브(dolman sleeve)

② 비숍 슬리브(bishop sleeve)

③ 타이트 슬리브(tight sleeve)

④ 케이프 슬리브(cape sleeve)

> **해설**
>
> 돌먼(dolman) 슬리브
> 소매의 진동선 없이 길과 소매가 한 장으로 연결된 소매로 겨드랑이 부분이 매우 넓고 소맷부리가 좁은 것으로 방한용 코트에 적합하며 키가 큰 체형에 어울린다.

20 원형제작 시 필요 항목의 연결이 틀린 것은?

① 소매(sleeve) – 길 원형의 앞뒤 진동둘레 치수, 소매길이, 팔꿈치길이, 소매산길이, 손목둘레

② 슬랙스(slacks) – 허리둘레, 엉덩이둘레, 엉덩이길이, 밑위길이, 앞길이, 바지길이

③ 스커트(skirt) – 허리둘레, 엉덩이둘레, 스커트길이, 엉덩이길이

④ 길(bodice) – 가슴둘레, 등길이, 유두길이, 어깨너비, 등너비, 가슴너비, 유두간격, 목둘레

> **해설**
>
> 슬랙스 원형 제작 시 필요 치수는 허리둘레, 엉덩이둘레, 엉덩이길이, 밑위길이, 바지길이이다.

21 기본 스커트 원형 각부 명칭의 약자 표시가 아닌 것은?

① C.B.L   ② C.F.L

③ E.L   ④ H.L

> **해설**
>
> E.L(Elbow Line)은 팔꿈치선으로 소매 원형을 제도할 때 쓴다.
> 스커트 제도 약자
> • C.B.L : 뒤중심선(Center Back Line)
> • C.F.L : 앞중심선(Center Front Line)
> • H.L : 엉덩이둘레선(Hip Line)
> • W.L : 허리선(Waist Line)
> • S.L : 옆선(Side Line)
> • H : 엉덩이둘레(Hip Circumference)
> • W : 허리둘레(Waist Circumference)

22 가봉 시 주의할 점 중 틀린 것은?

① 바느질 방법은 의복의 종류에 관계없이 손바느질의 상침시침으로 한다.

② 바늘은 옷감에 직각으로 꽂아 옷감이 울지 않게 한다.

③ 실은 면사로 하되 얇은 옷감은 한 올로 하고, 두꺼운 옷감은 두 올로 한다.

④ 재봉대 위에 펴놓고 일반적으로 오른손으로 누르면서 왼쪽에서 오른쪽으로 시침한다.

> **해설**
> ④ 일반적으로 왼손으로 누르고 오른쪽에서 왼쪽으로 시침한다.

24 의복 구성에 필요한 체형을 계측하는 직접법의 특징이 아닌 것은?

① 피계측자에게 직접 기구를 대지 않고 인체를 사진에 기록한다.

② 굴곡 있는 체표의 실측길이를 얻을 수 있다.

③ 표준화된 계측 기구가 필요하다.

④ 계측을 위하여 넓은 장소와 환경의 정리가 필요하다.

> **해설**
> ①은 간접계측법이다.

23 바느질 방법에 대한 설명 중 틀린 것은?

① 통솔 – 시접을 겉으로 0.3~5cm로 박은 다음 접어서 안으로 0.5~0.7cm로 한 번 더 박는다.

② 쌈솔 – 청바지의 솔기를 튼튼하게 하기 위해 사용하는 바느질이다.

③ 누름상침 – 소매를 진동둘레에 달 때 사용하는 바느질이다.

④ 접어박기 가름솔 – 시접 끝을 0.5cm 정도로 접어서 박아 시접을 가른다.

> **해설**
> **누름상침** : 이음 부분을 튼튼하게 하기 위해서 옷감을 이은 솔기를 가르거나 한쪽으로 눕혀서 한 번 더 눌러 박아주는 방법이다.

25 시침실을 사용하며 두 장의 직물에 패턴의 완성선을 표시할 때 사용하는 손바느질 방법은?

① 휘갑치기   ② 실표뜨기
③ 홈질   ④ 어슷시침

> **해설**
> **실표뜨기**
> • 두 겹으로 겹쳐 재단한 옷감의 완성선을 표시할 때 사용하는 바느질법이다.
> • 옷감의 표시 방법 중 옷감을 상하지 않게 하는 가장 완전한 표시 방법이다.
> • 2올로 겉에서는 실땀이 길고 뒤에서는 짧게 되도록 시침한다.
> • 직선일 때는 간격을 성글게, 곡선일 때는 간격을 촘촘하게 시침한다.
> • 바늘땀을 3cm 정도로 뜨며 두 장의 옷감을 겹쳐 시작하고 바느질이 끝나면 두 장의 옷감 사이를 벌려가며 실땀을 잘라 준다.

26 옷감과 패턴의 배치 설명으로 옳은 것은?

① 짧은 털이 있는 직물은 털의 결 방향에 신경쓰지 않고 패턴을 배치한다.

② 털이 긴 첨모직물은 털의 결 방향이 위로 향하도록 배치한다.

③ 체크무늬나 줄무늬는 옷감 정리에서 줄을 바르게 정리한 다음 무늬를 맞춰 배치한다.

④ 옷감의 안과 안이 마주보도록 접은 다음 옷감의 겉쪽에 패턴을 배치한다.

> **해설**
> ① 짧은 털이 있는 옷감은 털의 결 방향을 위로 배치한다.
> ② 털이 긴 옷감은 털의 결 방향이 밑으로 향하도록 배치한다.
> ④ 옷감의 표면이 안으로 들어가게 반을 접어 패턴을 배치한다.

27 다음 중 디자인상 바이어스(bias) 방향으로 재단 시 스커트 모양이 제대로 나타나는 것은?

① 플레어(flared) 스커트

② 플리츠(pleats) 스커트

③ 타이트(tight) 스커트

④ 티어드(tiered) 스커트

> **해설**
> 플레어 스커트
> • 나팔 모양이라는 뜻을 가진 플레어(flare) 스커트는 허리 부분은 꼭 맞고 아랫단 쪽으로 내려오면서 자연스럽게 넓어지는 스커트이다.
> • 디자인상 바이어스 방향으로 재단할 때 스커트 모양이 제대로 나타난다.

28 길 다트에서 기준점이 되는 것은?

① 앞목점 ② 옆목점

③ 앞중심점 ④ 가슴점

> **해설**
> 원형 제도 시 필요 항목
> • 길 원형 제도 시 기초선으로 필요한 치수는 등길이와 가슴둘레이다.
> • 정상체 원형 제도 시 기본이 되는 항목은 가슴둘레이다.
> • 가슴둘레는 상반신에서 둘레의 최대치를 나타내는 위치이며 길 원형 제도 시 가장 중요한 기본 항목이다.
> • 길 원형의 필요 치수는 가슴둘레, 등길이, 어깨너비이다.
> • 길 원형에서 기준점이 되는 것은 가슴점이다.
> • 길 원형에서의 기준선은 목밑둘레선, 가슴둘레선, 엉덩이둘레선이다.

29 2매 이상의 소재가 끝부분이 서로 나란히 포개진 상태에서 한 줄 또는 여러 줄로 봉제하는 솔기는?

① 플랫 솔기(flat seam)

② 랩 솔기(lapped seam)

③ 바운드 솔기(bound seam)

④ 슈퍼임포즈 솔기(superimposed seam)

> **해설**
> ① 플랫 솔기(flat seam) : 천을 포개지 않은 상태로 두 천을 서로 인접한 상태에서 봉사나 다른 소재를 이용해 봉제하는 심이다.
> ② 랩 솔기(lapped seam) : 2장의 겹쳐진 천은 서로 포개어 겹쳐 있고, 이때의 겹쳐진 양은 땀을 유지시키거나 봉합하는 데 충분한 양이 되도록 봉합시킨다.
> ③ 바운드 솔기(bound seam) : 시접 끝을 다른 소재의 감이나 테이프로 감싸 박음질로 처리하는 것이다.

30 옷의 실루엣을 위하여 봉제하기 전에 다림질하여 형태를 입체적으로 만드는 방법으로 틀린 것은?

① 다림질로 오그리는 부위는 소매산, 팔꿈치, 어깨, 허리, 엉덩이 부분이다.

② 재킷의 소매 밑의 앞부분은 다리미로 늘여서 정리한다.

③ 웨이스트 라인의 곡선을 나타내는 부분은 시접만 늘여서 옷감을 정리한다.

④ 직선에 달 때는 바이어스를 대고 곱게 바느질해 준다.

해설
④ 바이어스 테이프는 곡선 부위에 사용한다.

31 재생섬유에 대한 설명 중 틀린 것은?

① 셀룰로스를 주성분으로 한 인조섬유를 레이온 또는 인견이라고 한다.

② 비스코스 레이온의 제조공정에는 침지, 노성, 황화, 숙성 등이 있다.

③ 황산나트륨과 황산은 셀룰로스를 재생시키는 역할을 한다.

④ 강력 레이온은 강도는 크나 습윤에 따른 형태 안정성이 좋지 못하다.

해설
③ 황산나트륨과 황산은 비스코스 레이온 섬유를 응고시킨다.

32 앙고라 염소에서 얻어진 헤어 섬유로, 평활한 표면을 가지고 있으며 좋은 레질리언스를 가지고 있는 것은?

① 모헤어 ② 캐시미어
③ 낙타모 ④ 라마속

해설
② 캐시미어 : 캐시미어 산양에서 얻는 섬유로 부드럽고 촉감이 좋다.
③ 낙타모 : 낙타의 털 섬유를 말하는데 강하고 탄성이 있다.
④ 라마속 : 낙타과의 동물인 라마의 털 섬유를 말한다.

33 섬유의 단면이 두 개의 삼각형에 가까운 피브로인 섬유가 세리신으로 접착되어 이루어진 섬유는?

① 면 ② 양모
③ 견 ④ 황마

해설
견(명주) 섬유
• 단면이 삼각형 구조인 동물성 섬유로, 광택이 우수하다.
• 2가닥의 피브로인과 그 주위를 감싼 1가닥의 세리신으로 되어 있다(피브로인의 외부에 세리신이 부착).
• 주성분은 피브로인 75~80%, 세리신 20~25%로 구성되어 있다.
• 누에고치에서 실을 뽑을 때는 뜨거운 물이나 증기 속에 넣어 처리한다.

34 주로 견, 레이온, 합성섬유 등의 필라멘트사의 굵기를 표시하는 데 사용하는 것은?

① 얀
② 리어
③ 코드
④ 데니어

해설

항장식(데니어)
- 항장식은 표준 길이에 대한 무게로 실의 굵기를 나타내는 방법이다.
- 필라멘트사(견, 레이온, 합성섬유)의 굵기를 나타내는 방법으로, 기호는 D(실) 또는 d(섬유)로 나타낸다.
- 1데니어는 실 9,000m의 무게를 1g으로, 1데니어(1D)로 표시한다. 데니어의 숫자가 커질수록 실은 굵다.

35 인조섬유 필라멘트사를 여러 가지 기계적인 처리에 의하여 루프(loop) 또는 권축을 만들어 신축성을 향상시키고 함기량을 크게 하는 실은?

① 스파이럴사
② 직방사
③ 장식사
④ 텍스처사

해설

텍스처사는 합성섬유를 천연섬유처럼 만든 실을 말한다. 필라멘트사에 기계적인 처리를 통해 코일, 크림프, 루프 등의 모양을 만들어 표면에 변화를 주고 신축성, 함기량 등을 향상시킨 실이다.

36 다음 중 방적사를 만들 수 없는 섬유는?

① 면
② 양모
③ 마
④ 폴리우레탄

해설

단섬유는 면, 모, 마와 같이 섬유장이 짧은 섬유나 견, 필라멘트와 같은 장섬유를 방적하기에 알맞은 길이로 짧게 절단한 것이다. 단섬유를 평행하고 길게 만들어 꼬임을 주어 만든 실을 방적사라고 한다.

37 폴리에스터 섬유의 특성이 아닌 것은?

① 내약품성이 좋다.
② 열가소성이 좋다.
③ 흡습성이 낮아 습기가 강도와 신도에 영향을 미치지 않는다.
④ 제조공정에서의 연신의 정도에 따라 강도와 신도의 차이가 없다.

해설

폴리에스터는 연신 공정(원료를 실로 만들기 위해 길게 늘리는 공정)에 따라 강도와 신도의 차이가 나는 섬유이다.

38 다음 중 흡습하였을 때 강도가 증가하는 섬유는?

① 양모
② 아세테이트
③ 비스코스 레이온
④ 면

해설

면 섬유는 습윤하면 강도가 가장 많이 증가한다. 산에는 약하나 알칼리에 강해서 합성세제에 비교적 안전하다.

39 스테이플 파이버(staple fiber)에 대한 설명으로 옳은 것은?

① 견과 같이 무한히 긴 것이다.

② 치밀하여 광택이 좋고 촉감이 차다.

③ 양모 섬유처럼 한정된 길이를 가진 것이다.

④ 통기성, 투습성이 좋지 않다.

해설

스테이플 파이버(staple fiber)
• 단섬유를 방적해서 만드는 실을 말한다.
• 비교적 부드러우며 감촉이 따뜻하다.
• 굵기나 보풀상태가 불균일하고, 강도는 필라멘트사보다 약하다.
• 면사(무명실), 마사, 모사(털실) 등이 있다.

40 아마의 특성으로 섬유 간에 잘 엉키게 하여 방적성을 좋게 해 주는 것은?

① 마디(node)

② 스케일(scale)

③ 크림프(crimp)

④ 천연 꼬임(natural twist)

해설

아마 섬유(린넨)
• 아마과에 속하는 식물로 여러 개의 단섬유가 모여 섬유 다발을 만들고 있다.
• 측면의 마디는 면 섬유의 꼬임과 같이 섬유와 섬유를 서로 잘 엉키게 하여 방적성을 좋게 해 준다.
• 측면에 길이 방향의 줄무늬가 있고, 줄무늬를 가로지르는 대나무 모양의 마디가 곳곳에 잘 발달되어 있다.
• 아마 섬유 자체를 결합시키는 고무질이 셀룰로스 사이에서 접착제 역할을 하기 때문에 정련작업을 통해 고무질을 제거하는 과정을 거쳐 섬유를 얻는다.

41 색상을 기준으로 한 배색 중 색상차가 가장 낮은 배색은?

① 중간차색상

② 유사색상

③ 대조색상

④ 보색색상

해설

인접색상 배색
• 색상환에서 약 30° 떨어져 있는 유사한 색상끼리의 배색을 말한다.
• 색상을 기준으로 한 배색 중 색상차가 가장 낮은 배색 방법이다.
• 인접색의 배색은 차분하고 안정된 효과를 준다.
• 유사한 색상의 배색은 온화한 감정을 준다.

42 원색에 대한 설명 중 틀린 것은?

① 색의 근원이 되는 으뜸의 색이다.

② 원색들을 혼합해서 다른 색상을 만들 수 있다.

③ 다른 색상들을 혼합해서 원색을 만들 수 있다.

④ 색광의 3원색은 빨강, 초록, 파랑이다.

해설

원색은 색의 근원이 되는 으뜸의 색으로, 다른 색의 혼합으로 만들 수 없는 색을 말한다.

43 다음 중 진출, 팽창되어 보이는 색이 아닌 것은?

① 한색계의 색

② 난색계의 색

③ 고명도의 색

④ 고채도의 색

해설

한색계(청색, 파랑)의 색은 난색계의 색보다 후퇴, 수축되어 보인다.

44 다음 중 색의 3속성으로 옳은 것은?

① 한색, 난색, 보색

② 색상, 명도, 채도

③ 명도, 순도, 채도

④ 빨강, 노랑, 파랑

해설

색의 3속성

• 색상 : 빨강, 노랑, 파랑, 초록 등 서로 구별되는 색의 차이를 말한다.

• 명도 : 색의 밝고 어두운 정도를 말하며 색의 3속성 중 눈에 가장 민감하게 작용한다.

• 채도 : 색의 선명함의 정도를 나타내며 지각적인 면에서 볼 때 색의 강약이라고 할 수 있다.

45 대비조화 중 보색 조화가 지나치게 강렬한 느낌을 주고 두 색의 관계가 뚜렷하게 나타나기 때문에, 이보다 약간 덜 눈에 띄는 미묘한 대비 조화를 이룰 때 사용하는 것은?

① 분보색 조화   ② 3각 조화

③ 보색 조화   ④ 중보색 조화

해설

분보색 조화

• 색상환에서 보색을 피해 보색의 양 옆에 있는 색을 이용하여 세 가지 색으로 조화를 이루는 것을 말한다.

• 보색 조화가 지나치게 강렬한 느낌을 주고 두 색의 관계가 뚜렷하게 나타나기 때문에, 이보다 약간 덜 눈에 띄는 미묘한 대비 조화를 이룰 때 사용한다.

46 다음 중 비대칭 균형에서 느낄 수 없는 것은?

① 부드러움

② 단조로움

③ 운동감

④ 유연성

해설

균형

• 시각적 무게감을 말하며 전체적으로 안정감과 통일감을 줄 수 있는 원리이다.

• 대칭 균형을 이룬 디자인은 보수적이고 단조로우며 딱딱한 느낌을 준다.

• 비대칭 균형은 좌우의 힘의 균형이 다르거나 위치가 다르더라도 이들을 적절히 배치하여 힘의 균형이 이루어지도록 한 것이다. 비대칭 균형에서는 부드러움, 운동감, 유연성을 느낄 수 있다.

47 색의 경연감에 대한 설명 중 틀린 것은?

① 명도가 높고 채도가 낮은 색은 딱딱한 느낌을 준다.

② 경연감이란 색의 딱딱함과 부드러운 느낌을 말한다.

③ 시각적으로 경험에 따라 다르게 느껴진다.

④ 한색의 색은 딱딱한 느낌을 준다.

해설

색의 경연감

• 경연감은 딱딱한 느낌과 부드러운 느낌을 표현하는 색의 감정 용어이다.

• 딱딱함 : 저명도, 고채도, 한색 계열

• 부드러움 : 고명도, 저채도, 난색 계열

48 다음 중 색이 상징하는 내용으로 가장 거리가 먼 것은?

① 빨강 – 위험, 분노
② 노랑 – 명랑, 유쾌
③ 녹색 – 안식, 안정
④ 청록 – 신비, 우아

해설

일반적인 색채 상징

색상	긍정적 상징	부정적 상징
빨강	열정, 생명, 활력, 행운, 길복, 사랑	전쟁, 혁명, 비속, 죄악, 위험, 금지
노랑	빛, 존귀, 권력, 신성, 즐거움, 풍요, 지성	배반, 이단, 질투, 불안정
초록	자연, 휴식, 안전, 보호, 젊음	독, 무료함, 단조로움, 의심
보라	고귀, 신성함, 낭만, 향기로움, 신비, 관능	죽음, 타락, 나약함, 우울, 미신

49 매스 효과(mass effect)의 설명으로 가장 옳은 것은?

① 그림과 배경이 서로 반전하여 보이는 것이다.
② 색의 차가움과 따뜻함의 느낌에 따라 생기는 것이다.
③ 같은 색이라도 큰 면적의 색이 작은 면적의 색보다 밝고 선명하게 보이는 것이다.
④ 색의 3속성별로 색상 대비, 명도 대비, 채도 대비의 현상이 더욱 강하게 일어나는 것이다.

해설

① 그림과 배경이 서로 반전하여 보이는 것은 착시현상 중 하나이다.
② 색에 따라 따뜻하거나 차갑게 느껴지는 감정은 온도감이다.
④ 두 색 사이에 명도, 색상, 채도 대비가 동시에 일어났을 때 명도 대비가 가장 강하게 인식된다.

50 다음 중 동시 대비에 해당되지 않는 것은?

① 색상 대비
② 보색 대비
③ 계시 대비
④ 명도 대비

해설

동시 대비는 가까이 있는 두 색을 동시에 볼 때 생기는 대비 현상으로, 명도 대비, 채도 대비, 색상 대비, 보색 대비 등이 있다. 계시 대비는 어떤 색을 보다가 다른 색을 보았을 때에 앞의 색의 잔상의 영향으로 본래의 색과 다르게 보이는 현상이다.

51 의복의 보관 중 습기로 인한 피해로 가장 거리가 먼 것은?

① 함기성 감소
② 강도 저하
③ 변퇴색 발생
④ 곰팡이 발생

해설

① 섬유에 권축이 있으면 함기성이 좋아져 보온성을 높여 주고 투습성, 통기성도 향상된다. 습기와는 관련이 없다.
습기로 인해 의복의 강도가 떨어지고 변색, 곰팡이, 해충이 발생되어 피해를 입을 수 있다.

52 다음 중 평직물이 아닌 것은?

① 광목　　　　② 목공단
③ 포플린　　　④ 옥양목

② 목공단은 주자직물이다.

53 능직의 표면과 이면의 조직을 가로세로 방향으로 교대로 배합하여 만든 조직은?

① 신능직　　　② 산형능직
③ 능형능직　　④ 주야능직

주야능직
표면과 이면의 조직을 종횡의 양방향으로 교대로 배합하여 만든 조직으로 경계가 뚜렷하게 나타나 명암의 효과를 준다.

54 축융 방지 가공에 대한 설명 중 틀린 것은?

① 양모 섬유의 스케일 일부를 약품으로 용해하는 방법이다.
② 양모 섬유의 스케일을 합성수지로 피복하는 방법이다.
③ 염소에 의해 스케일 일부가 흡착되어 축융을 방지하는 방법이다.
④ 수지로 섬유를 접착하여 섬유의 이동을 막아 축융을 방지하는 방법이다.

클로리네이션(스케일의 일부를 용해, 제거하는 가공법)으로 스케일 층을 얇은 합성수지피막으로 덮어 축융을 방지한다.

55 평직의 특징이 아닌 것은?

① 제직이 간단하다.
② 조직점이 많아서 얇으면서 강직하다.
③ 구김이 잘 생기고 광택이 적다.
④ 표면과 이면이 다른 조직이다.

평직은 가장 보편적이고 제직이 간단하며 앞뒤의 구별이 없다.

56 뜀수가 정해지지 않아서 수자조직으로 부적합한 것은?

① 5매 수자　　② 6매 수자
③ 7매 수자　　④ 8매 수자

6매 주자직의 조는 1＋5, 2＋4, 3＋3조이고 그중 1이 존재하는 1＋5조와 공약수가 존재하는 2＋4, 3＋3조를 제외시킨다. 이때 6매 주자직은 가능한 뜀수가 나오지 않아 수자조직으로 부적합하다.
주자직의 뜀수 계산
• 두 개의 정수로 일 완전조직이 되도록 조를 짜 만든다.
• 조 중에서 1과 공약수가 존재하는 조는 제외시킨다.
• 제외시키고 남은 조의 숫자가 해당 조직의 뜀수이다.

주자직 매수	가능 뜀수	불가능 뜀수
5	2, 3	1, 4
6	×	1, 2, 3, 4, 5
7	2, 3, 4, 5	1, 6
8	3, 5	1, 2, 4, 6, 7
9	2, 4, 5, 7	1, 3, 6, 8

57 의복의 보관에 대한 설명 중 가장 거리가 먼 것은?

① 정돈한 의복은 한 벌씩 따로 종이에 싼다.

② 먼지를 막기 위해 비닐 옷보자기에 싸서 오랫동안 둔다.

③ 해충으로부터 의복을 보호하기 위해서는 보관할 때에 방충제를 함께 넣어 보관한다.

④ 양복은 옷걸이에 걸고 옷덮개를 사용하는 것이 바람직하다.

해설

통풍이 되지 않는 비닐로 옷을 싸서 오랫동안 보관할 경우 좀이나 곰팡이가 생겨 의복에 손상을 주며 퀴퀴한 냄새가 날 수 있다.

58 다음 중 의복의 위생적 성능에 해당되지 않는 것은?

① 방추성　　　② 통기성

③ 보온성　　　④ 흡수성

해설

의복의 성능

• 위생적 성능 : 투습성, 흡수성, 통기성, 열전도성, 보온성, 함기성, 대전성 등

• 감각적 성능 : 촉감, 축융, 기모, 광택, 필링성 등

• 실용적 성능 : 강도, 신도, 내열성 등

• 관리적 성능 : 형태 안정성, 방충성, 방추성 등

59 부직포의 특성으로 틀린 것은?

① 방향성이 없다.

② 함기량이 많다.

③ 내구성이 좋다.

④ 표면결이 곱지 못하다.

해설

부직포의 특징

• 함기량이 많아 가볍고 따뜻하여 보온성이 좋다.

• 방향성이 없으므로 잘라도 절단 부분의 올이 풀리지 않는다.

• 방향에 따른 성질의 차가 거의 없다.

• 광택이 적고 촉감이 거칠다.

• 탄성과 레질리언스가 강한 편이다.

• 드레이프성이 부족하다.

60 의복 재료가 갖추어야 할 특성 중 관리성과 가장 관계가 있는 것은?

① 내연성

② 내추성

③ 드레이프성

④ 염색성

해설

의복의 관리적 성능

• 장기간 보관 시 형태를 흩트리지 않고 좀이나 곰팡이가 발생하지 않게 하는 기능이다.

• 형태 안정성, 방충성, 방추성(내추성) 등이 있다.

01 상체가 곧고 가슴이 높게 솟아 있으며 엉덩이는 풍만하고 배가 평편한 자세의 체형은?

① 굴신체   ② 반신체

③ 비만체   ④ 후신체

해설

① 굴신체 : 중년층이나 노년층에 많은 체형으로 몸 전체에 부피감이 없고 목이 앞쪽으로 기울었으며, 등이 구부정하고 엉덩이와 가슴이 빈약한 체형이다.
③ 비만체 : 몸 전체적으로 둘레가 크고 지방이 많다.
④ 후신체 : 성인에 비해 일반적인 아동의 체형은 앞과 뒤가 후신체이다.

02 시접을 가르거나 한쪽으로 꺾어 위로 눌러 박는 바느질은?

① 가름솔   ② 통솔

③ 뉜솔   ④ 쌈솔

해설

① 가름솔 : 옷감을 이은 솔기를 처리하는 바느질 방법으로, 두 장을 겹쳐 박음질한 후 펼쳤을 때 생기는 두 개의 솔기를 양쪽으로 갈라놓는 것을 말한다.
② 통솔 : 시접을 완전히 감싸는 방법으로, 시접을 겉으로 0.3~0.5cm로 박은 다음 접어서 안으로 0.5~0.7cm로 한 번 더 박는다.
④ 쌈솔 : 시접의 한쪽을 안으로 0.3~0.5cm 내어서 박은 다음 그 시접으로 접어서 한 번 더 박는 바느질로, 솔기가 뜯어지지 않게 처리하는 바느질법이다.

03 엉덩이가 나오고 복부가 들어간 체형의 보정 방법으로 가장 옳은 것은?

① 앞 원형의 H.L 위쪽에서 옆선을 내어 그려서 품을 넓히고 다트 분량도 늘려 준다.
② 뒤 원형의 H.L 위쪽에서 옆선을 내어 그려서 품을 넓히고 다트 분량도 늘려 준다.
③ H.L을 절개하여 뒤는 늘리고, 앞은 접어 줄인다.
④ 뒤 허리선을 내려 주고, 뒷다트 길이를 길게 한다.

해설

엉덩이가 나오고 복부가 들어간 체형은 뒤에서 당기고 주름이 생기는데, 이런 체형은 H.L을 절개하여 뒤는 늘리고, 앞은 접어 줄여서 보정을 해야 한다.

04 제도에 필요한 부호 중 늘림에 해당하는 것은?

①   ②

③   ④

해설

제도 기호

심지		다트	
늘림		다림질 방향	

05 플레어 너비를 디자인에 따라 정하는 형으로 각도를 다양하게 구성하는 방법으로, 먼저 플레어의 각도를 정하고 절개선을 끝까지 절개하여 기본 다트를 자르고 각도에 맞게 허리둘레선을 정하고 밑단을 정리하는 스커트는?

① A라인 플레어 스커트

② 벨 플레어 스커트

③ 세미 서큘러 플레어 스커트

④ 요크를 댄 플레어 스커트

해설

세미 서큘러 플레어 스커트

• 세미 서큘러 플레어 스커트는 360°로 펼쳐지는 플레어 스커트의 일종으로, 플레어의 분량이 조금 적은 스커트를 말한다. 예를 들어 180°, 270°는 세미 서큘러(semi circular)인데, 이와 비슷하게 치마폭이 플레어보다는 조금 적게 펼쳐지는 스커트를 말한다.

• 먼저 플레어의 각도를 정하고 절개선을 끝까지 나누어 기본 다트를 자르고 각도에 맞게 허리둘레선을 정하고 밑단을 정리한다.

06 세트 인 소매(set-in sleeve)가 아닌 것은?

① 퍼프 슬리브(puff sleeve)

② 랜턴 슬리브(lantern sleeve)

③ 래글런 슬리브(raglan sleeve)

④ 케이프 슬리브(cape sleeve)

해설

래글런(raglan) 슬리브는 목둘레선에서 겨드랑이에 사선으로 절개선이 들어간 소매로 활동적인 의복에 사용되는 소매이다.

07 의복 제작 시 평면적인 옷감을 입체화하기 위해서 옷감을 오그려야 할 부분은?

① 소매의 앞

② 바지의 밑위

③ 앞 가슴

④ 어깨

해설

입체감을 위해 다림질로 오그리는 부분은 소매산, 팔꿈치, 어깨, 허리, 엉덩이 부분이다.

08 심감의 기본 시접 중 목둘레의 시접 분량으로 가장 적합한 것은?

① 0.5cm   ② 1cm

③ 1.5cm   ④ 2cm

해설

기본 시접 분량

1cm	목둘레, 칼라, 요크선, 앞단, 스커트·슬랙스 허리선, 앞중심선
1.5cm	진동둘레, 가름솔
2cm	어깨, 옆선
3~4cm	소맷단, 블라우스단, 파스너단
4~5cm	스커트·재킷의 단

09 다림질 시 지나친 가열로 일어나는 옷감의 변화에 해당되지 않는 것은?

① 팽창
② 경화
③ 용융
④ 변색

다림질에 의한 섬유 변화
• 일반적으로 물에 젖은 섬유를 다림질했을 때 수축되는 현상이 가장 많이 나타난다.
• 다리미를 지나치게 가열시키면 섬유의 변색, 수축, 용융, 경화 현상이 나타난다.
• 합성섬유(비닐론이나 아세테이트)를 고온으로 다림질할 때 섬유가 가열로 연화되어 섬유 자체가 융착–냉각 후에도 그대로 굳어지는 현상인 경화 현상이 나타나고, 수분이 있을 경우에 정도가 더 심하게 나타난다.

10 순면 심지의 특징에 대한 설명 중 틀린 것은?

① 수축성이 작고 형태의 지속성이 우수하다.
② 일광이나 땀에 의해 변색되지 아니한다.
③ 탄력성이 풍부하고 구김 회복성이 우수하다.
④ 대전성이 없으므로 더러움을 잘 타지 아니한다.

③ 탄력성과 구김 회복성이 우수한 심지는 부직포 심지이다.

11 플레어 스커트를 바이어스 방향으로 재단할 때 정 바이어스로서 플레어가 바르게 구성될 수 있는 각으로 가장 적합한 것은?

① 30°
② 45°
③ 60°
④ 90°

플레어 스커트
• 나팔 모양이라는 뜻을 가진 플레어(flare) 스커트는 허리 부분은 꼭 맞고 아랫단 쪽으로 내려오면서 자연스럽게 넓어지는 스커트이다.
• 플레어 스커트는 디자인상 바이어스 방향으로 재단할 때 모양이 제대로 나타나는데, 바이어스 방향은 위사 방향의 45° 방향으로 위사와 경사 방향의 대각선 모양이다.

12 가봉 시 의복 시착 후 관찰 항목으로 가장 거리가 먼 것은?

① 전체적인 실루엣
② B.P의 위치
③ 시접 방향
④ 가슴둘레의 여유분

시착 시 유의사항
• 가슴둘레의 여유분이 적당한가를 관찰한다.
• 전체적인 실루엣이 알맞은지 관찰한 후 부분적인 곳을 관찰한다.
• 옷감의 올이 바로 놓였는가를 관찰한다.
• B.P의 위치가 맞고 다트의 위치, 길이, 분량 등이 알맞은가를 관찰한다.
• 옷 전체의 길이 및 여유분이 적당한가를 관찰한다.
• 절개선 위치, 칼라의 형태, 크기가 적당한가를 관찰한다.
• 옆선, 어깨선이 중앙에 놓였는가를 관찰한다.
• 허리선, 밑단선이 수평으로 놓였는가를 관찰한다.

13 어깨너비의 치수를 재는 방법으로 가장 옳은 것은?

① 좌우 어깨점과 가슴너비점을 지나는 라인의 직선 거리를 잰다.

② 좌우 어깨점과 목앞점을 지나는 선을 따라 체표 면을 잰다.

③ 좌우 어깨끝점 사이의 길이를 뒤에서 잰다.

④ 좌우 옆목점을 지나며 좌우 어깨점의 너비를 잰다.

> **해설**
> 어깨너비는 피계측자의 뒤에서 좌우 어깨끝점의 길이를 잰다.

14 다음 그림과 같은 스커트의 구성방법에 해당하는 스커트는?

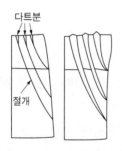

다트분

절개

① 랩 스커트(wrap skirt)

② 드레이프 스커트(draped skirt)

③ 디바이디드 스커트(divided skirt)

④ 개더 스커트(gather skirt)

> **해설**
> 스커트의 종류
> • 드레이프 스커트 : 흘러내리는 듯한 자연스러운 주름이 잡혀 있는 스커트를 말한다.
> • 랩어라운드 스커트 : 천 한 폭을 휘감아서 입는 치마이다.
> • 디바이디드(큐롯) 스커트 : 나누어진 스커트라는 의미로 바지처럼 가랑이가 있는 치마를 말한다.
> • 개더 스커트 : 옷감을 오그려서 허리에 잔주름을 잡은 스커트이다.

15 손바느질 방법 중 바늘땀을 되돌아와 뜨는 바느질은?

① 홈질   ② 섞음질

③ 박음질   ④ 시침질

> **해설**
> ① 홈질 : 손바느질의 기본이 되는 기초 바느질로, 바늘땀을 위아 래로 드문드문 성기게 꿰매는 바느질이다. 두 장의 천을 이을 때 많이 사용한다.
> ② 섞음홈질 : 홈질 중간마다 반박음질을 하는 것을 말한다.
> ④ 시침질 : 본 바느질을 하기 전에 두 장의 천을 떨어지거나 밀리 지 않도록 임시로 꿰매는 바느질이다. 홈질과 같은 방법을 이용 하지만 바늘땀의 간격이 홈질의 2배 이상 넓게 하는 것이 차이 점이다. 본 바느질이 끝난 후에 시침질한 실은 뜯어낸다.

16 길과 연결되어 목 위로 올라가게 되는 네크라인은?

① 스퀘어 네크라인(square neckline)

② 카울 네크라인(cowl neckline)

③ 하이 네크라인(high neckline)

④ 브이 네크라인(V neckline)

> **해설**
> 하이 네크(high neck) 칼라
> 길과 연결되어 목 위로 올라가는 칼라이다.

17 재단 공정 중 마커(marker)의 설명으로 틀린 것은?

① 패턴지에 명시되어 있는 경사, 위사, 바이어스 등의 방향을 지킨다.

② 천의 표면이 결이 있는 직물일 경우 양방향으로 패턴을 배열한다.

③ 재단선은 최소한의 가는 선을 이용한다.

④ 패턴의 배열은 큰 패턴부터 배치한다.

> **해설**
> ② 플란넷, 벨벳 등의 천의 표면에 짧게 혹은 길게 결이 있는 경우 한 방향으로 패턴을 배열한다.

18 너비 110cm의 옷감으로 반소매 블라우스를 제작할 때 옷감의 필요량 계산법으로 옳은 것은?

① (블라우스 길이 × 4) + 시접

② (블라우스 길이 × 2) + 시접

③ 블라우스 길이 + 소매 길이 + 시접

④ 블라우스 길이 + 시접

> **해설**
> 옷감량 계산법(블라우스)   (단위 : cm)

종류	폭	필요 치수	계산법
반소매	150	80~100	블라우스 길이 + 소매길이 + 시접 (7~10)
	110	110~140	(블라우스 길이 × 2) + 시접(7~10)
	90	140~160	(블라우스 길이 × 2) + 시접(10~15)
긴소매	150	120~130	블라우스 길이 + 소매길이 + 시접 (10~15)
	110	125~140	(블라우스 길이 × 2) + 시접(10~15)
	90	170~200	(블라우스 길이 × 2) + 소매길이 + 시접(10~20)

19 길 원형의 활용 중 그림과 같이 B.P를 중심으로 이동된 다트의 명칭은?

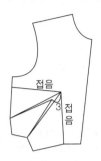

① 사이드 다트(side dart)

② 로 언더 암 다트(low underarm dart)

③ 웨이스트 다트(waist dart)

④ 언더 암 다트(underarm dart)

> **해설**
> 암홀 아랫부분의 모퉁이에서부터 B.P까지 이어지는 선은 로 언더 암 다트이다.
> 여러 가지 다트

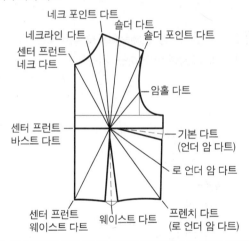

> ※ 절개 방향에 따라 다트의 명칭이 달라지므로 절개선이 들어가는 위치와 다트의 명칭을 숙지해야 한다.

20 제도에 필요한 약자의 표현으로 옳은 것은?

① B.L – 허리선

② F.N.P – 앞중심선

③ E.L – 엉덩이선

④ C.B.L – 뒤중심선

해설

제도 약자
- C.B.L : 뒤중심선(Center Back Line)
- C.F.L : 앞중심선(Center Front Line)
- F.N.P : 앞목점(Front Neck Point)
- E.L : 팔꿈치선(Elbow Line)
- B.L : 가슴둘레선(Bust Line)
- W.L : 허리선(Waist Line)

21 체형지수 중 인체충실도를 나타내는 지수로, 신장과 체중을 이용하는 지수는?

① 버백(vervaeck) 지수

② 카우프(kaup) 지수

③ 로렐(röhrer) 지수

④ 리비(livi) 지수

해설

체형지수
- 카우프 지수 : 체질량지수(BMI)라고도 하는 체격지수의 일종인 체격평가법이다.

$$카우프 \ 지수 = \frac{체중(kg)}{[신장(m)]^2}$$

- 버백 지수 : 버백이 고안한 체격을 나타내는 지수이다.

$$버백 \ 지수 = \frac{체중(kg) + 흉위(cm)}{신장(cm)}$$

- 리비 지수 : 리비가 창안한 체격 판정지수이다.

$$리비 \ 지수 = \frac{\sqrt[3]{체중(kg)}}{신장(cm)} \times 100$$

- 로렐 지수 : 신체충실지수를 산출할 때 이용한다.

$$로렐 \ 지수 = \frac{체중(kg)}{[신장(cm)]^3} \times 10^7$$

22 인체계측 방법의 분류 중 실측법이 아닌 것은?

① 마틴식(martin) 인체계측법

② 슬라이딩 게이지(sliding gauge)법

③ 퓨즈(fuse)법

④ 타이트피팅(tight fitting)법

해설

계측법
- 간접계측법으로는 2차원적 측정법인 실루에터법, 입체사진법 등이 있고 3차원적 측정법인 모아레법, 입체재단법, 타이트피팅법 등이 있다.
- 직접계측법으로는 1차원적 측정법인 마틴식 계측법과 2차원적 측정법인 각도측정법, 슬라이딩 게이지법, 3차원적 측정법인 석고테이프법, 석고포대법, 퓨즈법 등이 있다.

23 가슴의 유두점을 지나는 수평 부위를 돌려서 재는 계측 항목은?

① 목둘레   ② 등길이

③ 가슴둘레   ④ 유두길이

해설

인체계측 방법
- 가슴둘레 : 선 자세에서 피측정자가 자연스럽게 숨을 들이 마신 후 숨을 멈추었을 때, 좌우 유두점을 지나도록 하는 수평 둘레를 측정한다.
- 목둘레 : 뒷목점에서부터 좌우로 옆목을 자연스럽게 내려오면서 앞목점에 이르는 둘레선을 잰다.
- 등길이 : 뒷목점에서 뒤중심선을 따라 허리선의 허리뒤점까지 길이를 잰다.
- 유두길이 : 옆목점을 지나 유두점까지의 길이를 잰다.

24 목옆점에서 유두점까지의 길이를 재는 계측 항목은?

① 앞길이
② 유두간격
③ 유두길이
④ 옆길이

25 가봉 시 유의사항으로 옳은 것은?

① 일반적으로 오른손을 누르면서 왼쪽에서 오른쪽으로 시침한다.
② 바느질 방법은 손바느질의 상침시침으로 한다.
③ 바이어스감과 직선으로 재단된 옷감을 붙일 때는 직선감을 위로 겹쳐 놓고 바느질한다.
④ 가봉할 옷을 착용하여 부분적인 실루엣을 먼저 관찰하고 전체적인 실루엣을 관찰하면서 보정해 나간다.

26 타이트 스커트를 만들 때 뒷주름 바느질의 강도가 가장 큰 것은?

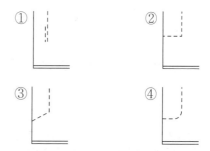

① ② ③ ④

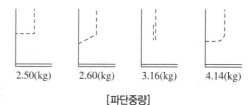
27 한쪽 엉덩이가 높거나 커서 한쪽이 당길 경우의 스커트 보정 방법으로 가장 옳은 것은?

① 허리와 옆선을 내어 수정한다.
② 식서 방향을 따라 절개한 후 허리선을 올려 준다.
③ 당기는 부위를 파 준 후 패턴을 교정하여 허리선을 올려 준다.
④ 당기는 부위를 접어서 핀을 꽂아 패턴을 교정하여 허리선을 올려 준다.

28 심 퍼커링(seam purkering)의 생성 요인 중 기계적 요인이 아닌 것은?

① 톱니와 노루발에 의한 퍼커링
② 재봉바늘에 의한 퍼커링
③ 윗실과 밑실의 장력에 의한 퍼커링
④ 봉사에 의한 퍼커링

해설

기계적 요인에 의한 퍼커링은 재봉바늘에 의한 퍼커링, 톱니와 노루발의 압력에 의한 퍼커링, 실의 장력에 의한 퍼커링 등이 있다.

29 외주름처럼 일정한 간격의 주름을 잡아서 접어 준 뒤 겉면에서 상침으로 박음질해서 고정시켜 겉에서 상침선이 보이는 장식바느질 방법은?

① 개더　　　　　② 터킹
③ 스모킹　　　　④ 프릴

해설

터킹(tucking)
• 터킹은 턱을 잡는 것으로, 가로 또는 세로 방향으로 옷감에 주름을 접어 일정한 간격으로 박아서 장식하는 바느질이다.
• 외주름처럼 일정한 간격의 주름을 잡아서 접어 준 뒤 겉면에서 상침으로 바느질하여 고정시키므로 겉에서 상침선이 보이는 장식봉이다.

30 소매산의 높이가 높을 때의 설명으로 옳은 것은?

① 소매너비는 좁아진다.
② 활동성이 좋아진다.
③ 소매너비는 넓어진다.
④ 소매너비가 넓어지다가 좁아진다.

해설

소매산
• 소매산은 의복 소매에서 제일 높은 점과 제일 낮은 점(겨드랑이) 사이의 길이를 말한다.
• 소매산이 높으면 소매 폭이 좁아지고 활동하기 매우 불편하지만 외관상 아름다워 보이는 효과가 있다. 재킷, 코트와 같은 외출복은 소매산이 높은 옷에 해당한다.
• 소매산이 낮으면 소매 폭이 넓어지고 겨드랑이 주위에 주름이 생기지만 활동하기 편해진다. 잠옷, 셔츠, 작업복 등은 소매산이 낮은 옷에 해당한다.

31 면 섬유에 좋은 방적성과 탄성을 주는 것은?

① 결절　　　　　② 겉비늘
③ 천연 꼬임　　　④ 크림프

해설

면 섬유의 단면과 특징
• 면 섬유는 측면에 리본 모양의 꼬임이 있는데 이 꼬임을 천연 꼬임이라고 한다.
• 천연 꼬임은 성숙한 섬유일수록 많으며 섬유끼리 잘 엉키게 하는 성질이 있어 방적성이 좋다.
• 단면 가운데에는 중공(lumen)이 있는데 중공은 보온성을 유지하며 전기절연성을 부여한다. 또한 염착성을 증가시켜 주며 중공에 있는 공기가 팽창하면서 섬유를 부풀게 한다.

32 방적성에 대한 설명 중 틀린 것은?

① 실을 뽑을 수 있는 능력을 말한다.
② 섬유는 적어도 강도가 1.5gf/d 이상이 되고, 길이가 5mm 이상 되어야 방적의 가능성이 있다.
③ 섬유가 가늘고 길더라도 표면마찰에 의한 포합성이 있어야 방적이 가능하다.
④ 방적은 섬유의 강도와 굵기와는 관계가 없다.

해설
섬유의 방적성
• 섬유에서 실을 뽑아낼 수 있는 성질을 방적성 또는 가방성이라고 한다.
• 섬유의 길이와 굵기, 표면마찰계수, 권축(섬유의 길이 방향으로 나 있는 굴곡, 주름) 등에 의해 결정된다.
• 섬유의 강도는 1.5gf/d, 길이는 5mm 이상이어야 하며 섬유와 섬유가 서로 달라붙어 얽히는 포합성의 성질을 가져야 한다.

33 실의 강도를 표시하는 리(lea) 강력에서 리(lea)는 1.3716m(1.50야드) 둘레에 실을 몇 회 감은 것인가?

① 20회
② 50회
③ 80회
④ 100회

해설
리(lea) 강도 시험은 1.50야드 둘레에 실을 80회 감아 타래를 만들고 강력 시험기에 걸어 실의 강력을 측정하는 것을 말한다.

34 섬유의 분류가 틀린 것은?

① 폴리우레탄 섬유 – spandex
② 폴리아마이드 섬유 – nylon
③ 폴리염화비닐 섬유 – vinyon
④ 폴리아크릴 섬유 – saran

해설
④ 사란은 폴리염화비닐리덴계 섬유이다.
폴리아크릴 섬유는 아크릴계와 모드아크릴계로 나눌 수 있으며 아크릴계에는 아크릴란, 캐시미론 등이 있고 모드아크릴계에는 다이넬, 가네가론 등이 있다.

35 면 섬유가 수분을 흡수할 때 강도와 신도의 변화로 옳은 것은?

① 강도와 신도는 각각 증가한다.
② 상도와 신도는 각각 감소한다.
③ 강도는 증가하나 신도는 감소한다.
④ 강도는 감소하나 신도는 증가한다.

해설
면은 흡습성이 좋고 흡습하면 강도와 신도가 강해진다.

36 섬유의 번수 측정에 가장 적합한 표준상태의 온도와 습도는?

① 20±5℃, RH 65±5%

② 20±2℃, RH 65±2%

③ 25±5℃, RH 70±2%

④ 25±2℃, RH 70±2%

해설

섬유시험을 위한 표준상태는 온도 20±2℃, 습도 65±4% RH이고 모든 시험은 표준상태에서 진행한다.

37 면사의 방적공정에 해당되지 않는 것은?

① 소면   ② 연조

③ 조방   ④ 길링

해설

④ 길링(gilling)은 양모 방적 시 거치는 공정 중 하나이다.

면 방적공정: 혼타면(blowing) → 소면(carding) → 정소면(combing) → 연조(drawing) → 조방(roving) → 정방(spinning)

38 다음 중 일광에 대한 취화가 가장 큰 합성섬유는?

① 아크릴   ② 나일론

③ 폴리에스터   ④ 스판덱스

해설

취화란 자외선에 의해 약해지는 현상을 말한다.

내일광성

• 섬유가 오랜 시간 일광(햇빛), 바람, 눈, 비 등 자연환경에 노출될 경우 섬유의 강도가 점점 떨어지게 되는데, 이것을 섬유의 노화라고 한다. 그중 일광(햇빛)에 노출하였을 때 견디는 섬유의 강도를 내일광성이라고 한다.

• 일광에 가장 약한 섬유는 견, 나일론이고 가장 강한 섬유는 아크릴이다.

39 섬유를 불꽃 가까이 가져갈 때 녹으면서 오그라들지 않는 섬유는?

① 폴리에스터

② 비스코스 레이온

③ 나일론

④ 아크릴

해설

비스코스 레이온은 심한 불꽃을 내며 활활 탄다.

40 섬유 내에서 결정이 발달할 때 향상되는 섬유의 성질은?

① 염색성   ② 흡습성

③ 신도   ④ 강도

해설

섬유의 결정과 비결정

• 결정 : 섬유 안의 분자들이 치밀하고 규칙성 있게 배열되어 있는 부분으로, 결정 부분이 많으면 섬유의 강도, 탄성, 내열성은 커지지만 신도는 줄어든다.

• 비결정 : 분자들이 서로 떨어져 불규칙하게 얽혀 있는 부분으로, 비결정 부분이 많으면 염색성, 흡수성이 좋아진다.

41 다음 색입체의 단면도에 대한 설명으로 옳은 것은?

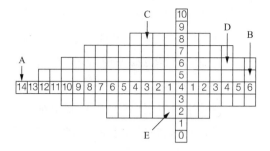

① A와 B는 보색 관계이다.
② C는 D보다 채도가 높다.
③ C와 D는 고명도이고 채도가 가장 높다.
④ 채도와 명도가 가장 높은 곳은 E이다.

<!-- 해설 -->
해설
먼셀 색입체의 수직단면에서는 동일 색상의 명도와 채도의 변화를 볼 수 있으나, 색상의 변화는 볼 수 없다. 중심축에서 밖으로 나갈수록 채도가 높고, 위로 갈수록 명도가 높다.

42 색의 수반감정에 대한 설명으로 옳은 것은?

① 난색은 수축, 후퇴성이 있으며 생리적, 심리적으로 긴장감을 준다.
② 색의 중량감은 명도가 가장 크게 영향을 주고 있다.
③ 색의 온도감은 색상에 의해 강하게 느끼며, 명도에서는 느낄 수 없다.
④ 색의 강약감은 채도보다는 주로 명도의 영향을 받는다.

해설
색의 중량감은 색에 따라 무겁거나 가볍게 느껴지는 감정이며 명도의 영향을 가장 많이 받는다.

43 다음 중 세로선에 의한 분할 효과가 가장 약한 것은?

① 　②
③ 　④

해설
세로선에 의한 분할 효과
• 세로선으로 인한 착시 효과를 말한다.
• 세로선에 의해 면이 분할될 경우 분할되지 않은 면보다 더 길어 보이고 폭은 좁아 보이는 효과가 있다.
• 세로선이 하나일 때 가장 효과가 크지만, 세로선이 많으면 오히려 폭이 넓어 보이는 반대 효과를 준다.

44 디자인 요소가 중심점을 기준으로 방향을 바꾸어 반복됨으로써 얻어지는 리듬은?

① 연속 리듬
② 교대 반복 리듬
③ 단순 반복 리듬
④ 방사상 리듬

해설
리듬의 종류
• 단순 반복 리듬 : 규칙적으로 반복되는 단순한 리듬으로 차분하고 안정감을 준다.
• 교차 반복 리듬 : 굵기가 다른 선의 교차, 반복 등으로 부드러운 리듬을 준다.
• 점진적인 리듬 : 반복되는 단위가 점점 커지거나 작아지는 경우이다.
• 연속 리듬 : 반복되는 단위가 한쪽 방향으로만 되풀이되는 것을 말한다.
• 방사상 리듬 : 한 점을 중심으로 각 방향으로 뻗어 나가는 것으로, 생동감이나 운동감으로 강한 시선을 집중시키는 효과가 있다.

45 다음 중 고결, 희망을 나타내며, 상승감과 긴장감을 주는 선은?

① 사선
② 수직선
③ 수평선
④ 지그재그선

직선의 종류

수평선	• 안정적이고 정적인 인상을 주며 키가 크고 날씬한(마른) 체형에 가장 어울리는 선이다. • 평안, 정숙, 휴식, 조용함과 같은 느낌을 준다.
수직선	• 날씬하고 길어 보이게 하는 디자인의 요소로 사용하는 선의 형태이다. • 고결, 희망, 상승감, 긴장감 등을 나타낸다. • 위엄, 권위의 느낌이 들기도 한다.
사선	• 플레어 스커트에서 볼 수 있으며 경쾌한 느낌이 나타나는 선이다. • 활동감, 흥분감 등을 나타낸다.
지그재그선	• 날카롭고 예민한 느낌이 든다.

46 다음 중 동일색상 조화의 단조로움을 보완하는 방법으로 가장 효과가 큰 것은?

① 명도 대비를 크게 한다.
② 채도 대비를 크게 한다.
③ 상하 면적 대비를 크게 한다.
④ 동일 색상의 큰 액세서리로 단조로움을 피한다.

명도를 조절하여 달라진 톤의 배색으로 단조로움을 보완할 수 있다.

47 색상 대비에 관한 설명으로 옳은 것은?

① 빨간색 위에 노란색을 놓을 경우 빨간색은 연두색 기미가 많은 빨강으로, 노란색은 연두색 기미가 많은 노랑으로 변해 보인다.
② 어두운 색 다음에 본 색이나 어두운 색 속의 작은 면적의 색은 상대적으로 더욱 밝게 보인다.
③ 빨강과 보라를 나란히 붙여 놓으면, 빨강은 더욱 선명하게 보이나 보라는 더욱 탁하게 보인다.
④ 어떤 색종이를 한참 동안 응시하다가 갑자기 흰 종이로 시선을 옮기면 색종이의 보색이 상으로 보인다.

색상 대비
• 색상이 다른 두 색을 동시에 놓고 볼 때 주변 색의 영향으로 색상이 달라 보이는 현상이다.
• 예를 들어 주황색 배경 위에 노란색을 놓으면 더욱 노랗게 보이고, 연두색 배경 위에 노란색을 놓으면 노란색이 붉어 보이는 현상이다.

48 먼셀 색체계에서 5R 4/14로 표기할 때 채도에 해당하는 것은?

① 5
② 5R
③ 4
④ 14

먼셀 색체계에서 색은 색상 명도/채도, H V/C로 표기한다. 명도(V)는 숫자가 클수록 밝고, 채도(C)는 숫자가 클수록 선명하다. 예를 들어 '5R 4/14'은 5R(적색 계열)의 색상, 명도 4, 채도 14를 의미하며, 어두우면서도 매우 선명한 빨간색을 나타낸다.

49 의복에서 파랑과 녹색의 색채를 조화시키는 방법은?

① 보색 조화
② 동일색상 조화
③ 3각 조화
④ 인접색상 조화

해설
인접색상 배색
• 색상환에서 약 30° 떨어져 있는 유사한 색상끼리의 배색을 말한다.
• 색상을 기준으로 한 배색 중 색상차가 가장 낮은 배색 방법이다.
• 인접색의 배색은 차분하고 안정된 효과를 준다.
• 유사한 색상의 배색은 온화한 감정을 준다.

51 다음 중 위생적 성능에 해당되지 않는 것은?

① 열전도성
② 통기성
③ 방추성
④ 함기성

해설
투습성, 흡수성, 통기성, 열전도성, 보온성, 함기성, 대전성 등은 위생상 성능에 영향을 준다.

50 채도와 명도가 높아질 때 일반적으로 느끼는 심리작용이 아닌 것은?

① 팽창감
② 가벼움
③ 진출감
④ 거리감

해설
고명도와 고채도의 효과
• 높은 명도와 채도의 색은 가볍게, 낮은 명도와 채도의 색은 무겁게 느껴진다.
• 면적이 커질수록 명도와 채도가 높아 보이고, 면적이 작아질수록 명도와 채도가 낮아 보이는 면적 대비 현상이 나타난다.
• 고명도, 고채도, 난색계 색상은 진출하며 팽창하는 효과를 준다.

52 다음 중 세 가닥 또는 그 이상의 실 또는 천오라기로 땋은 피륙은?

① 브레이드(braid)
② 레이스(lace)
③ 편성물
④ 펠트

해설
② 레이스 : 여러 올의 실을 서로 매거나, 꼬거나 또는 엮거나 얽어서 무늬를 짠 공간이 많고 비쳐 보이는 피륙이다.
③ 편성물 : 편성물은 한 가닥 또는 여러 가닥의 실을 고리 모양의 편환(編環)을 만들어 이것을 상하좌우로 얽어서 만든 것이다.
④ 펠트 : 동물의 털이 가진 특징 중 축융성을 이용하여 섬유를 얽히게 하여 만든 것을 말한다.

53 섬유에 사용하는 표백제의 연결이 옳은 것은?

① 셀룰로스 섬유 – 차아염소산나트륨
② 나일론 – 아황산
③ 견 – 아염소산나트륨
④ 아크릴 – 하이드로설파이트

해설

셀룰로스 섬유, 명주, 양모, 나일론 등의 표백에는 산화표백제가 적합하다.

54 세척효율이 최대일 경우의 세제 농도는?

① 0~0.1%
② 0.2~0.3%
③ 0.4~0.5%
④ 0.6~0.7%

해설

세제의 농도
• 세탁물 무게의 5~10배의 물에 세제를 넣어 사용하는 것이 세척률이 좋다.
• 세제는 약 0.2~0.3%의 농도에서 최대의 세탁효과를 나타낸다.

55 곰팡이에 의한 피복의 손상과 가장 관계가 없는 것은?

① 오염
② 광택 저하
③ 곰팡이 냄새
④ 무게 증가

해설

의복에 곰팡이가 생길 경우 옷이 오염되고 광택이 떨어지며 퀴퀴한 냄새가 난다.

56 방수능력을 가지면서 통기성과 투습성을 가진 직물이 아닌 것은?

① 고어텍스
② 초고밀도 직물
③ 폴리우레탄 코팅포
④ 감온변색 직물

해설

고어텍스, 초고밀도 직물, 폴리우레탄 코팅포 등은 방수, 투습, 통기성이 우수한 직물이다.
감온변색 직물
• 감온변색은 외부 온도에 따라 어떠한 색상이 나타나거나 사라지는 등 온도에 따른 색상 변화를 말한다.
• 감온변색 직물은 직물에 감온변색제를 처리하여 가공한 직물을 말한다.

57 경사와 위사에 대한 설명으로 옳은 것은?

① 경사는 위사에 비해 꼬임이 적고 가늘다.
② 수축 현상은 위사 방향에서 현저하게 나타난다.
③ 경사 방향에 비해 위사 방향이 신축성이 크다.
④ 위사 방향이 경사 방향보다 강직하다.

해설

①, ④ 경사 방향의 실은 위사보다 꼬임이 많고 강도가 강하다.
② 경사는 세탁 시 수축이 많이 되는 방향이다.

58 면 섬유를 진한 수산화나트륨 용액으로 가공하여 견과 같은 광택이 나게 하는 가공은?

① 신징
② 축융 가공
③ 머서화 가공
④ 캘린더 가공

해설
머서화 가공(mercerizing, 실켓 가공) : 면사나 면 섬유를 진한 가성소다(수산화나트륨) 용액에 담가 처리하여 광택이 나게 하는 가공법이다.

59 엠보스(emboss) 가공 후 세탁을 하면 엠보스가 사라지는 섬유는?

① 트라이아세테이트
② 나일론
③ 셀룰로스 섬유
④ 폴리에스터

해설
엠보스 가공
• 롤러에 무늬나 문자를 조각해 놓고 직물을 눌러서 새기는 가공법이다.
• 열가소성 섬유는 엠보스 가공을 하면 영구적으로 형태를 남길 수 있다.
• 셀룰로스 섬유는 엠보스 가공 후 세탁을 하면 엠보스가 사라지기 때문에 수지 가공을 하여 처리하면 사라지지 않도록 가공할 수 있다.

60 다음 중 능직물이 아닌 것은?

① 서지(serge)
② 개버딘(gabardine)
③ 데님(denim)
④ 옥스퍼드(oxford)

해설
옥스퍼드(oxford)는 변화 조직 중 바스켓직의 대표적인 직물이다.

01 다음 중 활동을 가장 편하게 할 수 있는 소매산의 높이는?

① $\dfrac{A.H}{6}$ ② $\dfrac{A.H}{4}+3$

③ $\dfrac{A.H}{4}$ ④ $\dfrac{A.H}{2}$

해설
소매산이 낮으면 폭이 넓어지기 때문에 활동하기 편리해진다. 보기 중 분모의 값이 가장 큰 것은 $\dfrac{A.H}{6}$이므로 가장 활동하기 편한 소매산이 된다.

02 인체계측 방법 중 직접법에 대한 설명으로 틀린 것은?

① 계측 기구가 비싸며 계측 기준의 설정이 비교적 어렵다.
② 굴곡 있는 체표면의 실측길이를 얻을 수 있다.
③ 표준화된 계측 기구가 필요하다.
④ 계측이 장시간 걸리기 때문에 피계측자의 자세가 흐트러져 자세에 의한 오차가 생기기 쉽다.

해설
① 계측 기구가 비싸며 계측 기준의 설정이 비교적 어려운 것은 간접법에 대한 설명이다.

03 풀기가 있는 옷감의 정리 방법으로 가장 적합한 것은?

① 전체를 물에 담갔다가 축축할 때 풀기 없는 헝겊을 대고 다림질한다.
② 풀기가 빠지지 않도록 물을 뿌린 후 다림질한다.
③ 풀기가 있으므로 마른 상태에서 다림질한다.
④ 전체를 물에 담갔다가 건져서 탈수시켜 완전히 건조시킨 후 다림질한다.

해설
풀기가 있는 옷감은 물을 뿌린 후 다림질을 하면 얼룩이 생기기 쉽기 때문에 전체를 물에 담갔다가 축축할 때 풀기 없는 헝겊을 대고 다림질을 한다.

04 소매 앞뒤에 주름이 생길 때 보정 방법으로 가장 적합한 것은?

① 소매산 중심점을 앞소매 쪽으로 옮기고, 소매산 둘레의 곡선을 수정한다.
② 소매산 중심점을 뒷소매 쪽으로 옮기고, 소매산 둘레의 곡선을 수정한다.
③ 소매산을 낮추어 준다.
④ 소매산을 높여 준다.

해설
소매의 앞과 뒤 양쪽으로 군주름이 생길 때는 소매산의 높이가 낮을 경우이므로 소매산을 높여 준다.

05 중년층이나 노년층에 많은 체형으로 몸 전체에 부피감이 없고 목이 앞쪽으로 기울고, 등이 구부정하며 엉덩이와 가슴이 빈약한 체형은?

① 반신체   ② 후견체

③ 후신체   ④ 굴신체

06 제조원가의 3요소가 아닌 것은?

① 인건비   ② 관리비

③ 재료비   ④ 제조경비

07 단을 처리할 때 사용되는 손바느질 방법이 아닌 것은?

① 공그르기   ② 감치기

③ 새발뜨기   ④ 반박음질

08 다음 설명에 해당하는 것은?

> • 인체 각 부위의 치수를 기본으로 하여 제도하고 패턴을 제작하는 공정이다.
> • 플랫 패턴(flat pattern)에 의한 방법과 옷감 위에서 직접 드래프팅(drafting)하는 방법이 있다.

① 연단   ② 평면 재단

③ 입체재단   ④ 그레이딩

09 단촌식 제도법의 설명으로 옳은 것은?

① 인체계측에 숙련된 기술이 필요 없다.

② 인체의 각 부위를 세밀하게 계측하여 제도한다.

③ 가슴둘레를 기준해서 등분한 치수로 구성해 가는 방법이다.

④ 인체 부위 중 가장 대표가 되는 부위 치수를 기준으로 제도한다.

10 가봉 방법에 대한 설명 중 틀린 것은?

① 바늘은 옷감에 직각으로 꽂아 옷감이 울지 않게 한다.
② 바이어스감과 직선으로 재단된 옷감을 붙일 때는 직선으로 재단된 옷감을 위로 겹쳐 놓고 바느질한다.
③ 바느질 방법은 손바느질의 상침시침으로 한다.
④ 단추는 같은 크기로 종이나 옷감을 잘라서 일정한 위치에 붙여 본다.

해설

바이어스감과 직선으로 재단된 옷감을 붙일 때는 바이어스감을 위에 겹쳐 놓고 바느질한다.

11 심지를 사용하는 이유가 아닌 것은?

① 의복을 반듯하게 하기 위해서
② 형태를 변형시키지 않기 위해서
③ 안정된 모양을 갖기 위해서
④ 빳빳한 느낌을 갖기 위해서

해설

심지의 사용 목적
• 의복의 실루엣을 아름답게 한다.
• 겉감의 형태를 안정하게 한다.
• 의복을 반듯하게 하고 형태가 변형되지 않도록 한다.
• 의복의 형태가 입체감을 이루도록 한다.
• 봉제 작업의 능률을 향상시킨다.

12 소매 원형 제도에 필요한 약자 중 소매산 높이를 나타내는 것은?

① A.H
② S.C.H
③ S.B.L
④ E.L

해설

제도 약자
• S.C.H : 소매산(Sleeve Cap Height)
• S.B.L : 소매폭선(Sleeve Biceps Line)
• E.L : 팔꿈치선(Elbow Line)
• A.H : 진동둘레(Arm Hole)

13 다음 중 신체치수 측정 시 줄자의 눈금 있는 쪽이 각 기준점에 닿도록 줄자를 약간 세워서 재는 부위는?

① 가슴둘레
② 손목둘레
③ 목밑둘레
④ 엉덩이둘레

해설

인체계측 방법
• 목(밑)둘레 : 뒷목점에서부터 좌우로 옆목을 자연스럽게 내려오면서 앞목점에 이르는 둘레선을 잰다. 줄자의 눈금 있는 쪽이 뒷목점, 목옆점, 목앞점의 기준점에 닿도록 줄자를 약간 세워서 잰다.
• 가슴둘레 : 선 자세에서 피측정자가 자연스럽게 숨을 들이 마신 후 숨을 멈추었을 때, 좌우 유두점을 지나도록 하는 수평 둘레를 측정한다.
• 손목둘레 : 팔을 자연스럽게 내린 후 손목점을 지나는 부분을 수평으로 돌려 감아 잰다.
• 엉덩이둘레 : 하부 위 중 최대 치수에 해당한다. 엉덩이의 가장 두드러진 부위를 수평으로 돌려서 잰다.

14 다음 의복 제도에 필요한 부호의 연결이 틀린 것은?

① 오그림 – ‿‿‿‿‿‿

② 안단선 – ------

③ 바이어스 – ✕

④ 올의 방향 – ↕

해설

제도 기호

완성선	———————————
안내선	———————————
안단선	-·-·-·-·-·-·-·-
골선	- - - - - - - - - -

15 보정 방법에 대한 설명 중 틀린 것은?

① 목둘레선이 들뜨는 것은 목둘레가 커서 생기는 현상으로 목둘레선을 높여 앞뒤판을 맞춘다.
② 앞뒤 어깨선에 타이트한 주름이 생길 경우(어깨가 솟은 경우)에는 어깨선을 올려 보정하고 그 분량만큼 진동 밑부분을 올려 준다.
③ 가슴 부위가 당길 때는 B.P를 지나 다트의 중간과 어깨 부위에 선을 넣어 늘어지는 부분이 없어지도록 접어 준 다음 다트를 다시 잡아 준다.
④ 진동둘레가 너무 좁은 경우에는 가위집을 넣은 후 새로운 진동선을 그린다.

해설

상의 보정
• 가슴 부위가 당길 때는 B.P를 지나 다트의 중간과 어깨 부분을 절개한 후 벌려 준다.
• 가슴 부위가 늘어질 때는 B.P를 지나 다트의 중간과 어깨 부위에 선을 넣어 늘어지는 부분이 없어지도록 접어 준 다음 다트를 다시 잡아 준다.

16 다음 의복 제도에 필요한 부호의 의미는?

① 골선   ② 주름
③ 다트   ④ 늘림

해설

제도 기호

| 골선 | - - - - - - - | 외주름 | (기호) |
| 다트 | (기호) | 늘림 | (기호) |

17 인체계측에서 앞길이의 치수를 재는 방법은?

① 좌우 유두의 거리를 잰다.
② 오른쪽 목옆점에서 유두까지 잰다.
③ 오른쪽 목옆점에서 수직으로 허리선까지 잰다.
④ 오른쪽 목옆점에서 유두를 지나 허리선까지 잰다.

해설

앞길이를 잴 때는 오른쪽 옆목점에서 유두점을 지나 허리둘레선까지의 길이를 잰다.

18 가봉한 옷을 착용한 후 전체 균형을 세부적으로 파악하는 것은?

① 수정   ② 보정
③ 시착   ④ 연단

해설

시착
• 시착은 가봉한 옷을 착용한 후 전체적인 균형을 세부적으로 파악하는 것을 말한다.
• 시침바느질이 끝나면 겉옷에 맞추어 속옷을 정리하여 바르게 착용한 후 핀을 꽂고 관찰한다.
• 가봉할 옷을 착용하여 전체적인 실루엣을 먼저 관찰하고 부분적인 곳을 관찰하면서 보정해 나간다.

19 옷감의 패턴 배치와 표시에 대한 설명 중 틀린 것은?

① 룰렛이나 트레이싱 페이퍼를 사용할 때에는 완성선에서 0.1cm 안쪽에 굵게 표시한다.

② 벨벳, 코듀로이와 같이 짧은 털이 있는 옷감은 결 방향을 위로 향하게 한다.

③ 패턴은 큰 것부터 배치하고 작은 것은 큰 것 사이에 배치한다.

④ 옷감의 표면이 안으로 들어가게 반을 접어 패턴을 배치한다.

해설
① 룰렛이나 트레이싱 페이퍼를 사용할 때는 완성선에서 0.1cm 바깥쪽에 선을 선명하고 가늘게 그린다.

20 기모노 슬리브가 매우 짧아진 형태로서 소매길이가 어깨점에서 5~10cm 정도 연장된 슬리브는?

① 돌먼 슬리브
② 래글런 슬리브
③ 케이프 슬리브
④ 프렌치 슬리브

해설
프렌치(french) 슬리브
• 소매길이가 어깨점에서 5~10cm 정도 연장된 슬리브로 기모노 슬리브(kimono sleeve)라고도 하며 소매 밑단 둘레가 비교적 넓어서 편안하게 착용할 수 있다.
• 프렌치 슬리브는 기모노 소매가 매우 짧아진 형태부터 팔꿈치까지 내려오는 길이 등 여러 가지의 형태가 있다.
• 일반적으로 길이가 짧은 것으로 가련하고 경쾌한 느낌을 주며 소매 밑에 무를 달아서 입기에 편하고 어깨에 해방감을 주는 슬리브이다.

21 포플린 옷감에 가장 적합한 재봉바늘은?

① 9호
② 11호
③ 14호
④ 16호

해설
옷감에 적합한 바늘과 실의 선정

옷감		바늘		실	
		재봉틀	손	재봉틀	시침
면·마	얇은 것 (오건디)	9호	8호	• 면 80'S/3, 70'S/3 • T/C 80'S/3	2합사
	중간 것 (포플린, 옥양목)	11호	4호, 5호	• 면 60'S/3, 50'S/3 • T/C 60'S/3	3합사
	두꺼운 것 (코듀로이)	14호, 16호	2호, 3호	• 면 40'S/3, 30'S/3 • T/C 40'S/3	3합사 4합사

22 밑위길이(crotch length)의 측정 길이에 대한 설명으로 옳은 것은?

① 경부근점으로부터 유두점을 통과하여 허리둘레선까지의 길이

② 허리둘레선의 옆중심점에서 엉덩이둘레선까지의 길이

③ 의자에 앉았을 때 허리둘레선의 옆중심점으로부터 의자 바닥까지의 길이

④ 경부근점으로부터 유두점까지의 길이

해설
① 경부근점(목옆점)에서 유두점을 통과하여 허리둘레선까지의 길이는 앞길이를 재는 방법이다.
② 허리둘레선의 옆중심점에서부터 엉덩이둘레선까지의 길이를 재는 것은 엉덩이길이를 재는 방법이다.
④ 경부근점(목옆점)부터 유두점까지 길이를 재는 것은 유두길이(유장)를 재는 방법이다.

23 심감의 기본 시접 분량 중 틀린 것은?

① 목둘레 - 1cm

② 앞중심선 - 1cm

③ 어깨 - 1.5cm

④ 밑단 - 5cm

기본 시접 분량

1cm	목둘레, 칼라, 요크선, 앞단, 스커트·슬랙스 허리선, 앞중심선
1.5cm	진동둘레, 가름솔
2cm	어깨, 옆선
3~4cm	소맷단, 블라우스단, 파스너단
4~5cm	스커트·재킷의 단

24 다음 중 안감의 역할이 아닌 것은?

① 겉감에 땀 등 분비물이 묻어 상하는 것을 방지한다.

② 탄성회복률이 나쁜 겉감의 변형을 막는다.

③ 겉감의 내충성과 내균성을 유지시켜 준다.

④ 겉감의 마모를 방지한다.

안감의 역할
• 겉감만으로 부족한 보온성을 추가해 준다.
• 유연하고 입체적인 봉제품을 만든다.
• 겉감에 땀 등 분비물이 묻어 상하는 것을 방지한다.
• 탄성회복률이 나쁜 겉감의 변형을 막는다.
• 겉감의 마모를 방지한다.

25 의복원형 제도법 중 장촌식 제조방법에 가장 중요한 수치는?

① 허리둘레   ② 가슴둘레

③ 신장   ④ 엉덩이둘레

장촌식 제도법(흉도식, 문화식)
• 기준이 되는 큰 치수 중 몇 항목만을 사용하여 그 치수를 등분하거나 고정 치수를 사용한다.
• 인체 부위 중 가장 대표적인 부위(가슴둘레, 등길이, 어깨너비)만 측정한다.
• 주로 가슴둘레의 치수를 기준으로 그 밖의 치수를 산출하여 제도하는 방법이다.

26 의복 구성을 위한 체표구분 중 체간부의 전면에 해당하는 것은?

① 배부   ② 복부

③ 요부   ④ 상완부

①, ③ 배부(背部 : 등), 요부(腰部 : 허리)는 체간의 후면에 해당한다.
④ 상완부는 체지 중 상지(팔)에 해당한다.

27 주로 청바지의 솔기나 작업복, 스포츠 의류 등에 많이 사용하며, 솔기가 뜯어지지 않게 처리하는 바느질 방법은?

① 쌈솔   ② 통솔

③ 가름솔   ④ 파이핑 솔기

해설

② 통솔 : 시접을 완전히 감싸는 방법으로, 시접을 겉으로 0.3~0.5cm로 박은 다음 접어서 안으로 0.5~0.7cm로 한 번 더 박는다.
③ 가름솔 : 옷감을 이은 솔기를 처리하는 바느질 방법으로, 두 장을 겹쳐 박음질한 후 펼쳤을 때 생기는 두 개의 솔기를 양쪽으로 갈라놓는 것을 말한다.
④ 파이핑(piping) : 솔기 가장자리를 장식하는 것으로 바이어스보다 선을 가늘게 나타낸 것을 말한다.

28 너비가 150cm인 옷감으로 타이트 스커트를 만들 때 옷감량의 필요량 계산법으로 옳은 것은?

① (스커트 길이 × 2) + 시접

② 스커트 길이 × 2

③ (스커트 길이 × 1.5) + 시접

④ 스커트 길이 + 시접

해설

옷감량 계산법(스커트)   (단위 : cm)

종류	폭	필요 치수	계산법
타이트	150	60~70	스커트 길이 + 시접(6~8)
	110	130~150	(스커트 길이 × 2) + 시접(12~16)
	90	130~150	(스커트 길이 × 2) + 시접(12~16)
플리츠	150	130~150	(스커트 길이 × 2) + 시접(12~16)
	110	130~150	(스커트 길이 × 2) + 시접(12~16)
	90	130~150	(스커트 길이 × 2) + 시접(12~16)

29 봉사의 소요량 산출에 영향을 미치는 요인 중 직접적인 요인이 아닌 것은?

① 천의 두께

② 봉사의 굵기

③ 스티치의 길이

④ 재봉기의 자동봉사 절단기의 사용 여부

해설

봉사의 소요량 영향 요인
• 직접적인 요인 : 천의 두께, 스티치의 길이, 봉사의 굵기
• 간접적인 요인 : 작업자의 작업 방식, 재봉기의 자동봉사 절단기의 사용 여부

30 옷감의 너비가 110cm일 때 옷감량의 필요량 계산법으로 옳은 것은?

① 슬랙스 = 슬랙스 길이 + 시접

② 플레어 스커트 = (스커트 길이 × 1.5) + 시접

③ 반소매 블라우스 = 블라우스 길이 + 소매길이 + 시접

④ 긴소매 슈트 = (재킷길이 × 2) + 스커트 길이 + 소매길이 + 시접

해설

너비 110cm 옷감의 필요량 계산법   (단위 : cm)

종류	필요 치수	계산법
슬랙스	150~220	[슬랙스 길이 + 시접(8~10)] × 2
플레어(180°) 스커트	130~150	(스커트 길이 × 2.5) + 시접(5~10)
반소매 블라우스	110~140	(블라우스 길이 × 2) + 시접(7~10)
긴소매 슈트	250~270	(재킷길이 × 2) + 스커트 길이 + 소매길이 + 시접(20~30)

31 실을 용도에 따라 분류할 때 해당되지 않는 것은?

① 직사 　　　　　② 자수사

③ 교합사 　　　　④ 수편사

해설
실은 용도에 따라 직사, 편사, 수편사, 재봉사, 자수사, 장식사 등으로 나눌 수 있다.

32 다음 중 합성섬유에 해당되지 않는 것은?

① 나일론 　　　　② 아크릴

③ 아세테이트 　　④ 비닐론

해설
③ 아세테이트는 반합성 섬유이다.
합성섬유의 종류로는 나일론, 폴리에스터, 폴리아크릴로나이트릴, 폴리비닐알코올, 폴리염화비닐, 폴리프로필렌, 폴리우레탄 등이 있다.

33 천연섬유 중 섬유의 길이가 가장 긴 것은?

① 면 　　　　　　② 견

③ 아마 　　　　　④ 양모

해설
견(명주) 섬유는 천연섬유 중 가장 길이가 길고 강도가 우수한 편이며 신도는 양털보다 약하다.

34 10cm의 섬유에 외력을 가하여 11cm로 늘인 후 외력을 제거하였더니 10.5cm가 되었다. 이 섬유의 탄성회복률(%)은?

① 20% 　　　　　② 30%

③ 50% 　　　　　④ 70%

해설

$$탄성회복률 = \frac{늘어난\ 길이 - 늘어났다가\ 돌아온\ 길이}{늘어난\ 길이 - 원래\ 길이} \times 100\%$$

$$= \frac{11 - 10.5}{11 - 10} \times 100\% = 0.5 \times 100\% = 50\%$$

35 다음 중 흡수성이 좋고 열전도성이 우수하여 여름용 옷감으로 가장 적합한 섬유는?

① 아크릴 　　　　② 아마

③ 나일론 　　　　④ 견

해설
마 섬유는 열전도성이 좋아서 피부에 닿으면 시원한 느낌을 주어 여름용 소재로 쓰인다.

36 다음 중 습윤 시 강도가 가장 많이 감소되는 섬유는?

① 비닐론   ② 레이온

③ 양모   ④ 아크릴

해설

비스코스 레이온의 특징
- 장시간 고온에 방치하면 황변된다.
- 단면이 불규칙하게 주름이 잡혀 있다.
- 강알칼리에서는 팽윤되어 강도가 떨어진다.
- 수분을 흡수하면 강도와 초기 탄성률이 크게 떨어진다.
- 물세탁에 약한 직물이다.
- 흡수성이 우수하기 때문에 촉감이 시원하고 산뜻하여 양복의 안감에 알맞다.
- 습식방사로 제조된다.

37 다음 중 항중식 번수로 실의 굵기를 나타내는 것은?

① 면사

② 견사

③ 나일론사

④ 폴리에스터사

해설

항중식
- 방적사(면사, 마사, 모사 등)의 굵기를 나타내는 방법이다.
- 일정한 무게의 실의 길이로 표시하며 번수 방식을 사용하고, 숫자가 클수록 실의 굵기는 가늘다.
- 번수 = $\dfrac{길이(yd)}{840 \times 무게(lb)}$

38 화학방사법의 종류 중 물 또는 약품 수용액 중에 사출하여 방사원액을 응고하는 방법은?

① 습식방사

② 건식방사

③ 용융방사

④ 자연방사

해설

습식방사
- 습식방사는 물 또는 약품 수용액 중에 사출하여 방사원액을 응고하는 방법이다.
- 방사 방식 중 가장 오래된 방법으로 건식방사, 용융방사에 비해 방사 속도가 느리다.
- 세척, 탈수, 건조 등의 후처리 공정을 거쳐야 하지만 방사구를 많이 만들 수 있다는 장점이 있다.
- 아크릴, 레이온, 비닐론 등을 만드는 방법으로 쓰인다.

39 다음 중 가방성(可紡性)과 관계가 없는 것은?

① 섬유의 굵기

② 섬유의 권축

③ 섬유의 길이

④ 섬유의 가소성

해설

방적성
- 섬유에서 실을 뽑아낼 수 있는 성질을 방적성 또는 가방성이라고 한다.
- 섬유의 길이와 굵기, 표면마찰계수, 권축(섬유의 길이 방향으로 나 있는 굴곡, 주름) 등에 의해 결정된다.
- 섬유의 강도는 1.5gf/d, 길이는 5mm 이상이어야 하며 섬유와 섬유가 서로 달라붙어 얽히는 포합성의 성질을 가져야 한다.

40 마 섬유의 종류 중 순수한 셀룰로스 함량이 가장 많은 것은?

① 아마   ② 대마

③ 저마   ④ 황마

저마 섬유(모시)
• 인피 섬유(껍질 섬유) 중에서 의복 재료로서의 가치가 가장 크다.
• 마 섬유 중 단섬유의 길이가 가장 길고 순수한 셀룰로스로 되어 있다.
• 색상이 희고 실크 같은 광택이 있다.
• 천연섬유 중 가장 강력이 세다(면의 2배).
• 까칠까칠한 맛이 있고 스티프니스[stiffness, 휨강성(빳빳이)]가 있다.
• 흡습성, 발산성, 통기성이 우수해 시원하다.

41 다음 중 가장 밝은 색으로 진출색이며, 팽창색이고 가시도가 매우 높아 레인코트(rain coat)에 많이 사용하는 색은?

① 주황   ② 노랑

③ 빨강   ④ 파랑

노랑
• 명랑, 희망, 유쾌, 낙천적, 따뜻함 등의 이미지를 떠올리게 하는 색이다.
• 밝은 색으로 진출색이며, 팽창색이고 가시도가 매우 높아 레인코트(rain coat)에 많이 사용하는 색이다.
• 노랑은 난색계의 색으로 밝고 선명하며 따뜻한 느낌을 주는 장파장의 색이다.
• 빛의 혼합에서 빨강과 초록을 섞으면 나오는 색이다.

42 무늬의 배열 중 90° 또는 45° 변환의 경사, 위사 두 방향에서 같은 무늬의 효과를 지니는 것은?

① 전체(all-over) 배열

② 사방(four-way) 배열

③ 두 방향(two-way) 배열

④ 한 방향(one-way) 배열

무늬
• 사방연속무늬 : 상하좌우 방향으로 무늬가 연속하여 배열되는 것을 말한다.
• 이방연속무늬 : 일정한 폭을 가지고 일정한 단위를 좌우 또는 상하로 순환 연결해 나가는 무늬이다.

43 통일의 개념이 아닌 것은?

① 부분과 부분이 분리될 수 없다.

② 단일성의 느낌이 조화의 미로 나타난다.

③ 일체감의 완성적 성격을 가지고 있다.

④ 상호 종속적이지 않으면서도 서로 보완적인 효과를 거둔다.

통일
• 부분과 부분이 분리될 수 없다.
• 단일성의 느낌이 조화의 미로 나타난다.
• 일체감의 완성적 성격을 가지고 있다.
• 의복에서 통일감을 주려면 색상 조화에 있어 채도를 통일시킨다.
• 주색상을 뚜렷한 것으로 하여 대비 색상의 이미지를 통일시킨다.
• 서로 온도감이 유사한 색상끼리 이용하여 전체적인 분위기를 통일시킨다.

44 문-스펜서(P. Moon & D. E. Spencer)의 색채조화론 중 색상, 명도, 채도별로 이루어지는 조화가 아닌 것은?

① 동일 조화　　　　② 유사 조화

③ 대비 조화　　　　④ 제1부조화

해설

문-스펜서의 색채조화론
- 문(P. Moon) 교수와 스펜서(D. E. Spencer) 교수가 색채조화론을 연구하여 발표한 내용이다.
- 조화에는 동일 조화, 유사 조화, 대비 조화가 있고, 부조화에는 제1부조화, 제2부조화, 눈부심이 있다.

45 색상끼리 서로 공통점이 없이 대비되기 때문에 강렬한 이미지를 표현하는 스포츠웨어에 많이 이용되는 색상의 조화는?

① 유사색상 조화　　② 보색 조화

③ 분보색 조화　　　④ 삼각 조화

해설

삼각 조화
- 색상환에서 각각 120°씩 떨어져서 정삼각형의 모양을 만드는 색상끼리 배색한 것을 말한다.
- 각각의 색 사이에 공통점이 없어서 색을 배색하면 강렬한 느낌을 준다.

46 다음 중 디자인의 원리가 아닌 것은?

① 비례　　　　　　② 색채

③ 균형　　　　　　④ 통일

해설

② 색채는 빨강, 노랑, 파랑, 초록 등과 같은 색을 말하는데 디자인 요소 중 하나이다.
디자인의 원리 : 균형, 비례, 비율, 조화, 리듬(율동), 통일, 강조 등

47 빨강 바탕 위의 자주색보다 회색 바탕 위의 자주색이 더 선명하게 보이는 대비는?

① 색상 대비　　　　② 명도 대비

③ 채도 대비　　　　④ 보색 대비

해설

채도 대비
- 채도가 다른 두 색이 서로 대조되어 채도 차가 나타나 보이는 현상이다.
- 주변 색의 채도가 높으면 채도가 낮아 흐려 보이고, 주변 색의 채도가 낮으면 채도가 높아 선명하게 보이는 현상이다.

48 다음 중 명도의 동화 현상에 의해 회색이 밝아 보이는 것은?

① 회색 배경에 가는 하얀 선이 일정한 간격으로 반복되어 그려진 경우

② 회색 배경에 가는 검은 선이 일정한 간격으로 반복되어 그려진 경우

③ 회색 배경에 굵은 하얀 선이 일정한 간격으로 반복되어 그려진 경우

④ 회색 배경에 굵은 검은 선이 일정한 간격으로 반복되어 그려진 경우

해설

명도 동화
- 명도 동화는 배경색과 무늬가 서로 혼합되어 보이면서 명도가 변화되어 보이는 현상을 말한다.
- 하얀색과 검은색의 동일한 무늬를 회색 배경 위에 놓으면 하얀색 무늬의 배경인 회색은 하얀색과 동화되어 밝은 회색으로 보이고, 검은색 무늬를 놓은 회색 배경은 검은색과 동화되어 어두운 회색으로 보인다. 이때 무늬의 굵기가 가늘수록 무늬의 색과 명도 동화가 더욱 잘 일어난다.

49 강조에 대한 설명 중 틀린 것은?

① 특별한 용도의 의복이 아니면 지나친 강조는 오히려 디자인의 질을 떨어뜨린다.

② 업무능력이 중요시되는 직장복에는 최소한의 강조만 하도록 한다.

③ 스포츠웨어는 일상복에 비하여 강한 색채 대비는 비효과적이다.

④ 강한 강조점을 효과적으로 활용함으로써 미적으로 우수하고 상황에 적합한 디자인을 할 수 있다.

> **해설**
> 스포츠웨어는 일상복에 비해 강한 색채 대비를 사용하면 효과적이다.

50 곡선 중에서 매우 우아한 느낌을 주며, 네크라인이나 절개선에 사용하기도 하고 신체를 전체적으로 장식하는 트리밍선으로 사용하는 것은?

① 스캘럽(scallop)　② 나선(spiral)

③ 파상선(wave)　④ 타원(oval)

> **해설**
> 곡선의 종류
>
> | 스캘럽(scallop) | 밝고 귀여우며 섬세한 느낌을 준다. |
> |---|---|
> | 나선(spiral) | • 가장 동적이고 발전적인 곡선으로 상징된다.
• 곡선 중에서 매우 우아한 느낌을 주며, 네크라인이나 절개선에 사용하기도 하고 신체를 전체적으로 장식하는 트리밍선으로 사용한다. |
> | 파상선(wave) | 부드럽고 율동적이며 유연한 느낌을 준다. |
> | 타원(oval) | 여성적이고 온유하며 따뜻하고 부드러운 느낌을 준다. |

51 다음 중 직물의 삼원조직이 아닌 것은?

① 평직　② 능직

③ 문직　④ 수자직

> **해설**
> 직물의 삼원조직
> • 직물의 삼원조직은 평직, 능직, 수자직의 3가지 기본 조직을 말한다.
> • 경사와 위사가 어떤 방식으로 교차하였는지에 따라 구분되며, 직물은 삼원조직을 바탕으로 만들어진다.
> • 경사는 세로, 위사는 가로 방향이며 경사와 위사가 교차하여 위사가 경사 위쪽에 있을 때 만나는 점을 □ 또는 ⊠로 표시한다.
> • 완전조직은 직물조직이 같은 패턴으로 순환되는 직물조직의 1단위를 말한다.

52 견 섬유에 금속염을 처리하여 중량을 증대시키는 가공은?

① 플록 가공

② 증량 가공

③ 캘린더 가공

④ 기모 가공

> **해설**
> 견 섬유의 증량 가공
> • 증량 가공은 견 섬유에 금속염을 처리하여 중량을 증대시키는 가공이다.
> • 최근에는 증량뿐만 아니라 촉감과 광택을 좋게 하고 드레이프성을 부여하기 위한 목적으로도 활용된다.

53 염료분자와 섬유가 공유결합을 형성하는 염료는?

① 산성염료 　　② 직접염료

③ 염기성염료 　④ 반응성염료

염료의 종류와 특징

염료	특징
직접	• 약알칼리성의 중성염 수용액에서 셀룰로스 섬유에 직접 염색되며, 산성하에서 단백질 섬유와 나일론에도 염착되는 염료이다. • 면, 마 섬유 등의 염색에 주로 사용된다.
반응성	• 견뢰도와 색상이 좋아 면 섬유에 가장 많이 사용되는 염료이다. • 염료분자와 섬유가 공유결합을 형성하는 염료이다.
염기성	• 물에 잘 녹으며 중성 또는 약산성에서 단백질 섬유에 잘 염착되고 아크릴 섬유에도 염착되는 염료이다. • 알칼리 세탁과 일광에 대한 견뢰도가 좋지 못하여 천연섬유의 염색에는 적합하지 않은 염료이다.
산성	단백질 섬유와 나일론에 염착되기 때문에 양모, 견, 나일론 섬유에 가장 많이 쓰이는 염료이다.

54 의복의 위생적 성능에 해당되지 않는 것은?

① 내마모성

② 투습성

③ 보온성

④ 흡습성

투습성, 흡수성, 통기성, 열전도성, 보온성, 함기성, 대전성 등은 위생적 성능에 영향을 준다.

55 다음 중 변화직물의 조직이 아닌 것은?

① 사문직 　　② 파능직

③ 주야수자직 ④ 바스켓직

변화 조직

• 바스켓직 : 변화평직으로 평직보다 조직점이 적어 부드럽고 구김이 덜 생기며, 표면결이 곱고 평활하다. 경사와 위사를 두 올 이상으로 엮어 만드는데 바스켓(basket)의 조직과 비슷하여 이름 지어졌다.
• 변화능직에는 능선을 변화시켜 만든 조직인 신능직과 능선을 연속하게 만들지 않고 반대 방향으로 마주보게 한 조직인 파능직, 다이아몬드 무늬를 닮은 능형능직, 사문선과 위사의 각도가 큰 급사문직, 산과 같은 무늬를 나타낸 산형능직 등이 있다.
• 변화수자직에는 주야수자직, 변칙수자직, 중수자직, 확수자직, 화강수자직 등이 있다.

56 의복의 성능 중 사람에 따라 성능의 요구도가 차이가 있으며 유행에 지배되기 쉬운 것은?

① 위생적 성능

② 내구적 성능

③ 관리적 성능

④ 감각적 성능

직물의 감각적 성능

• 촉감, 축융, 기모, 광택, 필링성 등이 감각적 성능에 영향을 주는 요소들이다.
• 의복의 성능 중 사람에 따라 성능의 요구도가 차이가 있으며 유행에 지배되기 쉽다.

57 다음 중 위생 가공이 아닌 것은?

① 퍼마켐(permachem) 가공

② 논스탁(nonstac) 가공

③ 바이오실(biosil) 가공

④ 런던슈렁크(london shrunk) 가공

해설

위생 가공

• 섬유에 곰팡이의 발생과 땀, 기타 오염에 의한 악취 발생을 방지하고, 소수성 합성섬유의 흡습성을 증대시키는 가공이다.

• 퍼마켐(permachem) 가공은 위생 가공의 대표적인 예로, 유기 주석 화합물로 섬유를 처리하여 땀이나 기타 분비물에 의한 세균을 방지하고 악취의 발생을 억제한다.

• 그 외에도 논스탁(nonstac) 가공과 바이오실(biosil) 가공 등이 있다.

58 필링(pilling)에 대한 설명 중 틀린 것은?

① 섬유나 실의 일부가 직물 또는 편성물에서 빠져나와 탈락되지 않고 표면에서 뭉쳐서 섬유의 작은 방울이 생기는 것이다.

② 섬유의 강신도가 클 때 잘 생긴다.

③ 실의 꼬임이 많을 때 덜 생긴다.

④ 조직이 치밀하면 잘 생긴다.

해설

④ 실의 꼬임이 많고 조직이 치밀할 때 덜 생긴다.

59 피복에 발생된 곰팡이를 제거하는 데 가장 효과적인 건열처리 조건으로 옳은 것은?

① 40℃에서 20분

② 60℃에서 10분

③ 75℃에서 5분

④ 80℃에서 10분

해설

곰팡이가 발생되었을 경우에는 80℃에서 10분 정도 건열 처리하는 것이 가장 효과적이다.

60 계면활성제의 작용이 아닌 것은?

① 습윤작용

② 유화작용

③ 분산작용

④ 증량작용

해설

증량작용을 하는 것은 타닌산이다. 타닌산은 견 섬유의 증량제나 매염제로 쓰인다.

01 반신체형에 대한 설명으로 옳은 것은?

① 등길이가 짧고 앞길이가 길다.

② 등길이가 길고 앞길이가 짧다.

③ 앞품이 등품에 비해 2cm 차이가 있다.

④ 등품이 앞품보다 상대적으로 넓다.

해설

반신체

- 10대 소녀들에게 많은 체형으로 항상 바른 자세를 유지하는 이들에게서 볼 수 있으며, 나이가 많은 사람도 이런 체형일 경우에는 보다 젊어진다.
- 상체가 곧고 가슴이 높게 솟아 있으며 엉덩이는 풍만하고 배가 평편한 자세의 체형이다.
- 표준보다 몸의 중심이 뒤로 기울어서 뒤가 많이 남는 반면 앞의 길이가 부족하기 쉬운 체형이다.

02 스커트 원형 제도에 필요한 치수 항목이 아닌 것은?

① 허리둘레

② 밑위길이

③ 스커트 길이

④ 엉덩이길이

해설

스커트 원형을 제도할 때 필요한 항목은 스커트 길이, 허리둘레, 엉덩이길이, 엉덩이둘레이다.

03 소매길이의 계측 방법에 대한 설명 중 가장 옳은 것은?

① 팔을 똑바로 펴서 어깨끝쪽점부터 손목점까지의 길이를 잰다.

② 팔을 똑바로 펴서 어깨끝쪽점부터 팔꿈치를 지나 손목점까지의 길이를 잰다.

③ 팔을 자연스럽게 내린 후 어깨끝쪽점부터 팔꿈치를 지나 손목점까지의 길이를 잰다.

④ 팔을 자연스럽게 내린 후 어깨끝쪽점부터 손목점까지의 길이를 잰다.

해설

소매길이는 팔을 자연스럽게 내린 후 어깨끝점에서 팔꿈치점을 지나 손목점까지의 길이를 잰다.

04 마른 체형의 등, 가슴 부위에 여유가 있어 주름이 생길 때 보정 방법으로 가장 적합한 것은?

① 소매산의 중심점을 앞소매 쪽으로 옮기고, 소매산 둘레의 곡선을 수정한다.

② 소매산의 중심점을 뒷소매 쪽으로 옮기고, 소매산 둘레의 곡선을 수정한다.

③ 소매산을 높여 준다.

④ 원형의 모든 치수를 줄인다.

해설

마른 체형 보정

- 어깨 다트 분량을 줄이고 뒷길의 목둘레선을 작게 한다.
- 길의 진동둘레에 맞추어 소매산선을 조절한다.
- 등, 가슴 부분에 여유가 있어 주름이 생기는 경우로, 원형의 모든 치수를 줄인다.

05 셔츠 슬리브(shirts sleeve)는 소매산을 낮추어 활동성을 주는데 소매 원형과 제도 비교 시 소매산 높이를 얼마나 낮추어야 가장 적합한가?

① 0.5~1cm   ② 1.5~2cm

③ 4~5cm   ④ 6~7cm

해설
셔츠 슬리브는 와이셔츠 소매처럼 커프스가 있으며 소매산이 낮다. 셔츠 슬리브는 소매 원형에서 1.5~2cm 정도 소매산의 높이를 낮추어 활동성을 준다.

06 길 원형 제도의 기초선 중 세로선에 해당하는 것은?

① 앞길이   ② 뒤길이

③ 등길이   ④ 앞중심길이

해설
등길이는 세로 기초선이고, 가슴둘레는 가로 기초선이 된다.

07 소매 앞뒤에 주름이 생길 때의 보정 방법으로 가장 옳은 것은?

① 소매산을 높여 준다.

② 소매산을 내려 준다.

③ 소매산 중심을 뒷소매 쪽으로 옮긴다.

④ 소매산 중심을 앞소매 쪽으로 옮긴다.

해설
소매의 앞과 뒤 양쪽으로 군주름이 생길 때는 소매산의 높이가 낮을 경우이므로 소매산을 높여 소매통이 좁아지도록 한다.

08 스커트 원형 중 다음 그림에 해당하는 스커트는?

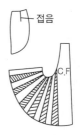

① 고어 스커트

② 개더 스커트

③ 요크를 댄 플리츠 스커트

④ 요크를 댄 플레어 스커트

해설
허리선이 아닌 요크선에서 플레어를 잡은 형태이므로 요크를 댄 플레어 스커트를 만드는 방법이다.

09 제도에 필요한 부호 중 외주름 표시에 해당하는 것은?

①   ② ✕

③ └   ④

해설
제도 기호

맞춤		외주름	⫤⫤⫤
바이어스 방향	✕	직각	└

10 팔 둘레의 위치가 아래쪽에 있고, 어깨 경사각도가 큰 체형은?

① 처진 어깨
② 솟은 어깨
③ 반신 어깨
④ 굴신 어깨

해설

처진 어깨는 팔 둘레의 위치가 아래쪽에 있어 보통 체형보다 어깨 경사각도가 더 크고, 가슴 다트 위의 진동둘레 부위와 뒷어깨 밑에 군주름이 생긴다.

11 패턴 제도 시 스커트 원형을 그대로 이용하며, 기능성을 주기 위해 스커트 뒤중심에 킥 플리츠(kick pleats)를 넣는 스커트는?

① 서큘러 스커트
② 타이트 스커트
③ 큐롯 스커트
④ 트럼펫 스커트

해설

타이트 스커트

스트레이트 스커트라고도 하며, 힙 라인에서 치마 밑단까지 직선으로 내려와 몸에 꼭 맞게 좁은 폭의 스커트를 말한다. 스커트 원형을 그대로 이용하면서 스커트 뒤중심에 킥 플리츠(kick pleats)를 넣어 기능성을 준 스커트이다.

12 다음 중 제조원가 계산법으로 옳은 것은?

① 재료비 + 인건비
② 재료비 + 인건비 + 제조경비
③ 재료비 + 인건비 + 제조경비 + 판매간접비 + 일반관리비
④ 재료비 + 인건비 + 제조경비 + 판매간접비 + 일반관리비 + 이익

해설

원가 계산법

직접원가	직접재료비 + 직접노무비 + 직접경비
제조원가	직접원가 + 제조간접비
	재료비 + 인건비 + 제조경비
총원가	제조원가 + 판매간접비 + 일반관리비
이익	판매가 − 총원가

13 바느질에 따른 시접 분량 중 가름솔의 시접 분량에 해당하는 것은?

① 0.5cm
② 1.5cm
③ 3cm
④ 5cm

해설

가름솔의 시접 분량은 진동둘레 시접 분량과 같은 1.5cm이다.

14 면 섬유의 안전 다림질 온도는?

① 120℃　　　　　② 150℃

③ 180℃　　　　　④ 220℃

해설

면 섬유는 내열성이 우수하여 다림질의 온도가 높다.

※ 편저자 주 : 시험 당시 확정답안은 ④번이었으나, 면의 적정 다림질 온도는 160~200℃로, 정답은 ③번으로 보인다.

15 겉감에 대한 각 부위의 기본 시접으로 옳은 것은?

① 어깨와 옆선 − 2cm

② 진동둘레 − 3cm

③ 목둘레와 칼라 − 2cm

④ 스커트단 − 3cm

해설

기본 시접 분량

1cm	목둘레, 칼라, 요크선, 앞단, 스커트 · 슬랙스 허리선, 앞중심선
1.5cm	진동둘레, 가름솔
2cm	어깨, 옆선
3~4cm	소맷단, 블라우스단, 파스너단
4~5cm	스커트 · 재킷의 단

16 스커트 안감을 재단할 때 스커트 길이 부분은 겉감보다 얼마나 짧은 것이 가장 적당한가?

① 1cm　　　　　② 3cm

③ 5cm　　　　　④ 7cm

해설

스커트 안감은 겉감과 같은 시접 분량을 넣지만 길이는 겉감의 시접보다 3cm 정도 짧게 하여 스커트 외부로 안감이 나와 보이지 않도록 한다.

17 제도에 필요한 부호 중 완성선에 해당하는 것은?

① ─ ─ · ─ ─ · ─ ─ · ─ ─ · ─ ─

② ────────────────

③ ─ ─ ─ ─ ─ ─ ─ ─ ─ ─ ─ ─ ─

④ |◀──────────────▶|

해설

제도 기호

완성선	────────────────
안내선	────────────────
안단선	─ · ─ · ─ · ─ · ─ · ─ · ─
골선	─ ─ ─ ─ ─ ─ ─ ─ ─ ─ ─
치수보조선	|◀──────────▶|

18 다음 〈보기〉와 같은 180° 플레어 스커트의 옷감의 필요량 계산법에 해당하는 옷감의 너비는?

┌ 보기 ┐

(스커트 길이×1.5) + 시접

① 90cm　　　　　② 110cm

③ 130cm　　　　　④ 150cm

해설

옷감량 계산법(스커트)　　　　　　　　　(단위 : cm)

종류	폭	필요 치수	계산법
타이트	150	60~70	스커트 길이 + 시접(6~8)
	110	130~150	(스커트 길이×2) + 시접(12~16)
	90	130~150	(스커트 길이×2) + 시접(12~16)
플레어 (다트만 접음)	150	100~120	(스커트 길이×1.5) + 시접(10~15)
	110	140~160	(스커트 길이×2) + 시접(10~15)
	90	150~170	(스커트 길이×2.5) + 시접(10~15)
플레어 (180°)	150	90~100	(스커트 길이×1.5) + 시접(6~15)
	110	130~150	(스커트 길이×2.5) + 시접(5~10)
	90	140~160	(스커트 길이×2.5) + 시접(10~15)

19 길 원형 제도 시 가장 중요한 항목은?

① 등길이 ② 어깨너비
③ 유두간격 ④ 가슴둘레

길 원형 제도 시 기초선으로 필요한 치수는 등길이, 가슴둘레이다. 특히, 가슴둘레는 상반신에서 둘레의 최대치를 나타내는 위치이며 길 원형 제도 시 가장 중요한 기본 항목이다.

20 의복 제작 시 사용하는 심지의 역할로 옳은 것은?

① 세탁이 용이하다.
② 입체감을 살린다.
③ 봉제하는 데 편리하다.
④ 위생 가공 효과를 부여한다.

심지 : 의복의 변형을 막고 일정한 모양의 실루엣을 형성, 유지시키는 목적으로 겉감의 보조적 역할을 한다.

21 150cm 너비의 옷감으로 팬츠를 만들 때 가장 적합한 옷감의 필요량 계산법은?

① 팬츠 길이 + 시접
② (팬츠 길이 + 시접) × 2
③ (팬츠 길이 + 시접) × 3
④ (팬츠 길이 + 시접) × 4

옷감량 계산법(슬랙스)　　　　　　　　　　(단위 : cm)

폭	필요 치수	계산법
150	100~110	슬랙스 길이 + 시접(8~10)
110	150~220	[슬랙스 길이 + 시접(8~10)] × 2
90	200~220	[슬랙스 길이 + 시접(8~10)] × 2

22 다음 중 팬츠의 구성 방법과 같은 원리로 제도하는 스커트는?

① 티어드 스커트(tiered skirt)
② 고젯 스커트(gusset skirt)
③ 디바이디드 스커트(divided skirt)
④ 페그 스커트(peg skirt)

스커트의 종류
• 티어드 스커트 : 층마다 주름이나 개더를 넣어 층층으로 이어진 스커트이다.
• 고젯 스커트 : 고젯(무)을 이용하여 만든 스커트로 고젯을 대어 플레어 스커트처럼 퍼지게 만든 스커트이다.
• 디바이디드(큐롯) 스커트 : 나누어진 스커트라는 의미로 바지처럼 가랑이가 있는 치마를 말한다. 스커트 원형을 다트가 1개인 세미 타이트로 만들고, 슬랙스를 제도하는 방법으로 밑부분을 그려 넣는 스커트이다. 흔히 '치마바지'라고 알려져 있고 큐롯 스커트(culotte skirt)라고도 한다.
• 페그톱 스커트 : 허리 윗부분에 주름을 많이 넣어 항아리처럼 생긴 실루엣으로 윗부분에 절개선을 많이 넣어 만든 스커트이다.

23 다음 중 제도 시 여유분량이 필요 없는 것은?

① 소매산 높이
② 등길이
③ 가슴둘레
④ 허리둘레

② 등길이는 길 원형의 세로 기초선을 정할 때 필요하며 여유분을 포함하지 않는다.

24 의복 제작 시 동작이 심한 부분에 옷감을 늘여 정리하여 바느질하는 부분은?

① 바지의 밑위 부분
② 소매 앞부분
③ 허리의 곡선 부분
④ 스커트 앞부분

해설
동작이 심한 부분에 옷감을 늘여 정리하여 바느질하는 곳으로 슬랙스 밑위, 슬랙스 밑아래, 소매 앞 팔꿈치 부분, 앞다리가 시작되는 바로 밑, 바지 뒤, 소매 안쪽 등이 있다.

25 패턴 배치의 설명으로 옳은 것은?

① 패턴은 큰 것부터 배치한다.
② 옷감의 겉쪽에 패턴을 배치한다.
③ 짧은 털이 있는 옷감은 털의 결 방향을 밑으로 배치한다.
④ 무늬가 있는 옷감은 편한대로 배치한다.

해설
② 패턴은 옷감의 안쪽에 배치한다.
③ 짧은 털이 있는 옷감은 털의 결 방향을 위로 배치한다.
④ 줄무늬는 옷감 정리에서 줄을 바르게 정리한 다음 배치하고 체크 무늬는 옆선의 무늬를 맞추어 배치한다.

26 가슴둘레의 계측 방법으로 옳은 것은?

① 오른쪽 목옆점에서 유두를 지나 허리선까지 잰다.
② 유두 아랫부분을 수평으로 잰다.
③ 목옆점을 지나 유두까지 잰다.
④ 가슴의 유두점을 지나는 수평 부위를 돌려서 잰다.

해설
가슴둘레는 선 자세에서 피측정자가 자연스럽게 숨을 들이 마신 후 숨을 멈추었을 때, 좌우 유두점을 지나도록 하는 수평 둘레를 측정한다.

27 서큘러 플레어 스커트(circular flare skirt) 원형에 대한 설명 중 틀린 것은?

① 허리둘레는 $\dfrac{W}{4}$가 되도록 정리한다.
② 스커트 원형을 5등분한다.
③ 각도를 90°로 만든 다음 맞추어 배치한다.
④ 허리둘레와 단둘레를 직선으로 정리한다.

해설
허리둘레에서 치맛단까지 직선으로 연결된 스커트는 스커트의 기본형인 스트레이트 또는 타이트 스커트이다.

28 제도에 사용되는 약자와 명칭이 틀린 것은?

① B.L – 가슴둘레선
② N.P – 목점
③ A.H – 소매둘레
④ S.P – 어깨끝점

해설
A.H(Arm Hole)는 진동둘레의 약자이다.

29 다음 중 가름솔의 종류에 해당되지 않는 것은?

① 휘갑치기 가름솔
② 눌러박기 가름솔
③ 지그재그 가름솔
④ 오버로크 가름솔

해설
가름솔의 종류
- 휘갑치기 가름솔 : 위사 방향의 올이 풀리는 것을 방지하기 위해 ㄷ자 또는 사선으로 어슷하게 땀을 만들어가는 바느질 방법이다.
- 오버로크 가름솔 : 오버로크 재봉틀로 박아 시접을 정리한다.
- 지그재그 가름솔 : 시접에 지그재그 재봉을 하고 나면 끝이 풀리는 것을 막아주는 가름솔이다.
- 접어박기 가름솔 : 시접의 끝을 0.5cm 내로 접어 박아 정리한다.

30 다음 중 어깨의 숄더 다트와 웨이스트 다트를 연결하는 선으로 이루어지는 것은?

① 네크 라인(neckline)
② 샤넬 라인(chanel line)
③ 프린세스 라인(princess line)
④ 웨이스트 라인(waist line)

해설
프린세스 라인(princess line)
- 어깨에서 B.P를 통과하는 선이다.
- 암홀 다트를 연결하는 선이다.
- 스퀘어 라인으로 이루어진 선이다.
- 어깨의 숄더 다트와 웨이스트 다트를 연결하는 선으로 이루어지는 것을 말한다.

31 면방적 공정 중 조방에서 얻어진 실을 적당한 가늘기로 늘여 주고 꼬임을 주는 공정은?

① 개면   ② 정방
③ 연조   ④ 타면

해설
① 개면 : 포장되어 운반된 섬유를 풀어 불순물을 제거하는 것
③ 연조 : 소면과 정소면 공정을 거친 섬유를 굵기가 일정하도록 고르게 해 주는 것
④ 타면 : 개면과 비슷하게 섞은 원면의 불순물을 제거하여 더욱 부드러운 솜을 만들어 주는 것

32 실의 굵기와 꼬임에 대한 설명 중 틀린 것은?

① 실의 굵기는 방적성, 실의 균제도, 직물의 태에 영향을 미친다.
② 실의 방향 표시 방법으로 우연을 S꼬임, 좌연을 Z꼬임으로 표현한다.
③ 일반적으로 위사보다 경사에 꼬임이 적은 실이 많이 사용된다.
④ 방적사는 일정한 정도까지 꼬임이 많아지면 섬유 간의 마찰이 커서 실의 강도가 향상된다.

해설
실의 꼬임
- 실의 꼬임 방향에 따라 좌연사(Z꼬임)와 우연사(S꼬임)로 나누고 꼬임의 정도에 따라 강연사, 약연사로 구분한다.
- 실에 적당한 꼬임을 주면 섬유 간의 마찰이 커져서 실의 강도가 향상되지만 어느 한계 이상 꼬임이 많아지면 실의 강도는 오히려 감소한다.
- 꼬임수가 증가하면 실의 광택이 줄어들며 딱딱하고 까슬까슬해진다.
- 꼬임이 적으면 부드럽고 부푼 실이 된다.
- 꼬임수가 적은 것은 위사로, 꼬임수가 많은 것은 경사로 사용한다.

33 일반 산류와 달리 면 섬유를 손상시키는 일이 없으며, 오히려 섬유에 7~10% 흡수되고, 60~70℃에서 가장 많이 흡수되므로 염색할 때 매염제로 사용하는 유기산은?

① 옥살산 ② 타닌산
③ 황산 ④ 아세트산

해설
타닌산
• 타닌산은 견의 증량 가공에도 이용하고 매염제로도 쓰인다.
• 타닌산은 일반 산류와 달리 면 섬유를 손상시키는 일이 없다.
• 타닌산은 섬유에 7~10% 흡수되며 60~70℃에서 가장 많이 흡수되기 때문에 염색할 때 매염제로 사용하는 유기산이다.

34 다음 중 면 섬유가 탄화되어 갈색으로 변화하는 온도는?

① 120℃
② 150℃
③ 200℃
④ 300℃

해설
면 섬유의 온도에 의한 변화

105~140℃	현저한 변화가 없다.
140~160℃	약간의 강도와 신도의 저하를 일으키기 시작한다.
160℃	분자 내 탈수를 일으킨다.
180~250℃	섬유는 탄화하여 갈색으로 변한다.
320~350℃	연소한다.

35 가볍고 촉감이 부드러우며, 워시 앤드 웨어(wash and wear)성이 좋고 따뜻하며, 양모 대용으로 스웨터, 겨울 내의 등의 편성물, 모포에 많이 사용하는 섬유는?

① 나일론 ② 아크릴
③ 비스코스 레이온 ④ 아세테이트

해설
아크릴의 특징
• 체적(부피)감이 있고 보온성이 우수하다.
• 워시 앤드 웨어(wash and wear)성이 좋고 따뜻하며 촉감이 부드럽다.
• 양모 대용으로 스웨터, 겨울 내의 등의 편성물 또는 모포에 많이 사용한다.
• 모든 섬유 중에서 내일광성이 가장 좋다.
• 내열, 내균, 내약품성이 좋지만 흡습성이 좋지 않아서 정전기가 발생한다.
• 산과 알칼리 약품에 강하고 표백제나 세탁제에도 안정하다.
• 산성염료, 분산염료로 염색이 가능하지만 카티온 염료로 염색하면 합성섬유 중 가장 선명한 색으로 염색할 수 있다.

36 다음 중 비중이 가장 큰 섬유는?

① 견
② 면
③ 나일론
④ 폴리에스터

해설
섬유의 비중은 나일론(1.14) < 견(1.30) < 폴리에스터(1.38) < 면(1.54) 순이다.

37 신축성이 크고 마찰강도, 굴곡강도 등 내구성이 고무보다 우수한 섬유는?

① 폴리아마이드 섬유

② 폴리에스터 섬유

③ 폴리우레탄 섬유

④ 폴리아크릴로나이트릴 섬유

해설

폴리우레탄

• 스판덱스라고도 하며 섬유 중에서 신축성과 탄력성이 가장 우수하다.

• 마찰강도, 굴곡강도 등 내구성이 고무보다 우수하여 고무 대용으로 쓰인다.

• 염색성이 좋고 천연고무보다 노화에 강해 수영복, 란제리, 청바지 등 스트레치성이 필요한 의복에 많이 사용한다.

38 천연섬유 중 유일한 필라멘트 섬유에 해당하는 것은?

① 면　　　　　② 견

③ 마　　　　　④ 양모

해설

장섬유사(filament yarn, 필라멘트사)

• 한 가닥, 한 올의 실은 모노필라멘트라 하는데, 보통 직물(패브릭) 니트제품을 만들 때는 몇 가닥의 긴 필라멘트를 합해 한 올의 실을 형성한다.

• 길이가 무한히 긴 섬유(수천 미터 이상)로 만들어진 실을 말한다.

• 광택이 우수하고 촉감이 차다.

• 천연섬유인 견 섬유(실크)와 합성섬유(나일론, 폴리에스터, 아크릴)가 있다.

• 열가소성이 좋다.

39 스테이플 파이버(staple fiber)와 비교하여 필라멘트 파이버(filament fiber)로 만든 옷감이 우수한 것은?

① 통기성　　　　② 보온성

③ 투습성　　　　④ 광택

해설

필라멘트사는 광택이 우수하고 촉감이 차다.

40 다음 중 연소될 때 머리카락 타는 냄새가 나는 섬유로만 나열한 것은?

① 양모, 견

② 양모, 아세테이트

③ 견, 폴리에스터

④ 견, 비스코스 레이온

해설

연소에 의한 섬유의 감별

섬유	연소	냄새	특징
모	지글지글 녹으면서 거품을 내듯 서서히 탄다. 안쪽으로 심하게 오그라든다.	모발 타는 냄새	부풀어 오른 검은 덩어리의 재가 파삭거리며 부서진다.
견	지글지글 녹으면서 거품이 일듯 탄다.	약한 모발 타는 냄새	광택이 있는 흑회색 재가 부드럽게 부서진다.
비스코스 레이온	심한 불꽃을 내며 활활 탄다.	종이 타는 냄새	소량의 그을음이 남고 재는 거의 남지 않는다.
아세테이트	오그라들면서 녹아 끊어져 버린다.	식초(초산) 냄새	검은색 재가 굳어 있다.
폴리에스터	급격한 속도로 타면서 녹아내린다.	설탕 타는 냄새	검게 굳은 덩어리가 남는다.

41 색상환의 두 색상끼리의 각도 중 색상차가 가장 큰 것은?

① 120° 이상
② 60~90°
③ 45° 이내
④ 0~30°

색상환에서 약 30° 떨어져 있는 색은 유사한 색상이고, 색상환에서 120° 이상 떨어져 있는 색은 공통점이 없어 색상차가 가장 크게 나타난다.

42 톤(tone)을 중심으로 한 배색의 효과 중 토널(tonal) 배색에 해당하는 것은?

① 톤 온 톤(tone on tone)
② 톤 인 톤(tone in tone)
③ 포 카마이유
④ 콘트라스트

톤 인 톤(tone in tone) 배색
• 비슷한 색상의 톤을 조합한 배색으로 같은 톤의 유사한 색상을 배색한다.
• 중명도, 중채도의 중간색계의 톤을 이용한 배색이다.
• 토널(tonal) 배색이라고도 한다.

43 색과 촉감과의 관계가 틀린 것은?

① 고명도, 고채도의 색 – 평활, 광택감
② 한색 계열의 회색 기미의 색 – 경질감
③ 광택이 있는 색 – 거친감
④ 따뜻하고 가벼운(light) 톤의 색 – 유연감

③ 광택감이 있는 색은 고명도, 고채도의 색이다.

44 의상의 기본 요소 중 의상 본래의 목적인 보온과 외부로부터의 보호, 공기의 유통 등에 맞추어 이루어진 아름다움으로 환경의 영향을 많이 받는 것은?

① 색채미
② 형태미
③ 기능미
④ 재료미

의상의 기본 요소
• 기능미 : 신체를 외부로부터 보호하는 기능으로, 보온 기능 등을 말하며 환경의 영향을 많이 받는다.
• 형태미 : 전체적인 실루엣에 의해 형성된 아름다움을 말하며 기능미를 고려하지 않은 형태미는 좋지 않다.
• 재료미 : 재료의 성질과 기능적인 목적에 잘 부합되도록 소재의 개성을 살려 형태에 잘 연결시키는 것을 말한다.
• 색채미 : 재료의 색과 부속품 등에서 조화되어 만들어지는 배색이다. 복사열의 반사 또는 흡수 등의 기능과 밀접한 관련이 있다.

45 복식의 조화에서 항상 쓰임의 조건을 전제로 한 것이어야 목적에 적합한 기능성을 만족시키게 되는 조화는?

① 선의 조화
② 대비의 조화
③ 재질의 조화
④ 색채의 조화

① 선의 조화는 직선이나 곡선이 이루는 조합을 말한다.
② 대비의 조화는 선, 형태, 색채 등 전혀 다른 요소들이 나타내는 어울림을 말한다.
④ 색채의 조화에는 보색, 분보색, 중보색, 삼각 조화 등이 있다.

46 다음 중 색을 느끼는 색의 강약에 해당하는 것은?

① 색상   ② 명도

③ 채도   ④ 색입체

> **해설**
> 색의 3속성
> • 색상 : 빨강, 노랑, 파랑, 초록 등 서로 구별되는 색의 차이를 말한다.
> • 명도 : 색의 밝고 어두운 정도를 말하며 색의 3요소 중 눈에 가장 민감하게 작용한다.
> • 채도 : 색의 선명함의 정도를 나타내며 지각적인 면에서 볼 때 색의 강약이라고 할 수 있다.

47 색채의 공감각 중 미각에 해당하는 색상의 연결이 가장 적합하지 않은 것은?

① 달콤한 맛 – 분홍색

② 짠맛 – 연한 초록색과 회색의 배색

③ 신맛 – 회색

④ 쓴맛 – 진한 파랑

> **해설**
> 신맛을 느끼게 하는 색상은 녹색 기미의 노랑과 노랑 기미의 녹색이다. 회색은 연한 초록색이나 연한 파란색과 배색하면 짠맛을 느끼게 한다.

48 어떤 자극의 색각이 생긴 뒤에 그 자극을 제거해도 흥분이 남아 원자극과 같거나 또는 반대 성질의 상이 보이는 현상은?

① 색음   ② 잔상

③ 동화   ④ 대비

> **해설**
> 색의 잔상
> • 감각의 원인인 자극을 제거한 후에도 그 흥분이 남아 있는 현상을 말한다.
> • 자극의 강도와 주시된 시간에 따라 지속되는 시간이 비례한다.

49 다음 중 난색과 가장 거리가 먼 색상은?

① 빨강   ② 주황

③ 연두   ④ 노랑

> **해설**
> 연두는 초록, 자주, 보라와 같이 난색도 한색도 아닌 중성색이다.

50 다음 중 유채색이 아닌 것은?

① 주황   ② 녹색

③ 흰색   ④ 남색

> **해설**
> 유채색
> • 무채색(흰색, 회색, 검은색)을 제외한 모든 색을 말한다.
> • 유채색은 명도와 채도를 모두 가지고 있다.

51 물에 잘 녹으며 중성 또는 약산성에서 단백질 섬유에 잘 염착되고 아크릴 섬유에도 염착되는 염료는?

① 분산염료　　　　② 직접염료

③ 산성염료　　　　④ 염기성염료

52 다음 중 능직물의 특성에 해당하는 것은?

① 삼원조직 중 조직점이 가장 많다.

② 표면이 매끄럽고 광택이 가장 좋다.

③ 구김이 잘 생긴다.

④ 밀도를 크게 할 수 있어 두꺼우면서 부드러운 직물을 얻을 수 있다.

53 다음 중 완염제가 아닌 것은?

① 탄산나트륨　　　② 수산화나트륨

③ 황산나트륨　　　④ 아세트산암모늄

54 편성물의 특성으로 옳은 것은?

① 신축성이 작아 잘 구겨진다.

② 직물과 비교하여 통기성이 적다.

③ 컬업(curl up)성이 있어 재단과 봉제가 어렵다.

④ 편물은 실용성이 작고 사치성이 있어 경제성이 작다.

55 열전도성이 큰 섬유를 사용하는 것이 가장 적합한 계절은?

① 봄　　　　　　　② 여름

③ 가을　　　　　　④ 겨울

56 내의(內衣)의 재료로 요구되는 성질 중 가장 거리가 먼 것은?

① 내구성   ② 보온성
③ 흡수성   ④ 흡습성

> **해설**
> 내의는 피부 표면에 가장 직접적으로 닿아 있고 체온 유지를 목적으로 입는 옷이기 때문에 위생적이고 보온성이 있어야 한다. 또한 흡습성과 흡수성이 높아 위생적이고 정전기가 덜 발생하여야 한다.

57 세탁용수인 물의 장점이 아닌 것은?

① 지용성 오염에 대한 용해력이 우수하다.
② 인화성이 없고 불연성이다.
③ 풍부하고 값이 싸다.
④ 적당한 어는점, 끓는점, 증기압을 가졌다.

> **해설**
> ① 유용성 오점에 대한 용해력이 부족하다.

58 직물을 이루고 있는 각 섬유의 표면을 소수성 수지로 피복하는 가공은?

① 방충 가공   ② 방염 가공
③ 발수 가공   ④ 방수 가공

> **해설**
> **발수 가공**
> • 직물에 물이 닿으면 스며들지 않고 튕겨 나가거나 맺히게 하는 가공이다.
> • 실리콘은 섬유와 화학결합을 하고 있어 효과가 반영구적이고 세탁과 드라이클리닝에도 양호한 발수 가공제이다.
> • 직물을 이루고 있는 각 섬유의 표면을 물과 친화력이 적은 소수성 수지로 피복하는 가공이다.

59 피복류의 성능요구도 중 관리적 성능에 해당되지 않는 것은?

① 내마모성   ② 내오염성
③ 방추성   ④ 방충성

> **해설**
> ① 내마모성이 요구되는 성능은 실용적 성능이다.

60 피륙의 역학적 특성 중 가장 중요한 것으로 피륙을 구성하는 실의 특성, 피륙의 조직, 가공 방법 등에 따라 달라지는 것은?

① 인장강도   ② 인열강도
③ 파열강도   ④ 마모강도

> **해설**
> 인장강도는 피복 재료로 요구되는 성질 중에서 역학적인 특징에 해당한다. 인장강도는 피복을 구성하는 실의 특성, 피복의 조직, 가공 방법 등에 따라 달라진다.

01 길 다트에서 완성된 다트 길이는 B.P에서 몇 cm 정도 떨어져 처리하는 것이 가장 이상적인가?

① 1cm   ② 3cm

③ 5cm   ④ 7cm

해설
다트가 B.P까지 박음질되어 있으면 옷 모양이 보기 좋지 않으므로 다트 길이는 B.P에서 3cm 정도 떨어져 처리하는 것이 이상적이다.

02 소매 원형 제도에서 그림 A에 해당하는 것은?

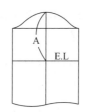

① 소매길이
② 소매산 높이
③ 진동둘레
④ 팔꿈치길이

해설
가장 윗부분부터 E.L(팔꿈치선)까지의 길이는 팔꿈치길이를 나타낸다.

03 칼라의 종류 중 테일러드 칼라(tailored collar) 그룹에 해당되지 않는 것은?

① 숄 칼라(shawl collar)

② 오픈 칼라(open collar)

③ 셔츠 칼라(shirt collar)

④ 윙 칼라(wing collar)

해설
테일러드 칼라 그룹
• 테일러드(tailored) 칼라 : 칼라가 몸판에서 이어진 라펠로 이루어진 칼라로 일반적인 신사복의 칼라이다.
• 숄(shawl) 칼라 : 숄을 걸친 듯한 모양으로 뒤 칼라의 너비와 비슷한 너비로 앞으로 넘어가 약간 둥글고 유연하게 된 플랫 칼라 형태이다.
• 윙(wing) 칼라 : 칼라 앞부분이 새의 날개 모양과 같은 칼라이다.
• 오픈(open) 칼라 : 라펠 부분과 앞 몸판이 이어진 모양의 칼라로 블라우스에 많이 이용된다.

04 가봉 시 주의사항 중 틀린 것은?

① 바늘은 옷감에 수평으로 꽂아 옷감이 울지 않게 하고 실이 늘어지지 않게 한다.

② 바이어스감과 직선으로 재단된 옷감을 붙일 때는 바이어스감을 위로 겹쳐 놓고 바느질한다.

③ 실은 면사로 하되 얇은 감은 한 올로 하고, 두꺼운 감은 두 올로 한다.

④ 바느질 방법은 손바느질의 상침시침으로 한다.

해설
① 바늘은 옷감에 직각으로 꽂아 옷감이 울지 않게 한다.

05 세탁을 자주 해야 하는 운동복, 아동복 등에 많이 사용하는 바느질 방법은?

① 가름솔   ② 쌈솔

③ 평솔   ④ 뉜솔

<해설>

쌈솔(flat felled seam)

• 세탁을 자주 해야 하는 운동복, 아동복, 와이셔츠, 작업복 등에 많이 이용되며 겉으로 바늘땀이 두 줄이 나오기 때문에 스포티한 느낌을 주는 바느질법이다.

• 강하며 내구성이 있고, 잘 풀리지 않고, 고쳐 만들기가 쉽지 않고, 두꺼운 직물의 경우 부피가 크고 뻣뻣하고, 곡선 부위 등에 사용이 용이한 심이다.

• 시접의 한쪽을 안으로 0.3~0.5cm 내어서 박은 다음 그 시접으로 접어서 한 번 더 박는 바느질로, 솔기가 뜯어지지 않게 처리하는 바느질법이다.

06 어깨끝점에서 B.P까지 연결된 다트의 명칭은?

① 숄더 다트(shoulder dart)

② 숄더 포인트 다트(shoulder point dart)

③ 언더 암 다트(underarm dart)

④ 센터 프런트 네크 다트(center front neck dart)

<해설>

여러 가지 다트

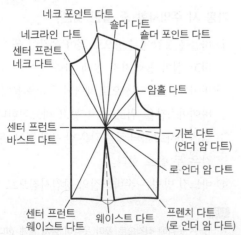

네크 포인트 다트
네크라인 다트
솔더 다트
솔더 포인트 다트
센터 프런트 네크 다트
암홀 다트
센터 프런트 바스트 다트
기본 다트 (언더 암 다트)
로 언더 암 다트
센터 프런트 웨이스트 다트
웨이스트 다트
프렌치 다트 (로 언더 암 다트)

07 의복을 제작할 때 사용하는 심지의 역할이 아닌 것은?

① 의복의 강도와 수명을 연장되게 해 준다.

② 의복의 실루엣을 아름답게 해 준다.

③ 의복의 형태가 변형되지 않도록 해 준다.

④ 의복의 형태가 입체감을 이루도록 해 준다.

<해설>

심지의 사용 목적

• 의복의 실루엣을 아름답게 한다.

• 겉감의 형태를 안정하게 한다.

• 의복을 반듯하게 하고 형태가 변형되지 않도록 한다.

• 의복의 형태가 입체감을 이루도록 한다.

• 봉제 작업의 능률을 향상시킨다.

08 네크라인 중 등이나 팔이 드러나며, 이브닝 드레스 (evening dress)나 비치 웨어(beach wear)에 응용하는 것은?

① 하이 네크라인(high neckline)

② 카울 네크라인(cowl neckline)

③ 홀터 네크라인(halter neckline)

④ 스퀘어 네크라인(square neckline)

<해설>

홀터 네크라인

• 어깨와 등 부분이 드러나고 앞길 몸판에서 연결된 끈이나 밴드를 목에 걸어 묶는 모양을 하고 있다.

• 홀터 네크라인은 드레스나 비키니와 같은 비치 웨어에 많이 사용된다.

09 남녀 간의 체형적 특징에 대한 설명 중 틀린 것은?

① 남성은 여성에 비해 체지방이 많은 편이다.

② 남성의 피부는 두껍고, 피하지방 축적은 적다.

③ 남성의 체형은 역삼각형, 여성의 체형은 모래시계형이다.

④ 여성은 어깨가 좁고 골반이 넓다.

해설

① 여성이 남성보다 체지방이 많은 체형에 속한다.

11 의복 구성에 필요한 체형을 계측하는 방법 중 인체 계측 기구를 사용하는 것은?

① 직접법

② 등고선법

③ 입체사진 계측법

④ 실루에터법

해설

등고선, 입체사진법, 실루에터법은 피계측자에게 직접 기구를 대지 않고 필요한 치수와 형태를 파악하는 간접계측 방법이다.

10 의복 제작 전 옷감의 수축률에 따른 옷감의 정리 방법 중 틀린 것은?

① 수축률이 4% 이상일 때는 옷감을 물에 담갔다가 약간 축축한 상태까지 말린 후 다린다.

② 수축률이 2~4%일 때는 안으로 물을 뿌려 헝겊에 싸 놓았다가 물기가 골고루 스며들게 한 후, 안쪽에서 옷감의 결을 따라 다린다.

③ 수축률이 1~2%일 때는 안쪽에서 옷감의 결을 따라 구김을 펴는 정도로 다린다.

④ 기계적인 후처리로 충분히 축융시켜 만든 수축률이 낮은 옷감은 물에 30분 정도 담갔다가 말린 후 옷감의 결을 따라서 골고루 다린다.

해설

수축률이 낮거나 가공처리 된 옷감은 안쪽에서 올을 바로잡는 정도로만 다린다.

12 다음 그림 중 휘갑치기 가름솔에 해당하는 것은?

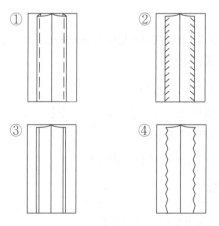

해설

휘갑치기 가름솔(over cast seam)

• 위사 방향의 올이 풀리는 것을 방지하기 위해 ㄷ자 또는 사선으로 어슷하게 땀을 만들어가는 바느질 방법이다.

• 올이 잘 풀리는 옷감일수록 촘촘하게 바느질을 해 준다.

13 재봉기의 밑실이 끊어지는 이유로 가장 옳은 것은?

① 북집 및 북의 결함
② 실채기 용수철의 결함
③ 실걸이 결함
④ 바늘 높이에 의한 결함

재봉기의 밑실이 끊어지는 경우
• 북에 결함이 있다.
• 실 상태에 결함이 있다.
• 바늘판에 결함이 있다.
• 밑실의 장력이 너무 강하다.

14 다트 머니퓰레이션(dart manipulation)의 설명으로 옳은 것은?

① 다트의 명칭을 나열한 것이다.
② 다트의 기초선을 그리는 것이다.
③ 다트를 활용하는 기본 방법이다.
④ 다트를 제도하는 것이다.

길 원형 활용(다트 머니퓰레이션, dart manipulation)
• 다트를 활용하는 기본 방법이다.
• 기본 다트를 디자인에 따라 다른 위치로 이동하거나 다른 형태로 만들어 주는 것이다.
• 다트 위치를 이동시켜 새로운 원형(패턴)을 만드는 과정이다.
• 다트는 평면의 재료를 인체에 맞춰 입체화시키는 기능적인 역할을 하며, 장식적인 효과도 겸할 수 있다.

15 인체 각 부분의 치수를 정확하게 직접 측정하는 방법으로 국제적 표준이 되는 것은?

① 실루에터법
② 마틴식 계측법
③ 모아레 사진촬영법
④ 슬라이딩 게이지법

실루에터법, 모아레 사진촬영법, 슬라이딩 게이지법은 피계측자에게 직접 기구를 대지 않고 필요한 치수와 형태를 파악하는 간접 계측 방법이다.

16 다음 중 시접 분량이 가장 작은 것은?

① 목둘레 ② 블라우스단
③ 소맷단 ④ 어깨와 옆선

기본 시접 분량

1cm	목둘레, 칼라, 요크선, 앞단, 스커트 · 슬랙스 허리선, 앞중심선
1.5cm	진동둘레, 가름솔
2cm	어깨, 옆선
3~4cm	소맷단, 블라우스단, 파스너단
4~5cm	스커트 · 재킷의 단

17 재봉기의 분류 중 대분류에 해당되지 않는 것은?

① 직선봉 재봉기
② 단환봉 재봉기
③ 편평봉 재봉기
④ 특수봉 재봉기

직선봉은 공업용 재봉기의 중분류(13종)에 해당한다.

18 다음 중 세트 인 슬리브(set-in sleeve) 형태에 해당하는 것은?

① 요크 슬리브(yoke sleeve)

② 래글런 슬리브(raglan sleeve)

③ 랜턴 슬리브(lantern sleeve)

④ 돌먼 슬리브(dolman sleeve)

해설

소매는 길과 소매가 절개선 없이 연결되어 구성되는 소매와 길 원형에 소매를 다는 일반적인 소매 형식으로 나뉜다. 랜턴 슬리브는 길 원형에 소매를 다는 형태인 세트 인 슬리브 형식이고 나머지 보기의 소매는 길과 소매가 절개선 없이 연결하여 구성되는 소매이다.

20 다음 그림에 해당되는 원형은?

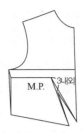

① 네크라인 다트(neckline dart)

② 숄더 포인트 다트(shoulder point dart)

③ 센터 프런트 네크 다트(center front neck dart)

④ 센터 프런트 라인 다트(center front line dart)

해설

센터 프런트 웨이스트 다트는 센터 프런트 라인 다트라고도 불리며, 목둘레선 아랫부분에서 절개된 형태 역시 센터 프런트 라인 다트로 분류할 수 있다.

19 공업용 재봉기 중 직선봉이 두 개 이상 병렬되어 있는 박음 방식은?

① 장방형

② 복합봉

③ 복렬봉

④ 원통형

해설

① 장방형(장평형) : 베드면이 직사각형의 평면으로 되고, 테이블면과 대략 동일 평면상에 있는 것으로서, 베드의 길이 방향의 치수가 420mm 이상인 것을 말한다.

② 복합봉 : 서로 다른 종류의 이음매 형식을 2개 이상 조합한 것을 말한다.

④ 원통형 : 암과 대략 평행으로 돌출한 암 형상의 베드를 말하며, 암 모양의 베드라고도 한다.

21 프린세스 라인(princess line)의 설명으로 가장 옳은 것은?

① 어깨의 숄더 다트를 높여 자른 선

② 암홀에서 N.P를 통과한 선

③ 보디스(bodice)에서 웨이스트 다트를 높여 옆으로 자른 선

④ 어깨의 숄더 다트와 웨이스트 다트를 연결하는 선

해설

프린세스 라인(princess line)

• 어깨에서 B.P를 통과하는 선이다.

• 암홀 다트를 연결하는 선이다.

• 스퀘어 라인으로 이루어진 선이다.

• 어깨의 숄더 다트와 웨이스트 다트를 연결하는 선으로 이루어지는 것을 말한다.

22 연단기에 대한 설명 중 틀린 것은?

① 대량생산을 위하여 여러 장의 원단을 쌓아서 한 꺼번에 재단하는 것이다.

② 연단기는 형넣기에 의해서 정해지는 길이로 재단 할 장수만큼 원단을 연단대 위에 펼쳐 쌓는 기계 이다.

③ 연단기의 종류로는 자동 연단기, 턴테이블 연단 기, 적극 송출 연단기 등이 있다.

④ 적극 송출 연단기는 연단 시 최대한의 장력을 부여하여야 한다.

해설
연단 작업 시 원단의 장력이 팽팽하거나 느슨함이 없어야 한다. 신축성이 많은 원단을 당겨서 연단 작업을 하면 작업 후 수축되어 길이가 짧아질 수 있고, 재단 후에도 길이 방향으로 줄어들어 사이 즈가 작아질 수 있다.

23 래글런(raglan) 소매의 설명으로 옳은 것은?

① 목둘레선에서 진동둘레선까지 사선으로 절개선 이 들어간 소매이다.

② 소맷부리를 넓게 하여 주름을 잡아 오그리고 커 프스로 처리한 소매이다.

③ 어깨를 감싸는 짧은 소매로 겨드랑이에는 소매가 없는 디자인이다.

④ 소매산이나 소맷부리에 개더 및 플리츠를 넣은 소매로 주름의 위치와 분량에 따라 모양이 달라 진다.

해설
래글런(raglan) 슬리브
목둘레선에서 겨드랑이에 사선으로 절개선 이 들어간 소매로 활동적인 의복에 사용된다.

24 다음 중 소매 원형의 제도에 사용하는 약자가 아닌 것은?

① A.H   ② C.L
③ B.P   ④ S.B.L

해설
B.P는 젖꼭짓점(Bust Point)을 나타내는 약자로 길(몸판) 제도에 사용한다.
소매 제도 약자

A.H	진동둘레, Arm Hole
E.L	팔꿈치선, Elbow Line
S.C.H	소매산, Sleeve Cap Height
S.B.L	소매폭선, Sleeve Biceps Line
S.C.L	소매중심선, Sleeve Center Line
C.L	중심선, Center Line

25 제조원가를 구하는 계산식으로 옳은 것은?

① 재료비 + 인건비

② 재료비 + 인건비 + 제조경비

③ 재료비 + 인건비 + 제조경비 + 판매간접비

④ 재료비 + 인건비 + 제조경비 + 판매간접비 + 일반관리비

해설
원가 계산법

직접원가	직접재료비 + 직접노무비 + 직접경비
제조원가	직접원가 + 제조간접비
	재료비 + 인건비 + 제조경비
총원가	제조원가 + 판매간접비 + 일반관리비
이익	판매가 - 총원가

26 재단할 때의 주의점으로 틀린 것은?

① 슈트, 투피스 등의 겹옷은 안단을 붙여서 재단한다.

② 소매, 바지 등의 단 부분이 좁아서 경사가 많으면 밑단 시접을 접은 다음 재단한다.

③ 다트나 주름이 있는 경우에는 다트를 접거나 주름을 접은 다음에 시접을 넣어 재단한다.

④ 칼라의 라펠 부분이 넓은 스포츠 칼라일 경우에는 안단을 따로 재단한다.

해설
칼라의 라펠 부분이 넓은 스포츠 칼라나 겹옷(슈트, 투피스)은 안단을 따로 재단한다.

27 다음 중 의복의 기본 원형에 해당되지 않는 것은?

① 팬츠   ② 스커트
③ 소매   ④ 길

해설
여성복의 기본 원형의 세 가지 기본 요소는 길, 소매, 스커트이다.

28 라펠, 칼라, 다트 등과 같이 옷감을 곡면으로 정형(定型)할 때 사용하는 다림질 보조 용구는?

① 둥근 다림질대
② 소매 다림질대
③ 솔기 다림질대
④ 니들 보드

해설
곡면인 부분을 만들 때는 둥근 다림질대를 이용하여 곡선 부분을 처리한다.

29 시접 분량이 다르게 되는 요인이 아닌 것은?

① 바느질 방법
② 재봉기의 종류
③ 옷감의 재질
④ 옷감의 두께

해설
시접
• 옷 솔기가 접혀서 안으로 들어간 부분을 말한다.
• 의복의 완성선과 실루엣을 아름답게 나타내기 위해서 알맞은 시접 분량을 두어야 한다.
• 시접 분량은 바느질의 방법, 옷감의 재질 및 두께에 따라 다르게 주어야 한다.

30 옷감의 패턴 배치 방법 중 틀린 것은?

① 패턴 배치를 할 때 식서 방향으로 맞추는 것이 중요하다.

② 무늬 모양이 전부 한쪽 방향으로 되어 있는 옷감은 보통 옷감의 필요 치수보다 5~10% 옷감이 적게 필요하다.

③ 첨모직물은 패턴 전체를 같은 방향으로 배치하여 재단하여야 한다.

④ 큰 무늬가 있는 옷감일 경우에는 무늬가 한쪽에 몰리지 않도록 유의하여야 한다.

해설
무늬 모양이 전부 한쪽 방향으로 되어 있는 옷감은 무늬를 맞춰 재단하기 위해서 보통 옷감의 필요 치수보다 5~10%의 옷감이 더 필요하다.

31 면 섬유의 미세구조 중 면 섬유 전체의 90%를 차지하며 물리적 성질을 주로 지배하는 것은?

① 중공

② 제1차 세포막

③ 제2차 세포막

④ 표피질

해설

면 섬유의 미세구조

• 무명 섬유 가장 외부의 표피질부터 제1차 세포막, 제2차 세포막, 중공 순서로 내부가 구성되어 있다.

• 표피질은 제1차 세포막을 덮고 있는 매우 얇은 층이며 주성분은 면납(cotton wax)이다.

• 제1차 세포막은 아주 가는 섬유인 피브릴 구조를 가지고 있다.

• 제2차 세포막은 면 섬유 전체의 90%를 차지하고 있고 20층 이상의 피브릴 다발로 되어 있으며 물리적 성질을 주로 지배한다.

• 중공은 보온성을 유지하며 전기절연성을 부여한다. 또한 염착성을 증가시켜 주며 광택을 좋게 한다.

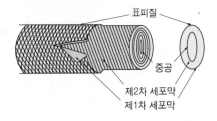

32 다음 중 중심에 심이 되는 심사(心絲) 그 주위에 특수 외관을 가지도록 감은 것은?

① 방적사

② 식사

③ 자수사

④ 접결사

해설

① 방적사 : 단섬유를 평행하고 길게 만들어 꼬임을 주어 만든 실

③ 자수사 : 느슨하게 꼰 굵은 실로 자수에 사용

④ 접결사 : 이중직에서 두 장의 직물이 분리되지 않도록 두 장의 직물에 걸쳐 조직하는 실

33 다음 중 비중이 작은 섬유부터 큰 섬유 순서대로 나열한 것은?

① 폴리프로필렌 → 나일론 → 폴리에스터 → 면

② 폴리프로필렌 → 폴리에스터 → 나일론 → 면

③ 면 → 폴리에스터 → 나일론 → 폴리프로필렌

④ 면 → 나일론 → 폴리에스터 → 폴리프로필렌

해설

섬유의 비중은 폴리프로필렌(0.91) < 나일론(1.14) < 폴리에스터(1.38) < 면(1.54) 순이다.

34 물을 잘 흡수하면서 건조가 빠르고 세탁성과 내균성이 좋아서 손수건용으로 가장 적합한 소재의 직물은?

① 양모 직물

② T/C 직물

③ 아마 직물

④ T/W 직물

해설

마 섬유의 성질

• 탄성과 레질리언스가 나빠서 구김이 잘 생긴다.

• 면에 비해 흡수와 건조가 빠르고 약품에 약하다.

• 아마(린넨)는 마 섬유 중 가장 섬세하고 광택이 있어 일반 의류용으로 가장 많이 사용된다.

• 양도체이므로 시원한 감이 있다.

• 강도가 커서 질기다.

35 나일론의 장점에 해당하는 것은?

① 강도   ② 흡습성

③ 필링성   ④ 대전성

해설

나일론의 특징
- 가볍고 튼튼하지만 흡습성이 적다.
- 열가연성과 탄력이 있으나 햇빛에 약해 오래 직사광선에 노출되면 황변하기 쉽다.
- 탄성회복률과 레질리언스가 우수하여 구김이 잘 생기지 않는다.
- 흡습성이 좋지 않아 정전기가 잘 발생한다.
- 투습성(습기를 밖으로 방출시키는 성질)이 낮아서 여름철 옷감으로는 부적당하다.
- 항장력(절단되도록 힘을 받을 때 견뎌내는 힘)이 크다.
- 내마찰성과 내굴곡성이 크다.

36 아크릴 섬유의 장점에 해당되는 성질이 아닌 것은?

① 내열성   ② 내약품성

③ 내균성   ④ 흡습성

해설

아크릴 섬유의 특징
- 체적(부피)감이 있고 보온성이 우수하다.
- 워시 앤드 웨어(wash and wear)성이 좋고 따뜻하며 촉감이 부드럽다.
- 양모 대용으로 스웨터, 겨울 내의 등의 편성물 또는 모포에 많이 사용한다.
- 모든 섬유 중에서 내일광성이 가장 좋다.
- 내열, 내균, 내약품성이 좋지만 흡습성이 좋지 않아서 정전기가 발생한다.
- 산과 알칼리 약품에 강하고 표백제나 세탁제에도 안정하다.
- 산성염료, 분산염료로 염색이 가능하지만 카티온 염료로 염색하면 합성섬유 중 가장 선명한 색으로 염색할 수 있다.

37 실의 꼬임에 대한 설명 중 틀린 것은?

① 꼬임이 적으면 부푼 실이 된다.

② 꼬임이 많아지면 실의 광택은 줄어든다.

③ 꼬임수가 많아지면 실이 부드러워진다.

④ 꼬임의 방향으로 우연을 S꼬임, 좌연을 Z꼬임이라 한다.

해설

실의 꼬임
- 실의 꼬임 방향에 따라 좌연사(Z꼬임)와 우연사(S꼬임)로 나누고 꼬임의 정도에 따라 강연사, 약연사로 구분한다.
- 실에 적당한 꼬임을 주면 섬유 간의 마찰이 커져서 실의 강도가 향상되지만 어느 한계 이상 꼬임이 많아지면 실의 강도는 오히려 감소한다.
- 꼬임수가 증가하면 실의 광택이 줄어들며 딱딱하고 까슬까슬해진다.
- 꼬임이 적으면 부드럽고 부푼 실이 된다.
- 꼬임수가 적은 것은 위사로, 꼬임수가 많은 것은 경사로 사용한다.

38 다음 중 섬유의 단면 모양이 원형이 아닌 것은?

① 양모   ② 견

③ 나일론   ④ 아크릴

해설

섬유의 단면
- 원형 단면을 가진 섬유 : 양모, 나일론, 폴리에스터, 아크릴 등이 있으며 촉감이 부드럽고 투명하지만 피복성은 나쁘다.
- 삼각 단면을 가진 섬유 : 견이 있으며, 섬유에 광택이 우수한 특성이 있다.

39 나일론 실에 있어서 100데니어(denier)와 50데니어의 나일론 실을 비교 설명한 것으로 옳은 것은?

① 50데니어가 100데니어보다 실의 굵기가 가늘다.
② 100데니어가 50데니어보다 실의 굵기가 가늘다.
③ 50데니어가 100데니어보다 실의 길이가 길다.
④ 100데니어가 50데니어보다 실의 길이가 길다.

해설

데니어의 숫자가 커질수록 실은 굵다.

$$데니어 = \frac{무게(g) \times 9,000(m)}{실의 길이(m)}$$

40 합성섬유 중 흡습성이 가장 좋은 섬유는?

① 폴리비닐알코올 ② 폴리에스터
③ 폴리프로필렌 ④ 폴리우레탄

해설

비닐론 섬유의 특징
• 비닐론 섬유는 폴리비닐알코올계 섬유이다.
• 친수성이 크고 열 고정성이 낮아 형태 안정성이 좋지 않으므로 이지케어 섬유에 부적당하다.
• 합성섬유 중에서도 흡습성이 크고 보온성이 좋다.
• 습기가 있는 상태에서 고온으로 다림질하면 굳어지는 성질이 있으므로 주의한다.
• 마모강도와 굴곡강도가 크다.
• 탄성과 레질리언스가 나빠서 구김이 잘 생긴다.
• 염색성이 좋지 않다.

41 색의 진출과 후퇴에 대한 설명으로 옳은 것은?

① 색의 면적이 실제보다 크게, 작게 느껴지는 심리현상을 색의 팽창성과 수축성이라 한다.
② 고명도, 고채도, 한색계의 색은 진출, 팽창되어 보인다.
③ 난색계의 파랑은 후퇴, 축소되어 보인다.
④ 어두운 색이 밝은 색보다 크게 보인다.

해설

색의 진출과 후퇴

색의 진출	• 진출색은 두 가지 색이 같은 위치에 있어도 더 가깝게 보이는 것이다. • 난색계, 고명도, 고채도의 색일 때 진출되어 보인다. • 배경색과의 채도차가 높을수록, 배경색과의 명도차가 큰 밝은 색일수록 진출되어 보인다.
색의 후퇴	• 후퇴색은 두 가지 색이 같은 위치에 있어도 더 멀리 보이는 것이다. • 한색계, 저명도, 저채도의 색일 때 후퇴되어 보인다. • 배경이 밝을수록 주목하는 색이 작게 보인다.

42 다음과 같이 같은 회색을 배치하였을 때 바탕색에 따라 느낌이 다르게 보이는 색의 대비는?

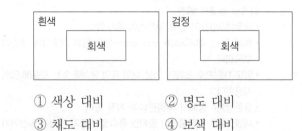

① 색상 대비 ② 명도 대비
③ 채도 대비 ④ 보색 대비

해설

검은색 바탕 위에서 회색 종이가 더 밝게 보이고 흰색 바탕 위의 회색 종이는 더 어두워 보이는 것은 명도 대비 현상이다.

43 색의 혼합 중 여러 색이 조밀하게 병치되어 있기 때문에 혼색되어 보이는 것은?

① 색광 혼합　　② 색료 혼합
③ 중간 혼합　　④ 보색

해설
중간 혼합(중간 혼색, 평균 혼합)
• 두 색 또는 그 이상의 색이 섞여 중간의 밝기(명도)를 나타내는 원리이다.
• 색을 혼합하기보다 여러 가지 색을 인접하여 배치할 때 조합 색의 평균값으로 보인다.
• 병치 혼색과 회전 혼색이 있다.

44 명도에 대한 설명 중 틀린 것은?

① 색의 밝고 어두운 정도를 명도라 한다.
② 순색에 흰색을 더할수록 명도가 높아진다.
③ 빛이 눈에 자극을 주는 양의 많고 적음에 따른 느낌의 정도이다.
④ 유채색만 명도를 가진다.

해설
④ 명도는 유채색과 무채색에 있다.

45 다음 중 흥분을 일으키는 데 가장 적합한 색은?

① 난색 계통으로 채도가 낮은 색
② 난색 계통으로 채도가 높은 색
③ 한색 계통으로 채도가 낮은 색
④ 한색 계통으로 채도가 높은 색

해설
고채도의 난색은 흥분감을 느끼게 하는 색이다. 저채도의 한색은 기분을 가라앉게 만드는 진정 효과가 있다.

46 색입체에서 축에 가까운 1이나 2는 매우 탁한 색으로 거의 회색에 가까워지는 것은?

① 고채도　　② 중채도
③ 저채도　　④ 채도

해설
색입체의 수직단면

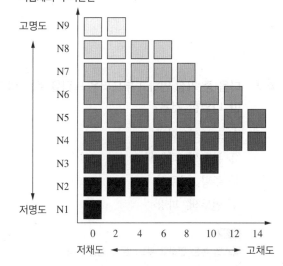

47 색을 느끼는 색의 강약과 관계되는 것은?

① 색상　　　　　② 채도
③ 명도　　　　　④ 색입체

채도
• 채도는 색의 선명함의 정도를 나타낸다. 즉, 지각적인 면에서 볼 때 색의 강약이라고 할 수 있다.
• 우리말에 진한 색, 연한 색과 흐린 색, 맑은 색 등은 모두 채도의 고저를 가리키는 말이다.
• 유채색에만 있다.
• 순색일수록 채도가 높고 색이 섞여 있을수록 채도가 낮다.

48 다음 중 색의 3속성이 아닌 것은?

① 색상　　　　　② 색상환
③ 채도　　　　　④ 명도

색의 3속성 : 색상, 명도, 채도

49 다음 중 가장 연하고 부드러운 느낌을 주는 색으로만 나열한 것은?

① 고동색, 회색
② 분홍색, 하늘색
③ 주황, 자주
④ 연두색, 파랑

파스텔 톤은 연하고 부드러운 느낌을 준다.

50 남색의 의복이 노랑을 배경으로 했을 때 서로의 영향으로 인하여 각각의 채도가 더 높게 보이는 현상은?

① 보색 대비　　　② 면적 대비
③ 명도 대비　　　④ 색상 대비

보색 대비 : 보색 관계인 두 색을 옆에 놓으면 각각의 채도가 더 높게 보이고, 어떤 무채색 옆에 유채색을 놓으면 무채색은 그 유채색의 보색인 유채색 기미가 보인다.

51 다음 중 나일론 섬유의 염소계 산화표백제로 가장 적합한 것은?

① 아황산수소나트륨
② 아염소산나트륨
③ 하이드로설파이트
④ 유기염소표백제

표백

방법	표백제		섬유
산화표백	산소계 (과산화물)	• 과산화수소 • 과탄산나트륨 • 과산화나트륨 • 과붕산나트륨	• 양모 • 견 • 셀룰로스계 섬유
	염소계	• 표백분 • 아염소산나트륨 • 차아염소산나트륨	• 셀룰로스계 섬유 • 나일론 • 폴리에스터 • 아크릴계 섬유
환원표백	• 아황산수소나트륨 • 아황산 • 하이드로설파이트		양모

52 다음 중 방추 가공과 관계가 없는 섬유는?

① 면
② 마
③ 비스코스 레이온
④ 견

방추 가공은 주름이 생기기 쉬운 면, 마, 레이온과 같은 셀룰로스 섬유에 수지 처리하여 구김이 생기지 않도록 가공하는 것을 말한다.

53 부직포의 특성에 대한 설명으로 옳은 것은?

① 직물에 비해 강도가 부족하나 내구성이 좋다.
② 실의 결이 없어 아름답지 못하나 광택은 우수하다.
③ 함기량이 적으나 가볍고, 보온성, 통기성이 우수하다.
④ 절단 부분이 풀리지 않고, 표면 결이 곱지 않다.

부직포의 특징
• 함기량이 많아 가볍고 따뜻하여 보온성이 좋다.
• 재단, 봉제가 용이하다.
• 방향성이 없으므로 잘라도 절단 부분의 올이 풀리지 않는다.
• 방향에 따른 성질의 차가 거의 없다.
• 광택이 적고 촉감이 거칠다.
• 탄성과 레질리언스가 강한 편이다.
• 드레이프성이 부족하다.

54 피복류의 성능요구도 중 형태 안정성, 방충성, 내오염성이 해당하는 성능은?

① 감각적 성능
② 관리적 성능
③ 내구적 성능
④ 위생적 성능

의복의 관리적 성능
• 장기간 보관 시 형태를 흐트리지 않고 좀이나 곰팡이가 발생하지 않게 하는 기능이다.
• 형태 안정성, 방충성, 방추성 등이 있다.

55 의류의 세탁에 대한 설명 중 틀린 것은?

① 세탁 온도는 일반적으로 35~40℃가 적합한 온도이다.
② 경수에서는 섬유의 종류에 관계없이 비누보다는 합성세제를 사용하는 것이 좋다.
③ 양모나 견에서는 알칼리성 세제, 면이나 마에서는 중성세제를 사용한다.
④ 세제의 농도는 약 0.2% 정도에서 비교적으로 우수한 세탁효과를 나타낸다.

세척률을 높이고 섬유의 손상을 막기 위해서 적절한 세제를 사용해야 한다. 무명, 비닐론은 약알칼리성 세제를 사용하고, 모, 실크 등은 중성세제를 사용한다.

56 머서화 가공(mercerization)으로 얻어지는 효과가 아닌 것은?

① 광택의 증가
② 내연성의 증가
③ 염색성의 증가
④ 흡습성의 증가

해설
머서화 가공(실켓 가공) : 면직물을 진한 수산화나트륨 용액으로 처리하는 가공으로 광택, 염색성, 흡습성, 강도 등이 증가된다.

58 양모 섬유 웹 또는 모직물을 비눗물에 적시고 가열하면서 문지르면 섬유가 엉키고 밀착되어 두터운 층을 만드는 성질은?

① 방추성   ② 압축성
③ 이염성   ④ 축융성

해설
축융성은 물, 열, 알칼리, 마찰의 작용에 의해 섬유가 서로 엉키는 성질로, 양모의 대표적인 특징이다.

59 정칙능직(正則綾織)에 해당하는 능선각은?

① 30°   ② 45°
③ 90°   ④ 120°

해설
능직은 직물의 밀도에 따라 각도가 달라지는데, 경사와 위사의 밀도가 같을 때 45°가 되며 이것을 정칙능직(正則綾織, balanced twill)이라고 한다.

57 다음 중 산화표백제가 아닌 것은?

① 표백분
② 아황산
③ 과산화수소
④ 과망간산칼륨

해설
아황산수소나트륨, 아황산, 하이드로설파이트는 환원표백제이고, 표백분, 과산화수소, 과망간산칼륨은 산화표백제이다.

60 다음 중 직물의 드레이프 계수가 가장 큰 것은?

① 서지(양모)
② 브로드(면)
③ 부직포(건식)
④ 크레이프드신(견)

해설
드레이프성은 옷감을 인체 등 입체적인 곳에 올렸을 때 대상의 굴곡대로 자연스럽게 늘어뜨려지면서 드리워지는 성질을 말한다. 드레이프 계수값이 작을수록 드레이프성이 우수하다. 보기 중 부직포는 거칠고 뻣뻣하여 드레이프 계수가 가장 크고, 견(실크)은 매우 유연하고 흐름이 좋아 드레이프 계수가 가장 작다.

PART 03

실전
모의고사

01 천연섬유 중에서 유일한 필라멘트 섬유는?

① 양모
② 견
③ 면
④ 마

해설

장섬유사(filament yarn, 필라멘트사)
- 한 가닥, 한 올의 실은 모노필라멘트라 하는데, 보통 직물(패브릭) 니트제품을 만들 때는 몇 가닥의 긴 필라멘트를 합해 한 올의 실을 형성한다.
- 길이가 무한히 긴 섬유(수천 미터 이상)로 만들어진 실을 말한다.
- 광택이 우수하고 촉감이 차다.
- 천연섬유인 견 섬유(실크)와 합성섬유(나일론, 폴리에스터, 아크릴)가 있다.
- 열가소성이 좋다.

02 동물성으로 크림프와 스케일이 잘 발달된 섬유는?

① 양모
② 면
③ 마
④ 나일론

해설

양모는 동물성 섬유로, 크림프(crimp, 곱슬거림)와 스케일(scale, 겉비늘)이 잘 발달되어 있다.

03 섬유의 단면이 삼각형이고 가장자리는 약간 둥글며 측면은 투명 막대로 이루어지고 피브로인과 세리신으로 구성된 섬유는?

① 면
② 마
③ 아크릴
④ 명주

해설

견(명주) 섬유
- 단면이 삼각형 구조인 동물성 섬유로, 광택이 우수하다.
- 2가닥의 피브로인과 그 주위를 감싼 1가닥의 세리신으로 되어 있다(피브로인의 외부에 세리신이 부착).
- 주성분은 피브로인 75~80%, 세리신 20~25%로 구성되어 있다.
- 누에고치에서 실을 뽑을 때는 뜨거운 물이나 증기 속에 넣어 처리한다.

04 10cm의 섬유에 외력을 가하여 11cm로 늘인 후 외력을 제거하였더니 10.5cm가 되었다. 이 섬유의 탄성회복률(%)은?

① 20%　　　　② 30%
③ 50%　　　　④ 70%

해설

$$탄성회복률 = \frac{늘어난\ 길이 - 늘어났다가\ 돌아온\ 길이}{늘어난\ 길이 - 원래\ 길이} \times 100$$

$$= \frac{11 - 10.5}{11 - 10} \times 100 = 50\%$$

05 아마 섬유가 가지고 있는 특성으로 옳은 것은?

① 가방성을 주는 천연 꼬임이 있다.
② 가방성을 주는 마디가 있다.
③ 가방성을 주는 크림프가 있다.
④ 가방성을 주는 겉비늘이 있다.

해설
아마 섬유는 측면에 길이 방향의 줄무늬가 있고, 줄무늬를 가로지르는 대나무 모양의 마디가 잘 발달되어 있다. 마디는 면 섬유의 꼬임과 같이 섬유끼리 잘 엉키게 하여 방적성(가방성)을 좋게 해준다.

06 양모 대용으로 스웨터 등의 편성물 또는 모포에 많이 사용하는 섬유는?

① 아크릴   ② 나일론
③ 폴리에스터   ④ 아세테이트

해설
아크릴 섬유의 특징
• 부피감이 있고 보온성이 우수하다.
• 워시 앤드 웨어(wash and wear)성이 좋고 따뜻하며 촉감이 부드럽다.
• 양모 대용으로 스웨터, 겨울 내의 등의 편성물 또는 모포에 많이 사용한다.
• 모든 섬유 중에서 내일광성이 가장 좋다.
• 내열, 내균, 내약품성이 좋지만 흡습성이 좋지 않아서 정전기가 발생한다.

07 디자인의 기본 형태 중 2차원적 요소로, 공간을 구성하는 기본 단위로 질감이나 원근감, 색 등을 표현하는 것은?

① 점   ② 선
③ 면   ④ 입체

해설
면은 2차원적 요소로, 공간을 구성하는 기본 단위이다. 점의 확대나 선이 이동한 자취를 말한다.

08 탄성이 우수하고 란제리, 브래지어 등에 주로 사용되는 섬유는?

① 아마   ② 스판덱스
③ 나일론   ④ 폴리에스터

해설
폴리우레탄
• 스판덱스라고도 하며, 섬유 중에서 신축성과 탄력성이 가장 우수하다.
• 마찰강도, 굴곡강도 등 내구성이 고무보다 우수하여 고무 대용으로 쓰인다.
• 염색성이 좋고 천연고무보다 노화에 강해 수영복, 란제리, 청바지 등 스트레치성 의복에 많이 사용한다.

09 폴리프로필렌계 섬유의 특성 중 틀린 것은?

① 비중이 가볍다.
② 흡습성이 좋다.
③ 내열성이 나쁘다.
④ 강력 및 탄성이 크다.

해설
폴리프로필렌계 섬유
• 비중이 0.91로 가볍고 흡습성이 없어 물에 잘 뜬다.
• 내열성이 나쁘다.
• 강력 및 탄성이 크다.
• 나일론이나 폴리에스터 섬유보다 레질리언스가 좋지 않다.

10 방적사와 비교하였을 때 필라멘트사의 특성에 해당하는 것은?

① 흡습성이 좋다.

② 열가소성이 풍부하다.

③ 인장강도와 신도가 약하다.

④ 함기량이 많아 보온성이 좋다.

필라멘트사
• 한 가닥, 한 올의 실은 모노필라멘트라 하는데, 보통 직물(패브릭) 니트제품을 만들 때는 몇 가닥의 긴 필라멘트를 합해 한 올의 실을 형성한다.
• 길이가 무한히 긴 섬유(수천 미터 이상)로 만들어진 실을 말한다.
• 광택이 우수하고 촉감이 차다.
• 천연섬유인 견 섬유(실크)와 합성섬유(나일론, 폴리에스터, 아크릴)가 있다.
• 열가소성이 좋다.

12 능직으로 짜여진 면 또는 면 혼방직물로서 작업복과 아동복에 많이 쓰이는 직물은?

① 새틴　　　　② 머슬린

③ 포플린　　　　④ 데님

①은 수자직, ② · ③은 평직물이다.

13 다음 중 부직포의 특성으로 옳지 않은 것은?

① 방향성이 없다.

② 함기량이 적다.

③ 절단 부분이 풀리지 않는다.

④ 광택이 적고 촉감이 거칠다.

② 함기량이 많아 가볍고 따뜻하여 보온성이 좋다.

11 여름에 삼베옷을 입으면 시원한 느낌을 주는 가장 큰 이유는?

① 가볍기 때문

② 열전도성이 좋기 때문

③ 흡습성이 크기 때문

④ 촉감이 까칠까칠하기 때문

마 섬유는 열전도성이 좋아서 피부에 닿으면 시원한 느낌을 주어 여름용 소재로 쓰인다.

14 섬유의 공정수분율을 연결한 것으로 옳은 것은?

① 아마 – 8.5%

② 아크릴 – 0.4%

③ 아세테이트 – 6.5%

④ 폴리에스터 – 1.5%

① 아마 : 12.0%
② 아크릴 : 2.0%
④ 폴리에스터 : 0.4%

15 다음에서 염색 견뢰도에 영향을 미치는 요인이 아닌 것은?

① 섬유의 단면형
② 섬유의 결정성
③ 염료의 화학적 성질
④ 섬유의 비결정성

해설

염색 견뢰도
• 염색된 섬유가 일광, 마찰, 세탁, 땀, 약품 등에 의해 영향을 받아 변색이나 탈색이 되지 않고 색상을 유지하는 정도를 말한다.
• 섬유의 결정성과 비결정성, 염료의 화학적 성질 등이 영향을 미친다.
• 섬유의 비결정 부분이 많으면 염색성, 흡수성이 좋아진다.
• 세탁·땀 견뢰도는 1~5등급, 일광 견뢰도는 1~8등급으로 나누며, 숫자가 클수록 우수하다는 의미이다.

16 혼방직물이나 교직물을 염색할 때 섬유의 종류에 따른 염색성의 차를 이용하여 섬유의 종류에 따라 각각 다른 색으로 염색할 수 있는 염색방법은?

① 사염색
② 이색염색
③ 원료염색
④ 톱염색

해설

① 사염색 : 실의 상태에서 염색한 것으로 선염과 같은 말이다.
③ 원료염색 : 실로 만들기 전에 솜이나 털 상태에서 염색하는 것이다.
④ 톱염색 : 양모 섬유를 평행으로 배열하고 로프 상태의 톱 상태에서 염색하는 것이다.

17 의복의 보관 방법에 대한 설명으로 틀린 것은?

① 옷을 한 벌씩 종이에 싸서 보관한다.
② 방습, 방충을 위한 용기는 밀폐되지 않은 개방된 것이어야 한다.
③ 옷은 무거운 것을 밑으로 넣고, 형태가 눌리기 쉬운 것은 위로 한다.
④ 장기간 보관하는 용기는 습기가 적고, 직사일광을 차단할 수 있는 곳이어야 한다.

해설

② 보관 용기는 방습, 방충을 위해 가능한 밀폐된 것을 사용한다.

18 다음 중 무명 섬유의 정련에 가장 많이 사용되는 정련제는?

① 규산나트륨
② 암모니아수
③ 수산화나트륨
④ 탄산수소나트륨

해설

정련은 제직이 끝난 천연섬유(생지)에 묻어 있는 불순물을 제거하는 공정이다.

종류	사용약품	비고
무기정련제	수산화나트륨 (알칼리성 세제)	주로 천연섬유에 사용하고 무명 섬유의 정련에 가장 많이 사용
유기정련제	계면활성제	비누, 유기용제 등을 사용

19 외부로부터 가해진 힘에 의하여 그 물질이 형태적 변화를 일으키는 성질을 무엇이라고 하는가?

① 가소성

② 펠팅성

③ 방추성

④ 방축성

가소성 : 외부로부터 가해진 힘(열 등)에 의하여 형태 변화를 일으키는 성질로, 다림질로 의복의 주름을 잡는 것은 섬유의 가소성 성질을 이용한 것이다.

20 다음 중 드라이클리닝의 장점이 아닌 것은?

① 수용성 얼룩 제거가 쉽고, 재오염이 없다.

② 단시간 내에 세정·건조할 수 있다.

③ 형태 변화가 없고, 신축의 우려가 적다.

④ 염색물의 이염이 되지 않는다.

드라이클리닝은 수용성 얼룩 제거가 어렵고, 빠진 얼룩이 재오염되기 쉽다.

21 다음 중 가산 혼합의 관계를 옳게 나타낸 것은?

① green + red = magenta

② green + blue = cyan

③ blue + red = cyan

④ blue + red + green = black

가색 혼합

- red + green = yellow
- red + blue = magenta
- green + blue = cyan
- red + green + blue = white

22 먼셀의 색입체에 대한 설명 중 틀린 것은?

① 중심축에서 아래로 내려갈수록 고명도이다.

② 중심축에서 수평으로 멀어질수록 고채도이다.

③ 원주는 스펙트럼의 배열 순으로 색상을 나타낸다.

④ 색상마다 순색의 명도 및 채도의 위치가 다르다.

색입체의 세로 중심축은 명도를 나타내며, 위로 올라갈수록 고명도이다.

23 다음 중 무채색이 아닌 것은?

① 회색

② 녹색

③ 흰색

④ 검은색

녹색은 유채색이다. 무채색에는 흰색, 회색, 검은색이 있으며, 채도는 없고 명도만 존재한다.

24 빛의 색이 더해질수록 점점 밝아지는 원리와 밀접한 관련이 있는 것은?

① 가법 혼합   ② 감법 혼합
③ 병치 혼합   ④ 회전 혼합

해설
가법 혼합은 빛의 색이 더해질수록 점점 밝아지는 원리로 혼합될수록 명도가 높아지고 채도는 낮아진다.

25 보색에 대한 설명으로 틀린 것은?

① 두 색의 색상 차가 가장 큰 색을 말한다.
② 보색인 두 색을 혼합하면 무채색이 된다.
③ 노랑과 남색, 빨강과 청록은 보색 관계이다.
④ 색상환에서 서로 인접해 있는 색을 말한다.

해설
보색은 색상환에서 서로 마주보며, 색상 차가 가장 큰 색을 말한다.

26 다음 중 색명법의 분류가 다른 하나는?

① 동물에서 색명 유래
② 식물에서 색명 유래
③ 인명에서 색명 유래
④ 형용사 조합에서 유래

해설
색명법은 관습적으로 사용되어 전해 내려오는 관용색명과 색명을 체계화시켜 부르는 계통색명이 있다. ①·②·③은 관용색명, ④는 계통색명에 해당한다.

27 색의 대비효과에 대한 설명으로 틀린 것은?

① 두 색의 명도차가 클수록 명도대비 효과가 커진다.
② 중성색은 한색과 있으면 따뜻하게, 난색과 있으면 차갑게 느껴진다.
③ 계시 대비는 색의 잔상의 영향으로 본래의 색과 다르게 보이는 현상을 말한다.
④ 색상환에서 반대에 위치한 두 색이 서로 영향을 받아서 채도가 높게 느껴지는 현상을 보색 대비라 한다.

해설
한난 대비는 따뜻한 색과 차가운 색이 대비되었을 때 차가운 색은 더 차갑게, 따뜻한 색은 더욱 따뜻하게 느껴지는 현상을 말한다. 중성색은 한색과 있으면 차갑게, 난색과 있으면 따뜻하게 느껴진다.

28 감각의 원인인 자극을 제거한 후에도 원자극과 동질성의 잔상이 생기는 것과 관련 있는 현상은?

① 색의 진출
② 색의 동화
③ 색의 대비
④ 색의 잔상

해설
색의 잔상은 감각의 원인인 자극을 제거한 후에도 그 흥분이 남아 있는 현상이다. 그중에서도 원자극과 동질성의 잔상이 생기는 것은 정의 잔상에 해당한다.

29 색채와 경연감의 감정적인 효과를 바르게 연결한 것은?

① 한색 계열 – 저채도 – 딱딱함
② 한색 계열 – 고채도 – 부드러움
③ 난색 계열 – 고채도 – 딱딱함
④ 난색 계열 – 저채도 – 부드러움

해설
색의 경연감
• 딱딱함 : 고채도, 저명도, 한색 계열
• 부드러움 : 저채도, 고명도, 난색 계열

30 비교적 자극이 강한 색을 사용해도 양호한 장소는?

① 사무실   ② 교실
③ 병실   ④ 현관

해설
장시간 머무는 사무실과 교실은 강한 색이 집중력이나 심리적 안정에 부정적인 영향을 줄 수 있다. 또한 병실은 안정감과 편안함을 주는 색이 필요하므로 자극적인 색은 피해야 한다.

31 색채의 공감각에 대한 설명 중 틀린 것은?

① 한색 계열은 식욕을 저하시킨다.
② 단맛은 빨강, 분홍, 주황이 연상된다.
③ 향기로운 향은 저명도, 저채도의 순색이 연상된다.
④ 높은 음은 고명도, 고채도의 강한 색상이 연상된다.

해설
③ 향기로운 향은 고명도, 고채도의 순색이 연상된다.

32 다음 ( ) 안에 들어갈 알맞은 용어는?

( )은(는) 색채학, 미학 등 객관적 이론을 근거로 하여 색을 과학적으로 선택하여 색채를 사용하는 것이다. 미적 효과나 광고 효과를 높이기 위해 감각적으로 배색하는 장식과는 다르다.

① 색채연상
② 색채조절
③ 색채조화
④ 색채대비

해설
색채조절은 객관적 이론을 근거로 하여 색을 과학적이고 합리적으로 사용하는 것이다. 색이 가지고 있는 독특한 기능이 발휘되도록 조절한다.

33 다음에서 설명하는 개념은?

• 색채조절보다 진보된 개념이다.
• 색채를 통해 설계자의 의도와 미적인 계획, 다양한 기능성을 부여한다.
• 색의 이미지, 연상, 상징, 기능성, 안전색 등 복합적인 분야에 적용한다.

① 색채연상
② 색채계획
③ 색채조화
④ 환경색채

해설
색채계획은 색채조절보다 확장되고 발전된 개념으로 계획의 지시, 제시 등 최종 효과에 대한 관리 방법까지 하나의 통합적인 계획이 있어야 한다.

34 비스코스 레이온 제조에 있어서 숙성 공정이 필요한데, 그 이유로 옳은 것은?

① 점도를 감소시키기 위해서
② 물에 녹지 않도록 하기 위해서
③ 점도와 용해도를 증가시키기 위해서
④ 방사 시 산에 잘 녹도록 하기 위해서

해설

비스코스 레이온 제조 시 비스코스 용액이 방사에 적합한 점도가 될 때까지 점도를 감소시키기 위해 숙성시키는데, 숙성 과정에서 여과와 탈포가 일어난다.
※ 탈포 : 원액 속에 있는 기포를 제거하는 것을 말한다. 제거하지 않으면 방사 시 실이 끊어지는 원인이 된다.

35 색의 조화 중 서로 다른 요소들이 서로 다른 것을 강조하여 조화를 이루는 것으로 시각적 효과를 볼 수 있는 것은?

① 부조화
② 대비 조화
③ 유사 조화
④ 명도 조화

해설

조화는 두 개 이상의 요소가 상호관계에서 서로 배척 없이 통일되어 미적 · 감각적 효과를 이루는 원리를 말한다. 대비 조화는 서로 다른 요소들이 서로 다른 것을 강조하면서 조화를 이루며 대비가 커질 때 오히려 강한 시각적 효과를 볼 수 있다.

36 실루엣 경향을 분석하는 방법으로 틀린 것은?

① 시장 조사를 통해 얻은 사진 등의 자료를 분석한다.
② 다른 회사 제품의 구입을 통해 제조원가, 마진율 등을 파악한다.
③ 구매한 제품의 사이즈 비율 및 전체적인 외형상의 형태감을 파악한다.
④ 구매한 제품의 부착물이나 부속품 등의 부착 위치 및 봉제 방법을 확인한다.

해설

제조원가, 마진율 등을 파악하는 것은 실루엣 경향 분석과는 거리가 멀다.

37 옷감의 패턴 배치 방법 중 틀린 것은?

① 패턴 배치를 할 때 식서 방향으로 맞추는 것이 중요하다.
② 털이 긴 옷감은 털의 결 방향이 위로 향하도록 배치한다.
③ 큰 무늬가 있는 옷감일 경우에는 무늬가 한쪽에 몰리지 않도록 유의하여야 한다.
④ 무늬 모양이 전부 한쪽 방향으로 되어 있는 옷감은 일반 옷감의 필요 치수보다 5~10% 옷감이 더 필요하다.

해설

직물별 배치 방법
• 짧은 털이 있는 옷감은 털의 결 방향을 위로 배치한다.
• 벨벳은 원형 전부의 배치가 상하 같은 털의 결 방향이 되어야 한다.
• 털이 긴 옷감은 털의 결 방향이 밑으로 향하도록 배치한다.
• 첨모직물, 방향이 있는 직물은 패턴을 모두 같은 방향으로 배치하여야 한다.

38 다음 그림과 같은 스커트의 형태가 나타난 원인으로 옳은 것은?

① 배가 나와서 배 부분이 낄 경우
② 편평한 배로 인하여 앞 스커트의 주름이 생길 경우
③ 뒤가 헐렁할 경우
④ 한쪽 엉덩이가 높거나 커서 한쪽이 당길 경우

해설
한쪽 엉덩이가 높거나 커서 한쪽이 당길 경우 허리와 옆선을 내어 수정하거나 엉덩이 부위를 절개하여 보정한다.

39 다음 중 세트 인 슬리브(set-in sleeve) 형태에 해당하는 것은?

① 요크 슬리브(yoke sleeve)
② 퍼프 슬리브(puff sleeve)
③ 프렌치 슬리브(french sleeve)
④ 돌먼 슬리브(dolman sleeve)

해설
세트 인 슬리브(set-in sleeve) 형태는 길(몸판)에 소매를 다는 형태의 소매를 말하며, 퍼프 슬리브(puff sleeve)가 이에 해당한다.
①, ③, ④는 길과 소매가 절개선 없이 연결되는 소매이다.

40 제도에 사용되는 약자와 명칭이 틀린 것은?

① B.L – 가슴둘레선
② N.P – 목밑둘레선
③ A.H – 진동둘레
④ H.L – 엉덩이둘레선

해설
N.P(Neck Point)는 목옆점을 말하며, 목밑둘레선은 N.L(Neck Base Line)이다.

41 길 원형 제도 시 가장 중요한 항목은?

① 등길이   ② 허리둘레
③ 가슴둘레   ④ 어깨끝점

해설
길 원형 제도 시 기초선으로 필요한 치수는 등길이, 가슴둘레이다. 특히, 가슴둘레는 상반신에서 둘레의 최대치를 나타내는 위치이며, 길 원형 제도 시 가장 중요한 기본 항목이다.

42 소매 앞뒤에 주름이 생길 때의 보정 방법으로 가장 옳은 것은?

① 소매산을 내려 준다.
② 소매산을 높여 준다.
③ 소매산 중심을 앞소매 쪽으로 옮긴다.
④ 소매산 중심을 뒷소매 쪽으로 옮긴다.

해설
소매의 앞과 뒤 양쪽으로 군주름이 생길 때는 소매산의 높이가 낮을 경우이므로 소매산을 높여 소매통이 좁아지도록 한다.

43 다음 중 안감의 역할이 아닌 것은?

① 겉감의 마모를 방지한다.

② 겉감의 내충성과 내균성을 유지시켜 준다.

③ 탄성회복률이 나쁜 겉감의 변형을 막는다.

④ 겉감에 분비물이 묻어 상하는 것을 방지한다.

안감의 역할
• 겉감만으로 부족한 보온성을 추가해 준다.
• 유연하고 입체적인 봉제품을 만든다.
• 겉감에 땀 등 분비물이 묻어 상하는 것을 방지한다.
• 탄성회복률이 나쁜 겉감의 변형을 막는다.
• 겉감의 마모를 방지한다.

44 심지를 사용하는 이유가 아닌 것은?

① 땀 흡수에 용이하기 위해서

② 안정된 모양을 갖기 위해서

③ 의복을 반듯하게 하기 위해서

④ 형태를 변형시키지 않기 위해서

심지의 사용 목적
• 의복의 실루엣을 아름답게 한다.
• 겉감의 형태를 안정하게 한다.
• 의복을 반듯하게 하고 형태가 변형되지 않도록 한다.
• 의복의 형태가 입체감을 이루도록 한다.
• 봉제 작업의 능률을 향상시킨다.

45 다음 중 활동을 가장 편하게 할 수 있는 소매산의 높이는?

① $\dfrac{A.H}{2}$ ② $\dfrac{A.H}{4}$

③ $\dfrac{A.H}{6}$ ④ $\dfrac{A.H}{4}+3$

소매산의 높이는 진동둘레를 일정한 숫자로 나눈 값이므로, 계산 값이 작은 것이 소매산이 낮아지므로 활동하기 편하다.

46 가봉 시 유의사항으로 옳은 것은?

① 바늘은 옷감에 사선으로 꽂아 시침한다.

② 쉽게 끊어지지 않는 나일론 실을 사용한다.

③ 일반적으로 오른손을 누르면서 왼쪽에서 오른쪽으로 시침한다.

④ 바이어스감과 직선으로 재단된 옷감을 붙일 때는 바이어스감을 위에 겹쳐 놓고 바느질한다.

① 바늘은 옷감에 직각으로 꽂아 옷감이 울지 않게 한다.
② 쉽게 끊어지는 목면실로 한다.
③ 일반적으로 왼손으로 누르고 오른쪽에서 왼쪽으로 시침한다.

47 계측 방법의 설명 중 틀린 것은?

① 유두길이 – 좌우 유두점 사이의 길이를 잰다.

② 허리둘레 – 허리의 가장 가는 부위를 수평으로 돌려서 잰다.

③ 엉덩이둘레 – 엉덩이의 가장 두드러진 부위를 수평으로 돌려서 잰다.

④ 등길이 – 목뒤점부터 뒤중심선을 따라 허리선의 허리뒤점까지의 길이를 잰다.

해설
①은 유폭의 계측 방법이다.

48 의복 구성상 인체를 구분하는 경계선으로만 나열한 것은?

① 가슴둘레선, 진동둘레선, 허리둘레선

② 목밑둘레선, 진동둘레선, 허리둘레선

③ 가슴둘레선, 목밑둘레선, 진동둘레선

④ 가슴둘레선, 허리둘레선, 엉덩이둘레선

해설
의복 구성을 위해 인체를 머리와 몸통, 팔, 다리 등으로 구분한다. 머리와 몸통을 구분하는 선은 목밑둘레선, 몸통과 팔을 구분하는 선은 진동둘레선, 몸통과 하반신을 구분하는 선은 허리둘레선이다.

49 다음 중 패턴에 표시하지 않아도 되는 것은?

① 시접

② 다트 위치

③ 식서 방향

④ 주머니 위치

해설
① 시접은 표시하지 않는다.
옷본 표시 항목: 완성선, 중심선, 안단선, 다트 위치, 단춧구멍 위치, 가위집(노치), 식서 방향, 주머니 위치 등

50 제도에 필요한 부호 중 '늘림'에 해당하는 것은?

①

②

③

④

해설
제도 기호

줄임	
늘림	
다림질 방향	
오그림	

47 ① 48 ② 49 ① 50 ① 정답

51 다음 다림질 기호에 대한 설명으로 옳은 것은?

① 다림질을 하면 안 된다.
② 다리미 온도 최대 160℃로 다림질할 수 있다.
③ 스팀 다림질은 되돌릴 수 없는 손상을 일으킬 수 있다.
④ 다리미 온도 최대 160℃로 헝겊을 덮고 다림질할 수 있다.

다림질 방법 표시 기호

기호	기호의 정의
3 210℃	다리미 온도 최대 210℃로 다림질할 수 있다.
3 210℃	다리미 온도 최대 210℃로 헝겊을 덮고 다림질할 수 있다.
2 160℃	다리미 온도 최대 160℃로 다림질할 수 있다.
2 160℃	다리미 온도 최대 160℃로 헝겊을 덮고 다림질할 수 있다.

52 다음 중 단촌식 제도법에 해당되지 않는 것은?

① 인체의 각 부위를 세밀하게 계측한다.
② 체형 특징에 잘 맞는 원형을 얻을 수 있다.
③ 인체 부위 중 가장 대표적인 부위만 측정한다.
④ 계측이 서툰 초보자에게는 바람직하지 못하다.

③ 인체 부위 중 대표가 되는 부위(가슴둘레, 등길이, 어깨너비 등)만 계측하여 제도하는 것은 장촌식(흉도식) 제도법이다.

53 옷감과 재봉바늘과의 관계가 옳은 것은?

① 조젯 – 14호
② 포플린 – 11호
③ 트위드 – 9호
④ 개버딘 – 14호

① 조젯 : 9호
③ 트위드 : 14호, 16호
④ 개버딘 : 11호

54 절개 방식 그레이딩(split grading)에 대한 설명으로 옳지 않은 것은?

① 주로 패턴 CAD를 사용하여 작업한다.
② 편차값 입력 시간이 줄어들어 그레이딩 작업이 수월하다.
③ 절개선을 넣은 뒤 일정한 양 만큼 패턴을 벌리거나 좁혀준다.
④ 새롭게 정한 그레이딩 포인트를 연결하여 외곽선을 그리면 다른 호칭의 패턴이 만들어진다.

④는 포인트 방식 그레이딩 방법이다.
포인트 방식 그레이딩
• 포인트 방식에서의 그레이딩 값은 그레이딩 포인트의 수직, 수평 방향의 변화량, 즉 xy 좌푯값을 나타내는 것이다.
• 새롭게 정한 그레이딩 포인트를 연결하여 패턴 외곽선을 다시 그리면 다른 호칭의 패턴이 만들어진다.
• 수작업으로 그레이딩 할 때는 포인트 방식으로 작업하는 것이 수월하다.

55 QC 샘플의 치수를 확인하는 목적으로 옳지 않은 것은?

① 메인작업지시서에 제시된 제품 치수와의 정확성을 점검하기 위함이다.

② 제품 치수를 통해 디자인 의도에 맞는 실루엣인지 확인하기 위함이다.

③ 제품 치수 확인을 통해 입고 벗기 편한 정도와 활동성을 점검하기 위함이다.

④ 제품 치수 확인을 통해 생산 원가의 상승 요인을 점검하기 위함이다.

해설
④ 생산 원가의 상승 요인을 점검하는 것은 샘플작업지시서를 확인할 때 미리 파악할 사안이다.

56 심지에 대한 설명으로 옳은 것은?

① 심지는 의복의 변형을 막고 일정한 모양 실루엣을 형성·유지시킨다.

② 모 심지는 드레이프성이 없으나 탄력성이 풍부하고 형태보존성이 뛰어나다.

③ 신축성이 없는 겉감에는 신축성이 없는 심지를 사용한다.

④ 심지를 사용하면 제조 공정을 단축시킬 수 있다.

해설
② 모 심지는 드레이프성이 있고 탄성이 좋다.
③ 신축성이 없는 겉감에는 신축성이 있는 심지를 사용한다.
④ 심지 부착을 위한 공정이 추가된다.

57 가로 또는 세로 방향으로 옷감에 주름을 접어 일정한 간격으로 박아서 장식하는 바느질은?

① 개더링(gathering)
② 스모킹(smocking)
③ 웰딩(welding)
④ 터킹(tucking)

해설
① 개더 : 러닝 스티치로 잘게 홈질하거나 재봉기로 박아 실을 잡아당겨 잔주름을 만드는 방법
② 스모킹 : 원단을 잡아당겨 생기는 잔주름을 잡고 그 위에 보다 굵은 실로 일정한 모양의 장식 스티치를 하여 무늬를 넣는 것
③ 웰딩 : 고열로 원단 시접 부분을 용융 후 냉각시켜 부착시키는 것

58 의류 종류별 호칭 표기에 대한 설명으로 가장 적절한 것은?

① 여성복 정장의 호칭은 키, 가슴둘레, 허리둘레를 순서대로 표기하며 'cm' 단위를 반드시 포함해야 한다.

② 피트성이 필요하지 않은 의류는 가슴둘레, 엉덩이둘레, 키를 모두 표기하여야 한다.

③ 운동복, 셔츠와 같은 상의류는 문자(S, M, L 등)로도 표기할 수 있다.

④ 의류 호칭은 항상 숫자 뒤에 'cm'를 붙여서 표기한다.

해설
① 피트성이 필요한 여성복 정장의 호칭은 가슴둘레, 엉덩이둘레, 키를 연결하여 85-94-160으로 호칭을 표시한다.
② 피트성이 필요하지 않은 상의류인 운동복, 셔츠, 내의류 등은 85, 90, 95 등 가슴둘레만을 표기하거나 S, M, L, XL과 같은 문자로 표기한다.
④ 의류 종류별 호칭은 기본 신체치수를 'cm' 단위 없이 '-'로 연결하여 사용한다.

59 뒤집어서 시접을 완전히 감싸 안고 박는 방법으로, 겉에서는 스티치선이 보이지 않고 시접 속에 시접이 들어가 있는 형태의 솔기 처리 바느질 방법은?

① 통솔
② 쌈솔
③ 가름솔
④ 뉨솔

해설

통솔
• 원단을 안끼리 마주보게 박고 뒤집어 시접을 감싸 안고 박는 방법이다.
• 시접 속에 시접이 들어가 있는 형태를 가지며, 겉에서는 스티치선이 보이지 않는다.

60 합복 공정의 마무리 작업 중 하나로, 몸판의 밑단이나 소맷단 부분의 단 처리 등을 기계로 감치기 작업하는 방법은?

① 뒤집기
② 다림질
③ 톱 스티치
④ 블라인드 스티치

해설

블라인드 스티치
• 소맷단이나 몸판 밑단 부분의 단 처리 마무리 공정을 위해 손바느질하던 새발뜨기 바느질 작업을 자동화한 것이다.
• 재킷·블라우스·팬츠·스커트의 밑단, 소맷단 부분의 단 처리 등의 감치기를 기계로 작업한 것이다.
• 겉감의 올이 풀리지 않는지 확인하고 작업하며, 올이 많이 풀리는 원단일 경우에는 오버로크 재봉을 한 후에 작업한다.

01 방적사에 대한 설명으로 옳은 것은?

① 견과 같이 무한히 긴 것이다.

② 통기성, 투습성이 좋지 않다.

③ 필라멘트사보다 강도가 약하다.

④ 견 섬유와 나일론, 폴리에스터 등의 합성섬유가 있다.

해설

방적사(스테이플사)

• 단섬유를 방적해서 만드는 실을 말한다.

• 비교적 부드러우며 감촉이 따뜻하다.

• 굵기나 보풀상태가 불균일하고, 강도는 필라멘트사보다 약하다.

• 면사(무명실), 마사, 모사(털실) 등이 있다.

02 면 섬유의 중공에 관한 설명으로 적절한 것은?

① 보온성을 유지하며 전기절연성을 부여한다.

② 미성숙한 섬유는 중공이 매우 발달되어 있다.

③ 표면의 윤활성을 부여하여 방적에서 엉킴성을 부여한다.

④ 섬유의 탄성을 증대시키며 급격한 파괴에 대하여 견디게 한다.

해설

면 섬유의 단면 가운데 있는 중공은 보온성을 유지하고 전기절연성을 부여한다. 또한 염착성을 증가시키고 중공에 있는 공기가 팽창하면서 섬유를 부풀게 한다.

03 다음 섬유 중 비중이 가장 작은 것은?

① 아크릴

② 양모

③ 사란

④ 폴리프로필렌

해설

섬유의 비중

석면·유리 > 사란 > 면 > 비스코스 레이온 > 아마 > 폴리에스터 > 아세테이트·양모 > 명주·모드아크릴 > 비닐론 > 아크릴 > 나일론 > 폴리프로필렌

04 섬유의 분류가 잘못된 것은?

① 폴리아마이드계 – 나일론

② 폴리에스터계 – 테릴렌(terylene)

③ 식물성 섬유 – 면

④ 동물성 섬유 – 마

해설

④ 마는 식물성 섬유이다.

05 나일론 섬유의 특성 중 틀린 것은?

① 탄성이 우수하다.

② 비중이 면 섬유보다 가볍다.

③ 일광에 의해 쉽게 손상된다.

④ 흡습성이 천연섬유에 비해 크다.

해설

나일론은 흡습성이 좋지 않아 정전기가 잘 발생하고 투습성(땀 등 습기를 밖으로 방출시키는 성질)이 좋지 않아서 여름철 옷감으로는 부적당하다.

06 다음 직물 중 세탁 후 가장 빨리 건조되는 것은?

① 면

② 비스코스 레이온

③ 견

④ 폴리에스터

해설

폴리에스터 섬유의 특징

• 섬유가 물에 젖어도 약해지지 않고, 건조 시와 거의 비슷한 강도를 가진다.

• 연신 공정(원료를 실로 만들기 위해 길게 늘리는 공정)에 따라 강도와 신도의 차이가 난다.

• 흡습성이 낮아 습기가 강도와 신도에 영향을 미치지 않는다.

• 흡습성이 낮아 정전기가 잘 발생하므로 다른 섬유와 혼방하여 사용한다.

• 공정수분율이 0.4%로 흡수성이 거의 없어서 세탁을 해도 줄어들지 않고 빨리 마르며 다림질이 필요 없는 워시 앤드 웨어(wash and wear) 섬유이다.

07 다음 중 옷감의 보온성과 가장 관계가 깊은 것은?

① 강도

② 함기율

③ 흡습성

④ 내추성

해설

섬유의 보온성

• 섬유의 보온성과 연관 있는 것은 열전도, 직물의 조직, 함기율 등이다.

• 보온성을 높이려면 섬유의 열전도율이 낮아야 하고, 체온의 발산을 위해서는 열전도율이 높아야 한다.

• 함기율은 섬유가 가지고 있는 공기의 양을 말하는데 이것이 외부 공기와의 온도 전달을 차단하는 역할을 하므로 보온성과 가장 관계가 깊다.

08 각 섬유의 연소 시 발생하는 냄새를 설명한 것으로 옳지 않은 것은?

① 견 - 모발 태우는 냄새가 난다.

② 면 · 마 - 종이 태우는 냄새가 난다.

③ 양모 - 약간 특수한 악취가 난다.

④ 아세테이트 - 식초 냄새가 난다.

해설

③ 양모 : 모발 태우는 냄새가 난다.

09 아마 섬유의 성질을 면 섬유와 비교한 설명으로 옳지 않은 것은?

① 아마 섬유의 신도는 면 섬유보다는 작다.
② 아마 섬유의 탄성은 면 섬유보다는 낮다.
③ 아마 섬유의 강도는 면 섬유보다는 약하다.
④ 아마 섬유의 열전도성은 면 섬유보다 크다.

해설
③ 아마 섬유의 강도는 면 섬유보다는 크다.

11 섬유의 강도를 나타내는 단위로 알맞은 것은?

① g/Nm　　　② g/Ne
③ g/올　　　④ g/d

해설
섬유의 강도
• 보통 인장강도(섬유에 힘을 주어 잡아당겼을 때 끊어지지 않고 견디는 것)를 말하며 섬유의 단위섬도(d)에 대한 절단하중(g)으로 나타낸다(단위 g/d).
• 인장강도는 피복을 구성하는 실의 특성, 피복의 조직, 가공 방법 등에 따라 달라진다.
• 피복용 섬유로 사용할 수 있는 최소한의 강도는 2.5g/d이다.

12 실의 굵기에 대한 설명 중 틀린 것은?

① 항중식은 번수 방식을 사용하며 숫자가 클수록 굵다.
② 항장식은 일정한 길이의 실의 무게로 표시하는 방식이다.
③ 항중식은 일정한 무게의 실의 길이로 표시하는 방식이다.
④ 항장식은 합성섬유 등 필라멘트사의 굵기를 표시하는 데 사용한다.

해설
항중식은 무게를 기준으로 실의 굵기를 표시하는 방법으로 번수 방식을 사용하며 숫자가 클수록 실의 굵기는 가늘다.

10 비스코스 레이온의 특성에 대한 설명으로 옳지 않은 것은?

① 흡습 시 강도가 증가한다.
② 장시간 고온에 방치하면 황변된다.
③ 단면이 불규칙하게 주름이 잡혀 있다.
④ 강알칼리에서는 팽윤되어 강도가 떨어진다.

해설
비스코스 레이온은 수분을 흡수하면 강도 저하가 가장 심하다.

13 면 섬유가 수분을 흡수할 때 강도와 신도의 변화로 옳은 것은?

① 강도와 신도 모두 증가한다.
② 강도와 신도 모두 감소한다.
③ 강도는 증가하나 신도는 감소한다.
④ 강도는 감소하나 신도는 증가한다.

해설
면은 흡습성이 좋고 습윤 시 강도와 신도가 강해진다.

14 여름철 의복으로 가장 적합한 조직과 직물은?

① 변화평직 – 서지
② 평직 – 모시
③ 능직 – 개버딘
④ 주자직 – 데님

해설
모시는 내구성, 열전도성이 좋아서 시원한 느낌이며, 여러 번 세탁해도 광택이 유지되기 때문에 여름철 옷감으로 사용된다. 모시는 평직으로 짠 직물이다.

15 다음 중 주름이 가장 잘 잡히지 않는 조직은?

① 평직   ② 능직
③ 주자직   ④ 산형사문직

해설
수자직은 평직과 능직보다 부드럽고 표면이 매끄러우며 광택이 좋지만 내구성이 약해 실용적이지 않다. 가장 주름이 잘 잡히지 않는 직물이다.

16 샌퍼라이징 가공에 대한 설명으로 옳은 것은?

① 직물에 수지를 처리하는 것으로 듀어러블 프레스라고도 한다.
② 의복이 완성된 후 세척 등으로 외관에 변화를 주는 가공이다.
③ 직물의 면에 접착제를 바르고, 정전기를 이용하여 짧은 섬유를 수직으로 접착시키는 가공이다.
④ 셀룰로스 직물을 미리 강제 수축시켜 수축을 방지하는 가공이다.

해설
직물을 세탁하면 줄어드는 경향이 있기 때문에 미리 직물을 강제적으로 수축시킨 후 줄어들지 않도록 하는 기계적인 가공법으로 샌퍼라이징(sanforizing) 가공이 있다.

17 실온의 아세톤에 용해되는 섬유는?

① 아세테이트   ② 나일론
③ 폴리에스터   ④ 면

해설
아세테이트는 아세톤에 녹는 성질이 있어 섬유 감별에 이용되기도 한다.

18 세탁 방법에 대한 설명으로 옳지 않은 것은?

① 세탁 온도는 일반적으로 35~40℃가 적합하다.
② 양모나 견에서는 알칼리성 세제, 면이나 마에서는 중성세제를 사용한다.
③ 세제의 농도는 약 0.2% 정도에서 비교적으로 우수한 세탁효과를 나타낸다.
④ 경수에서는 섬유의 종류에 관계없이 비누보다는 합성세제를 사용하는 것이 좋다.

해설
세제의 종류
• 세척률을 높이고 섬유의 손상을 막기 위해서 적절한 세제를 사용해야 한다.
• 무명, 비닐론은 약알칼리성 세제를 사용한다.
• 모, 실크 등은 중성세제를 사용한다.

19 밑단 처리 시 단을 튼튼하게 할 때 사용하는 작업으로, 왼쪽에서 오른쪽으로 1겹의 실로 정교하게 바느질하는 형태는?

① 공구르기
② 온박음질
③ 새발뜨기
④ 감침질

해설
새발뜨기
• 심감을 고정하거나 트임, 안단 등의 마무리 공정을 할 때 많이 사용한다.
• 밑단 처리 시 단을 튼튼하게 할 때 사용한다.
• 바느질 방향은 왼쪽에서 오른쪽으로 향하고, 1겹의 실로 정교하게 바느질한다.

20 마킹에 대한 설명으로 가장 적절한 것은?

① 패턴은 오른쪽 끝에서부터 작은 패턴부터 배치한다.
② 재단하려는 옷감에 패턴을 식서 방향에 맞추어 배치하는 작업이다.
③ 재단선은 최대한 굵은 선을 이용해 확실히 식별할 수 있도록 한다.
④ 마킹 효율은 보통 70~80%로 배치하나 디자인에 따라 달라질 수 있다.

해설
① 패턴은 왼쪽 끝에서 큰 패턴부터 배치하고, 큰 패턴 사이에 작은 패턴을 배치한다.
③ 재단선은 최대한 가는 선을 이용해 패턴의 정확성을 기해야 한다.
④ 마킹 효율은 보통 80~90%로 배치한다.

21 다음 색의 3속성 중 인간의 눈에 가장 예민한 순서로 나열된 것은?

① 명도 > 채도 > 색상
② 색상 > 채도 > 명도
③ 명도 > 색상 > 채도
④ 채도 > 색상 > 명도

해설
인간의 눈은 색의 3속성 중 명도에 대한 감각이 가장 예민하며, 그 다음이 색상, 채도의 순이다.

22 먼셀 색입체를 수직으로 자른 단면에서 볼 수 없는 것은?

① 보색 색상면
② 다양한 명도
③ 다양한 채도
④ 다양한 색상환

해설
색입체를 세로로 절단하면 동일 색상이 나타나므로 등색상면이라 한다. 동일 색상의 명도와 채도의 변화를 볼 수 있으나, 색상의 변화는 볼 수 없다.

23 다음 중 한색과 가장 거리가 먼 색상은?

① 파랑　　　　② 연두
③ 남색　　　　④ 청록

해설
한색은 청록, 파랑, 남색 등 단파장의 차갑게 느껴지는 색을 말한다. 연두는 난색과 한색에 속하지 않는 중성색이다.

24 원색에 대한 설명 중 옳은 것은?

① 무채색을 제외한 모든 색을 말한다.
② 색상환에서 가장 멀리 있는 색을 말한다.
③ 다른 색의 복합으로 만들 수 없는 색을 말한다.
④ 두 가지 이상의 색을 혼합했을 때 나타나는 색을 말한다.

해설
① 유채색에 대한 설명이다.
② 보색에 대한 설명이다.
④ 혼색에 대한 설명이다.

25 색의 혼합에 대한 설명으로 틀린 것은?

① 색광 혼합을 가법 혼합이라고도 한다.
② 색광 혼합의 3원색은 빨강, 초록, 파랑이다.
③ 색료의 3원색을 혼색하면 검은색이 된다.
④ 색료의 혼합은 색이 더해질수록 점점 밝아진다.

해설
감법 혼합(색료 혼합)은 색료의 색이 더해질수록 명도와 채도가 낮아지며, 점점 어두워진다.

26 완성 다림질 방법으로 옳은 것은?

① 면직물은 덮개 천을 덮고 다리면 광택이 생기는 것을 피할 수 있다.
② 화학섬유는 저온으로 압력을 많이 가하지 않고 부드러운 터치로 해야 한다.
③ 솔기는 가장 눈에 띄는 부위이므로 상의를 다림질할 때 가장 많은 공을 들이는 부위이다.
④ 비닐론이나 아세테이트 섬유는 고온으로 다림질할 때 경화 현상이 생길 수 있으므로 물을 뿌려 다려야 한다.

해설
① 면직물을 다림질할 때는 덧헝겊을 대지 않아도 되고, 모직물은 덮개 천을 덮고 다리면 광택이 생기는 것을 피할 수 있다.
③ 칼라의 완성 다림질에 대한 설명이다. 칼라는 옷의 얼굴이라 할 정도로 중요하고 눈에 잘 띄는 부위이므로 상의를 다릴 때 가장 신경 써야 한다.
④ 비닐론, 아세테이트 섬유는 고온으로 다림질할 때 섬유가 가열로 연화되어 융착-냉각 후에도 그대로 굳어지는 현상인 경화 현상이 나타나고 수분이 있는 경우에는 그 정도가 더 심하다.

27 두 색이 병치되었을 때 경계선 부분에서 대비가 두드러지게 일어나는 현상과 관련한 대비는?

① 색상 대비
② 연변 대비
③ 보색 대비
④ 채도 대비

해설
① 색상 대비 : 색상 차이가 나는 두 색을 동시에 보았을 때 서로의 영향으로 색상 차이가 나는 현상을 말한다.
③ 보색 대비 : 보색 관계인 두 색이 서로 영향을 받아서 채도가 높게 느껴지는 현상을 말한다.
④ 채도 대비 : 채도가 다른 두 색이 서로 영향을 받아서 채도가 다르게 느껴지는 현상을 말한다.

28 색의 동화 효과를 바르게 설명한 것은?

① 일정한 자극이 사라진 후에도 지속적으로 자극을 느끼는 것을 말한다.
② 형태와 크기가 동일한 물체라도 색이 달라지면 더 커보이는 것을 말한다.
③ 색이 인접하고 있는 색의 영향으로 인접 색에 가까운 색으로 보이는 것을 말한다.
④ 가까이 있는 두 색을 동시에 볼 때 서로의 영향으로 색이 다르게 보이는 것을 말한다.

해설
① 색의 잔상에 대한 설명이다.
② 색의 팽창에 대한 설명이다.
④ 색의 대비에 대한 설명이다.

29 패션 디자인의 원리에 대한 설명 중 틀린 것은?

① 균형은 디자인 요소의 시각적 무게감에 의하여 이루어진다.
② 리듬은 디자인의 요소 하나가 크게 강조될 때 느껴진다.
③ 강조는 보는 사람의 시선을 끄는 흥미로운 부분이 있을 때 느껴진다.
④ 비례는 디자인 내에서 부분들 간의 상대적인 크기 관계를 의미한다.

해설
② 리듬은 형태 구성에서 반복, 연속을 통해 이미지를 만드는 요소이다.

30 관용색명에 대한 설명이 틀린 것은?

① 옛날부터 사용해 온 관용적인 이름명이다.
② 광물의 이름에서 유래된 것도 있다.
③ 인명, 지명에서 유래된 것도 있다.
④ 연한 파랑, 밝은 남색 등이 있다.

해설
④는 일반색명(계통색명)법이다.

27 ② 28 ③ 29 ② 30 ④ [정답]

31 색채의 공감각 중 미각에 해당하는 색상의 연결이 가장 적합하지 않은 것은?

① 단맛 – 분홍, 주황
② 신맛 – 노랑, 연두
③ 짠맛 – 올리브 그린, 갈색
④ 매운맛 – 빨강, 자주

해설

색채와 미각

단맛	빨강, 분홍, 주황
신맛	노랑, 연두
쓴맛	올리브 그린, 갈색
짠맛	연녹색, 연파랑, 회색
매운맛	빨강, 주황, 자주

32 다음 중 색채조절의 효과가 아닌 것은?

① 사고나 재해를 감소시킨다.
② 개인적 취향이 잘 반영된다.
③ 눈의 피로와 긴장감을 풀어 준다.
④ 능률이 향상되어 생산력이 높아진다.

해설

색채조절의 효과
• 눈의 피로와 긴장감을 풀어 준다.
• 사고나 재해를 감소시킨다.
• 능률이 향상되어 생산력이 높아진다.
• 유지관리가 경제적이며 쉽게 된다.
• 좋은 기분을 유지시켜 주며 생활에 활력을 준다.

33 디자인의 요소가 아닌 것은?

① 질감   ② 색채
③ 구성   ④ 형태

해설

디자인 요소에는 형태(점, 선, 면, 입체), 색채, 질감이 있다.

34 디자인에서 대칭, 비대칭, 비례의 개념을 이용하여 시각적 무게감, 전체적으로는 안정감과 통일감을 줄 수 있는 원리는?

① 통일의 원리
② 조화의 원리
③ 리듬의 원리
④ 균형의 원리

해설

균형의 원리는 시각적 무게감을 말하며 전체적으로 안정감과 통일감을 준다.

35 슬리브헤딩의 형태 중 소매산을 좁아 보이게 하는 형태는?

① 일자형   ② 부메랑형
③ 라운드형   ④ 스퀘어형

해설

슬리브헤딩(sleeve heading)은 일자 형태와 부메랑 형태로 구분되며, 일자형의 슬리브헤딩은 소매산의 볼륨을 많이 살려 주며 부메랑 형태의 슬리브헤딩은 소매 형태를 좁은 듯하게 만들어 준다.

36 다음에서 설명하는 것은?

> • 디자인, 샘플 제작 및 품평회를 거쳐 대량생산이 확정된 제품에 대하여 생산에 필요한 모든 정보를 포함하여 작성된다.
> • 본사와 생산업체 간의 제품 생산과 관련된 입출고일 등이 기입되어 계약서의 역할도 한다.

① 봉제사양서
② 샘플작업지시서
③ 메인작업지시서
④ QC 샘플수정지시서

해설
① 봉제사양서 : 생산에 필요한 지시사항 등을 문장이나 수치, 상세 도면으로 작성하여 생산 구성원 사이의 의사소통 도구로 사용하는 생산 설계도이다.
② 샘플작업지시서 : 새로운 제품 개발을 위한 샘플 작업 시 사용되는 문서이다.
④ QC 샘플수정지시서 : QC 샘플의 외관 평가 및 봉제 사항, 사이즈, 디자인 등 평가를 통해 수정이 필요한 부분을 정리한 것으로, 생산 공정에서 이를 반영할 수 있도록 한다.

37 심지 중 접착 테이프의 사용 목적과 가장 거리가 먼 것은?

① 옷감의 광택 처리
② 형태 안정성 유지
③ 원단의 늘어남 방지
④ 칼라 및 라펠의 강도 보강

해설
접착테이프는 직물 심지와 부직포 심지를 좁은 폭으로 길게 롤로 만든 형태의 심지를 말한다. 테이프는 재킷의 칼라와 라펠 부위, 칼라 꺾임선, 앞섶 등의 늘어남 방지, 강도 보강, 형태 안정성 유지 등의 목적으로 사용된다.

38 계측 방법 중 뒷목점에서 뒤중심선을 따라 허리선의 허리뒤점까지의 길이를 재는 항목은?

① 등너비
② 어깨너비
③ 등길이
④ 가슴둘레

해설
① 등너비 : 좌우 등너비점 사이의 길이를 잰다.
② 어깨너비 : 피계측자의 뒤에서 좌우 어깨끝점의 길이를 잰다.
④ 가슴둘레 : 선 자세에서 피계측자가 자연스럽게 숨을 들이마신 후 숨을 멈추었을 때, 좌우 유두점을 지나도록 하는 수평 둘레를 측정한다.

39 오건디, 시폰 등과 같이 얇고 비치며 풀리기 쉬운 옷감이나 세탁을 자주 해야 하는 옷을 만들 때 주로 이용되는 바느질 방법은?

① 통솔
② 뉜솔
③ 평솔
④ 곱솔

해설
통솔 : 시접을 완전히 감싸는 방법으로, 시접을 겉으로 0.3~5cm로 박은 다음 접어서 안으로 0.5~0.7cm로 한 번 더 박는다.

40 스커트 다트에 대한 설명 중 틀린 것은?

① 다트 수는 디자인에 따라 다트의 너비를 등분하여 조절한다.

② 다트의 수는 허리둘레와 엉덩이둘레의 차이가 클수록 적어진다.

③ 일반적으로 스커트 다트는 엉덩이둘레선의 위치와 형태 때문에 앞보다 뒤가 길다.

④ 허리둘레와 엉덩이둘레의 차이로 생기는 앞뒤의 공간을 다트로 처리한다.

해설
② 허리둘레와 엉덩이둘레의 차이가 클수록 남는 부분이 많아지기 때문에 다트 수가 늘어난다.

41 다음 그림과 같이 소매 윗부분은 풍성하게 부풀게 하고, 아래는 좁고 꽉 끼는 패턴으로 만든 소매는?

① bell sleeve

② cap sleeve

③ kimono sleeve

④ leg of mutton sleeve

해설
레그오브머튼(leg of mutton) 슬리브는 소매산 쪽은 주름을 넣어 부풀리고 소맷부리로 갈수록 좁아지는 형태의 소매이다.

42 스커트 구성 시 안감의 길이는 겉감보다 얼마나 짧아야 적당한가?

① 1cm

② 3cm

③ 5cm

④ 7cm

해설
스커트 안감은 겉감과 같은 시접 분량을 넣지만 길이는 겉감의 시접보다 3cm 정도 짧게 하여 스커트 외부로 안감이 나와 보이지 않도록 한다.

43 다음 그림의 옷본 변형에 해당하는 스커트는?

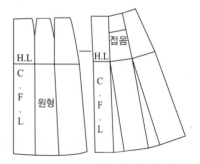

① 플레어 스커트

② 서큘러 스커트

③ 티어드 스커트

④ 고어드 스커트

해설
나팔 모양이라는 뜻을 가진 플레어(flare) 스커트는 허리 부분은 꼭 맞고 아랫단 쪽으로 내려오면서 자연스럽게 넓어지는 스커트이다. 스커트 원형을 제도한 후 절개선을 넣고, 절개 후 다트를 접어주면 플레어 스커트가 된다.

44 제도 부호 중 다음 부호가 의미하는 것은?

----

① 완성선   ② 안내선

③ 안단선   ④ 골선

제도 기호

완성선	———————————
안내선	———————————
안단선	—·—·—·—·—·—·—
골선	— — — — — — — — —

45 실제 치수를 1/4, 1/5 등의 치수로 축소하여 제도할 때 사용하는 도구는?

① 곡자   ② 줄자

③ 축도자   ④ 직각자

① 곡자 : 곡선을 제도할 때 사용하며 제도 용구 중 허리선, 옆솔기선, 소매선, 다트 등의 선을 긋는 데 사용하기에 가장 좋다.
② 줄자 : 치수를 잴 때 사용한다.
④ 직각자 : 두 변이 직각으로 만나는 자이다. 한 면은 cm 단위의 눈금이 표시되어 있고 다른 한 면은 축도된 치수 눈금이 표시되어 있다.

46 길 원형을 제도할 때 가로선은 어떻게 정하는 것이 가장 좋은가?

① $\frac{B}{2}+4\sim5\text{cm}$ ② $\frac{B}{2}+7\sim10\text{cm}$

③ $\frac{B}{3}+4\sim5\text{cm}$ ④ $\frac{B}{4}+4\sim5\text{cm}$

길 원형 제도 시 가로선은 $\frac{B}{2}+4\sim5\text{cm}$로 정하는 것이 가장 좋다.

47 다음 중 소매 원형의 필요 치수가 아닌 것은?

① 소매길이   ② 소매산길이

③ 어깨너비   ④ 앞뒤 진동둘레

소매 원형을 제도할 때는 길 원형의 앞뒤 진동둘레 치수, 소매길이, 팔꿈치길이, 소매산길이, 손목둘레 등이 필요하다.

48 다음 중 플랫(flat) 칼라의 종류가 아닌 것은?

① 케이프(cape) 칼라

② 만다린(mandarin) 칼라

③ 세일러(sailor) 칼라

④ 피터 팬(peter pan) 칼라

② 만다린(mandarin) 칼라는 스탠드(stand) 칼라에 속한다.

49 재봉된 천에 실이 끊기거나 밑실이 올라오게 되어 박음질이 불량하게 되고 봉축 심 퍼커링 현상이 일어났다. 무엇으로 조절하는가?

① 실채기
② 몸체 실걸이
③ 노루발의 압력
④ 윗실조절 장치

해설

윗실조절 장치를 이용하여 윗실의 장력(당기는 힘)을 원단의 두께에 따라 알맞게 조절하면서 사용한다.

50 제사 처리의 주된 목적은 무엇인가?

① 원단의 오염을 제거하기 위해
② 제품의 부자재를 보강하기 위해
③ 제품의 길이를 보정하기 위해
④ 봉제 후 발생하는 실밥이나 잔여 재봉실을 제거하기 위해

해설

제사 처리란 제품 봉제 후 발생하는 재봉사의 연장 잔여물을 제거하는 작업을 말한다. 봉제 과정에서 묻어 있는 실밥, 박음질 시작 부분과 끝부분에 길게 붙어 있는 재봉실을 처리한다.

51 블라우스의 길을 본바느질할 때 가장 먼저 바느질해야 할 곳은 어느 부분인가?

① 다트
② 옆선
③ 밑단
④ 어깨선

해설

블라우스 봉제 순서
• 블라우스 원형을 본바느질 할 때 다트, 주름, 턱, 개더, 절개선, 디테일 부분을 가장 먼저 바느질한다.
• 앞길과 뒷길의 어깨만 연결하여 오버로크 처리를 한다.
• 칼라를 만들고 칼라와 밴드를 연결하여 몸판에 박아준다.
• 소매와 커프스를 만든 후 몸판과 소매를 연결한다.
• 커프스와 소매를 연결하고 블라우스 밑단을 처리하여 마무리한다.

52 다음 설명에 해당하는 것은?

> 인대나 인체 위에 직접 옷감을 걸쳐서 원하는 디자인에 따라 드레이핑(draping)한 뒤 완성선을 인대나 인체 위에서 표시하고 옷감을 떼어내어 봉제하는 방법이다.

① 연단
② 평면 재단
③ 입체 재단
④ 그레이딩

해설

패턴 제작 방법

평면 재단 (평면 패턴 제작)	• 인체 각 부위의 치수를 기본으로 하여 제도하고 패턴을 제작하는 공정이다. • 플랫 패턴에 의한 방법과 옷감 위에서 직접 드래프팅하는 방법이 있다.
입체 재단 (입체 패턴 제작)	머슬린 또는 기타 옷감을 이용하여 인체나 인대 위에 직접 대어보면서 입혀가듯 디자인에 맞추어 재단하는 방법이다.

53 KS 의류 치수 규격에 따른 여성복 정장의 호칭 표시 순서로 옳은 것은?

① 가슴둘레 – 엉덩이둘레 – 키
② 가슴둘레 – 키 – 엉덩이둘레
③ 목둘레 – 가슴둘레 – 허리둘레
④ 가슴둘레 – 허리둘레 – 키

해설
의류 종류별 호칭은 기본 신체치수를 'cm' 단위 없이 '–'로 연결하여 사용한다. 예를 들어, 피트성이 필요한 여성복 정장의 호칭은 가슴둘레, 엉덩이둘레, 키를 연결하여 85–94–160으로 호칭을 표시한다.

55 시착 시 관찰하는 방법으로 틀린 것은?

① 전체적인 실루엣이 디자인에 알맞은지 확인한 후 부분적으로 관찰한다.
② 옆선, 어깨선이 앞쪽에 놓였는가를 관찰한다.
③ 절개선 위치는 적당한가를 관찰한다.
④ 가슴둘레, 허리둘레, 엉덩이둘레의 여유분이 적당한가를 확인한다.

해설
② 옆선, 어깨선이 중앙에 놓였는가를 관찰한다.

54 봉사의 소요량 산출에 영향을 미치는 요인이 아닌 것은?

① 작업자의 작업 방식
② 봉사의 굵기
③ 스티치의 길이
④ 바늘의 호수와 날카로운 정도

해설
봉사의 소요량은 스티치의 길이, 천의 두께, 봉사의 굵기 등 직접적인 요인과 작업자의 작업 방식, 재봉기의 자동봉사 절단기의 사용 여부 등의 간접적 요인을 고려하여 산출한다.

56 옷감의 겉과 안을 구별하는 방법 중 틀린 것은?

① 셀비지에 상표, 품명 등이 있는 쪽이 겉이다.
② 열처리의 핀 자국이 돌출된 방향이 겉이다.
③ 직물의 양쪽 끝에 있는 식서에 구멍이 있는 경우, 구멍이 움푹 들어간 쪽이 겉이다.
④ 능직으로 제직된 모직물의 경우 능선이 왼쪽 위에서 오른쪽 아래로 되어 있는 쪽이 겉이다.

해설
④ 능직으로 짠 모직물은 능선이 선명하고 왼쪽 아래에서 오른쪽 위로 있는 쪽(///)이 겉이다.

57 패턴 그레이딩 편차 결정 시 고려해야 할 요소로 옳지 않은 것은?

① 복종별 맞음새에 영향을 주는 부위
② 디자인 의도에 따라 조정 가능한 특정 부위
③ 사용자의 체형 분석 결과
④ 세부 디테일의 정확한 파악

해설

패턴 부위별 그레이딩 편차
• 의복의 맞음새(피트성)에 영향을 끼치는 부분은 복종별로 패턴 부위 그레이딩 편차를 결정한다.
• 정확한 패턴 의도 및 디자인 의도를 파악하고 세부적 디테일 부위의 그레이딩 편차를 결정한다.
• 디자인에 따라 특정 부위의 그레이딩 편차를 기존 값보다 크게 또는 작게 적용할 수 있다.

58 원단 소재별 마무리 봉제 시 주의사항으로 옳지 않은 것은?

① 마 섬유는 미어짐 현상이 발생하므로 봉제 마감 작업을 튼튼히 해야 한다.
② 체크무늬는 필요한 부분에서는 무늬를 맞출 수 있도록 사이즈 처리를 해야 한다.
③ 폴리우레탄 소재는 볼포인트 바늘을 사용하고 늘어나기 쉬운 성질에 주의해야 한다.
④ 면 원단은 밀도가 높아 뜯어서 수정할 때 바늘 자국이 남으므로 화학섬유보다 주의해야 한다.

해설

화학섬유는 원단의 밀도가 높아 봉제 후 뜯어서 수정한 경우에는 바늘 자국이 남으므로 면 원단보다 주의해야 한다.

59 색명 표시 기호 5YR 8.5/13에 대한 설명이 옳은 것은?

① 색상은 5이다.
② 명도는 13이다.
③ 채도는 8.5이다.
④ 주황에 해당한다.

해설

먼셀 색체계에서 색은 색상 명도/채도, H V/C로 표기한다. 명도 (V)는 숫자가 클수록 밝고, 채도(C)는 숫자가 클수록 선명하다. 예를 들어 '5YR 8.5/13'은 5YR(Yellow Red, 주황 계열)의 색상, 명도 8.5, 채도 13을 의미한다.

60 의류의 포장에 대한 설명으로 옳지 않은 것은?

① 포장 재료는 인체 및 의류 제품에 유해하지 않고 안전해야 한다.
② 스포츠웨어, 셔츠, 팬츠에 많이 사용하는 방법은 행거 포장이다.
③ 색상별, 호칭별 수량을 박스에 다르게 포장하는 방법은 어소트 포장이다.
④ 한 장씩 개별 포장된 제품 여러 개를 대형 폴리백에 함께 포장하는 방법은 번들 포장이다.

해설

② 스포츠웨어, 셔츠, 팬츠에는 평면 포장을 많이 이용한다.
행거 포장(hanger pack)
• 구김을 최소화하기 위해 옷을 옷걸이에 걸어둔 상태로 폴리백을 씌우는 방법이다.
• 구김이 많이 가는 제품에 사용된다.
• 폴리백 하단을 막아 먼지가 들어가거나 제품이 옷걸이에서 분리 되어 실실되는 것을 방지하기도 한다.
• 정장 슈트, 블레이저, 코트, 팬츠 등에 많이 사용한다.

참 / 고 / 문 / 헌 / 및 / 자 / 료

- 교육부(2018). NCS 학습모듈(세분류명 : 염색가공). 한국직업능력개발원.

- 교육부(2018). NCS 학습모듈(세분류명 : 제직의류생산). 한국직업능력개발원.

- 교육부(2018). NCS 학습모듈(세분류명 : 패턴). 한국직업능력개발원.

- 최평희(2025). 세탁기능사 필기 한권으로 끝내기. 시대고시기획.

- 한국섬유산업연합회(1999). 의류용 Tag 표준 가이드라인. 한국섬유산업연합회.

여성복기능사 필기 한권으로 끝내기

초 판 발 행	2025년 07월 10일(인쇄 2025년 05월 29일)
발 행 인	박영일
책 임 편 집	이해욱
편 저	김미영
편 집 진 행	윤진영 · 김미애
표지디자인	권은경 · 길전홍선
편집디자인	정경일 · 심혜림
발 행 처	(주)시대고시기획
출 판 등 록	제10-1521호
주 소	서울시 마포구 큰우물로 75 [도화동 538 성지 B/D] 9F
전 화	1600-3600
팩 스	02-701-8823
홈 페 이 지	www.sdedu.co.kr

I S B N	979-11-383-9399-7(13590)
정 가	25,000원

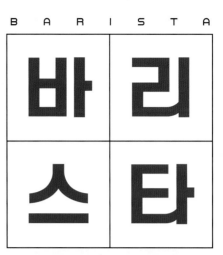

BARISTA

바리스타

자격시험

전문 바리스타를 꿈꾸는 당신을 위한

합격의 첫걸음

'답'만 외우는 바리스타 자격시험 시리즈는 여러 바리스타 자격시험 시행처의 출제범위를 꼼꼼히 분석하여 구성하였습니다. 이 한 권으로 다양한 커피협회 시험에 응시 가능하다는 사실! 쉽게 '답'만 외우고 필기시험 합격의 기쁨을 누리시길 바랍니다.

'답'만 외우는
바리스타 자격시험 1급
기출예상문제집
류중호 / 17,000원

'답'만 외우는
바리스타 2급
기출예상문제집
류중호 / 17,000원

※ 표지 이미지와 가격은 변경될 수 있습니다.

60점만 맞으면 합격!

'답' 만 외우고 한 번에 합격하는

시대에듀
'답'만 외우는 시리즈

답만 외우는 한식조리기능사

190×260 | 17,000원

답만 외우는 양식조리기능사

190×260 | 17,000원

답만 외우는 제과기능사

190×260 | 17,000원

답만 외우는 제빵기능사

190×260 | 17,000원

답만 외우는 미용사 일반

190×260 | 23,000원

답만 외우는 미용사 네일

190×260 | 19,000원

답만 외우는 미용사 피부

190×260 | 20,000원

답만 외우는 미용사 메이크업

190×260 | 23,000원

빨리보는 간단한 키워드	문제를 보면 답이 보이는 기출복원문제	해설 없이 풀어보는 모의고사	CBT 모의고사 무료 쿠폰
합격 키워드만 정리한 핵심요약집 빨간키	문제 풀이와 이론 정리를 동시에	공부한 내용을 한 번 더 확인	실제 시험처럼 풀어보는 CBT 모의고사

답만 외우는 지게차운전기능사

190×260 | 14,000원

답만 외우는 로더운전기능사

190×260 | 14,000원

답만 외우는 롤러운전기능사

190×260 | 14,000원

답만 외우는 굴착기운전기능사

190×260 | 14,000원

답만 외우는 기중기운전기능사

190×260 | 14,000원

답만 외우는 천공기운전기능사

190×260 | 15,000원

답만 외우는 화물운송종사자격

190×260 | 15,000원

※ 도서의 이미지와 가격은 변경될 수 있습니다.